5d 过渡金属纯簇和吸附体系的结构与性能

张秀荣　著

哈尔滨工程大学出版社

内 容 简 介

本书在密度泛函理论框架下,应用 Gaussian 03,Gaussian 09 和 Dmol^3 程序,对 5d 过渡金属纯簇 W,Os 和 Pt 及吸附体系的几何结构、稳定性和物理化学性能进行了系统的理论研究。全书共分为两章:第一章研究了 5d 过渡金属纯簇 W,Os 和 Pt 的结构和性能;第二章研究了 W,Os 吸附小分子的结构与性能。本书是在作者前本著作《过渡金属混合/掺杂小团簇的结构和性能》基础上的延续,都是采用密度泛函理论方法,所以本书就不再对基础理论知识和计算软件进行重复介绍,直接讲述研究内容,但对采用的计算方法每章都有介绍。本书内容详尽,结构完整,有助于读者掌握应用密度泛函理论研究团簇的方法。

本书可作为高等院校物理、化学和材料等学科相关专业高年级学生、研究生的教学用书,也可作为相关科技人员和师生的参考书。

图书在版编目(CIP)数据

5d 过渡金属纯簇和吸附体系的结构与性能 / 张秀荣
著. —哈尔滨:哈尔滨工程大学出版社,2017.9
ISBN 978 – 7 – 5661 – 1414 – 3

Ⅰ. ①5… Ⅱ. ①张… Ⅲ. ①过渡元素－研究 Ⅳ.
①O611

中国版本图书馆 CIP 数据核字(2016)第 308805 号

选题策划　张淑娜
责任编辑　雷　霞
封面设计　张　骏

出版发行　哈尔滨工程大学出版社
社　　址　哈尔滨市南岗区南通大街 145 号
邮政编码　150001
发行电话　0451 – 82519328
传　　真　0451 – 82519699
经　　销　新华书店
印　　刷　黑龙江龙江传媒有限责任公司
开　　本　787 mm×1 092 mm　1/16
印　　张　16
字　　数　409 千字
版　　次　2017 年 9 月第 1 版
印　　次　2017 年 9 月第 1 次印刷
定　　价　49.80 元
http://www.hrbeupress.com
E-mail:heupress@ hrbeu.edu.cn

前　言

　　团簇广泛存在于自然界和人类实践活动中，团簇的微观结构特点和奇异的物理化学性质为制造和发展特殊性能的新材料开辟了另一条途径。团簇的独特性质，已经广泛用于新一代纳米电子器件和高密度磁存储材料的研究中，已成为推动 21 世纪的高科技产业——纳米科学技术发展的动力之一。

　　研究发现，当催化剂粒径达到纳米级时，它会表现出独特的表面效应、体积效应和量子尺寸效应，因而其催化活性和选择性大大提高。纳米金属簇是一类新型的催化剂材料，利用团簇的表面效应，很多金属团簇在化学反应中充当了催化剂的角色。团簇的催化作用是其重要应用的一个方面，而吸附则是催化反应的一个关键步骤，为了更好地了解团簇的催化活性，首先需要研究小分子在团簇表面的吸附规律。近年来，团簇表面吸附小分子在工业和科学技术领域引起了广泛的兴趣，特别是过渡金属纯簇 W,Os 和 Pt 及吸附体系，在高新技术新材料、光电技术和化工催化等领域占有重要地位。迄今为止，国内外对含过渡金属 W,Os 和 Pt 及吸附体系研究还不太全面，一些体系甚至还是空白，因此从理论上研究此类团簇的几何结构、稳定性和物理化学性能具有很重要的意义。本书在密度泛函理论框架下，应用 Gaussian 03,Gaussian 09 和 Dmol^3 程序，对过渡金属纯簇 W,Os 和 Pt 及吸附体系的几何结构、稳定性和物理化学性能进行了系统的理论研究。本书研究的大多数体系属于探索性研究，有待今后实践的进一步验证。本书是笔者近年来在团簇物理领域做的部分研究工作，是在前本著作《过渡金属混合/掺杂小团簇的结构和性能》基础上的延续。多年来，笔者在团簇物理研究工作中得到了中国科技大学杨金龙教授的热情帮助，对此表示衷心的感谢；同时也感谢张福星、王杨杨、霍培英、郑翔宇、陈晨、胡高康和洪伶俐等几位硕士生在绘图和计算方面所做的工作；感谢江苏科技大学研究生部和材料科学与工程学院对本书出版的资助！

　　由于笔者水平有限，书中错误和纰漏难免，敬请同行、读者批评指正。

张秀荣

2016 年 10 月于江苏科技大学

目　　录

第1章　5d 过渡金属纯簇的结构与性能 ··· 1

1.1　$W_n (n = 2 \sim 6)$ 团簇及其离子的结构与光电子能谱 ····················· 1

1.2　$W_n^{0, \pm} (n = 2 \sim 12)$ 团簇的结构和性能 ································· 20

1.3　$Os_n (n = 2 \sim 22)$ 团簇的结构与电子性质 ································· 46

1.4　$Pt_n^{0, \pm} (n = 2 \sim 6)$ 团簇的结构和性能 ································· 78

参考文献 ··· 88

第2章　吸附体系的结构与性能 ··· 92

2.1　$W_n (n = 1 \sim 12)$ 团簇吸附 CO 的结构与性能 ··························· 92

2.2　$W_n CO^{\pm} (n = 1 \sim 12)$ 体系的结构与性能 ····························· 140

2.3　$W_n N_2^{0, \pm} (n = 1 \sim 12)$ 体系的结构与性能 ··························· 165

2.4　$W_n H_2 (n = 1 \sim 6)$ 团簇的结构与性能 ································· 212

2.5　$W_n H_2 (n = 7 \sim 12)$ 团簇的结构与性能 ································· 223

2.6　$(Os H_2)_n (n = 1 \sim 5)$ 团簇的结构与性能 ····························· 236

参考文献 ··· 244

第1章 5d 过渡金属纯簇的结构与性能

1.1 $W_n (n = 2 \sim 6)$ 团簇及其离子的结构与光电子能谱

1.1.1 引言

过渡金属团簇由于特殊的物理化学性质,引起了物理、化学、材料等领域的广泛关注[1-25]。钨作为重金属,其电子结构和光谱性质引起了许多实验和理论工作者的广泛兴趣。Lee 等[2]通过光电子谱研究了 $W_n (n = 20 \sim 90)$ 的电子结构,显示 W_n 团簇在 $n = 10$ 附近时呈现金属键性质;Oh 等[3]使用 X 射线衍射法研究了 W_n 团簇,揭示了结构与尺寸的关系。在计算方面,林秋宝等人[4]采用基于密度泛函理论的 VASP 程序对 $W_n (n = 2 \sim 27)$ 原子团簇的结构特性进行了理论计算,结果表明,团簇的结合能随着团簇原子数的增加而增大,并且在 $n = 8$ 发生了从类半导体性到金属性的变化。徐勇等[5]和 Yamaguchi W 等[6]分别采用密度泛函理论计算了中性和带电小钨团簇 $W_n (n = 3 \sim 6)$ 的构型,得到了一些能量较低的结构,大多数的基态稳定构型具有较低的自旋多重度。Z. J. Wu[7]对 W_2 和 W_3 采用基于利用密度泛函理论(DFT)中不同的泛函方法进行了研究。然而,目前发表的文章结果有一定的差异,而且也未对上述光电子能谱(PES)的实验结果进行理论指认。本节将利用密度泛函理论方法对 $W_n (n = 2 \sim 6)$ 中性团簇和离子团簇进行系统的计算,然后用含时密度泛函理论方法计算激发能来对实验光电子能谱进行理论指认。

1.1.2 计算方法

采用密度泛函理论(DFT)中的杂化密度泛函 B3LYP 方法,在赝势基组 LANL2DZ 水平上对 $W_n (n = 2 \sim 4)$ 团簇进行了结构优化和频率计算;用含时密度泛函理论(TDDFT)计算体系的激发态。为了寻找到 $W_n (n = 2 \sim 4)$ 团簇的基态结构,考虑了大量可能初始构型,而后又就各种不同的异构体构型和可能的自旋多重度进行结构优化,并在同一水平上进行了频率计算,所有优化好的构型都做了频率分析,都没有虚频,说明得到的优化构型都是势能面上局域最小点,而不会是过渡态或高阶鞍点。构型优化的梯度力阈值采用的是 0.000 45 a. u.,积分采用 (75,302) 网格。采用含时密度泛函理论(TDDFT)计算了低能激发态,对实验中得到的光电子能谱进行了理论指认,所有结果与实验数据良好吻合。含时密度泛函理论方法[8-10]被认为是计算许多有机[11-12]、无机分子[13-14]和一些开壳层过渡金属簇激发能[15-18]的一种可靠方法。人们已经发现,B3LYP 方法在 TDDFT 计算中是一个可靠的方法,特别是对含过渡金属的原子簇,所以使用 B3LYP 方法进行计算。本节全部计算均用 Gaussian 03 程序完成。

另外,零点能校正在本书的计算中影响微小,例如,W_4^- 团簇的 D_v(垂直的离解能)在考虑零点能校正下仅比不考虑校正少 0.025 eV,所以在本节的计算中忽略了零点能校正。

1.1.3 结果和讨论

1. W_n 和 W_n^- $(n=2\sim4)$ 团簇的结构与光电子能谱

（1）W_n 和 W_n^- $(n=2\sim4)$ 团簇的几何和电子结构

研究团簇的首要问题就是确定它的基态结构。为了找到全局最小值而避免局部极小，首先设计了 W_n 和 W_n^- $(n=2\sim4)$ 团簇的多种可能几何结构，在无对称性限制的情况下进行了几何参数全优化。在计算的所有结果中，把没有虚频的结构定为稳定结构，把能量最低且没有虚频的结构定为基态稳定结构（简称基态结构）。Z. J. Wu[7] 已经对 W_2 和 W_3 中性和阴离子状态下的结构进行了计算，本节对 W_2 和 W_3 团簇的计算结果也列于表 1－1，与它们的计算结果比较一致。为了便于比较，表 1－1 同时列出了文献[1]中的数据。然而，Z. J. Wu 并未计算 W_2 和 W_3 的电子组态，本书计算的 W_2 和 W_3 基态的电子组态为

$$W_2 \quad {}^1\Sigma_g((3\sigma_g)^2(2\pi_u)^4(4\sigma_g)^2(1\delta_g)^4)$$

$$W_2^- \quad {}^2\Delta_g((3\sigma_g)^2(2\pi_u)^4(4\sigma_g)^2(3\sigma_u)^2(1\delta_g\uparrow)^3)$$

$$W_3 \quad {}^3B_2((2a_2)^2(9a_1)^2(4b_1)^2(6b_2\uparrow)^1(10a_1\uparrow)^1)$$

$$W_3^- \quad {}^2A_1((2a_2)^2(9a_1)^2(4b_1)^2(6b_2)^2(10a_1\uparrow)^1)$$

表 1－1 W_n $(n=2\sim4)$ 中性和阴离子团簇的对称性（Sym）、自旋多重度（M_s）、总原子化能（TAE）、绝热和垂直的离解能（D_a 和 D_v）以及估算的离解能（D_{Ref}）、垂直亲和能（VDE）和文献[1]中的亲和能（VDE_{Ref}）

	Sym	M_s	TAE	D_a	D_v	D_{Ref}	VDE	VDE_{Ref}
W_2	$D_{\infty h}$	1	3.35	3.35	3.35	5.0		
W_3	D_{3h}	3	7.64	4.29	5.71	5.6		
W_4	D_{2h}	3	12.03	4.39	5.25			
W_2^-	$D_{\infty h}$	2	3.83	3.83	3.83	5.7	1.34	1.46 ± 0.05
W_3^-	C_{2v}	2	8.39	4.57	5.01	5.6	1.44	1.44 ± 0.05
W_4^-	C_{2v}	2	12.80	4.41	5.19	6.2	1.49	1.64 ± 0.05
W_4^-	D_{2h}	4	12.83	4.43	5.21		1.47	

下面对 W_4 和 W_4^- 团簇的几何和电子结构进行全面的讨论。

W_4 和 W_4^- 团簇的计算结果列于表 1－1，其几何结构如图 1－1、图 1－2 所示。对于 W_4 团簇，基态是 D_{2h} 对称性的三重态 ${}^3A_u$，其电子组态是 $(7a_g)^2(5b_{1u})^2(5b_{2u})^2(2b_{1g}\uparrow)^1(6b_{1u}\uparrow)^1$；其亚稳态结构是具有 D_{2d} 对称性的单重态，比基态能量高 0.15 eV，如图 1－1 所示。对于 W_4^- 团簇，有两个竞争的基态：一个是具有 D_{2h} 对称性的四重态 ${}^4A_u$；另一个是对称性为 C_{2v} 结构的双重态 ${}^2B_1$（图 1－2），能量仅比四重态 ${}^4A_u$ 高 0.03 eV。考虑到密度泛函计算方法的精确度，不能确定哪一种为 W_4^- 团簇的基态，所以下面的计算中将同时包括这两种几何结构。它们的电子结构分别是 $(7a_g)^2(5b_{1u})^2(5b_{2u})^2(2b_{1g}\uparrow)^1(6b_{1u}\uparrow)^1(8a_g\uparrow)^1$ 和 $(10a_1)^2(7b_1)^2(6b_2)^2(7b_2)^2(8b_1\uparrow)^1$。$C_{2v}$ 结构可看作具有 161°二面角的扭曲的 D_{2h} 结构。

W_n $(n=2\sim4)$ 团簇的总原子化能（TAE）、绝热和垂直的离解能（D_a 和 D_v）、垂直的亲和

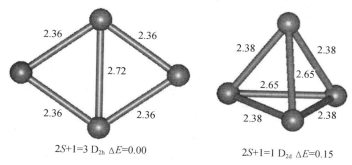

图 1-1　中性 W_4 团簇的结构、键长（单位为 Å）、对称性和相对能量（单位为 eV）

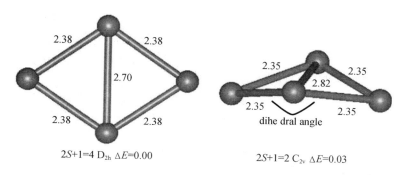

图 1-2　阴离子 W_4^- 团簇的结构、键长（单位为 Å）、对称性和相对能量（单位为 eV）

能（VDE）的计算结果也列于表 1-1，下面给出它们的定义：

$$TAE_n = E_n - nE_1,\quad TAE_n^- = E_n^- - (n-1)E_1 - E_1^-$$

$$D_a = E_n - E_{n-1}（两者均为相应团簇基态结构的能量，D_a^- 的定义类似）$$

$$D_v = E_n - E'_{n-1}（两者的几何结构均为 W_n 团簇基态结构的构型，D_v^- 的定义类似）$$

$$VDE = E_n^- - E'_n（两者的几何结构都为 W_n^- 团簇的基态结构的构型）$$

式中，E_n 为 W_n 团簇基态结构的能量；E_n^- 为 W_n^- 团簇的基态结构的能量。

　　为了与本节的计算结果进行比较，表 1-1 也列出了估算的离解能（D_{Ref}）和参考文献 [1] 中实验的亲和能（VDE_{Ref}）。结果发现，本节的垂直亲和能的值接近实验数据，而估算的离解能小于参考文献 [1] 中的实验数值。D_{Ref} 是从参考文献 [1] 中得出的估算值，是根据参考文献 [1] 中的图 3 和 Born-Haber cycle：$D_n = D_n^- - EA(n) + EA(n-1)$ 得出的，而不是实验数值，列入表中只是为了与本书的结果进行粗略的比较。

　　（2）频率分析

　　W_4 和 W_4^- 团簇基态结构的振动频率列于表 1-2 中，表 1-2 同时也列出了团簇的对称性和红外强度，括号中是振动模式。根据群论知识，可以通过对称性来确定一个振动模式是红外活性或拉曼活性：对于对称性为 $D_{\infty h}$ 的团簇，σ_g 振动模式是拉曼活性；对于对称性为 D_{3h} 的团簇，a'_1 振动模式是拉曼活性，而 e' 振动模式既有红外活性又有拉曼活性；对于 C_{2v} 对称性的团簇，a_1，b_1 和 b_2 振动模式既有红外活性又有拉曼活性，而 a_2 振动模式仅具有拉曼活性；对于 D_{2h} 对称性的团簇，b_{1u}，b_{2u} 和 b_{3u} 振动模式是红外活性，a_g 和 b_{3g} 振动模式是拉曼活性。这里给出的频率数据希望能够为将来的实验提供理论依据。

表 1-2　中性和阴离子团簇 W_n ($n = 2 \sim 4$) 的振动频率（cm^{-1}）、对称性和红外（IR）强度

W_2	W_2^-	W_3	W_3^-	W_4	W_4^-	
$D_{\infty h}$	$D_{\infty h}$	D_{3h}	C_{2v}	D_{2h}	C_{2v}	D_{2h}
410.6 (σ_g)	356.7 (σ_g)	210.4 (e')	67.0 (b_2)	34.0 (b_{3u})	30.9 (a_1)	34.0 (b_{3u})
0.000 0	0.000 0	1.251 9	4.105 4	0.072 4	0.002 6	0.427 6
		210.4 (e')	185.6 (a_1)	128.0 (b_{3g})	140.1 (a_2)	129.2 (b_{3g})
		1.251 5	2.322 9	0.000 0	0.000 0	0.000 0
		334.8 (a_1')	325.9 (a_1)	192.1 (a_g)	173.7 (a_1)	181.9 (a_g)
		0.000 0	0.461 0	0.000 0	0.013 1	0.000 0
				198.2 (b_{1u})	195.3 (b_2)	185.8 (b_{2u})
				0.006 7	0.280 8	2.496 9
				200.8 (b_{2u})	220.5 (b_2)	199.4 (b_{1u})
				1.625 0	4.112 3	2.101 1
				262.0 (a_g)	234.7 (a_1)	256.0 (a_g)
				0.000 0	0.018 8	0.000 0

注：括号中是振动模式。

（3）光电子能谱（PES）的数据分析

小钨团簇的光电子能谱实验数据已由 Weidele 等人[1] 测量完成，但他们没有对光电子能谱的峰值以及对应的阴离子失去电子转换为中性分子过程中的特征进行理论指认，本书针对光电子能谱实验数据进行了理论计算，完成了理论指认。

首先，假设从 W_n^- 变成 W_n（$n = 2 \sim 4$）时电子分离发生的跃迁是垂直的，这意味着中性 W_n 团簇应该保持与 W_n^- 相同的几何结构；其次，假定几乎所有的电子都是从阴离子的基态到中性团簇的基态或激发态的，这意味着如果没有明确的实验证据，我们将不考虑从阴离子激发态到中性团簇的基态或激发态这些可能出现的跃迁过程。在计算过程中，中性团簇和电离出来的电子应该被当作同一个系统，它们的总自旋必须与阴离子团簇的自旋相等。假设阴离子的自旋多重度是 n，那么从阴离子移走一个电子得到的中性团簇只能有两种可能的多重度，那就是 $n + 1$ 和 $n - 1$。大家知道，在光电子能谱中有双电子跃迁的过程，即一个电子从阴离子分离的同时另一个电子也被激发到较高的轨道[19]，这是目前在原子和分子物理中研究电子相关效应[20] 的主要实验技术，这种跃迁表现出非常弱的强度[21]。但在某些情况下，也会存在较强的电子关联效应，这种双电子跃迁可以在实验[19] 中被明显检测，甚至比单电子分离[22] 表现出更强的强度。Deng 等人[23] 应用第一性原理计算模拟 $OCuO_2^-$ 的实验光电子能谱时发现了双电子跃迁。在本书的模拟中，考虑到了多电子跃迁，很清晰地展现了多重电子从阴离子基态到中性团簇基态或激发态跃迁的存在。

通过含时密度泛函理论（TDDFT）方法利用阴离子基态结构计算了中性 W_n 团簇的激发能。W_n（$n = 2 \sim 4$）团簇的跃迁能级、电子态、电子组态、主要跃迁和亲和能分别列入表 1-3 至表 1-5 中。对于 W_4 团簇，在计算中考虑了与 W_4^- 团簇的双重态和四重态的基态结构对应的中性 W_4 团簇。一个态的亲和能被定义为 VDE 和它的激发能的总和。为了避免由计算垂直亲和能产生的误差所带来的影响，在上述定义中垂直亲和能使用实验数据。表中的

主要位置列的是电子组态,为了将计算得到的激发态与实验上阴离子的光电子能谱中所观察到的态对应起来,首先需要确定 PES 实验中的 A 态(光谱中的第一个峰)。光电子能谱中的 A 态通常被认为对应于保持阴离子基态构型下从阴离子基态到中性团簇之间的跃迁,即团簇的垂直亲和能。对于 A 态,也可以通过加上垂直电子亲和能来把计算得到的激发能转变成直接对应于光电子能谱实验数据的亲和能。

表 1-3　W_2 团簇的电子态、电子组态和亲和能

N	State	Configuration	Detachment energy/eV	
			This work	Expt. (Ref. 1)
(W_2^-)	$^2\Delta_g$	$(3\sigma_g)^2(2\pi_u)^4(4\sigma_g)^2(3\sigma_u)^2(1\delta_g\uparrow)^3$	0.00	0.00
1	$^3\Delta_u$	$(3\sigma_g)^2(2\pi_u)^4(4\sigma_g)^2(3\sigma_u\uparrow)^1(1\delta_g\uparrow)^3$	1.46	1.46
3	$^3\Delta_u$	$(3\sigma_g)^2(2\pi_u)^4(4\sigma_g\uparrow)^1(1\delta_g)^4(1\delta_u\uparrow)^1$	1.76	
2	$^1\Sigma_g$	$(3\sigma_g)^2(2\pi_u)^4(4\sigma_g)^2(1\delta_g)^4$	1.79	1.89
1	$^1\Delta_u$	$(3\sigma_g)^2(2\pi_u)^4(4\sigma_g)^2(3\sigma_u\downarrow)^1(1\delta_g\uparrow)^3$	1.92	2.09
2	$^3\Gamma_u$ 或 $^3\Sigma_u$	$(3\sigma_g)^2(2\pi_u)^4(4\sigma_g)^2(1\delta_g\uparrow)^3(1\delta_u\uparrow)^1$	2.49	2.55
3	$^1\Sigma_g$ 或 ^1K_g	$(3\sigma_g)^2(2\pi_u)^4(4\sigma_g)^2(1\delta_g)^2(1\delta_u)^2$	2.71	2.71
2	$^3\Delta_u$ 或 ^3I_u	$(3\sigma_g)^2(2\pi_u)^4(4\sigma_g)^2(3\sigma_u\uparrow)^1(1\delta_g)^2(1\delta_u\uparrow)^1$	2.88	
2	$^3\Sigma_u$	$(3\sigma_g)^2(2\pi_u)^4(4\sigma_g\uparrow)^1(3\sigma_u\uparrow)^1(1\delta_g)^4$	2.92	2.92
1	$^3\Sigma_g$	$(3\sigma_g)^2(2\pi_u)^4(4\sigma_g)^2(3\sigma_u)^2(1\delta_g\uparrow\uparrow)^2$	3.13	3.19
2	$^3\Pi_u$	$(3\sigma_g)^2(2\pi_u\uparrow)^3(4\sigma_g)^2(3\sigma_u\uparrow)^1(1\delta_g)^4$	3.21	3.27
2	$^1\Sigma_u$	$(3\sigma_g)^2(2\pi_u)^4(4\sigma_g\downarrow)^1(3\sigma_u\uparrow)^1(1\delta_g)^4$	3.33	
2	$^3\Phi_g$ 或 $^3\Pi_g$	$(3\sigma_g)^2(2\pi_u)^4(4\sigma_g)^2(1\delta_g\uparrow)^3(2\pi_g\uparrow)^1$	3.38	3.44
2	$^3\Delta_u$ 或 ^3I_u	$(3\sigma_g)^2(2\pi_u)^4(4\sigma_g\uparrow)^1(3\sigma_u)^2(1\delta_g)^2(1\delta_u\uparrow)^1$	3.39	
2	$^3\Delta_g$ 或 ^3I_g	$(3\sigma_g)^2(2\pi_u)^4(4\sigma_g)^2(3\sigma_u\uparrow)^1(1\delta_g)^2(1\delta_u\uparrow)^1$	3.44	
2	$^3\Phi_u$ 或 $^3\Pi_u$	$(3\sigma_g)^2(2\pi_u)^4(4\sigma_g)^2(1\delta_g\uparrow)^3(3\pi_u\uparrow)^1$	3.59	3.54
2	$^1\Pi_g$	$(3\sigma_g)^2(2\pi_u\downarrow)^3(4\sigma_g)^2(3\sigma_u\uparrow)^1(1\delta_g)^4$	3.69	3.63

表 1-4　W_3 团簇的电子态、电子组态和亲和能

N	State	Configuration	Detachment energy/eV	
			This work	Expt. (Ref. 1)
(W_3^-)	$^2A_1$	$(2a_2)^2(9a_1)^2(4b_1)^2(6b_2)^2(10a_1\uparrow)^1$	0.00	0.00
1	$^3B_2$	$(2a_2)^2(9a_1)^2(4b_1)^2(6b_2\uparrow)^1(10a_1\uparrow)^1$	1.44	1.44
1	$^1A_1$	$(2a_2)^2(9a_1)^2(4b_1)^2(6b_2)^2$	1.66	1.63
1	$^1B_2$	$(2a_2)^2(9a_1)^2(4b_1)^2(6b_2\downarrow)^1(10a_1\uparrow)^1$	1.78	1.69

表 1-4(续)

N	State	Configuration	Detachment energy/eV	
			This work	Expt. (Ref. 1)
2	$^3A_1$	$(2a_2)^2(9a_1)^2(4b_1)^2(6b_2\uparrow)^1(7b_2\uparrow)^1$	2.02	2.04
2	$^3B_2$	$(2a_2)^2(9a_1\uparrow)^1(4b_1)^2(6b_2\uparrow)^1(10a_1)^2$	2.20	2.24
1	$^3B_1$	$(2a_2)^2(9a_1)^2(4b_1\uparrow)^1(6b_2)^2(10a_1\uparrow)^1$	2.35	2.33
1	$^3A_1$	$(2a_2)^2(9a_1\uparrow)^1(4b_1)^2(6b_2)^2(10a_1\uparrow)^1$	2.41	2.44
2	$^3B_2$	$(2a_2)^2(9a_1)^2(4b_1)^2(6b_2\uparrow)^1(11a_1\uparrow)^1$	2.50	
2	$^3A_1$	$(2a_2)^2(9a_1)^2(4b_1)^2(10a_1\uparrow)^1(11a_1\uparrow)^1$	2.60	2.56
2	$^3A_2$	$(2a_2)^2(9a_1)^2(4b_1\uparrow)^1(6b_2\uparrow)^1(10a_1)^2$	2.62	
2	$^3B_2$	$(2a_2)^2(9a_1\uparrow)^1(4b_1)^2(6b_2\uparrow)^1(10a_1)^2$	2.65	
1	$^3A_2$	$(2a_2\uparrow)^1(9a_1)^2(4b_1)^2(6b_2)^2(10a_1\uparrow)^1$	2.67	
2	$^3B_1$	$(2a_2)^2(9a_1)^2(4b_1)^2(6b_2\uparrow)^1(3a_2\uparrow)^1$	2.68	2.68
2	$^3B_1$	$(2a_2\uparrow)^1(9a_1)^2(4b_1)^2(6b_2\uparrow)^1(10a_1)^2$	2.72	2.74
1	$^1B_1$	$(2a_2)^2(9a_1)^2(4b_1\downarrow)^1(6b_2)^2(10a_1\uparrow)^1$	2.76	

从表 1-5 可以发现,所有计算出的激发态的亲和能与实验数据吻合得很好,所以即使考虑到激发态的计算,也不能确定 W_4^- 团簇的基态是双重度的 C_{2v} 对称还是四重度的 D_{2h} 对称。在某些情况下,还可以把多个激发态中接近的电离能或宽峰指认给一个实验峰值,例如,在 W_2 团簇的光电子能谱中的实验亲和能为 3.44 eV 的峰值处被指认给三个激发态中计算的亲和能 3.38 eV,3.39 eV 和 3.44 eV。另外从表中还发现,个别的计算激发态不能在光电子实验能谱中找到,例如 W_4 中亲和能为 2.56 eV 的 $^3A_1$ 态。笔者认为理论和实验之间存在偏差主要来自于两方面的原因:一个是从阴离子基态到中性分子激发态的跃迁概率太小、强度太弱,以至于在实验中检测不到;本书还没有研究跃迁概率,是因为它涉及两个不同系统(一个系统是阴离子团簇,另一个系统是中性团簇)的两种状态,难以计算;另外,对于开壳层结构,不是所有的解离都是等同的。虽然还有很多方法可用来计算光电子能谱的强度,但它们并不常用。存在偏差的另一个原因,可能来源于 TDDFT 方法的精度问题,一般来讲,TDDFT 的精度大约是 0.3 eV。虽然我们计算的激发态大部分同实验测量值吻合得很好,但我们并不能排除某些激发态计算得到的激发能与实际应当对应的实验值相差比较远的情况。

光电子能谱峰的强度是由两个因素决定的:一种是阴离子团簇的基态和中性团簇的激发态之间的跃迁;另一种是中性团簇激发态的电子态密度(DOS)。既然无法计算跃迁概率,我们只使用了态密度计算出的频谱与实验相比较,这是在光电子能谱理论指认中常用的方法[24]。通过对结合能进行洛伦兹展宽拟合的方法得到的光电子谱小于实验中的最大结合能,然后对它们通过洛伦兹变换求和得到激发态的 DOS。以 W_2 团簇为例进行了洛伦兹展宽,如图 1-3 所示,为了便于比较,将文献[1]中的实验光谱也放入其中(图中左上角)。在实验和计算光谱图中都发现了 11 个明显的光谱峰,分别位于 A,B,C,D,E,F,G,H,I,J,K 处。很显然,计算的光谱与实验光谱的主要特征一致,它们之间的强度差主要是因为在计算中忽略了跃迁概率的影响。

表 1-5　W_4^- 团簇的电子态、电子组态和亲和能，C_{2v} 和 D_{2h} 分别对应于多重度 2 和 4

N	State	Configuration	Detachment energy/eV	
			This work	Expt. (Ref. 1)
(W_4^- C_{2v})	$^2B_1$	$(10a_1)^2(7b_1)^2(6b_2)^2(7b_2)^2(8b_1\uparrow)^1$	0.00	0.00
1	$^3A_2$	$(10a_1)^2(7b_1)^2(6b_2)^2(7b_2\uparrow)^1(8b_1\uparrow)^1$	1.64	1.64
1	$^1A_1$	$(10a_1)^2(7b_1)^2(6b_2)^2(7b_2)^2$	1.84	1.76
2	$^3B_1$	$(10a_1)^2(7b_1)^2(6b_2)^2(8b_1\uparrow)^1(11a_1\uparrow)^1$	1.99	1.93
1	$^1A_2$	$(10a_1)^2(7b_1)^2(6b_2)^2(7b_2\downarrow)^1(8b_1\uparrow)^1$	2.12	
1	$^3A_2$	$(10a_1)^2(7b_1)^2(6b\uparrow)^1(7b_2)^2(8b_1\uparrow)^1$	2.26	2.20
2	$^3B_2$	$(10a_1)^2(7b_1)^2(6b_2)^2(7b\uparrow)^1(11a_1\uparrow)^1$	2.50	
2	$^3A_2$	$(10a_1)^2(7b_1)^2(6b_2)^2(8b_1\uparrow)^1(8b_2\uparrow)^1$	2.51	
1	$^3A_1$	$(10a_1)^2(7b_1\uparrow)^1(6b_2)^2(7b_2)^2(8b_1\uparrow)^1$	2.56	
2	$^3A_2$	$(10a_1)^2(7b_1)^2(6b_2)^2(8b_1\uparrow)^1(9b_2\uparrow)^1$	2.65	
2	$^1A_1$	$(10a_1)^2(7b_1)^2(6b_2)^2(7b_2\downarrow)^1(8b_2\uparrow)^1$	2.69	
2	$^1B_2$	$(10a_1)^2(7b_1)^2(6b_2)^2(7b_2\downarrow)^1(11a_1\uparrow)^1$	2.70	
1	$^3B_1$	$(10a_1\uparrow)^1(7b_1)^2(6b_2)^2(7b_2)^2(8b_1\uparrow)^1$	2.74	2.75
1	$^1A_2$	$(10a_1)^2(7b_1)^2(6b_2\downarrow)^1(7b_2)^2(8b_1\uparrow)^1$	2.78	
(W_4^- D_{2h})	^4A_u	$(7a_g)^2(5b_{1u})^2(5b_{2u})^2(2b_{1g}\uparrow)^1(6b_{1u}\uparrow)^1(8a_g\uparrow)^1$	0.00	0.00
1	^3A_u	$(7a_g)^2(5b_{1u})^2(5b_{2u})^2(2b_{1g}\uparrow)^1(6b_{1u}\uparrow)^1$	1.64	1.64
				1.76
1	$^3B_{2g}$	$(7a_g)^2(5b_{1u})^2(5b_{2u}\downarrow)^1(2b_{1g}\uparrow)^1(6b_{1u}\uparrow)^1(8a_g\uparrow)^1$	1.97	1.93
2	$^3B_{3g}$	$(7a_g)^2(5b_{1u})^2(5b_{2u}\downarrow)^1(2b_{1g}\uparrow)^1(6b_{1u}\uparrow)^1(3b_{1g}\uparrow)^1$	2.13	
1	$^5B_{2g}$	$(7a_g)^2(5b_{1u})^2(5b_{2u}\uparrow)^1(2b_{1g}\uparrow)^1(6b_{1u}\uparrow)^1(8a_g\uparrow)^1$	2.19	2.20
2	^5A_u	$(7a_g)^2(5b_{1u})^2(5b_{2u}\uparrow)^1(2b_{1g}\uparrow)^1(6b_{1u}\uparrow)^1(6b_{2u}\uparrow)^1$	2.40	
2	$^3B_{1u}$	$(7a_g)^2(5b_{1u})^2(5b_{2u}\downarrow)^1(2b_{1g}\uparrow)^1(6b_{1u}\uparrow)^1(4b_{3u}\uparrow)^1$	2.54	
2	$^5B_{3g}$	$(7a_g)^2(5b_{1u})^2(5b_{2u}\uparrow)^1(2b_{1g}\uparrow)^1(6b_{1u}\uparrow)^1(3b_{1g}\uparrow)^1$	2.56	
2	^3A_u	$(7a_g)^2(5b_{1u})^2(5b_{2u}\downarrow)^1(2b_{1g}\uparrow)^1(6b_{1u}\uparrow)^1(6b_{2u}\uparrow)^1$	2.61	
2	$^3B_{3g}$	$(7a_g)^2(5b_{1u})^2(5b_{2u}\uparrow)^1(2b_{1g}\uparrow)^1(6b_{1u}\uparrow)^1$	2.67	
1	$^3B_{1g}$	$(7a_g)^2(5b_{1u})^2(5b_{2u})^2(2b_{1g}\uparrow)^1(8a_g\uparrow)^1$	2.68	
2	$^3B_{2g}$	$(7a_g)^2(5b_{1u})^2(5b_{2u}\downarrow)^1(2b_{1g}\uparrow)^1(6b_{1u}\uparrow)^1(9a_g\uparrow)^1$	2.71	
2	^3A_g	$(7a_g)^2(5b_{1u}\uparrow)^1(5b_{2u})^2(2b_{1g}\uparrow)^1(6b_{1u}\uparrow)^1$	2.73	2.75
2	$^5B_{2g}$	$(7a_g)^2(5b_{1u})^2(5b_{2u}\uparrow)^1(2b_{1g}\uparrow)^1(6b_{1u}\uparrow)^1(9a_g\uparrow)^1$	2.85	

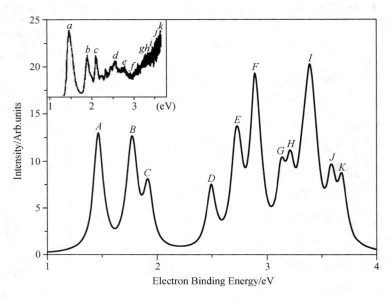

图 1－3　W_2^- 团簇的实验光谱和计算光谱

（4）结论

采用密度泛函理论中的 B3LYP 方法在 LANL2DZ 基组水平上对 $W_n(n=2\sim4)$ 团簇在中性和阴离子状态下的几何结构和光电子能谱进行了系统研究。确定了它们的基态结构、总原子化能、离解能和亲和能，并用含时密度泛函理论计算了团簇 $W_n(n=2\sim4)$ 的低能激发态，从理论上指认了 $W_n(n=2\sim4)$ 的光电子能谱，计算获得的所有结果与实验数据较吻合。

2. W_5 及其离子团簇的结构与光电子能谱

（1）W_5，W_5^+，W_5^- 的几何和电子结构

研究团簇的首要问题是确定其基态结构。为了找到全局最小值而避免局部极小，首先设计了团簇的多种可能几何结构，并在不受对称性约束的情况下对其进行了几何参数全优化。对于 W_5 和 W_5^- 团簇，找到了能量相对较低的三个异构体，即两个三维结构和一个平面结构，如图 1－4、图 1－5 所示。对于 W_5^+ 团簇，仅找到了两个稳定的异构体，它们都为三维结构，对平面结构也进行了优化，是不稳定的，有虚频，如图 1－6 所示。

对于 W_5 团簇，基态结构为对称性为 D_{3h} 的单重态（图 1－4），其他两个能量高点的异构体都为对称性为 C_{2v} 的单重态，能量分别比基态高 1.05 eV 和 4.03 eV。对于 W_5^- 团簇，三个稳定结构对称性都为 C_{2v}，两个三维结构多重度为 2，平面结构多重度为 6，对于多重度为 2 和 4 的平面结构也进行了几何参数全优化，但它们都是有虚频的鞍点。两个异构体的能量分别比基态的高 0.91 eV 和 3.15 eV。对于 W_5^+ 团簇，两个稳定结构都为多重度为 2 的三维结构，对称性都为 C_{2v}，亚稳态结构比基态结构能量高 1.06 eV。

由此看出，$W_5^{0,\pm}$ 团簇的基态结构很相似，都为三维结构的三角双锥，只是阴阳离子的对称性和中性团簇相比有所降低，这是由于当增加或移除一个电子后产生了 Jahn－Teller 效应，导致 W_5^+ 和 W_5^- 的对称性从 W_5 的 D_{3h} 变为 C_{2v}。另外，从图 1－4 到图 1－6 还可以看出，

$W_5^{0,\pm}$ 团簇的亚稳态也有着相似的结构,而且对称性均为 C_{2v},键长也比较接近。

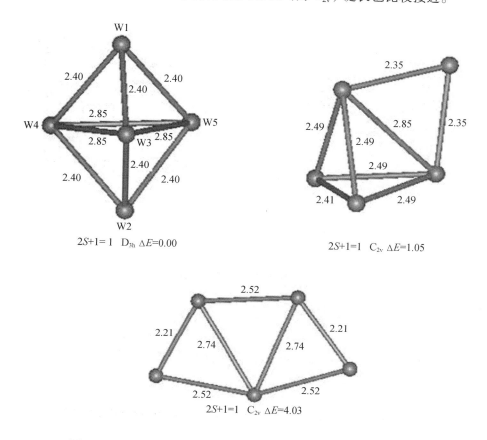

图 1 - 4　中性团簇 W_5 的结构、键长(Å)、对称性和相对能量(eV)

对于以上团簇,也计算了它们的振动频率,表 1 - 6 列出了其基态结构的振动频率,都没有虚频,说明得到的优化构型都是势能面上最稳定的点。由于这三种团簇在几何结构上只有着微小的差异,因此它们的振动频率也只存在微小的差别。振动模式的对称性可以决定该模式是红外还是拉曼活性[17-18],表 1 - 6 也给出了它们的对称性和振动模式。对于具有 C_{2v} 对称性的团簇,具有 a_1,b_1 和 b_2 振动模式的都表现为既有红外活性又有拉曼活性,具有 a_2 振动模式的只有拉曼活性。对于具有 D_{3h} 对称性的团簇,a_1' 模式为拉曼活性,e' 和 e'' 模式具有红外和拉曼活性,a_2'' 模式表现红外活性。

电子排布有利于分析电子转移情况:

对于中性团簇 W_5,电子组态是 $^1A_1'$,即 $(8e'')^2(7a_1')^2(5a_2'')^2(13e')^2(14e')^2$;

对于阴离子团簇 W_5^-,电子组态是 $^2A_1$,即 $(4a_2)^2(9b_2)^2(14a_1)^2(15a_1\uparrow)^1(8b_1)^2$;

对于阳离子团簇 W_5^+,电子组态是 $^2A_1$,即 $(8b_2)^2(4a_2)^2(9b_2)^2(14a_1)^2(15a_1\uparrow)^1$。

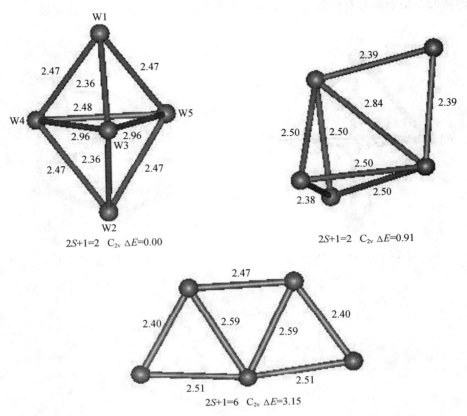

图1-5 阴离子团簇 **W$_5^-$** 的结构、键长（Å）、对称性和相对能量（eV）

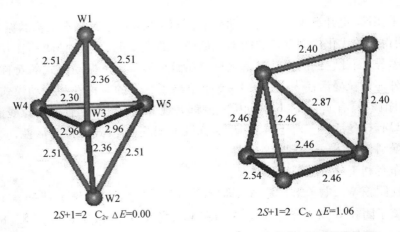

图1-6 阳离子团簇 **W$_5^+$** 的结构、键长（Å）、对称性和相对能量（eV）

表 1-6　$W_5^{0,\pm}$ 团簇基态结构的点群(PG)和振动频率(cm^{-1}),括号内为振动模式

System	PG	Frequencies/cm^{-1}								
W_5	D_{3h}	78(e')	78(e')	165(a_1')	184(e'')	184(e'')	212(e')	212(e')	275(a_2'')	296(a_1')
W_5^-	C_{2v}	73(a_1)	107(b_1)	137(b_2)	140(b_1)	151(a_2)	153(a_1)	224(a_1)	258(b_2)	288(a_1)
W_5^+	C_{2v}	59(a_2)	98(b_1)	101(a_1)	116(b_1)	147(b_2)	177(a_1)	259(a_1)	262(b_2)	318(a_1)

表 1-7 列出了 W_5 团簇的绝热和垂直的电子亲和能以及 W_5 和 W_5^- 团簇的绝热和垂直的解离能。由表 1-7 可看出,垂直的电子亲和能和解离能与实验符合得较好,而绝热的电子亲和能和解离能与实验数据差别较大,这是因为垂直的电子亲和能和解离能是在阴离子基态构型下计算的,正好对应于实验光电子能谱(PES)中测量的电子亲和能和解离能。

表 1-7　W_5 团簇的绝热和垂直的电子亲和能(EA)(eV)以及

W_5 和 W_5^- 团簇的绝热和垂直的解离能 DE(eV)

		Adiabatic/eV	Vertical/eV	Expt.
W_5	EA	1.37	1.65	1.58[a]
	DE	4.97	6.42	6.2[b]
W_5^-	DE	4.94	6.06	6.1[c]

a—Ref.[1].

b—Ref.[1], estimated from Fig.3 and Born – Haber cycle: $D_n = D_n^- - EA(n) + EA(n-1)$.

c—Ref.[1], estimated from Fig.3.

表 1-8 列出了 W_5,W_5^- 和 W_5^+ 团簇的密立根电荷和原子的总自旋密度,由表可看出,W_5^- 团簇得到的电子主要位于 W1,W2,W4 和 W5 这四个原子上,而 W_5^+ 团簇失去的电子则主要来自 W3 原子。这可以用来确定 W_5 团簇在不同吸附位置的化学性质。表 1-8 还给出了 W5 的离子自旋密度分布情况。对于中性团簇,没有列出自旋密度,因为中性团簇基态的自旋多重度是 1,没有孤电子。对于阴离子团簇,孤电子主要位于 W3 原子上;而对于阳离子团簇,孤电子主要位于 W1 和 W2 原子上。

表 1-8　$W_5^{0,\pm}$ 团簇的密立根电荷和原子的总自旋密度

		W1	W2	W3	W4	W5	Sum
W_5	charge	0.036	0.036	-0.024	-0.024	-0.024	0
W_5^-	charge	-0.223	-0.223	-0.093	-0.230	-0.230	-1
	net spin	-0.365	-0.365	0.927	0.402	0.402	1
W_5^+	charge	0.137	0.137	0.310	0.208	0.208	1
	net spin	0.471	0.471	-0.088	0.073	0.073	1

(2)光电子能谱分析

钨的阴离子小团簇的光电子能谱实验测量已由 Weidele 等人[1]完成,然而他们并没有对光电子能谱的峰值以及对应的阴离子失去电子转换为中性分子过程中的特征进行理论

指认,前面已经对 $W_n(n=2\sim4)$ 团簇光谱实验进行了理论指认,这里准备对 W_5 团簇进行理论指认。

首先,假设失去一个电子,由 W_5^- 到 W_5 团簇的跃迁是垂直的,这意味着中性的 W_5 团簇保持和 W_5^- 团簇相同的几何结构。其次,假定几乎所有的电子都是从阴离子的基态到中性团簇的基态或激发态的,这就意味着如果没有明确的实验证据,将不考虑从阴离子激发态到中性团簇的基态或激发态这些可能出现的跃迁过程。在计算过程中,中性团簇和电离出来的电子应该被当作同一个系统,它们的总自旋必须与原来的阴离子团簇的自旋相等。假设阴离子的自旋多重度是 n,那么从阴离子移走一个电子得到的中性团簇只能有两种可能的多重度,那就是 $n+1$ 和 $n-1$。

在阴离子团簇基态构型中,W_5 团簇的电子排布和中性团簇的基态构型的电子排布是不同的。在中性团簇基态构型中,W_5 团簇的基态排布是 $^1A_1$,即 $(4a_2)^2(9b_2)^2(14a_1)^2(8b_1)^2$;而利用阴离子团簇的基态构型得到的 W_5 团簇的电子排布为 $^3B_1$,即 $(9b_2)^2(14a_1)^2(8b_1\uparrow)^1(15a_1\uparrow)^1$,单重态 $^1A_1$ 比三重态 $^3B_1$ 的能量高 0.20 eV。

表 1-9 在阴离子基态构型下计算的 W_5 团簇的组态、电子排布、激发能(E_i)和结合能(BE)

State Triplet	Dominant Component	E_i /eV	BE in PES/eV		f
			E_i + EAexp	Exp[1]	
$^3B_1$	$(9b_2)^2(14a_1)^2(8b_1\uparrow)^1(15a_1\uparrow)^1$	0.000	1.58	1.58	
$^3A_1$	$(9b_2)^2(14a_1)^2(8b_1\uparrow)^1(9b_1\uparrow)^1$	0.143	1.723	1.70	0.001 2
$^3B_1$	$(9b_2)^2(14a_1)^2(8b_1\uparrow)^1(16a_1\uparrow)^1$	0.241	1.821	1.79	0.001 4
$^3B_1$	$(9b_2)^2(14a_1)^2(15a_1\uparrow)^1(9b_1\uparrow)^1$	0.350	1.930	1.87	0.000 6
$^3B_2$	$(9b_2)^2(14a_1)^2(8b_1\uparrow)^1(5a_2\uparrow)^1$	0.356	1.936		0.000 0
$^3A_1$	$(9b_2)^2(14a_1)^2(15a_1\uparrow)^1(16a_1\uparrow)^1$	0.387	1.967		0.002 3
$^3A_2$	$(9b_2)^2(14a_1)^2(15a_1\uparrow)^1(5a_2\uparrow)^1$	0.490	2.070	2.15	0.002 9
$^3A_1$	$(9b_2)^2(14a_1\uparrow)^1(8b_1)^2(15a_1\uparrow)^1$	0.732	2.312	2.26	0.000 1
$^3B_1$	$(9b_2)^2(14a_1\downarrow)^1(8b_1\uparrow)^1(15a_1\uparrow)^1(16a_1\uparrow)^1$	0.765	2.345	2.37	0.000 7
$^3B_1$	$(9b_2)^2(14a_1)^2(8b_1\uparrow)^1(17a_1\uparrow)^1$	0.824	2.404		0.008 3
$^3A_1$	$(9b_2)^2(14a_1\downarrow)^1(8b_1\uparrow)^1(15a_1\uparrow)^1(9b_1\uparrow)^1$	0.853	2.433		0.000 8
$^3A_1$	$(9b_2)^2(14a_1)^2(15a_1\uparrow)^1(17a_1\uparrow)^1$	0.906	2.486	2.47	0.000 2
$^3A_2$	$(9b_2)^2(14a_1)^2(8b_1\uparrow)^1(10b_2\uparrow)^1$	0.907	2.487		0.001 1
$^3B_2$	$(9b_2)^2(14a_1)^2(15a_1\uparrow)^1(10b_2\uparrow)^1$	0.998	2.578		0.000 0
$^3B_1$	$(9b_2)^2(14a_1\uparrow)^1(8b_1\uparrow)^1(15a_1)^2$	1.008	2.588		0.004 8
$^3A_1$	$(9b_2)^2(14a_1)^2(8b_1\uparrow)^1(11b_1\uparrow)^1$	1.016	2.596		0.000 8
$^3B_1$	$(9b_2)^2(14a_1\uparrow)^1(8b_1\uparrow)^1(15a_1\uparrow)^1(16a_1\downarrow)^1$	1.107	2.687		0.000 0
$^3A_1$	$(9b_2)^2(14a_1)^2(8b_1\uparrow)^1(10b_1\uparrow)^1$	1.114	2.694		0.000 4
$^3A_2$	$(9b_2)^2(14a_1)^2(8b_1\uparrow)^1(11b_2\uparrow)^1$	1.117	2.697		0.000 7
$^3B_2$	$(9b_2)^2(14a_1\downarrow)^1(8b_1\uparrow)^1(15a_1\uparrow)^1(5a_2\uparrow)^1$	1.146	2.726		0.000 0
$^3B_1$	$(9b_2)^2(14a_1)^2(15a_1\uparrow)^1(11b_1\uparrow)^1$	1.152	2.732		0.000 1
$^3B_2$	$(9b_2)^2(14a_1)^2(15a_1\uparrow)^1(11b_2\uparrow)^1$	1.224	2.804		0.000 0

表 1-9（续）

State Triplet	Dominant Component	E_i/eV	BE in PES/eV		f
			E_i + EAexp	Exp[1]	
$^3A_2$	$(9b_2)^2 (14a_1 \uparrow)^1 (8b_1 \uparrow)^1 (15a_1 \uparrow)^1 (10b_2 \downarrow)^1$	1.269	2.849	2.83	0.000 0
$^3A_1$	$(9b_2)^2 (14a_1 \uparrow)^1 (8b_1 \uparrow)^1 (15a_1 \uparrow)^1 (10b_1 \downarrow)^1$	1.270	2.850		0.000 3
$^3B_2$	$(9b_2)^2 (14a_1 \uparrow)^1 (8b_1 \uparrow)^1 (15a_1 \uparrow)^1 (5a_2 \downarrow)^1$	1.273	2.853		0.000 0
$^3B_2$	$(9b_2)^2 (14a_1)^2 (8b_1 \uparrow)^1 (6a_2 \uparrow)^1$	1.307	2.887		0.000 0
$^3B_1$	$(9b_2)^2 (14a_1)^2 (8b_1 \uparrow)^1 (18a_1 \uparrow)^1$	1.356	2.936		0.001 3
$^3A_2$	$(9b_2 \downarrow)^1 (14a_1)^2 (8b_1 \uparrow)^1 (15a_1 \uparrow)^1 (16a_1 \uparrow)^1$	1.396	2.976		0.000 9
$^3B_1$	$(9b_2)^2 (14a_1 \uparrow)^1 (8b_1 \uparrow)^1 (15a_1 \uparrow)^1 (17a_1 \downarrow)^1$	1.422	3.002		0.000 3
$^3A_1$	$(9b_2)^2 (14a_1 \uparrow)^1 (8b_1 \uparrow)^1 (15a_1 \uparrow)^1 (9b_1 \downarrow)^1$	1.442	3.022		0.000 3
$^3B_1$	$(9b_2)^2 (14a_1)^2 (15a_1 \uparrow)^1 (11b_1 \uparrow)^1$	1.478	3.058		0.002 7
$^3A_2$	$(9b_2)^2 (14a_1)^2 (15a_1 \uparrow)^1 (6a_2 \uparrow)^1$	1.500	3.080	3.08	0.000 5
$^3B_2$	$(9b_2 \downarrow)^1 (14a_1)^2 (8b_1)^2 (15a_1 \uparrow)^1$	1.545	3.125		0.000 0
$^3A_1$	$(9b_2)^2 (14a_1)^2 (15a_1 \uparrow)^1 (18a_1 \uparrow)^1$	1.557	3.137		0.000 5
$^3B_1$	$(9b_2)^2 (14a_1 \downarrow)^1 (8b_1 \uparrow)^1 (15a_1 \uparrow)^1 (17a_1 \uparrow)^1$	1.557	3.137		0.000 0

表 1-10　W_5 团簇单重态的组态、电子排布、激发能（E_i）和结合能（BE）

State Singlet	Dominant Component	E_i /eV	BE in PES/eV		f
			E_i + 0.2 + EAexp	Exp[1]	
$^1A_1$	$(4a_2)^2 (9b_2)^2 (14a_1)^2 (8b_1)^2$	0.000	1.778		
$^1B_1$	$(4a_2)^2 (9b_2)^2 (14a_1)^2 (8b_1 \downarrow)^1 (15a_1 \uparrow)^1$	0.056	1.834	1.87	0.000 0
$^1B_1$	$(4a_2)^2 (9b_2)^2 (14a_1)^2 (8b_1 \downarrow)^1 (16a_1 \uparrow)^1$	0.197	1.975		0.001 0
$^1A_1$	$(4a_2)^2 (9b_2)^2 (14a_1)^2 (8b_1 \downarrow)^1 (9b_1 \uparrow)^1$	0.335	2.113	2.15	0.002 3
$^1B_2$	$(4a_2)^2 (9b_2)^2 (14a_1)^2 (8b_1 \downarrow)^1 (5a_2 \uparrow)^1$	0.601	2.379	2.37	0.006 2
$^1A_2$	$(4a_2)^2 (9b_2)^2 (14a_1)^2 (8b_1 \downarrow)^1 (10b_2 \uparrow)^1$	0.695	2.473	2.47	0.000 0
$^1B_1$	$(4a_2)^2 (9b_2)^2 (14a_1)^2 (8b_1 \downarrow)^1 (17a_1 \uparrow)^1$	0.763	2.541		0.001 2
$^1A_1$	$(4a_2)^2 (9b_2)^2 (14a_1 \downarrow)^1 (8b_1)^2 (15a_1 \uparrow)^1$	0.798	2.576		0.000 4
$^1A_2$	$(4a_2)^2 (9b_2)^2 (14a_1)^2 (8b_1 \downarrow)^1 (11b_2 \uparrow)^1$	0.943	2.721		0.000 0
$^1A_1$	$(4a_2)^2 (9b_2)^2 (14a_1)^2 (8b_1 \downarrow)^1 (10b_1 \uparrow)^1$	1.006	2.784		0.003 5
$^1A_1$	$(4a_2)^2 (9b_2)^2 (14a_1 \downarrow)^1 (8b_1)^2 (16a_1 \uparrow)^1$	1.089	2.867	2.83	0.005 4
$^1A_1$	$(4a_2)^2 (9b_2)^2 (14a_1)^2 (8b_1 \downarrow)^1 (11b_1 \uparrow)^1$	1.185	2.963		0.000 0
$^1B_1$	$(4a_2)^2 (9b_2)^2 (14a_1 \downarrow)^1 (8b_1)^2 (9b_1 \uparrow)^1$	1.201	2.979		0.000 0
$^1B_2$	$(4a_2)^2 (9b_2)^2 (14a_1)^2 (8b_1 \downarrow)^1 (6a_2 \uparrow)^1$	1.255	3.033		0.003 4
$^1B_1$	$(4a_2)^2 (9b_2)^2 (14a_1)^2 (8b_1 \downarrow)^1 (18a_1 \uparrow)^1$	1.296	3.074	3.08	0.001 2
$^1A_2$	$(4a_2)^2 (9b_2)^2 (14a_1 \downarrow)^1 (8b_1)^2 (5a_2 \uparrow)^1$	1.410	3.188		0.000 0

采用 TDDFT 方法计算了中性 W_5 团簇在阴离子基态构型下的激发能，表 1-9 和表

1-10 分别列出了在三重态和单重态下 W_5 团簇的组态、电子排布、激发能和结合能。组态的结合能定义为垂直亲和能 VEA 与激发能 E_i 的总和,为了避免计算亲和能 EA 产生的误差带来的影响,在上述定义中使用亲和能 EA 的实验数据,

表中列出的电子排布是主要成分,为了将 W_5^- 团簇的光电子能谱态和这些激发态联系起来,首先将 X 态(光谱里的第一个峰值)定为实验数据值,光电子能谱中的 X 态通常被认为是对应于从阴离子团簇的基态向在阴离子团簇基态构型下中性团簇的跃迁。所以 X 态的结合能就是团簇的垂直亲和能。对于 X 态,也可以通过加上垂直电子亲和能 VEA 来把计算得到的激发能转变成直接对应于光电子能谱实验数据的结合能 BE。总之,为了避免计算亲和能产生的误差带来的影响,使用亲和能的实验值 1.58 eV(表 1-9)。对于单重态,垂直亲和能以及 $^1A_1$ 和 $^3B_1$ 之间的能量差 0.20 eV 都应加上(表 1-10)。

从表 1-9 和表 1-10 可看出,所有激发态的亲和能计算值与实验数据吻合得很好。在某些情况下,两个激发态指认给一个实验峰值,这是由于两个激发态相近或形成一个宽峰,就给它们指认一个实验峰值。例如,将光电子能谱中实验结合能为 2.47 eV 的峰指认给了计算亲和能值分别为 2.486 eV 和 2.487 eV 的两个激发态,而实验结合能为 2.83 eV 的峰指认给了计算亲和能值分别为 2.849 eV 和 2.850 eV 的两个激发态,等等。应该注意,也有少数计算的激发态在光电子能谱实验中不能找到,比如亲和能为 2.687 eV 的 $^3B_1$ 态等。笔者认为,这种理论和实验上的差异主要由两个原因造成:一个原因是阴离子向激发态跃迁的强度太弱了,以至于在实验中检测不出,由于计算的复杂性,本书没有研究跃迁的强度;另一个原因是 TDDFT 的精度,一般来说 TDDFT 能精确到大约 0.3 eV。尽管大多数激发态的计算值和测量值吻合得很好,但也不能排除一些能量的计算值与对应的实验值相差比较远的情况。

通过对结合能进行洛伦兹展宽拟合的方法得到激发态的光电子谱,如图 1-7 所示。为了与实验值进行比较,将光谱的实验值[1](图中左上角)插入。在光谱的计算值和实验值里,均可以找到 10 个特征值,分别位于 X, A, B, C, D, E, F, G, H, I 点,很明显,光谱的计算值

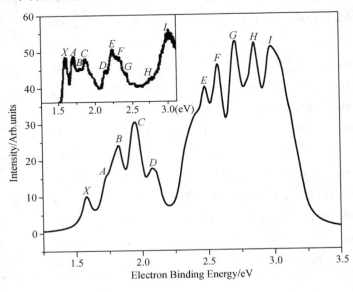

图 1-7 W_5^- 团簇的实验和计算的光电子能谱

和实验值在主要特征点上吻合得很好。光谱实验值和计算值能量差异的存在(尤其在高结合能区域),是由于光谱峰值的强度由两个因素决定:一个是激发态的密度;另一个是初始态到终态的跃迁概率,在这里忽略了跃迁概率的影响。

(3)小结

采用 DFT 中的 B3LYP 方法在 LANL2DZ 基组水平上对 W_5 团簇的中性和阴阳离子的结构和电子性质进行了全面的研究。W_5,W_5^- 和 W_5^+ 团簇的对称性分别是 D_{3h},C_{2v} 和 C_{2v},基态电子组态分别为 $^1A_1$,$^2A_1$ 和 $^2A_1$。此外,还研究了其密立根电荷、自旋密度、电子亲和能、解离能,并且运用含时密度泛函理论(TDDFT)计算了 W_5 的低能激发态,并对实验中得出的光电子能谱进行了理论指认,获得的所有计算数据与实验结果吻合较好。

3. $W_6^{0,\pm}$ 团簇的结构与电子性质

(1)$W_6^{0,\pm}$ 团簇的结构和稳定性

首先设计了 $W_6^{0,\pm}$ 团簇的多种可能几何结构,在无对称性限制的情况下进行了几何参数全优化。在计算的所有结果中,把没有虚频的结构定为稳定结构,把能量最低且没有虚频的结构定为基态结构。图 1-8 列出了 $W_6^{0,\pm}$ 团簇的基态和亚稳态结构,三者的基态结构分别用 N-a,A-a,C-a 表示,亚稳态分别用 N-b,A-b,C-b 表示。由图 1-8 看出,中性和阴阳离子的亚稳态结构基本相似,只是键长有所不同。对于基态结构,中性和阴离子的结构有些相似,而阳离子的结构和三者的亚稳态结构相似。

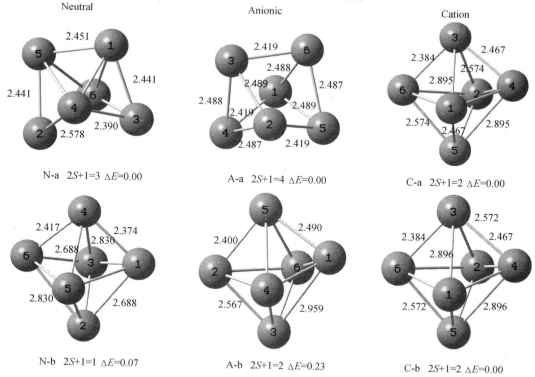

图 1-8　$W_6^{0,\pm}$ 团簇的结构、键长(Å)、多重度和相对能量(eV)

对于 W_6 团簇,基态结构为 C_2 对称,多重度为 3,相当于两个三角锥组成,而两个三角锥的底面构成了一个二面体,二面体顶部的两个原子为两个三角锥底部共用,与 Jiguang Du[25]

计算的亚稳态构型是相似的，只不过它们的亚稳态构型的对称性是 C_{2v}，这可能是采用不同的泛函所导致的；亚稳态是对称性为 C_2 的八面体结构，多重度为 1，比基态能量高 0.07 eV，与林秋宝[4]采用 VASP 方法计算的基态构型是一致的。对于阴离子团簇，其基态结构和中性的基态结构相似，对称性也为 C_2，多重度为 4；亚稳态结构是对称性为 C_2 的八面体结构，多重度为 2，比基态能量高 0.23 eV。对于阳离子团簇，其基态结构和中性及阴离子的都不相同，是对称性为 C_2 的八面体结构，多重度为 2；阳离子团簇的亚稳态结构和基态结构非常相似，能量也很接近，只是键长稍微有些差别，如图 1 – 8 中 C – b 所示，所以在以下的性质计算中只计算了基态结构 C – a 的性质。

表 1 – 11 列出了 $W_6^{0,\pm}$ 团簇的几何参数、能量参数和垂直的离解能 D_v。D_v 的定义见前面 $W_n(n=2\sim4)$ 团簇中所述，为了与本书的计算结果进行比较，表 1 – 11 也列出了根据参考文献[1]估算的离解能以及相关文献中的其他计算数据。由表 1 – 11 可看出，根据参考文献[1]估算的离解能与本书计算的离解能比较接近，说明本书采用的方法和基组是可信的。

表 1 – 11 $W_6^{0,\pm}$ 团簇的几何参数、能量参数和垂直的离解能（D_v）

Stru.	M_s	Sym.	D_v/eV		ΔE/eV	E_g/eV		E_b/eV		$\overline{R}$/nm	
			D_v(This work)	Ref. 1		E_g	Ref. 26	E_b	Ref. 26	$\overline{R}$	Ref. 25
N – a	3	C_2	6.35	6.50[b]	0.00	1.16	1.21	3.67	3.69	0.26	0.25
N – b	1	C_2			0.07	1.51				0.26	
A – a	4	C_2	6.37	6.40[a]	0.00	1.02		3.81		0.25	
A – b	2	C_2			0.23	0.80				0.26	
C – a	2	C_2	6.57		0.00	1.50		4.22		0.26	

a—Ref. [1], estimated from Fig. 3.

b—Ref. [1], estimated from Fig. 3 and Born – Haber cycle：$D_n = D_n^- - EA(n) + EA(n-1)$。

对于团簇平均键长的定义各文献不尽相同，本书定义平均键长 $\overline{R}$ 为

$$\overline{R} = \frac{1}{N_b} \sum_i R_{i,j}$$

式中，N_b 是总键数；$R_{i,j}$ 是两个最近邻原子 i,j 之间的距离。因为 $R_{i,j}$ 是变化的，将团簇中与某原子的距离不超过最小距离 15% 的原子都视为该原子的最近邻。由表 1 – 11 可看出，本书计算的键长比文献[25]中的约长 0.01 nm。

为了研究团簇的相对稳定性，计算了 $W_6^{0,\pm}$ 团簇基态结构的平均结合能。结合能的大小是判断团簇稳定性的直接依据，对于相同原子数的团簇，其平均结合能越大，结构越稳定，热力学稳定性也越好。计算团簇平均结合能（E_b）的公式如下：

中性团簇的平均结合能

$$E_b(W_6) = (6E_1 - E_6)/6$$

阳离子团簇的平均结合能

$$E_b(W_6^+) = [(6-1)E_1 + E(W^+) - E(W_6^+)]/6$$

阴离子团簇的平均结合能

$$E_b(W_6^-) = [(6-1)E_1 + E(W^-) - E(W_6^-)]/6$$

式中，E_1 是单个原子的能量；E_6 是 W_6 团簇的总能量，以此类推。

由表 1-11 可看出，阴阳离子团簇的结合能大于中性团簇，说明中性团簇在得失电子之后，团簇的稳定性增强。另外，阴阳离子团簇相比，阳离子团簇的结合能大，说明团簇失去电荷比得到电荷更稳定。文献[26]计算的中性团簇的平均结合能和本书结果比较接近，为 3.69 eV，比本书计算结果大 0.02 eV。

为了进一步分析团簇的化学稳定性和化学活性，表 1-11 也给出了团簇的能隙（E_g），能隙是团簇的最高占据轨道（HOMO）与最低未占据轨道（LUMO）的能级之差，即

$$E_g = E_{LUMO} - E_{HOMO}$$

能隙的大小反映了电子从占据轨道向空轨跃迁的能力，是物质导电性的一个参数，其值越大，表示该团簇越难以激发，活性越差，稳定性越强。所以 E_g 值较小时，被认为具有很强的化学活性；E_g 值较大时，则被认为具有较强的化学稳定性。也就是说，E_g 值在某种程度上代表了团簇的化学活性和化学稳定性。由表 1-11 看出，阳离子基态结构的能隙最大，为 1.50 eV，中性的次之，阴离子的最小，为 1.02 eV，说明阳离子团簇的化学稳定性最强，而阴离子的化学活性最强。由表 1-11 还可看出，文献[26]计算的中性团簇的能隙为 1.21 eV，比本书计算的大 0.05 eV，这点误差可能是由于计算过程中采用不同的精度造成的。

（2）光电子能谱（PES）的数据分析

钨团簇的光电子能谱实验数据已由 Weidele 等人[1]测量完成，然而他们未对光电子能谱的峰值以及对应的阴离子失去电子转换为中性分子过程中的特征进行理论指认，本书将完成此项工作。这里的计算不同于 W_n（$n = 2 \sim 5$），在 W_n（$n = 2 \sim 5$）中，采用的是含时密度泛函理论（TDDFT）方法，而这里未采用 TDDFT 方法，仅了 DFT 方法，目的是想尝试一下不同方法的准确性。结果表明，两种方法计算的结果都和实验值吻合得较好。

首先，假设从 W_6^- 变成 W_6 时电子分离发生的跃迁是垂直的，这意味着中性 W_6 团簇应该保持与 W_6^- 有相同的几何结构；其次，假定几乎所有的电子跃迁都是从阴离子的基态到中性团簇的基态，这就意味着将不考虑从阴离子激发态到中性团簇的基态或激发态这些可能出现的跃迁过程。在计算过程中，中性团簇和电离出来的电子被当作同一个系统，它们的总自旋与阴离子团簇的自旋相等，假设阴离子的自旋多重度是 n，那么从阴离子移走一个电子得到的中性团簇只能有两种可能的多重度，那就是 $n+1$ 和 $n-1$。

垂直亲和能（VDE）是用阴离子的基态构型计算中性团簇得到的能量与阴离子基态构型的能量的差值。绝热亲和能（ADE）是指电子从阴离子基态到相应的中性基态发生零点跃迁所需要的能量，由中性团簇的基态总能量与阴离子团簇的基态总能量之差来计算。绝热亲和能和垂直亲和能列在表 1-12 中，为了便于比较，表 1-12 也列出了文献[1]中的实验数据。分析如下：

W_6^- 的基态 ^4A 的电子组态为 $[(44B)\uparrow(43A)\uparrow(42B)\uparrow(41B)^2(40A)^2(39B)^2]$。第一个电子是从阴离子的 HOMO（44B）$\uparrow$ 轨道解离出来的，计算得到的垂直亲和能为 1.499 eV，与实验中的 1.480 eV 吻合得很好。被解离的第二个电子来自于 HOMO - 1 轨道，得到了中性的三重态，计算得到的 VDE 为 1.584 eV，与实验中的 1.610 eV 比较接近。被解离的第三个电子来自于 HOMO - 2 轨道，得到了中性的三重态，计算得到的 VDE 为 1.584 eV，与上面的一个点重合，所以在表 1-12 中未列出。被解离的第四个电子来自于 HOMO - 3 轨道，得到了中性的五重态，计算得到的 VDE 为 2.181 eV，与实验中的 1.954 eV 比较接近。被解离的第五个电子来自于 HOMO - 4 轨道，得到了中性的五重态，计算得到的 VDE 为 2.184 eV，与

实验中的 2. 223 eV 吻合得很好。被解离的第六个电子来自于 HOMO - 5 轨道,得到了中性的三重态,计算得到的 VDE 为 2. 366 eV,与实验中的 2. 365 eV 吻合得很好。由表 1 - 12 可看出,计算得到的 ADE 值是 1. 459 eV,ADE 和 VDE 之间相差较小,仅为 0. 040 eV,这是由于阴离子和中性团簇的几何结构很相似的缘故。

表 1 - 12　W_6^- 团簇的亲和能　　　　　　　　　　　　　　　　单位:eV

Detachment Channel	ADE	VDE		
		Triplet	Quintet	Expt(Ref. 1)
$(44B\uparrow)^{-1}$	1. 459	1. 499		1. 480
$(43A\uparrow)^{-1}$		1. 584		1. 610
$(41B\downarrow)^{-1}$			2. 181	1. 954
$(40A\downarrow)^{-1}$			2. 184	2. 223
$(41B\uparrow)^{-1}$		2. 366		2. 365
$(40A\uparrow)^{-1}$		2. 369		
$(39B\downarrow)^{-1}$			2. 849	

(3)热力学性质和核独立化学位移

表 1 - 13 是在温度为 298. 15 K、大气压为 1.01×10^5 Pa 下,由 B3LYP/LANL2DZ 方法计算得到的 $W_6^{0,\pm}$ 团簇的标准生成焓 ΔH_r、定容热容 C_V 和标准熵 S。团簇的标准生成焓 ΔH_r 常常被作为说明团簇稳定性的佐证。定义标准生成焓为

$$\Delta H_r = E_6 - 6E_1$$
$$\Delta H_r^+ = E_6^+ - 5E_1 - E_1^+$$
$$\Delta H_r^- = E_6^- - 5E_1 - E_1^-$$

式中,$E_6^{0,\pm}$ 和 $E_1^{0,\pm}$ 分别是 $W_6^{0,\pm}$ 团簇和 W 原子基态结构的能量。由表 1 - 13 可以看出,计算得到的标准生成焓的数值都是负值,说明生成的团簇都是放热反应,热力学上是稳定的。由表 1 - 13 还可以看出,$W_6^{0,\pm}$ 团簇的定容热容 C_V 的数值非常靠近,最大的是中性团簇的 28. 528 cal·mol^{-1}·K^{-1},最小的是阴离子亚稳态结构的 28. 137 cal·mol^{-1}·K^{-1};标准熵 S 也是中性团簇的最大,阴离子亚稳态结构的最小。

表 1 - 13　$W_6^{0,\pm}$ 团簇的热力学参数和核独立化学位移(NICS)

Cluster	ΔH_r /eV	C_V /(cal·mol^{-1}·K^{-1})	S /(cal·mol^{-1}·K^{-1})	NICS($\times 10^{-6}$)				
				0. 000 nm	0. 025 nm	0. 050 nm	0. 075 nm	0. 100 nm
W_6 - a	- 22. 093	28. 528	118. 442	- 39. 907	- 58. 062	- 43. 547	- 28. 666	- 16. 392
W_6 - b	- 22. 021	28. 398	114. 874	- 79. 960	- 24. 488	- 41. 489	- 29. 458	- 20. 230
W_6^- - a	- 22. 909	28. 491	114. 569	- 37. 518	- 67. 024	- 45. 073	- 29. 900	- 17. 544
W_6^- - b	- 22. 682	28. 137	112. 102	- 12. 090	- 51. 608	- 46. 647	- 36. 880	- 29. 599
W_6^+	- 25. 372	28. 357	113. 137	- 39. 427	- 56. 715	- 42. 423	- 24. 266	- 10. 179

采用 GIAO – B3LYP/LANL2DZ 方法计算了 $W_6^{0,\pm}$ 团簇的核独立化学位移(Nucleus Independent Chemical Shifts,NICS)值,NICS[27]是一种分子芳香性的判据,对于有机化合物、无机化合物及团簇均有很好的适用性。在本书的 NICS 计算中,$W_6^{0,\pm}$ 团簇 NICS 值的参考点选了 5 个位置,分别是团簇几何结构的中心(0.000 Å)和到平面或者侧平面(简称平面)的垂直距离为 0.025 nm,0.050 nm,0.075 nm,0.100 nm 处。NICS 为负值,表现芳香性;正值表现反芳香性;当 NICS 值接近零时,表现非芳香性。NICS 负值的绝对值越大,芳香性越强。从表 1 – 13 可以看出,所有团簇都具有芳香性,中性团簇的亚稳态在几何中心的芳香性最强,阴阳离子的基态在 0.025 nm 处的芳香性最强。

(4)磁性分析

在几何优化的基础上,计算了 $W_6^{0,\pm}$ 团簇的总磁矩(M)及各原子上的局域磁矩(m),结果列于表 1 – 14 中。

表 1 – 14　$W_6^{0,\pm}$ 团簇的总磁矩(M)和局域磁矩(m)　　　　　　单位:μ_B

Cluster	M	Atom	m	Cluste	M	Atom	m
W_6 – a	2	1W,5W	0.821	W_6 – b	0	1W ~ 6W	0
		2W,4W	−0.028				
		3W,6W	0.207				
W_6^- – a	3	1W,4W	0.501	W_6^- – b	1	1W,4W	−0.205
		2W,6W	0.501			2W,6W	0.991
		3W,5W	0.497			3W,5W	−0.286
W_6^+ – a	1	1W,4W	0.008				
		2W,6W	0.128				
		3W,5W	0.364				

从表 1 – 14 可以看出:$W_6^{0,\pm}$ 团簇的基态结构都有磁矩,阴离子的总磁矩最大,为 3;阳离子的最小,为 1;中性团簇的亚稳态无磁矩。对于中性团簇的基态,磁矩主要分布在 1W 和 5W 两个原子上,3W 和 6W 次之,2W 和 4W 为负值,表现为反铁磁性。对于阴离子的基态,6 个原子的局域磁矩分布比较均匀,1W,4W,2W 和 6W 完全相等,均为 0.501 μ_B;3W 和 5W 为 0.497 μ_B,表现为铁磁性。阴离子的亚稳态表现为反铁磁性。对于阳离子的基态,3W 和 5W 的磁矩最大,为 0.364 μ_B;1W 和 4W 的最小,为 0.008 μ_B,表现为铁磁性。

(5)结论

采用密度泛函理论中的 B3LYP 方法在 LANL2DZ 基组水平上对 $W_6^{0,\pm}$ 团簇的几何结构和电子性质进行了系统研究。研究结果表明:$W_6^{0,\pm}$ 团簇均为三维结构,对称性均为 C_2,中性和阴离子的结构有些相似,为两个三角锥组合而成,而阳离子的结构和三者的亚稳态结构相似,均为八面体结构。阳离子的热力学稳定性和化学稳定性最强。采用 DFT 方法研究了钨团簇的光电子能谱,与实验数据吻合得很好。$W_6^{0,\pm}$ 团簇都具有芳香性。阴离子的总磁矩最大,并且几乎均匀分布在每个原子上。

1.2 $W_n^{0,\pm}(n = 2 \sim 12)$ 团簇的结构与性能

1.2.1 引言

上节已经用 Gaussian 03 程序计算并研究了 $W_n(n = 2 \sim 6)$ 团簇及其离子的几何结构与光电子能谱,本节将采用 Dmol³ 软件对 $W_n^{0,\pm}(n = 2 \sim 12)$ 团簇的几何结构和物化性质进行全面的计算研究。近年来,过渡金属团簇是团簇研究的主要领域之一,已经有很多人通过理论和实验研究分析它们的几何结构和性质。钨作为重金属,其外层电子组态为 $5d^46s^2$,特点是硬度高、熔点高、常温下不受空气侵蚀。它的这些优点,引起了科技工作者的广泛关注。但是由于实验条件的限制,理论计算就具有更加重要的地位。目前,也有很多人对钨团簇的几何构型、稳定性和是否表现磁性有了一定的研究,对钨团簇的实验研究也早有报道[28-29]。但是到目前为止,在考虑有自旋极化的情况下,对小钨团簇的结构和各种性质进行全面系统的理论计算研究还不多见,上节主要是针对 $W_n(n = 2 \sim 6)$ 团簇及其离子的结构与光电子能谱进行了研究,本节将运用密度泛函理论方法,采用 Dmol³ 软件对 $W_n^{0,\pm}$ $(n = 2 \sim 12)$ 团簇的结构和性能进行全面研究。

1.2.2 计算方法

本节主要采用的是 Material Studio5.5 中的 Dmol³ 模块。Dmol³ 模块是基于 DFT 的第一性原理计算软件。在计算中,电子间的交换－关联效应通过基于广义梯度近似(GGA)的自旋极化泛函来考虑,采用由 Perdew 和 Wang 提出的泛函 PW91。PW91 包含了关联函数的实空间截断以及较弱束缚的 Beker 交换函数,它满足几乎所有已知的标度关系。考虑过渡金属的 d 电子的自旋极化的影响,采用包含 d 极化和有效核势的双数值原子轨道基组(DND)。DND 基组的规模和精度大致和常用的 Gaussian 基组中的双分裂基组 $6-31G(d)$ 类似。计算中采用了密里根布局分析来获得每个原子上的净自旋分布。自洽过程和结构优化过程采用较高的收敛标准,力的收敛标准设为 0.002 Hartree/Å,每步迭代标准为 0.005 Å。全轨道截断标准(The Global Orbital Cutoff Quality)设为"fine"来描述电子波函数。自洽场计算的能量收敛标准为 1×10^{-5} a.u.,轨道占据使用的是费米占据。通过设计不同的初始构型,从 W_n 团簇的最低自旋多重度开始进行自旋非限制计算,寻找出频率为正的稳定构型,然后再找出基态构型,并在基态构型的基础上计算了相关的物理化学性质。

1.2.3 结果与讨论

1. $W_n^{0,\pm}(n = 2 \sim 6)$ 团簇的结构与性质

(1)几何构型

考虑到采用不同的软件计算 $W_n(n = 2 \sim 6)$ 的基态结构可能有些差别,在参照前面用 Gaussian 03 程序计算结果的基础上,采用 Material Studio5.5 中的 Dmol³ 模块构造了很多可能的构型,然后进行结构优化和频率计算,得到了多个稳定构型。其中,把频率为正的构型定义为稳定构型,而频率为正且能量最低的结构定义为基态构型。图 1－9 给出了中性 W_n $(n = 2 \sim 6)$ 团簇的稳定构型(包括基态构型和亚稳态构型),在对应的构型下面标明了它的

自旋多重度、对称性和相对能量(单位是 eV)。构型按照能量由低到高进行排列。

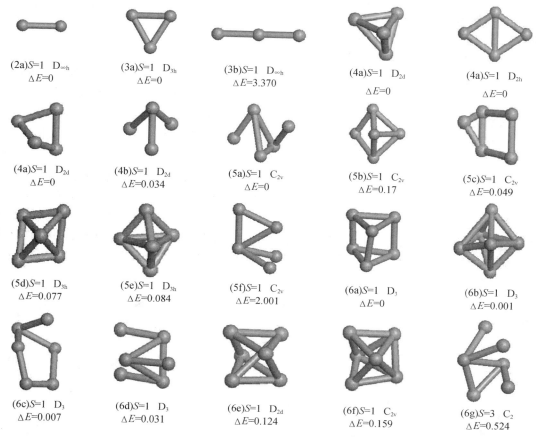

(2a)$S=1$ $D_{\infty h}$
$\Delta E=0$

(3a)$S=1$ D_{3h}
$\Delta E=0$

(3b)$S=1$ $D_{\infty h}$
$\Delta E=3.370$

(4a)$S=1$ D_{2d}
$\Delta E=0$

(4a)$S=1$ D_{2h}
$\Delta E=0$

(4a)$S=1$ D_{2d}
$\Delta E=0$

(4b)$S=1$ D_{2d}
$\Delta E=0.034$

(5a)$S=1$ C_{2v}
$\Delta E=0$

(5b)$S=1$ C_{2v}
$\Delta E=0.17$

(5c)$S=1$ C_{2v}
$\Delta E=0.049$

(5d)$S=1$ D_{3h}
$\Delta E=0.077$

(5e)$S=1$ D_{3h}
$\Delta E=0.084$

(5f)$S=1$ C_{2v}
$\Delta E=2.001$

(6a)$S=1$ D_3
$\Delta E=0$

(6b)$S=1$ D_3
$\Delta E=0.001$

(6c)$S=1$ D_3
$\Delta E=0.007$

(6d)$S=1$ D_3
$\Delta E=0.031$

(6e)$S=1$ D_{2d}
$\Delta E=0.124$

(6f)$S=1$ C_{2v}
$\Delta E=0.159$

(6g)$S=3$ C_2
$\Delta E=0.524$

图 1 - 9　中性 W_n ($n=2\sim6$)团簇的稳定结构

由图 1 - 9 可以看到,W_2 团簇的稳定结构为线形,键长为 2.121 Å,对称性为 $D_{\infty h}$,为单重态。W_3 团簇的基态构型是对称性为 D_{3h} 的等边三角形,其键长为 2.325 Å,和前面用 Gaussian 03 程序计算的结果一致,只是本节计算的多重度为 1,而前面的为 3;它的亚稳态结构(3b)为线形,比基态结构能量高 3.370 eV。由图 1 - 9 发现,从 W_4 团簇开始,小钨团簇的稳定构型从二维平面结构向三维立体结构转变,共找到了四个 W_4 的稳定构型,其中有三个竞争的基态构型,前两个能量均为 - 550.333Ha,第一个基态结构为三棱锥结构,它的对称性为 D_{2d},多重度为 1,和前面用 Gaussian 03 程序计算的亚稳态相同,其中构成三棱锥的每个三角形都是等腰三角形,键长分别为 2.394 Å,2.394 Å,2.616 Å,顶角为 66.209°;第二个基态为"扭曲菱形",对称性为 D_{2h};第三个构型与前两个的能量非常接近,能量差仅为 $\Delta E=0.00005$ eV,故把它也近似地看为竞争的基态,它的结构为"扭曲矩形",两个对边的键长都相同。

对于 W_5 团簇,找到了 6 个低能稳定构型。其基态结构相当于三角双锥,只是其中四条边的键断开了,多重度为 1,对称性为 C_{2v},和用 Gaussian 03 程序计算结果相比,对称性有所降低,由 D_{3h} 变为了 C_{2v}。其他的亚稳态构型与基态的能量非常接近,能量差分别为

0.017 eV,0.049 eV,0.077 eV,0.084 eV 和 2.001 eV。对于 W_6 团簇,其基态结构为"扭曲三棱柱",其顶面和底面均为等边三角形,键长为 2.490 Å,底面与侧面夹角为 71.952°,多重度为 1,对称性为 D_3,和用 Gaussian 03 程序计算结果相比,结构类似,多重度和对称性有所区别;第二个构型(6b)为"扭曲四角双锥",它与基态能量非常接近,能量差 $\Delta E = 0.001$ eV,与用 Gaussian 03 程序计算的亚稳态结构相似。

图 1 – 10 列出了带正电小钨团簇的稳定构型及与之相对应的多重度、对称性和相对能量差 ΔE(单位是 eV)。对于 W_2^+ 团簇,为自旋双重态,对称性为 $D_{\infty h}$。对于 W_3^+ 团簇,得到的基态构型是对称性为 D_{3h} 的等边三角形,键长为 2.321 Å,自旋多重度为 2,与文献[5]中徐勇等研究得到的对称性为 C_{2v} 的等腰三角形结构不同,与图 1 – 9 中的中性 W_3 团簇相比,构型基本不变,只是键长比中性 W_3 团簇小 0.004 Å,变化很小。对于 W_4^+ 团簇,得到了四个低能稳定构型,其中有三个竞争的基态构型,第一个基态构型为三棱锥结构,其中每一个面都是由等腰三角形构成的,与中性 W_4 相比,其构型不变,只有键长发生了变化,等腰三角形的腰长增加了 7.49%,底边减小了 12.60%;第二个基态构型为由两个三角形构成的立体结构,也可看成为二面体,对角都为 63.621°,对边的键长都相等;第三个构型与基态构型能量差非常小,仅为 0.000 027 eV,故把它近似地看作基态构型,为自旋双重态,对称性为 D_{2d}。

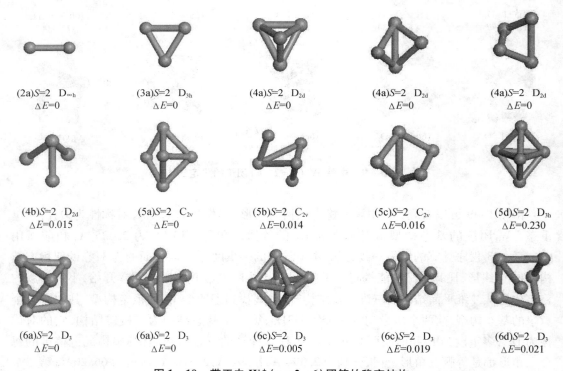

(2a)$S=2$ $D_{\infty h}$ $\Delta E=0$

(3a)$S=2$ D_{3h} $\Delta E=0$

(4a)$S=2$ D_{2d} $\Delta E=0$

(4a)$S=2$ D_{2d} $\Delta E=0$

(4a)$S=2$ D_{2d} $\Delta E=0$

(4b)$S=2$ D_{2d} $\Delta E=0.015$

(5a)$S=2$ C_{2v} $\Delta E=0$

(5b)$S=2$ C_{2v} $\Delta E=0.014$

(5c)$S=2$ C_{2v} $\Delta E=0.016$

(5d)$S=2$ D_{3h} $\Delta E=0.230$

(6a)$S=2$ D_3 $\Delta E=0$

(6a)$S=2$ D_3 $\Delta E=0$

(6c)$S=2$ D_3 $\Delta E=0.005$

(6c)$S=2$ D_3 $\Delta E=0.019$

(6d)$S=2$ D_3 $\Delta E=0.021$

图 1 – 10　带正电 W_n^+($n = 2 \sim 6$)团簇的稳定结构

W_5^+ 基态构型为"扭曲三角双锥",对称性为 C_{2v},多重度为 2,与前面用 Gaussian 03 程序计算结果类似,也与徐勇等[5]所得到的构型类似。W_6^+ 团簇的稳定构型有五个,其基态构型为"扭曲三棱柱",两个底面均为正三角形,键长为 2.491 Å,与中性 W_6 团簇相比,构型扭曲得更严重些,键长改变很小,为自旋双重态,对称性为 D_3,与前面用 Gaussian 03 程序计算结果稍微有些不同,也与徐勇等[5]所得到的构型稍微有点差别。

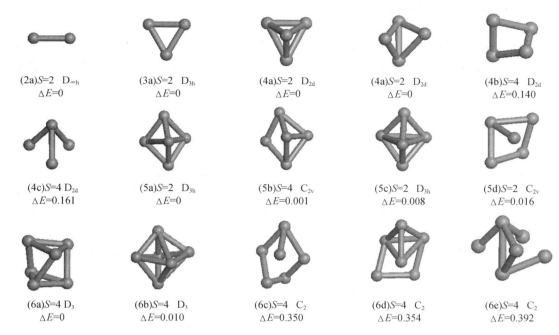

$(2a)S=2$ $D_{\infty h}$ $\Delta E=0$

$(3a)S=2$ D_{3h} $\Delta E=0$

$(4a)S=2$ D_{2d} $\Delta E=0$

$(4a)S=2$ D_{2d} $\Delta E=0$

$(4b)S=4$ D_{2d} $\Delta E=0.140$

$(4c)S=4$ D_{2d} $\Delta E=0.161$

$(5a)S=2$ D_{3h} $\Delta E=0$

$(5b)S=4$ C_{2v} $\Delta E=0.001$

$(5c)S=2$ D_{3h} $\Delta E=0.008$

$(5d)S=2$ C_{2v} $\Delta E=0.016$

$(6a)S=4$ D_3 $\Delta E=0$

$(6b)S=4$ D_3 $\Delta E=0.010$

$(6c)S=4$ C_2 $\Delta E=0.350$

$(6d)S=4$ C_2 $\Delta E=0.354$

$(6e)S=4$ C_2 $\Delta E=0.392$

图 1-11　W_n^-($n=2\sim6$)团簇的稳定结构

图 1-11 列出了带负电小钨团簇的稳定构型。其中按照每个团簇的能量大小,从 $n=2\sim$ 6 由低到高依次排列,并标出了自旋多重度、对称性和与基态的能量差 ΔE(单位是 eV)。对于 W_2^- 团簇,对称性为 $D_{\infty h}$,为自旋双重态,键长为 2.123 Å,比中性 W_2 团簇键长长 0.001 Å,比 W_2^+ 团簇键长短 0.010 Å。对于 W_3^- 团簇,其基态构型为正三角形,自旋多重度为 2,对称性为 D_{3h},键长为 2.338 Å,与中性 W_3 团簇相比,键长增加了 0.013 Å;与前面用 Gaussian 03 程序计算结果相比,对称性由 C_{2v} 增加到了 D_{3h}。

W_4^- 的稳定构型有四个,其中有两个竞争的基态构型,第一个基态结构为三棱锥结构,为自旋双重态;第二个基态构型是一个不对称的二面体,相对的两条边的键长是相等的,键长较长的两条边比较短的两条边的键长 8.86%,对角为 58.802°,两个基态构型的对称性都是 D_{2d}。与前面用 Gaussian 03 程序计算的结果相比,相同之处都有两个竞争的基态构型,不同之处是两种方法计算的对称性不同,用 Gaussian 03 程序计算的两个竞争的基态构型对称性分别为 D_{2h} 和 C_{2v}。(4b)与基态能量差为 0.140 eV,自旋多重度为 4,对称性也为 D_{2d},Yamaguchi 等[6]研究得出的 W_4^- 团簇的基态构型为具有 D_{2d} 对称性的"扭曲的四面体"结构,与本书得出的第一个基态构型类似。

对于 W_5^- 团簇,共得到了四个稳定构型,基态为自旋双重态,具有 D_{3h} 对称性,其构型为三角双锥,与用 Gaussian 03 程序计算的结果相比,构型基本相同,只是对称性由 C_{2v} 提高到了 D_{3h}。(5b)比基态能量高 0.001 eV,为自旋四重态,具有 C_{2v} 的对称性,与徐勇等[5]得出的 W_5^- 团簇的基态构型相似,为"扭曲的三角双棱锥"结构。对于 W_6^- 团簇,(6a)具有最低的能量,为自旋四重态,对称性为 D_3,其结构为"扭曲三棱柱"结构,与用 Gaussian 03 程序计算的结构有点类似,但对称性不同。(6b)与基态结构能量差 $\Delta E=0.010$ eV,它是"扭曲的四角双锥"结构,与用 Gaussian 03 程序计算的结构相似,只是多重度和对称性不同,这里的自旋多重度为 4, 对称性为 D_3。

（2）稳定性分析

为了研究小钨团簇的相对稳定性, 图 1 - 12 给出了基态结构的平均结合能 E_b 随着团簇尺寸变化的规律。平均结合能表征了团簇中原子之间的结合能力, 平均结合能越大, 表示结合能力越强, 反之, 则越小。平均结合能的计算公式分别为：

$$E_b(W_n) = [nE(W) - E(W_n)]/n$$

$$E_b(W_n^+) = [(n-1)E(W) + E(W^+) - E(W_n^+)]/n$$

$$E_b(W_n^-) = [(n-1)E(W) + E(W^-) - E(W_n^-)]/n$$

式中, $E(W_n^{0,\pm})$, $E(W^{0,\pm})$ 分别是 $W_n^{0,\pm}$ 团簇、$W^{0,\pm}$ 原子基态结构的总能量。从图中可以看出, 中性和带电团簇的平均结合能都随着团簇尺寸的增加而增大, 说明团簇在生长过程中能继续获得能量。而且三者增加的速率基本一致, 只是在研究尺寸范围内, 相同尺寸下带正电小钨团簇的平均结合能最大, 而中性小钨团簇的平均结合能最小, 说明在相同尺寸下, 带正电团簇的稳定性最高, 中性团簇的稳定性在三种团簇中最差, 阴离子介于两者之间。

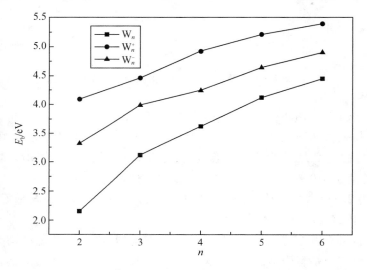

图 1 - 12 $W_n^{0,\pm}(n = 2 \sim 6)$ 团簇基态结构平均结合能

为了进一步探讨团簇的相对稳定性, 图 1 - 13 给出了中性和带电 W_n 团簇的二阶能量差分 $(\Delta_2 E)$ 随团簇尺寸的变化规律。二阶能量差分的计算公式如下：

$$\Delta_2 E = E(W_{n-1}^{0,\pm}) + E(W_{n+1}^{0,\pm}) - 2E(W_n^{0,\pm})$$

式中, $E(W_n^{0,\pm})$ 表示 $W_n^{0,\pm}$ 团簇基态结构的总能量。二阶能量差分是描述团簇稳定性的一个很重要的物理量, 其值越大, 则对应团簇的稳定性越高。从图 1 - 13 可以看出中性和带电 W_n 团簇都表现出了明显的"奇偶"振荡和"幻数"效应, 其中带负电与中性团簇变化趋势一致, 带负电团簇比中性的变化更快, 而带正电团簇变化规律与其相反, 说明与中性团簇相比, 带负电的团簇与其稳定性相一致, 而带正电团簇稳定性发生了变化。当 $n = 3, 5$ 时中性和带负电团簇各对应一峰值, 与邻近尺寸的团簇相比, 这些团簇具有较高的稳定性, 这也与图 1 - 12 平均结合能分析结果一致。而对于带正电团簇, $n = 4, 5$ 对应峰值, 说明 $n = 4, 5$ 时稳定, 这也与图 1 - 12 中的分析结果一致; $n = 3$ 时对应最低点, 说明与不同尺寸下的团簇比较,W_3^+ 团簇的稳定性最差。

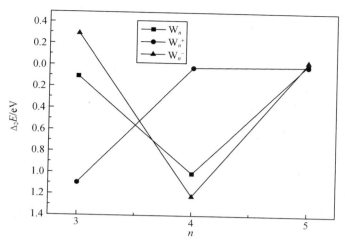

图 1 – 13 $W_n^{0,\pm}$ ($n = 2 \sim 6$) 团簇基态结构二阶能量差分

为了研究团簇的化学活性,图 1 – 14 给出了中性和带电 W_n 团簇的能隙随团簇尺寸的变化规律。能隙的计算公式为

$$E_g = E_{LUMO} - E_{HOMO}$$

其中,LUMO 表示最低未占据轨道,HOMO 表示最高占据轨道。HOMO 能级反映了失去电子能力的强弱,LUMO 能级反映了获得电子能力的强弱。能隙的大小反映了电子从占据轨道向空轨道跃迁的能力,是物质导电性的一个参数。另外,能隙也反映电子被激发所需的能量的多少,其值越大,表示该分子越难以激发,活性越差,稳定性越强。

从图 1 – 14 可以看出,带正电和带负电 $W_n^{0,\pm}$ 团簇的能隙随团簇尺寸的变化表现出一致的趋势,中性团簇变化趋势与二者有些差异。当 $n = 2,3,4$ 时,中性团簇的能隙值比带电团簇能隙值大,表明中性团簇比带电团簇化学活性小,化学稳定性强;当 $n = 5$ 时,W_n 中性团簇

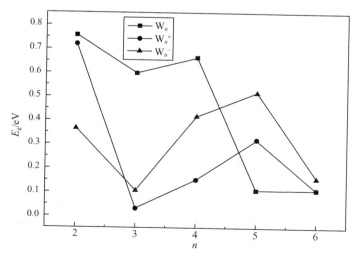

图 1 – 14 $W_n^{0,\pm}$ 团簇基态结构能隙

的能隙相对于邻近团簇而言最小,说明了 W_5 中性团簇的化学活性较强,而化学稳定性最差。而对于带电粒子而言,当 $n=3,6$ 时,能隙相对而言较小,说明 $W_3^\pm$,$W_6^\pm$ 团簇的化学稳定性差,当 $n=2,5$ 时能隙值较大,对应的稳定性较强。

（3）电子性质

原子失去电子的难易可用电离能来衡量[30],电离能是指从中性分子中移走一个电子所需要的能量。绝热电离能可以通过测量中性和正离子基态能量之差得到,定义为: $\text{IP}=E^+-E$;如果正离子保持中性分子的基态几何构型,所得到的是垂直电离能。图 1-15 为 W_n 团簇的绝热电离能的变化规律,可以直观地看出随着团簇原子数增加,团簇失去电子能力的变化趋势。由图 1-15 看出,电离能随着团簇尺寸的增加呈下降趋势,团簇的电离能越小,说明越容易失去电子形成阳离子。由图可以看出 W_2 到 W_3 和 W_4 到 W_6 下降的速率基本保持相同,但 W_3 到 W_4 减小的速率明显较大,这可能是由于团簇结构由二维平面结构向三维空间结构转变的缘故。整体来看,小尺寸钨团簇失去电子的能力随原子个数的增加而增大,这与杨雪等[31]的结论一致。

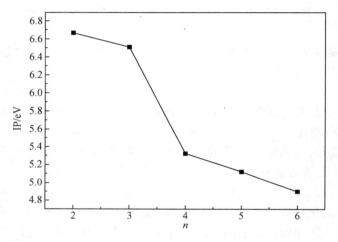

图 1-15 W_n 团簇基态结构的电离能

得到电子的难易可用电子亲和能来定性地比较。电子亲和能定义为中性分子与负离子的能量差[35],即 $\text{EA}=E-E^-$。当中性分子采用阴离子基态的几何构型,所得到的是垂直亲和能;当中性分子和阴离子保持各自基态的几何构型,所得到的是绝热亲和能。图 1-16 给出了小钨团簇的绝热亲和能随原子数增加的变化趋势。

从图 1-16 可以看出,由整体来看,随着团簇尺寸的增加,亲和能呈上升的趋势,但是从 $n=3$ 到 $n=4$ 是下降的,可能是由于从 W_3 到 W_4 团簇的几何构型由二维平面结构向三维立体结构转变的缘故,和电离能的变化规律是一致的。

为了进一步研究 W_n 团簇的电子性质,还计算了 $W_n(n=2\sim6)$ 团簇基态结构的分波态密度(PDOS)和总态密度(TDOS),图 1-17 和图 1-18 分别给出了 $W_n(n=2\sim6)$ 团簇的 s,p,d 轨道以及总轨道自旋向上和自旋向下的态密度分布。由于 f 轨道电子对磁矩基本没有贡献,本书没考虑 f 轨道的影响。设定最高已占据分子轨道与最低未占据分子轨道的中间值为费米能,并且设为零点。图示中自旋向上的态密度在横轴上方,自旋向下的态密度在横轴下方。

从图 1-17、图 1-18 可以看出,所有团簇的 d 电子轨道的局域态密度图曲线狭窄并且

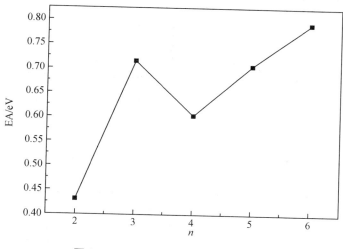

图 1 – 16 W_n 团簇基态结构的亲和能

尖锐,表明 d 轨道电子是相对局域的。在 $-4\sim 2$ eV 区间内,总态密度(TDOS)主要来源于 d 轨道电子的贡献,而在 $-7\sim -4$ eV 区间内则主要来源于 s,p 轨道电子的贡献。将费米能级左右两侧两个邻近峰值之间的距离称为赝能隙,它能够直接地反映出体系键的强弱,一般来说,赝能隙越大体系间的相互作用力越强。从图中可以看出,当 $n=5$ 时,W_n 团簇的赝能隙是相对较大的,说明该体系的稳定性较强,与前面的分析结果一致。

(4)红外光谱

图 1 – 19 和图 1 – 20 分别给出了 $W_2\sim W_4$ 和 $W_5\sim W_6$ 团簇的红外(IR)光谱图,IR 图中横坐标是频率,单位是 cm^{-1},纵坐标是强度,单位是 $km\cdot mol^{-1}$。红外光谱表征的红外活性决定了其在实验上是否可以进行观测,以期为以后的光谱实验提供理论依据。

由图 1 – 19 和图 1 – 20 可以看出,$W_n(n=2\sim 4)$ 团簇基态构型的红外光谱图只有一个振动峰,而 $W_n(n=5\sim 6)$ 团簇有多个振动峰。W_2 团簇的振动峰位于频率为 267.03 cm^{-1} 处,该处的振动模式为呼吸振动,它的振动强度非常小,在 10^{-37} 的数量级上,接近 0。W_3 团簇的振动峰位于频率为 168.31 cm^{-1} 处,强度也比较小,其中三个原子在同一平面上的不同方向做呼吸振动。W_4 团簇有一个较强的振动峰,位于频率为 159.27 cm^{-1} 处,该三棱锥的一个边的两个原子做向外的呼吸振动,其对边的两个原子做向内的呼吸振动。W_5 团簇有多个振动峰,其中有四个较强的振动峰,分别位于频率为 98.73 cm^{-1},132.65 cm^{-1},237.59 cm^{-1} 和 293.28 cm^{-1} 处,最强峰位于 237.59 cm^{-1} 处,该点的振动模式为成三角形的一个钨原子做伸缩振动,其他两个钨原子做摇摆振动。W_6 团簇有四个较强的振动峰,振动强度都比较大,分别位于频率为 95.23 cm^{-1},167.47 cm^{-1},221.28 cm^{-1} 和 268.73 cm^{-1} 处,最强峰位于 95.23 cm^{-1} 处,整体做呼吸振动。

(5)结论

采用基于密度泛函理论的 $Dmol^3$ 软件对中性和带电小钨团簇 $W_n^{0,\pm}(n=2\sim 6)$ 的各种可能构型进行了几何参数全优化,得出了它们的基态构型,并对基态构型的稳定性、电子和光谱性质进行了计算研究。结果表明:

①小钨团簇的基态结构随着尺寸的增加,在 $n=4$ 开始由二维平面结构向三维立体结

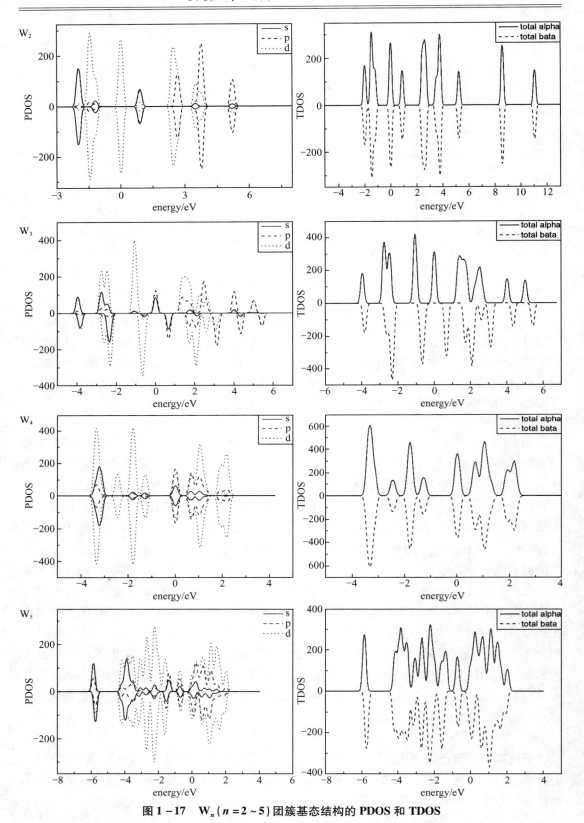

图 1 - 17　W_n ($n = 2 \sim 5$)团簇基态结构的 PDOS 和 TDOS

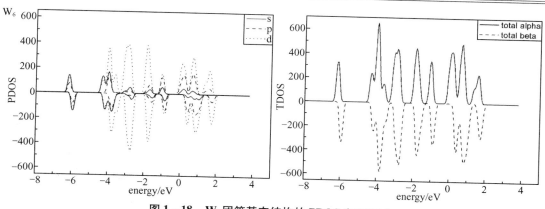

图 1-18　W₆ 团簇基态结构的 PDOS 和 TDOS

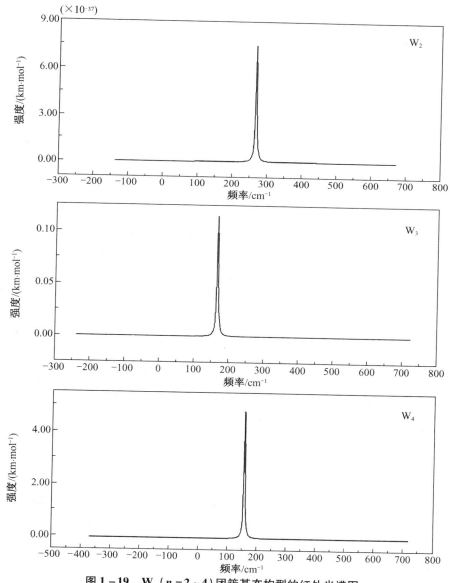

图 1-19　Wₙ (n = 2 ~ 4) 团簇基态构型的红外光谱图

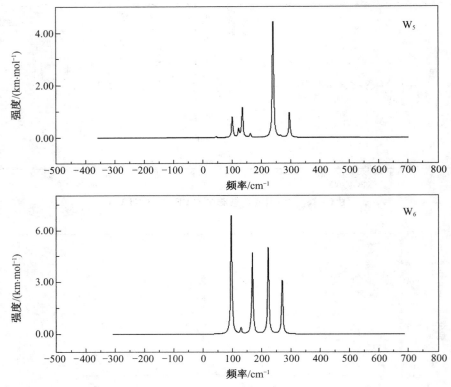

图 1-20 $W_n(n=5\sim6)$ 团簇基态构型的红外光谱图

构转变;带电团簇与中性团簇基态结构基本相同,只是键长发生了细微的变化。

②通过对小钨团簇的稳定性进行分析发现:对于中性和阴离子团簇,$n=3,5$ 时热力学稳定性较好;而对于带正电团簇来说:$n=4$ 热力学稳定性较好。而 $n=5$ 时阴阳离子的化学稳定性较好;$n=2,4$ 时中性离子的化学稳定性较好。

③通过对电离能和亲和能的分析可知,整体来看,随着原子个数的增加,小尺寸钨团簇失去电子的能力逐渐增大,得电子的能力逐渐减小。

④通过对 $W_n(n=2\sim6)$ 团簇的 PDOS 和 TDOS 分析发现,所有团簇的 d 轨道电子是相对局域的。在 $-4\sim2$ eV 区间内,总态密度(TDOS)主要来源于 d 轨道电子的贡献。

⑤通过对 $W_n(n=2\sim6)$ 团簇的红外光谱分析发现,从整体来看,强度最大的振动频率大都分布在 95.23~300 cm^{-1} 之间,振动强度除 W_2 很小之外其余都分布在 0~6 $km\cdot mol^{-1}$ 之间,W_6 团簇的振动强度最大。W_5,W_6 团簇的峰值较多,其余的就一个峰值。整体来说红外光谱峰值强度随着原子数目的增多呈上升趋势。

2. $W_n^{0,\pm}(n=7\sim12)$ 团簇的结构与性能

(1)几何构型

在参考其他文献[4,25]的基础上,设计了许多 $W_n^{0,\pm}(n=7\sim12)$ 团簇的初始构型,采用非自旋限制计算,从最低的自旋多重度开始对构型进行几何结构优化和能量计算。把能量最低并且频率为正的结构作为基态结构。图 1-21 列出了 $W_n(n=7\sim12)$ 团簇的稳定结构,在相应的结构下面标出了各个构型的自旋多重度、对称性以及相对能量,构型按照原子数由低到高的顺序排列。

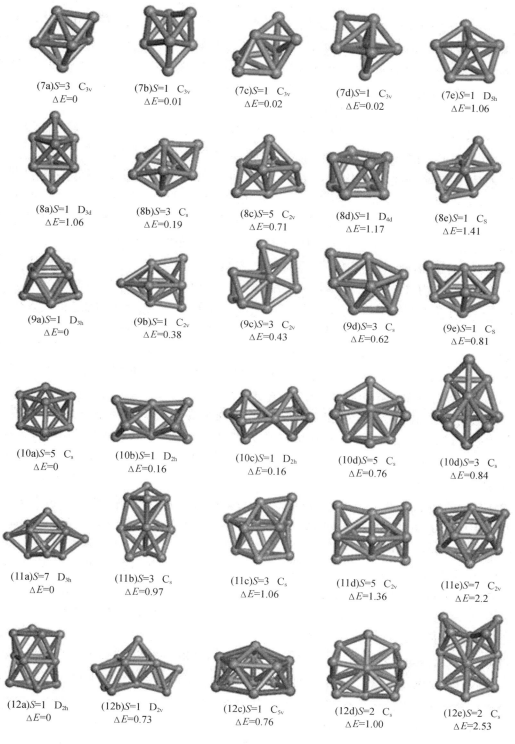

(7a).S=3 C₃ᵥ
ΔE=0

(7b).S=1 C₃ᵥ
ΔE=0.01

(7c).S=1 C₃ᵥ
ΔE=0.02

(7d).S=1 C₃ᵥ
ΔE=0.02

(7e).S=1 D₅ₕ
ΔE=1.06

(8a).S=1 D₃d
ΔE=1.06

(8b).S=3 Cₛ
ΔE=0.19

(8c).S=5 C₂ᵥ
ΔE=0.71

(8d).S=1 D₄d
ΔE=1.17

(8e).S=1 Cₛ
ΔE=1.41

(9a).S=1 D₃ₕ
ΔE=0

(9b).S=1 C₂ᵥ
ΔE=0.38

(9c).S=3 C₂ᵥ
ΔE=0.43

(9d).S=3 Cₛ
ΔE=0.62

(9e).S=1 Cₛ
ΔE=0.81

(10a).S=5 Cₛ
ΔE=0

(10b).S=1 D₂ₕ
ΔE=0.16

(10c).S=1 D₂ₕ
ΔE=0.16

(10d).S=5 Cₛ
ΔE=0.76

(10d).S=3 Cₛ
ΔE=0.84

(11a).S=7 D₃ₕ
ΔE=0

(11b).S=3 Cₛ
ΔE=0.97

(11c).S=3 Cₛ
ΔE=1.06

(11d).S=5 C₂ᵥ
ΔE=1.36

(11e).S=7 C₂ᵥ
ΔE=2.2

(12a).S=1 D₂ₕ
ΔE=0

(12b).S=1 D₂ᵥ
ΔE=0.73

(12c).S=1 C₅ᵥ
ΔE=0.76

(12d).S=2 Cₛ
ΔE=1.00

(12e).S=2 Cₛ
ΔE=2.53

图 1-21   Wₙ(n=7~12)的稳定构型

从图 1-21 可以看出,中性 W_7 团簇基态结构是在八面体的一个空位上放置一个 W 原子戴帽而成,与文献[25]相同,但与文献[4]的五角双锥结构不同,这可能是由于采用了不同计算方法导致的;W_7 团簇基态结构的对称性为 C_{3v},自旋多重度为 3。亚稳态结构(7b)则是四棱锥的两个空位上戴帽 W 原子而成,能量仅比基态结构高出 0.01 eV。(7c)和(7d)结构均是在三角双锥结构的不同空位上连续戴帽 W 原子生长而成。(7e)则是一个对称性为 D_{5h} 的规则的五角双锥结构,能量比基态高出 1.06 eV。

W_8 团簇的基态结构可以看作两个三角锥叠加而成,自旋多重度是 1,对称性为 D_{3d}。(8b)是在扭曲的五角双锥结构的一个空位上戴帽 W 原子形成的,自旋多重度为 3,对称性为 C_s,能量比基态结构高出 0.19 eV。(8c)是在八面体的两个空位上进行戴帽而成,能量比基态结构高出 0.71 eV。(8d)是一个对称性为 D_{4d} 的扭曲的四棱柱结构,能量比基态结构高出 1.17 eV。(8e)则是在八面体的空位上连续两次戴帽 W 原子生长而成,也可以看成一个扭曲的三棱柱和一个三角双锥合并而成,能量比基态结构高出 1.41 eV。

在(8d)的扭曲四棱柱结构的 4 个 W 原子形成的空位上进行一个 W 原子的戴帽构成 W_9 团簇的基态结构,自旋多重度是 1,对称性为 D_{3h}。亚稳态(9b)是在五角双锥结构两个空位进行 W 原子的戴帽,自旋多重度为 1,对称性为 C_{2v},能量比基态结构高 0.38eV。(9c)可以看作一个四角双锥和一个三角双锥合并而成,其中两个原子是两者共用的,能量比基态结构高出 0.43 eV。(9d)是在八面体结构的三个空位上进行 W 原子的戴帽,自旋多重度是 3,对称性是 C_s,能量比基态结构高出 0.62 eV。(9e)结构与(9b)相似,是在五角双锥的两个空位进行 W 原子的戴帽而成,只是两个 W 原子的戴帽位置和 9b 不同。

W_{10} 团簇的基态结构是在五角双锥结构的三个连续空位上进行 W 原子的戴帽而成,也可以看成一个五角锥和一个四边形链接而成,自旋多重度为 5,对称性为 C_s。(10b)是在八面体的四个空位戴帽而成,自旋多重度为 1,对称性为 D_{2h},能量比基态结构高出 0.16 eV。亚稳态结构(10c)是两个八面体合并而成,自旋多重度是 1,对称性是 D_{2h},能量与(10b)相同,都比基态结构高出 0.16 eV。(10d)是在五角双锥的三个不同空位上进行 W 原子的戴帽而成,能量比基态结构高出 0.76 eV。(10e)可以看作五角双锥和一个三角锥合并而成,能量比基态结构高出 0.84 eV。

W_{11} 团簇的基态构型可看成一个四角锥和一个二面体竖直叠加而两边的空位分别戴帽一个 W 原子而成,也可看成三棱柱的五个空位分别戴帽一个 W 原子而成,这不同于文献[89]的 W_{11} 基态构型,可能是不同计算方法导致的,自旋多重度是 7,对称性为 D_{3h}。(11b)结构可看成一个五角双锥和一个四角锥斜着叠加而成,两者共用一个顶点,自旋多重度是 3,对称性为 C_s,能量比基态结构高出 0.97 eV。(11c)结构可看成一个五角双锥单戴帽和一个二面体组合而成,自旋多重度是 3,对称性是 C_s,能量比基态结构高出 1.06 eV。(11d)是在五角双锥的四个空位进行戴帽而成,能量比基态结构高出 1.36 eV。(11e)则是 W_9 基态构型的两个不同空位戴帽 W 原子而成,能量比基态结构高出 2.2 eV。

W_{12} 团簇的基态结构可以看成两个(8d)结构的扭曲四棱柱结合而成,自旋多重度是 1,对称性是 D_{2h}。亚稳态结构(12b)可看成三个八面体连接而成,对称性为 C_{2v},自旋多重度是 1,能量比基态结构高出 0.73 eV。(12c)是一个酷似锥顶帐篷的结构,自旋多重度是 1,对称

性是 C_{5v}，能量比基态结构高出 0.76 eV。(12d)和(12e)结构都是在六角双锥的四个不同空位进行 W 原子的戴帽而成。

图 1-22 给出了 W_n^+(n =7~12)团簇的基态构型和部分亚稳态构型。对于 W_7^+ 团簇基态构型，与中性团簇相比，几何结构基本没有发生改变，均是在八面体的一个空位上戴帽 W 原子而成，由于失去一个电子，自旋多重度变为 2。其亚稳态构型($7b^+$)为一个双戴帽四棱锥，与基态构型能量相同，可作为一个竞争的基态构型。($7c^+$)是在三角双锥的一个空位上连续两次戴帽 W 原子生长而成，能量比基态结构高出 1.14 eV。

W_8^+ 团簇的基态结构可以看成两个三角锥叠加而成，与中性团簇具有相同的几何结构，自旋多重度为 2。而在五角双锥结构的一个空位上戴帽形成的亚稳态结构($8b^+$)与基态结构具有相同的能量，可以作为一个竞争的基态构型。($8c^+$)和($8d^+$)是在八面体的两个不同空位戴帽 W 原子生长而成。($8e^+$)则是在八面体的一个空位上连续戴帽两个 W 原子而生成。

W_9^+ 团簇的基态构型和中性团簇一样是在扭曲四棱柱结构的空位上戴帽一个 W 原子而成，自旋多重度为 4，对称性为 C_{4v}。在五角双锥的两个不同空位上戴帽分别形成亚稳态结构($9b^+$)和($9e^+$)。($9c^+$)可以看成一个四角双锥和一个三角双锥合并而成。由四角双锥的三个空位戴帽生成($9d^+$)结构。

W_{10}^+ 团簇与中性团簇具有相似的几何结构，是在五角双锥的三个连续空位进行 W 原子的戴帽形成的，自旋多重度为 4。亚稳态结构($10b^+$)和($10c^+$)能量仅比基态结构高出 0.1 eV。在五角双锥三个连续空位戴帽而成的($10d^+$)结构则比基态结构能量高出 1.06 eV。

同中性一样，W_{11}^+ 团簇的基态结构也是在三棱柱的五个空位分别戴帽一个 W 原子而成，自旋多重度为 4。($11b^+$)和($11c^+$)分别比基态能量高出 0.02 eV 和 0.08 eV。($11d^+$)则比基态高出 0.48 eV。

W_{12}^+ 团簇的基态结构和中性团簇相同，也是由两个扭曲四棱柱结构构成的，自旋多重度变为 2。最接近基态结构的亚稳态($12b^+$)能量比基态结构高出 0.70 eV。三个八面体结构的 $12c^+$ 比基态能量高出 0.76 eV。($12d^+$)比基态结构高出 0.96 eV。

图 1-23 给出了 W_n^-(n =7~12)团簇的基态构型和部分亚稳态构型。与图 1-21、图 1-22 对比可以发现，阴、阳离子对应的基态构型基本相似，只是在部分亚稳态的稳定顺序上发生了改变。($7a^-$)和($8a^-$)自旋多重度为 4，($9a^-$)和($11a^-$)为 6，($10a^-$)和($12a^-$)自旋多重度与对应阳离子相比并没有发生改变。在阴阳离子亚稳态构型对比中发现，阴、阳离子的($9e^+$)和($9e^-$)结构是在五角双锥的不同空位戴帽而成；而阴、阳离子的($10b^{\pm}$)和($10c^{\pm}$)稳定顺序则是相反的；($12b^{\pm}$)和($12c^{\pm}$)的稳定顺序也是相反的。

总之，W_n(n =7~12)团簇中阴、阳离子和中性团簇的基态构型比较接近，只是部分亚稳态构型之间的稳定顺序发生了变化。由于得失电子，自旋多重度发生了变化。

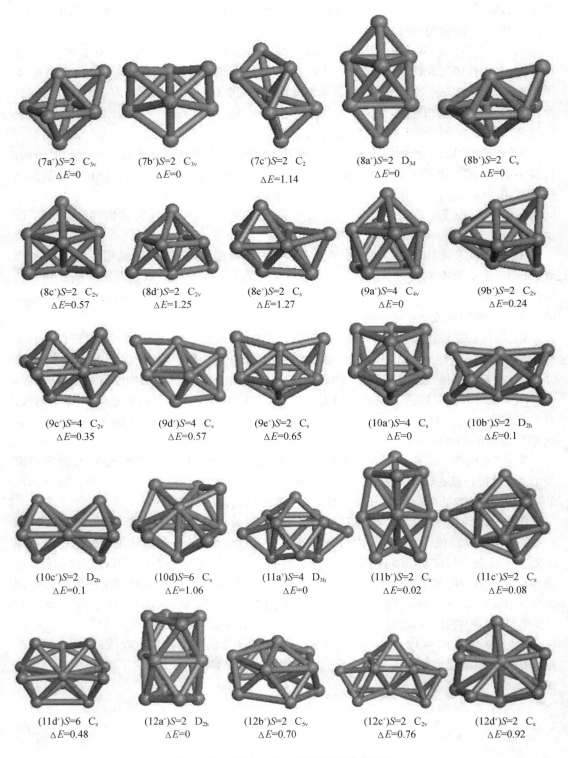

(7a⁺)S=2 C₃ᵥ
ΔE=0

(7b⁺)S=2 C₃ᵥ
ΔE=0

(7c⁺)S=2 C₂
ΔE=1.14

(8a⁺)S=2 D₃d
ΔE=0

(8b⁺)S=2 Cs
ΔE=0

(8c⁺)S=2 C₂ᵥ
ΔE=0.57

(8d⁺)S=2 C₂ᵥ
ΔE=1.25

(8e⁺)S=2 Cs
ΔE=1.27

(9a⁺)S=4 C₄ᵥ
ΔE=0

(9b⁺)S=2 C₂ᵥ
ΔE=0.24

(9c⁺)S=4 C₂ᵥ
ΔE=0.35

(9d⁺)S=4 Cs
ΔE=0.57

(9e⁺)S=2 Cs
ΔE=0.65

(10a⁺)S=4 Cs
ΔE=0

(10b⁺)S=2 D₂h
ΔE=0.1

(10c⁺)S=2 D₂h
ΔE=0.1

(10d)S=6 Cs
ΔE=1.06

(11a⁺)S=4 D₃h
ΔE=0

(11b⁺)S=2 Cs
ΔE=0.02

(11c⁺)S=2 Cs
ΔE=0.08

(11d⁺)S=6 Cs
ΔE=0.48

(12a⁺)S=2 D₂h
ΔE=0

(12b⁺)S=2 C₅ᵥ
ΔE=0.70

(12c⁺)S=2 C₂ᵥ
ΔE=0.76

(12d⁺)S=2 Cs
ΔE=0.92

图 1 – 22   W$_n^+$ (n = 7 ~ 12) 团簇的稳定构型

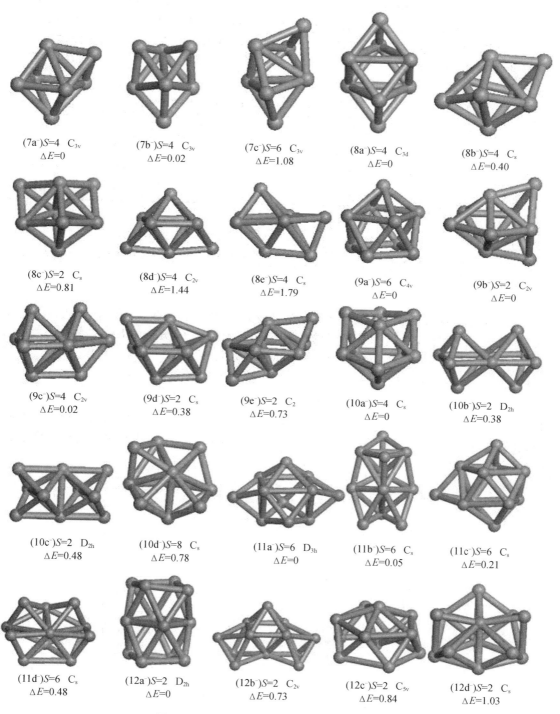

(7a⁻)S=4　C₃ᵥ
ΔE=0

(7b⁻)S=4　C₃ᵥ
ΔE=0.02

(7c⁻)S=6　C₃ᵥ
ΔE=1.08

(8a⁻)S=4　C₃d
ΔE=0

(8b⁻)S=4　Cₛ
ΔE=0.40

(8c⁻)S=2　Cₛ
ΔE=0.81

(8d⁻)S=4　C₂ᵥ
ΔE=1.44

(8e⁻)S=4　Cₛ
ΔE=1.79

(9a⁻)S=6　C₄ᵥ
ΔE=0

(9b⁻)S=2　C₂ᵥ
ΔE=0

(9c⁻)S=4　C₂ᵥ
ΔE=0.02

(9d⁻)S=2　Cₛ
ΔE=0.38

(9e⁻)S=2　C₂
ΔE=0.73

(10a⁻)S=4　Cₛ
ΔE=0

(10b⁻)S=2　D₂ₕ
ΔE=0.38

(10c⁻)S=2　D₂ₕ
ΔE=0.48

(10d⁻)S=8　Cₛ
ΔE=0.78

(11a⁻)S=6　D₃ₕ
ΔE=0

(11b⁻)S=6　Cₛ
ΔE=0.05

(11c⁻)S=6　Cₛ
ΔE=0.21

(11d⁻)S=6　Cₛ
ΔE=0.48

(12a⁻)S=2　D₂ₕ
ΔE=0

(12b⁻)S=2　C₂ᵥ
ΔE=0.73

(12c⁻)S=2　C₅ᵥ
ΔE=0.84

(12d⁻)S=2　Cₛ
ΔE=1.03

图 1 – 23　W_n^-（n = 7 ~ 12）团簇的稳定构型

表 1–15 列出了各个团簇的平均键长。从表 1–15 可以看出,在不同尺寸的团簇中,中性、阳离子和阴离子的平均键长各不相同,而阴离子的平均键长最长,中性次之,阳离子最短。这可能是由于失去电子后,原子核对外层电子吸引能力增强导致阳离子团簇键长减小;反之,阴离子键长增大。

表 1–15　$W_n^{0, \pm}$ ($n = 7 \sim 12$) 团簇基态结构的平均键长

单位/Å	W_7	W_8	W_9	W_{10}	W_{11}	W_{12}
中性	2.586	2.613	2.583	2.616	2.625	2.591
阳离子	2.583	2.612	2.581	2.601	2.624	2.588
阴离子	2.591	2.617	2.591	2.619	2.627	2.594

(2)稳定性

为了研究团簇的相对稳定性,对团簇基态结构的平均结合能 E_b、二阶能量差分 $\Delta_2 E$、形成能和能隙进行了计算研究。

①平均结合能

团簇的平均结合能表征了原子之间的结合能力,平均结合能越大,表示结合能力越强;反之,则越小。中性、阳离子和阴离子的平均结合能的计算公式分别如下:

$$E_b(W_n) = [nE(W) - E(W_n)]/n$$

$$E_b(W_n^+) = [(n-1)E(W) + E(W^+) - E(W_n^+)]/n$$

$$E_b(W_n^-) = [(n-1)E(W) + E(W^-) - E(W_n^-)]/n$$

式中,$E(W_n)$,$E(W_n^+)$,$E(W_n^-)$,$E(W)$,$E(W^+)$,$E(W^-)$ 分别表示中性、阳离子和阴离子钨团簇的总能量以及中性钨原子、阳离子和阴离子的总能量。图 1–24 画出了平均结合能随团簇尺寸的变化关系。

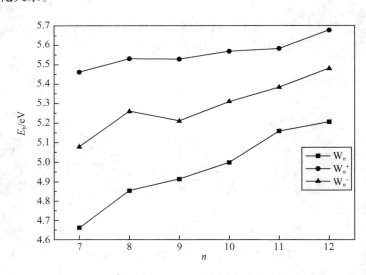

图 1–24　$W_n^{0, \pm}$ ($n = 7 \sim 12$) 团簇基态结构平均结合能

从图 1–24 可以看出,随着团簇尺寸的增加,$W_n^{0, \pm}$ ($n = 7 \sim 12$) 团簇中性和阴、阳离子的

平均结合能都逐渐增大,说明三种团簇在生长过程中都能继续获得能量。而且三者增加的速率基本一致,只是在研究尺寸范围内,相同尺寸下带正电钨团簇的平均结合能大于带负电钨团簇的平均结合能,而中性钨团簇的平均结合能最小,说明在相同尺寸下,带正电团簇的稳定性最高,中性团簇的稳定性在三种团簇中最差。

②二阶能量差分

为了进一步探讨团簇的相对稳定性,图 1 – 25 给出了 $W_n^{0,\pm}$($n = 7 \sim 12$)团簇的二阶能量差分($\Delta_2 E$)随团簇尺寸的变化规律。二阶能量差分的计算公式如下:

$$\Delta_2 E = E(W_{n-1}) + E(W_{n+1}) - 2E(W_n)$$

式中,$E(W_n)$ 表示 W_n 团簇基态结构的总能量。二阶能量差分是描述团簇稳定性的一个很好的物理量,其值越大,则对应团簇的稳定性越高。从图 1 – 25 可以看出,$W_n^{0,\pm}$($n = 7 \sim 12$)团簇的中性和阴阳离子都表现出了明显的"奇偶"振荡和"幻数"效应,并且三者的变化趋势基本一致,说明其稳定性变化趋势一致。当 $n = 8,10$ 时三个团簇的 $\Delta_2 E$ 都对应一个峰值,表明与邻近团簇相比,这些团簇具有较高的稳定性。而当 $n = 9,11$ 时,三种团簇的二阶能量差分值较邻近团簇更低,表明相对于其他团簇而言 $W_9^{0,\pm}$,$W_{11}^{0,\pm}$ 团簇稳定性较差。

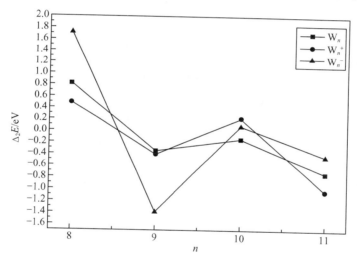

图 1 – 25　$W_n^{0,\pm}$($n = 7 \sim 12$)团簇基态结构二阶能量差分

③形成能

为了进一步分析团簇的稳定性,计算了形成能,其计算公式如下:

$$E_f(W_n) = E_b(W_{n+1}) - E_b(W_n)$$

其中,$E_b(W_n)$,$E_b(W_{n+1})$ 表示 W_n,W_{n+1} 团簇的平均结合能。

原子数为 n 的团簇的形成能越高,则 $n + 1$ 团簇的稳定性越高。从图 1 – 26 可以明显看出,阴阳离子和中性团簇的形成能变化表现出相似的振荡趋势,$n = 7,9,11$ 的时候,团簇形成能较高,$n = 8,10$ 时团簇形成能低,说明 $n = 8,10$ 时团簇稳定性较高,这与二阶能量差分的分析一致,同时也与文献[89]中的稳定性分析一致。

④能隙

为了研究团簇的化学活性和化学稳定性,图 1 – 27 给出了 $W_n^{0,\pm}$($n = 7 \sim 12$)团簇的能隙随团簇尺寸的变化规律,其计算公式为

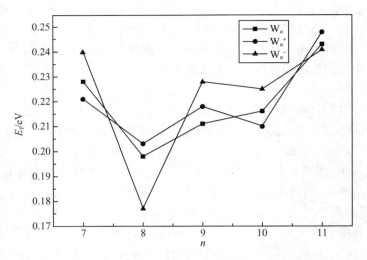

图 1-26 $W_n^{0,\pm}$($n=7\sim12$)团簇基态结构形成能

$$E_g = E_{\mathrm{LUMO}} - E_{\mathrm{HOMO}}$$

其中,LUMO 表示最低未占据轨道,HOMO 表示最高占据轨道。能隙的大小反映了电子从占据轨道向空轨道跃迁的能力,是物质导电性的一个参数;另外,能隙也反映电子被激发所需能量的多少,其值越大,表示该分子越难以激发,活性越差,稳定性越强。

从图 1-27 可以看出,对于中性团簇来说,能隙随团簇尺寸变化显示出比较明显的振荡趋势,当 $n=7$ 时,能隙具有最大值,说明相对于其他中性团簇,W_7 团簇化学稳定性最强。对于阳离子团簇,$n=10$ 时能隙值最大,说明 W_{10} 是阳离子团簇中化学稳定性最强的一个。而在阴离子团簇中,则是 $n=9$ 时具有最大能隙值,表明 W_9 团簇是阴离子团簇中化学稳定性最强的。由以上分析可看出,三种团簇化学稳定性的不同,可能是由于团簇得失电子后改变了核外电子排布造成的。

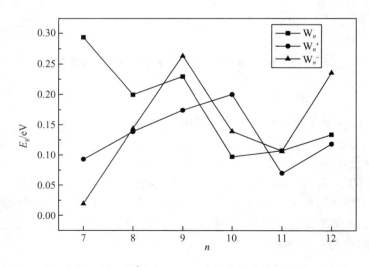

图 1-27 $W_n^{0,\pm}$($n=7\sim12$)团簇基态结构能隙

（3）电子性质和磁性

①电离能和亲和能

为了研究团簇得失电子的难易程度,对团簇的电离能和亲和能进行了研究。团簇失去电子的难易可用电离能来衡量,结合电子的难易可用亲和能来定性地比较。电离能是指从中性团簇中移走一个电子所需要的能量,绝热电离能可以通过测量中性和正离子基态能量之差得到,定义为:$IP = E^+ - E$,记为 AIP;如果正离子保持中性团簇的基态几何构型,所得到的是垂直电离能,记为 VIP。

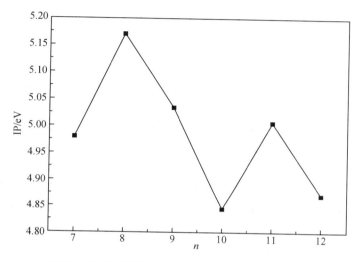

图 1 − 28　$W_n^{0,\pm}$（$n = 7 \sim 12$）团簇基态结构电离能

图 1 − 28 给出了 W_n（$n = 7 \sim 12$）团簇的绝热电离能随着团簇尺寸的变化曲线,从曲线可以看出,W_n（$n = 7 \sim 12$）团簇基态结构的电离能随着团簇尺寸的增加显现出振荡趋势,在 $n = 8,11$ 两处达到局域最大值,表明 W_8,W_{11} 团簇具有较大的电离能,在化学变化中要失去电子成为阳离子是困难的。$n = 10$ 时,电离能最小,表明 W_{10} 团簇比较容易失去电子。

团簇的电子亲和能是团簇尺寸的函数,它有助于揭示分子的演化规律。电子亲和能定义为中性团簇与负离子的能量差,即 $EA = E - E^-$。当中性团簇采用阴离子基态的几何构型,所得到的是垂直亲和能,记为 VEA;当中性分子和阴离子保持各自基态的几何构型,所得到的是绝热亲和能,记为 AEA。电子亲和能越大,表示团簇得到电子生成阴离子的倾向越大,该团簇非金属性越强。图 1 − 29 给出了团簇电子亲和能随尺寸变化的规律。从图 1 − 29 可以看出,$W_n^{0,\pm}$（$n = 7 \sim 12$）团簇基态结构的电子亲和能随着团簇尺寸的增加显现出振荡趋势,与电离能变化趋势有点相似。在 $n = 8,11$ 处,亲和能具有局域最大值,表明这两个团簇得到电子生成阴离子的倾向较大,即得到电子的能力(或称"非金属性")越强。

②态密度和磁性分析

为了进一步研究 W_n（$n = 7 \sim 12$）团簇的电子性质,计算了 W_n（$n = 7 \sim 12$）团簇基态结构的分波态密度(PDOS)和总态密度(TDOS)。图 1 − 30、图 1 − 31 分别给出了 W_n（$n = 7 \sim 12$）团簇的 s,p,d 轨道以及总轨道自旋向上和自旋向下的态密度分布,由于 f 轨道电子对磁矩基本没有贡献,本书没考虑 f 轨道的影响。设定最高已占据分子轨道与最低未占据分子轨道的中间值为费米能,并且设为零点。图示中自旋向上的态密度在横轴上方,自旋向下的

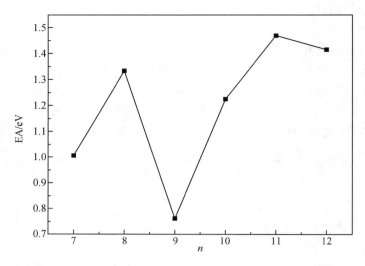

图 1 - 29　$W_n^{0,\pm}$ ($n = 7 \sim 12$) 团簇基态结构电子亲和能

态密度在横轴下方。

　　从图 1 - 30、图 1 - 31 可以看出,所有团簇的 d 电子轨道的局域态密度图曲线狭窄并且尖锐,表明 d 轨道电子是相对局域的。在 $-4 \sim 2$ eV 区间内,总态密度(TDOS)主要来源于 d 轨道电子的贡献,而在 $-7 \sim -4$ eV 区间内则主要来源于 s,p 轨道电子的贡献。当 $n = 8, 9$, 12 时,PDOS 和 TDOS 图中横轴上下曲线对称性很高,表明在 $n = 8, 9, 12$ 三个 W_n ($n = 7 \sim$ 12) 团簇基态结构中,未配对电子较少,再看图 1 - 21,发现这三个团簇的自旋多重度都为 1, 这也证明了在这三个团簇周围存在较少的未配对电子,同时也说明这三个团簇的自旋磁矩对总磁矩的贡献较少。而当 $n = 7, 10, 11$ 时,PDOS 和 TDOS 图中横轴上下曲线对称性较低, 由图 1 - 21 可以看到这三个团簇的自旋多重度均不为 1,说明它们存在的未配对电子数较多,对磁矩贡献较大。而 W_{11} 团簇态密度曲线对称性最差,未配对电子数最多,磁矩最大。

　　图 1 - 32 给出了 W_n ($n = 7 \sim 12$) 团簇基态结构的总磁矩和平均磁矩。从图 1 - 32 可以看出,当 $n = 7, 10, 11, 12$ (12 的自旋多重度和磁矩不符,可能是轨道磁矩不能忽略的缘故)时具有相对较大的总磁矩和平均磁矩,W_{11} 团簇具有最大的总磁矩值($6\mu_B$)和最大的平均磁矩值($0.545\mu_B$),这表明 W_{11} 团簇具有最大的磁性,这与态密度的分析结果一致。

　　为了进一步研究 W_n ($n = 7 \sim 12$) 团簇的磁性质,图 1 - 33 给出了 W_n ($n = 7 \sim 12$) 团簇基态构型的电子自旋密度图,表 1 - 16 给出了不同尺寸团簇中各个原子的局域磁矩和团簇的总磁矩。图 1 - 33 中深色代表自旋向上的电子态,浅色表示自旋向下的电子态。表 1 - 16 中数值为正表明自旋向上,数值为负表明自旋向下,两者的绝对值相差越大,周围未配对的电子数就越多,磁矩就越大。图 1 - 33 中,当 $n = 8, 9, 10$ 时,既存在自旋向上的电子态,也存在自旋向下的电子态,但当 $n = 8, 9$ 时,自旋向上和自旋向下的电子态基本相等,相互抵消, 表明对总磁矩的贡献较少,这和自旋多重度符合;当 $n = 10$ 时,自旋向上的电子态明显多于自旋向下的电子态,与表 1 - 16 中局域磁矩相符合。当 $n = 7, 11, 12$ 时,图中基本上全为自旋向上的电子态,几乎看不到自旋向下的电子态,对比表 1 - 16 中的局域磁矩值,发现各个原子局域磁矩也全为正值。表明这三个团簇周围的自旋电子对磁矩贡献也较大,尤其 W_{11} 团簇最为明显。而 W_{12} 团簇总磁矩与自旋多重度有差异,可能是轨道磁矩不能忽略的缘故。

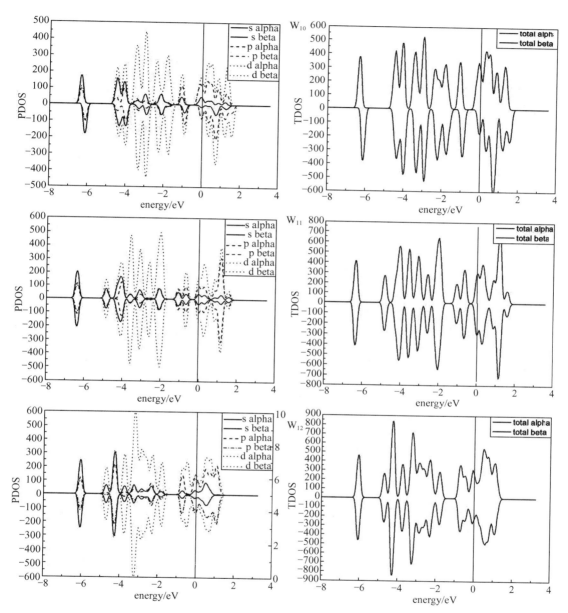

图 1-30　$W_n (n = 7 \sim 9)$ 团簇基态结构的 PDOS 和 TDOS

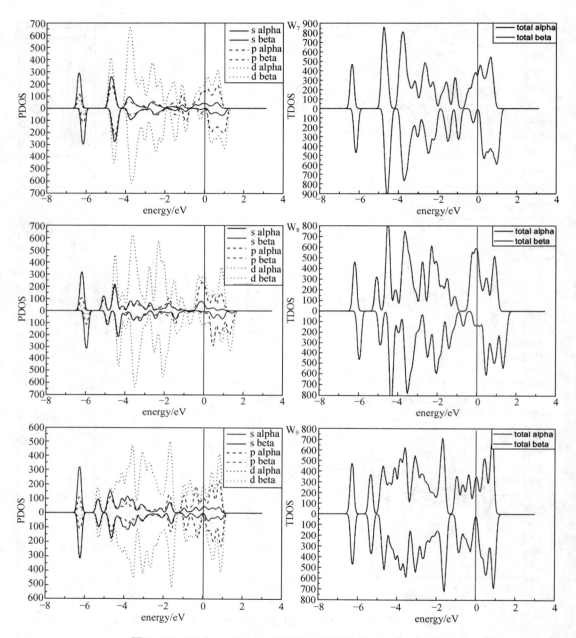

图 1-31　W_n (n = 10 ~ 12) 团簇基态结构的 PDOS 和 TDOS

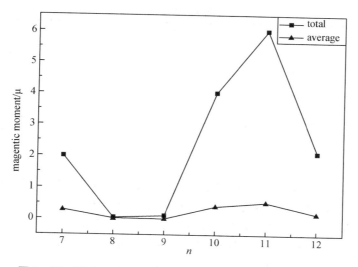

图 1 - 32　$W_n(n = 7 \sim 12)$ 团簇基态结构的总磁矩和平均磁矩

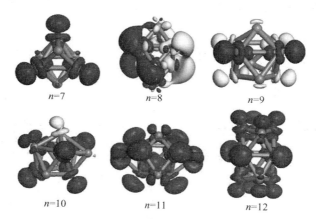

$n=7$　　　　$n=8$　　　　$n=9$

$n=10$　　　　$n=11$　　　　$n=12$

图 1 - 33　$W_n(n = 7 \sim 12)$ 团簇基态构型的电子自旋密度图

表 1 - 16　$W_n(n = 7 \sim 12)$ 团簇基态结构的局域磁矩和总磁矩

原子序号	W_7	W_8	W_9	W_{10}	W_{11}	W_{12}
1	0.097	0.418	0.244	0.494	0.554	0.159
2	0.097	− 0.241	0.244	0.494	0.554	0.159
3	0.565	− 0.493	− 0.121	0.919	0.554	0.159
4	0.565	0.315	− 0.121	− 0.036	0.554	0.159
5	0.565	− 0.243	0.011	0.919	0.632	0.126
6	0.097	0.316	− 0.121	− 0.516	0.363	0.241
7	0.013	0.014	− 0.121	0.004	0.632	0.126
8		− 0.041	0.076	0.911	0.363	0.241
9			0.011	0.004	0.539	0.241

表 1-16(续)

原子序号	W_7	W_8	W_9	W_{10}	W_{11}	W_{12}
10				0.808	0.539	0.126
11					0.717	0.126
12						0.241
total	1.999	0.045	0.102	4.001	6.001	2.104

(4)红外光谱

对于研究的 W_n($n=7\sim12$)团簇体系,计算了其全部振动频率。频率是判断稳定点的标志,稳定结构所有的振动频率的波数都为正值,表明各结构均为势能面上的稳定点,而不会是过渡态或高阶鞍点。计算得到的振动频率,可以为今后的光谱实验提供理论依据。红外活性决定了是否可以在实验上观测到它们。图 1-34 给出了 W_n($n=7\sim12$)团簇基态结构的红外光谱图(IR)。其中 IR 谱中横坐标是频率,单位是 cm^{-1},纵坐标是强度,单位是 $km\cdot mol^{-1}$。通过 $Dmol^3$ 来判定各团簇振动光谱峰值所对应频率的振动方式的归属情况。为了方便讨论,图 1-35 给出了带有原子标号的基态结构图。以下分析中所用到的原子标号与图 1-35 中一致。

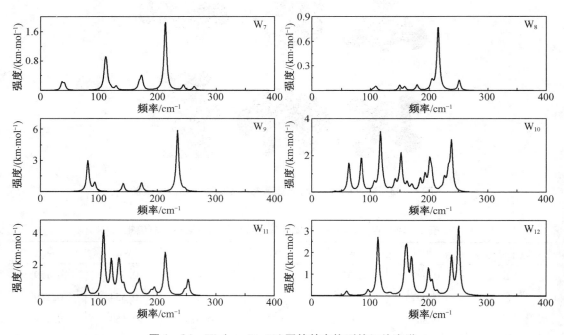

图 1-34 W_n($n=7\sim12$)团簇基态构型的红外光谱

如果体系的简正振动导致其固有偶极矩发生改变,这样的振动模式是红外活性的。从微观角度来说,红外光谱是单光子吸收过程,它决定于分子的偶极矩的变化,非线性分子有 $3n-6$ 个振动自由度。

从图 1-34 可以看出,W_7 团簇存在多个振动峰,其中最强振动峰位于频率 214.38 cm^{-1} 处,振动模式为 W1,W2,W3,W4 和 W6 原子之间的呼吸振动,而 W7 原子进行摇摆振动;次

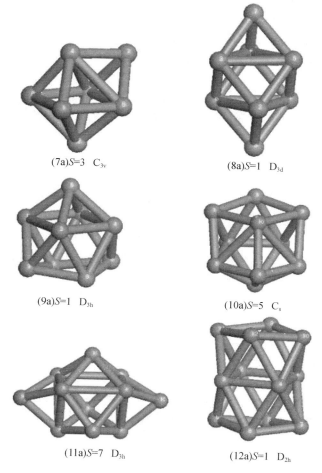

(7a)$S=3$　C_{3v}　　　　　　　　(8a)$S=1$　D_{3d}

(9a)$S=1$　D_{3h}　　　　　　　　(10a)$S=5$　C_s

(11a)$S=7$　D_{3h}　　　　　　　　(12a)$S=1$　D_{2h}

图 1-35　团簇 W_n($n=7\sim12$)的基态结构

强峰位于频率 112.74 cm^{-1} 处,振动模式为顶部 W3,W4,W5 三个原子所在的三角形平面进行的呼吸振动。W_8 团簇有一个较强的振动峰,其余振动峰的强度很弱,强峰位于频率215.24 cm^{-1} 处,该处的振动方式为 W1,W4,W6 原子的呼吸振动以及 W3,W5 原子沿着键长方向的伸缩振动。

W_9 团簇出现了五个明显的振动峰,最强振动峰位于频率 234.15 cm^{-1} 处,振动模式为W2,W4,W6 原子在其所在三角平面内进行的呼吸振动,其他原子进行摇摆振动;次强峰位于频率 81.07 cm^{-1} 处,振动模式为 W1,W3,W7 原子在其所在三角形平面内进行的呼吸振动,而其余原子均是摇摆振动。

从 W_{10} 团簇开始,振动峰数增多。W_{10} 团簇中出现多个较强振动峰,在频率 117 cm^{-1} 处出现最强振动峰,该处振动模式为 1,3,4,5,7,8,9 原子进行摇摆振动;在频率 238.19 cm^{-1}处出现次强振动峰,振动模式为 W1,W2,W6 原子在其所在三角形平面内进行的呼吸振动,而 W7,W8,W9,W10 原子在菱形平面内进行的呼吸振动。W_{11} 团簇中也出现较多振动峰。最强振动峰位于频率 108.61 cm^{-1} 处,该处 5,6,7,8 原子沿着一个方向摇摆振动,位于团簇另一个面的 1,2,9,10 原子则沿相反方向做摇摆振动;次强振动峰位于频率 212.95 cm^{-1} 处,该处振动模式同频率 108. 61 cm^{-1} 处类似,原子 1,3,4,11 所在面和原子 5,6,7,8 所在面沿着相反方向做摇摆振动。W$_{12}$ 团簇中也有较多强振动峰,其中最强振动峰出现在频率 250. 63 cm^{-1} 处,该处振动模式为团簇整体的一个呼吸振动。次强振动峰位于频率 113. 06 cm^{-1} 处,在该处 W7,W10 原子向外进行摇摆振动,W5,W11 原子则向内进行摇摆振动。

从光谱分析可以看出,所有的振动最强峰和次强峰都是在频率 100 cm^{-1} 和 200 cm^{-1} 附近,而且大部分团簇在频率 100 cm^{-1} 附近都是 W 原子的摇摆振动;W10,W11 和 W12 团簇都存在较多的振动峰,这可能是由于原子不同的振动模式导致固有偶极矩发生更多改变造成的。

(5)小结

运用密度泛函理论方法对 W$_n^{0,\pm}$（$n = 7 \sim 12$）团簇的几何结构、稳定性、电子性质和红外光谱进行了计算研究,主要结论如下:

①结构方面,得失电子后的阴阳离子基态构型与中性团簇基态构型相比,基本几何结构并没有发生明显变化,自旋多重度发生改变,这是由于得失电子造成的;部分亚稳态构型的稳定顺序发生了改变,平均键长也有所变化。

②稳定性方面,通过对团簇稳定性的全面分析可知,在本书研究的范围内,W$_8$ 团簇是最稳定的,说明 W$_8$ 团簇很可能是一个幻数团簇。

③通过对电子性质和磁性的分析表明:W$_8$ 和 W$_{11}$ 两个团簇得到电子生成阴离子的能力较强,W$_{10}$ 团簇比较容易失去电子;W$_{10}$ 和 W$_{11}$ 团簇周围未配对电子较多,对磁矩的贡献较大,这也与它们的自旋多重度相符合。

④红外光谱分析显示,所有的振动最强峰和次强峰基本上都位于频率 100 cm^{-1} 和 200 cm^{-1} 附近;W$_{10}$,W$_{11}$ 和 W$_{12}$ 团簇都存在较多的振动峰。

1.3　Os$_n$（$n = 2 \sim 22$）团簇的结构与电子性质

1.3.1　引言

团簇作为连接原子、分子与块状材料的桥梁,近年来受到科技工作者的广泛关注。在众多关于团簇的研究当中,过渡金属团簇由于在催化领域以及高密度储磁方面的特殊性能,在理论和实验上都备受关注[32-40]。然而相对于 3d 和 4d 过渡金属团簇而言,对 5d 过渡金属的研究相对较少。由于金属锇潜在的应用价值,近年来人们逐渐对其相关的性质进行了深入的研究和讨论,尤其是对锇化物的硬度以及锇羰基化合物的催化性颇为关注。Ahrens 等人[41]研究了 [Os$_3$(CO)$_{10}$(MeCN)$_2$] 与乙炔基噻吩的反应,结果表明,反应后锇化物的 HOMO - LUMO 能隙只是略有减少,这表明其在团簇化合物中的稳定性与在自由配体中较为接近。Jackson 和 Walls[42]计算并研究了锇团簇化合物化学吸附性质和催化性质,发现它的性质与传统意义的金属催化剂有根本性的不同。Zhang 等人[43]通过第一性原理研究了 OsB,OsB$_2$,OsC,OsO$_2$,OsN 以及 OsN$_2$ 的化学键、弹性性质、相对稳定性和硬度参数,计算结果表明,在这些化合物中化学键是由共价键和离子键混合组成,密排六方的 WC 结构更为稳定,共价键的数量和强度是能否成为超硬材料的关键因素,在这些化合物中体弹模量和硬度之间没有明显的联系。Yang 等人[44]通过 CASTEP 软件采用 GGA 和 LDA 方法研究了在有压力的条件下 OsB_2 正交晶格的弹性性质和弹性各项异性,结果表明,OsB_2 的弹性常数、体积模量和 Debye 温度随着压力的增加而增加,研究还发现了 OsB_2 不是超硬材料。Ji 等人[45]研究了 Os—B 体系的机械性质和化学键,结果表明,Os_2B_5 和 OsB_3 的高硬度主要来源于较强的 B—B 共价键的贡献以及体系中较弱的 Os—Os 金属键的消失。

但到目前为止,国内外对于纯锇团簇体系的研究较少,本章将对小尺寸和中等尺寸的纯锇团簇的结构和电子性质进行系统的研究,以便为将来制备纳米体系和微电子器件提供理论上的参考和帮助。

1.3.2 计算方法

采用基于密度泛函理论(DFT)的软件 Dmol³ 对 $Os_n(n = 2 \sim 22)$ 团簇进行了几何构型优化和电子结构的计算。在计算中,考虑了广义梯度近似(GGA)中的 PW91 交换关联泛函。PW91 包含了关联函数的实空间截断以及较弱束缚的 Beker 交换函数,它满足几乎所有已知的标度关系。所选取的有效芯势为(VPSR),考虑过渡金属的 d 电子的自旋极化的影响,价电子对体系的化学键有非常重要的影响,为了更好地描述体系的电子结构,采用带有极化基的双数值基组(DND)来展开 Kohn - Sham 方程的单粒子波函数。计算中采用了密里根布局分析来获得每个原子上的净自旋分布。自洽过程和结构优化过程采用较高的收敛标准,力的收敛标准设为 0.002 Hartree/Å,每步迭代标准为 0.005 Å。全轨道截断标准(The Global Orbital Cutoff Quality)设为"fine"来描述电子波函数。自洽场计算的能量收敛标准为 1×10^{-5} a. u.,轨道占据使用的是费米占据。为了保证结构优化过程能够将团簇构型优化到可能的鞍点位置,在结构优化中对所有的结构都进行了频率计算,并且保证所有稳定结构都没有负频。对于团簇的每一个稳定结构,在计算中都考虑到了自旋多重度对其几何结构的影响,在计算过程中首先设计不同的初始构型,然后从最低自旋多重度开始进行自旋非限制计算,寻找出频率为正的稳定构型,最后找出基态构型,并在基态构型的基础上计算了相关的物理化学性质。

为了验证本节所提方法的有效性,将本节的计算结果和相关实验值也进行了比较,比如 Os_2 二聚物,本节计算的键长为 2.215 nm,和实验值[45] 2.28 nm 十分相近,说明本节采用的方法是可行的。

1.3.3 计算结果与讨论

1. $Os_n(n = 2 \sim 10)$ 团簇的结构与性能

(1)几何结构

首先设计了 $Os_n(n = 2 \sim 10)$ 团簇的多种可能的初始几何结构,进行了几何参数全优化。构造初始构型采用两种方式:一是直接猜测初始构型;二是在 Os_{n-1} 团簇稳定构型的基础上构造初始构型。在计算的所有结果中,把没有虚频的结构定为稳定结构,把能量最低且没有虚频的结构定为基态结构,与基态结构能量接近的稳定结构称为亚稳态。图 1 - 36 给出了 $Os_n(n = 2 \sim 10)$ 团簇的基态构型和部分亚稳态构型(统称为稳定构型),在相应的结构下面标出了各个构型的自旋多重度、对称性以及相对能量,构型按照能量由低到高的顺序排列,单位为 eV。以能量为判据,各团簇其稳定性顺序是 $na > nb > nc\cdots$,能量依次升高,其中 na 为 $Os_n(n = 2 \sim 10)$ 团簇的基态结构,其余的为亚稳态结构。

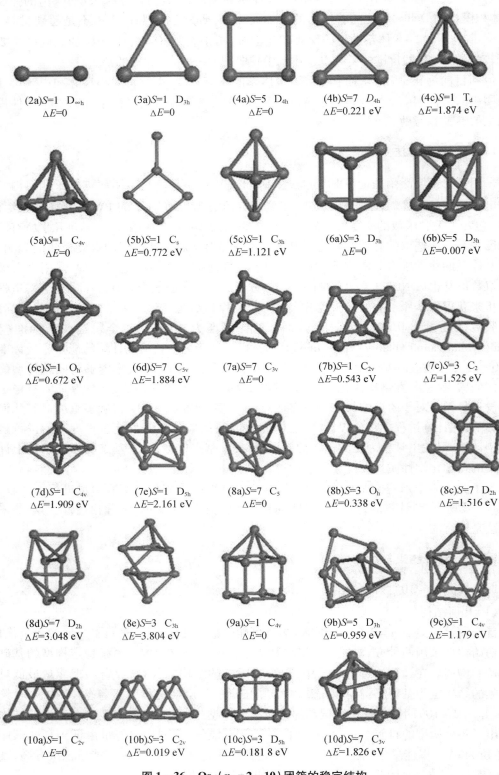

(2a)$S=1$ $D_{\infty h}$
$\Delta E=0$

(3a)$S=1$ D_{3h}
$\Delta E=0$

(4a)$S=5$ D_{4h}
$\Delta E=0$

(4b)$S=7$ D_{4h}
$\Delta E=0.221$ eV

(4c)$S=1$ T_d
$\Delta E=1.874$ eV

(5a)$S=1$ C_{4v}
$\Delta E=0$

(5b)$S=1$ C_s
$\Delta E=0.772$ eV

(5c)$S=1$ C_{3h}
$\Delta E=1.121$ eV

(6a)$S=3$ D_{3h}
$\Delta E=0$

(6b)$S=5$ D_{3h}
$\Delta E=0.007$ eV

(6c)$S=1$ O_h
$\Delta E=0.672$ eV

(6d)$S=7$ C_{5v}
$\Delta E=1.884$ eV

(7a)$S=7$ C_{3v}
$\Delta E=0$

(7b)$S=1$ C_{2v}
$\Delta E=0.543$ eV

(7c)$S=3$ C_2
$\Delta E=1.525$ eV

(7d)$S=1$ C_{4v}
$\Delta E=1.909$ eV

(7e)$S=1$ D_{5h}
$\Delta E=2.161$ eV

(8a)$S=7$ C_5
$\Delta E=0$

(8b)$S=3$ O_h
$\Delta E=0.338$ eV

(8c)$S=7$ D_{2h}
$\Delta E=1.516$ eV

(8d)$S=7$ D_{2h}
$\Delta E=3.048$ eV

(8e)$S=3$ C_{3h}
$\Delta E=3.804$ eV

(9a)$S=1$ C_{4v}
$\Delta E=0$

(9b)$S=5$ D_{3h}
$\Delta E=0.959$ eV

(9c)$S=1$ C_{4v}
$\Delta E=1.179$ eV

(10a)$S=1$ C_{2v}
$\Delta E=0$

(10b)$S=3$ C_{2v}
$\Delta E=0.019$ eV

(10c)$S=3$ D_{5h}
$\Delta E=0.181\ 8$ eV

(10d)$S=7$ C_{3v}
$\Delta E=1.826$ eV

图 1-36　Os$_n$（n =2~10）团簇的稳定结构

如图 1-36 所示,Os_2 的基态构型为自旋单重态,对称性为 $D_{\infty h}$,平均键长为 0.211 nm。对于 Os_3 团簇,在考虑自旋多重度的情况下对所有可能的构型进行优化,图中只列出了自旋单重态的基态构型,对称性为 D_{3h},平均键长为 0.241 nm。对于 Os_4 团簇,同样是在考虑自旋多重度的情况下对所有可能的构型进行优化,图中列出了基态构型和 2 种亚稳态构型,基态构型(4a)是正方形结构,自旋多重度为 5,其对称性为 D_{4h},平均键长为 0.231 nm;Os_4(4b)的构型是一正方形两个对角相连,并且去掉正方形的其中一组对边,自旋多重度为 7,能量比基态结构的高 0.221 eV,对称性为 D_{4h},平均键长为 0.234 nm;Os_4(4c)是自旋单重态的正四面体结构,对称性为 T_d,能量比基态构型的高 1.874 eV,平均键长为 0.250 nm。Os_5 团簇的最低能量构型是自旋单重态的四棱锥,对称性为 C_{4v},平均键长为 0.247 nm;亚稳态构型有 2 种,(5b)是一菱形向外延伸出一条边的构型,自旋多重度为 5,对称性是 C_s,平均键长为 0.233 nm,能量比基态构型的高 0.772 eV;(5c)的自旋多重度为 1,构型为三角双锥,对称性为 D_{3h},能量比基态结构的高 1.121 eV,平均键长为 0.251 nm。Os_6 的基态构型(6a)是自旋多重度为 3 的三棱柱结构,对称性为 D_{3h},平均键长为 0.243 nm;亚稳态构型(6b)与基态构型相似,只不过将三棱柱的三个侧面的对角相连,自旋多重度为 5,对称性为 D_{3h},能量比基态结构的高出 0.007 eV,其平均键长为 0.267 nm;(6c)是四角双锥形结构,其自旋多重度为 1,对称性为 O_h,能量比基态结构的高 0.672 eV;(6d)是自旋多重度为 7 的五棱锥,对称性为 C_{5v},能量比基态结构的高 1.884 eV。Os_7 团簇的最低能量结构是自旋多重度为 1 的畸变七面体,对称性为 C_{3v},平均键长为 0.246 nm;其中一种亚稳态构型(7b)是将一个三棱柱的侧面与一个四棱锥相融合,并去掉其中相连的一条侧边,其自旋多重度为 1,对称性为 C_{2v},能量比基态构型的高 0.543 eV;亚稳态构型(7c)是对称度为 C_2 的锅盖结构,其自旋多重度为 3,平均键长为 0.257 nm,能量比基态结构的高 1.525 eV;(7d)是在四角双锥的一个顶角连接一个原子的结构,其自旋多重度为 1,对称性为 C_{4v},能量比基态结构的高 1.909 eV,平均键长为 0.252 nm;Os_7 团簇的最后一种亚稳态构型(7e)是自旋多重度为 1 的五角双锥型,对称性为 D_{5h},能量比基态的高出 2.161 eV,平均键长为 0.255 nm。Os_8 团簇的基态构型是一个近似正六面体的构型,自旋多重度为 7,对称性为 C_s,平均键长为 0.266 nm;这里我们给出了 Os_8 的 4 种亚稳态构型,(8b)的构型为正六面体结构,自旋多重度是 3,对称性为 O_h,能量比基态构型的高 0.338 eV,平均键长为 0.24 nm;(8c)的构型是将 2 个正三棱柱融合而形成的构型,自旋多重度为 7,对称性是 D_{2h},能量比基态构型的高出 1.516 eV,平均键长为 0.258 nm;(8d)和(8e)构型都是不规则的结构。Os_9 团簇的基态构型(9a)为自旋单重态,对称性为 C_{4v},几何构型是一正六面体与一正四棱锥相融合得到的构型,平均键长为 0.246 nm;(9b)的几何构型是 2 个不规则的四面体通过不规则连接得到的构型,自旋多重度为 5,对称性是 D_{3h},能量比基态的高出 0.959 eV,平均键长为 0.272 nm;(9c)是在(9a)的基础上将正六面体的侧面的对角连接起来并加以优化得到的构型,其自旋多重度为 1,对称性为 C_{4v},能量比基态构型的高出 1.179 eV,平均键长为 0.253 nm。Os_{10} 团簇的基态构型(10a)是两个梯形构成的四棱台结构,自旋多重度是 1,对称性是 C_{2v},平均键长为 0.248 nm;亚稳态构型(10b)是由 2 个三棱柱合并而成的一个类似(10a)的构型,其自旋多重度为 3,对称性为 C_{2v},与基态能量构型的差值是 0.019 eV,平均键长为 0.248 nm;(10c)构型是正五棱柱,自旋多重度为 7,对称性是 D_{5h},与基态能量构型的差值都是 0.182 eV,平均键长为 0.24 nm;最后一种亚稳态构型(10d)是将一个正六面体与一个四面体不规则融合得到的构型,自旋多重度是 7,对称性是 C_{3v},与基态能量构型的差值是 1.826 eV,平均键长为 0.231 nm。

通过以上对 $Os_n(n=2\sim10)$ 团簇几何结构的分析可以发现：在大多数的稳定构型中都可以看到 Os_3 基态结构的影子，所有结构几乎都是由（3a）组合而成，这说明（3a）可以看作 $Os_n(n=2\sim10)$ 团簇结构的基本组成单元。

（2）稳定性

①平均结合能

团簇体系的平均结合能可以描述团簇的稳定性，对于原子数相同的体系，平均结合能越大，团簇越稳定，热力学稳定性也越好。Os_n 平均结合能的公式为

$$E_b(Os_n) = \frac{nE(Os) - E(Os_n)}{n}$$

其中，$E(Os)$ 代表自由 Os 原子的能量，$E(Os_n)$ 代表 Os_n 团簇基态结构的总能量。图 1-37 给出了 $Os_n(n=2\sim10)$ 团簇的 E_b 随其尺寸的变换规律。由图可以看出 $Os_n(n=2\sim10)$ 团簇的 E_b 随着原子数目 n 的增加呈现出微小"奇偶"振荡，总体上呈上升趋势，n 从 2 到 4 上升得最快，然后缓慢上升，到 $n=8$ 时达到局域最大值，说明 $n=8$ 时团簇较稳定。总之，从整体来看，$Os_n(n=2\sim10)$ 团簇的平均结合能随团簇尺寸的增大而不断增大，说明 $Os_n(n=2\sim10)$ 团簇在生长过程中能持续吸收能量，稳定性也逐渐增强。

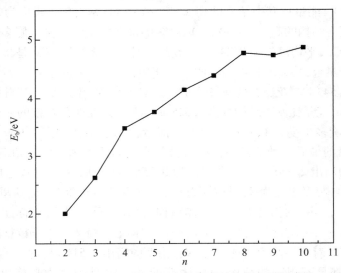

图 1-37 $Os_n(n=2\sim10)$ 团簇基态结构的平均结合能

②二阶能量差分

研究团簇相对稳定性最有效的方法是计算团簇能量的二阶差分 Δ_2E，Δ_2E 的值越大，表示团簇的稳定性越强。二阶能量差分 $\Delta_2E(Os_n)$ 公式定义如下：

$$\Delta_2E(Os_n) = E(Os_{n+1}) + E(Os_{n-1}) - 2E(Os_n)$$

$E(Os_{n+1})$ 代表 Os_{n+1} 基态结构的总能量，$E(Os_{n-1})$ 代表 Os_{n-1} 基态结构的总能量，$E(Os_n)$ 代表 Os_n 基态结构的总能量。

图 1-38 表示了二阶能量差分随 Os 原子数 n 的变化，可以看出 $Os_n(n=2\sim10)$ 团簇的 $\Delta_2E(Os_n)$ 随着 n 的增加而出现"奇偶"振荡效应，并且当 n 为偶数时其值比相邻奇数的高，即稳定性比奇数的高，并在 $n=8$ 时达到峰值，说明 $n=8$ 时团簇最稳定，与前面对团簇的平均结合能的计算结果一致。

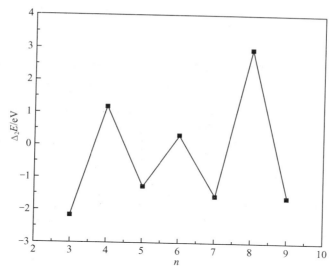

图 1 - 38　$Os_n(n=2\sim10)$ 团簇基态结构的二阶能量差分

③离解能

离解能是团簇离解一个原子所需要的能量,Os 原子的离解能代表了使 $Os_n(n=2\sim10)$ 团簇中 Os—Os 键断裂的难易程度,所以离解能也可以用来表示团簇的稳定性,离解能越大说明对应的团簇越稳定。离解能的公式为

$$E_d = E(Os_{n-1}) + E(Os) - E(Os_n)$$

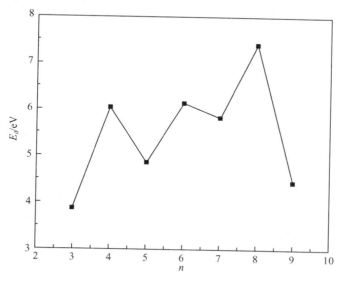

图 1 - 39　$Os_n(n=2\sim10)$ 团簇基态结构的离解能

由图 1 - 39 可以看出,$Os_n(n=2\sim10)$ 团簇的离解能随着原子数 n 的变化也出现了"奇偶"振荡效应,并且在 n = 4,6,8 时出现了局域峰值,与其他团簇相比,Os_8 团簇的离解能最大,说明 Os_8 团簇的 Os - Os 键最稳定,这一结果与上文对团簇的平均结合能和二阶差分

的计算结果一致。

（3）Os$_n$（$n = 2 \sim 10$）团簇的电子性能

①态密度

图 1-40、图 1-41、图 1-42 分别给出了 Os$_n$（$n = 2 \sim 10$）团簇基态结构的 s，p，d 分波态密度和总态密度图。设定最高已占据分子轨道与最低未占据分子轨道的中间值为费米能，

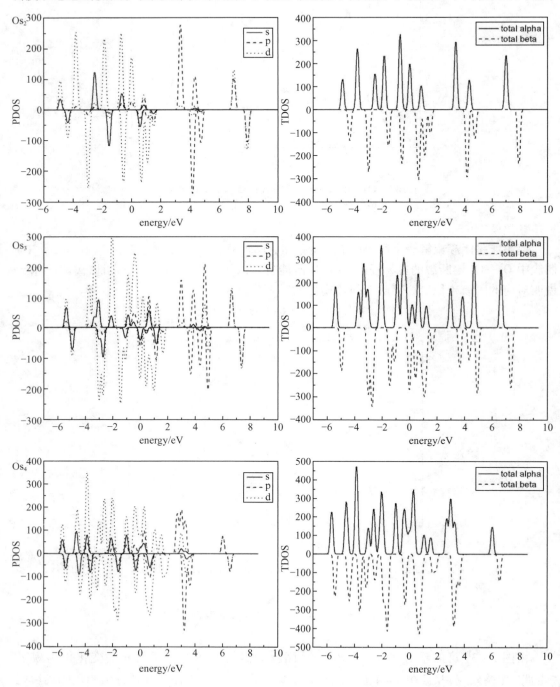

图 1-40　Os$_n$（$n = 2 \sim 4$）团簇基态结构的分波态密度和总态密度

并且设为零点。图示中自旋向上的态密度在横轴上方,自旋向下的态密度在横轴下方,图中态密度的积分(态密度和横轴所包含的面积)是其相应的电荷,并且横轴上方和下方面积之差等于其相应的磁矩。团簇的局域 d 电子态越窄越易发生自旋劈裂,使自旋平行的 d 电子数增多,形成较大的磁矩。从图可以看到在 $n = 2 \sim 10$ 时 d 轨道的态密度曲线都出现了尖峰,说明 $Os_n (n = 2 \sim 10)$ 基态结构中 d 电子相对比较局域且形成了交换劈裂。一般的,费米面附近的态密度对团簇的磁性起着非常重要的作用,从图可以明显看出 $Os_n (n = 2 \sim 10)$ 团簇费米面附近的态密度主要来源于 5d 电子的贡献。

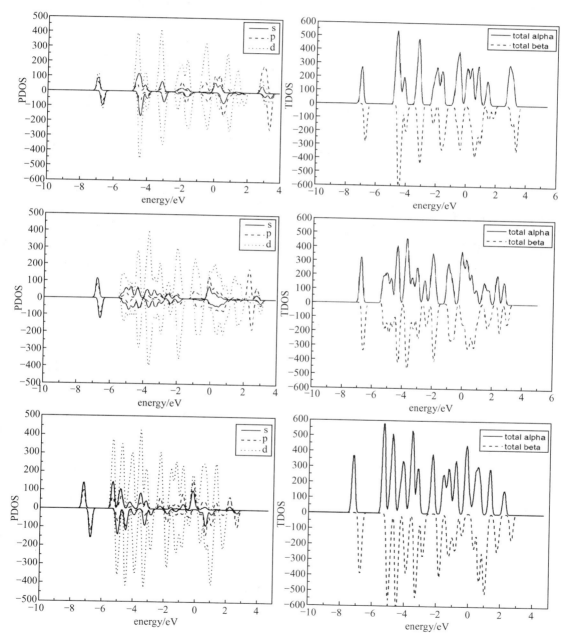

图 1-41　$Os_n (n = 5 \sim 7)$ 团簇基态结构的分波态密度和总态密度

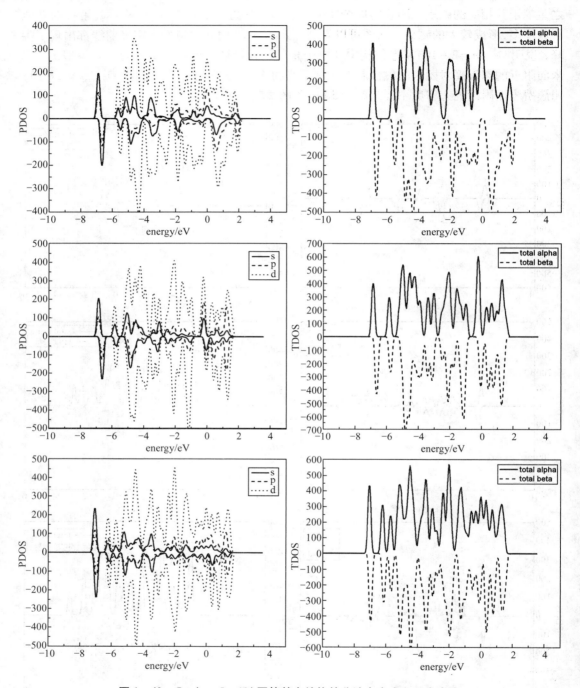

图 1 - 42 Os$_n$ (n = 8 ~ 10) 团簇基态结构的分波态密度和总态密度

由图 1 - 40 可以看出,Os_2 团簇 s,p,d 轨道的态密度不相同,d 轨道最大,所以它对磁矩的贡献比前两者也大;由图还可以看出,s,p,d 轨道的态密度上下分布非常对称,上下面积也分别相等,这也就能解释总态密度上下面积相等和自旋多重度为 1 了。Os_3 团簇的 s,p,d 轨道的态密度表现与 Os_2 的类似,也是 d 轨道最大,所以它对磁矩的贡献比 s,p 轨道大,但总磁矩也为零。Os_4 团簇的 s 轨道上下面积之差不大,而其 p,d 轨道的上下面积之差较大,而且有非常明显的不对称,所以 p,d 轨道对磁矩的贡献较大。对图 1 - 41 和图 1 - 42 的分析方法和上述一样,Os_7 团簇的 d 轨道的上下态密度分布明显不对称,而且它们的上下面积之差在 $Os_n(n=2\sim10)$ 团簇中最大,所以 $Os_n(n=2\sim10)$ 团簇的总磁矩在 $n=7$ 时达到了最大值。总体来看 d 轨道对磁矩的贡献比 s,p 轨道大,对态密度的贡献主要来自于 d 轨道,团簇 s,p,d 轨道的上下态密度不对称性越大,上下面积差值越大,团簇的磁矩就越大。

②电子自旋密度

为了对 $Os_n(n=2\sim10)$ 团簇的磁性有更深入的了解,在充分考虑自旋多重度的情况下,计算并且分析了 $Os_n(n=2\sim10)$ 团簇各个基态结构的电子自旋密度,以便更好地解释各个团簇的总磁矩和局域磁矩。图 1 - 43 至图 1 - 45 给出了 $Os_n(n=2\sim10)$ 团簇基态结构的电子自旋密度图,其中深色代表自旋向上的贡献,浅色代表自旋向下的贡献。表 1 - 17 给出了各原子的局域磁矩值。

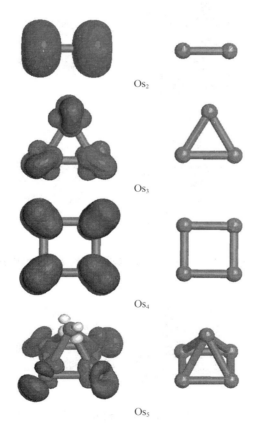

Os_2

Os_3

Os_4

Os_5

图 1 - 43　$Os_n(n=2\sim5)$ 团簇基态结构的电子自旋密度

在图 1 - 43 中,Os_2,Os_3,Os_4 团簇中所有原子均为自旋向上的贡献,由表 1 - 17 也可看出 3 个团簇的各个原子局域磁矩都为正值,呈铁磁性耦合,且三个团簇中各个原子局域磁矩值大小相近,并且各个电子自旋密度图较规则,这与它们的高对称性有关。Os_5 团簇中,只有 Os5 原子有自旋向下的贡献,从表 1 − 17 可知 Os5 原子局域磁矩为 − 0.188 μ_B,而其余原子均为自旋向上的贡献,其局域磁矩也都为正,所以 Os_5 团簇是反铁磁性的。

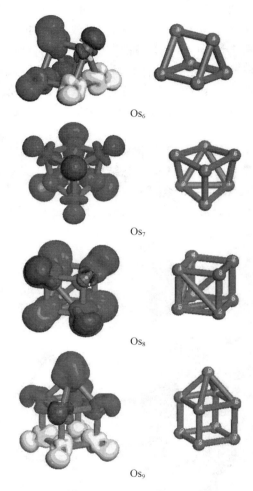

图 1 − 44 $Os_n (n = 6 \sim 9)$ 团簇基态结构的电子自旋密度

图 1 − 45 Os_{10} 团簇基态结构的电子自旋密度

表 1-17　Os_n（$n=2\sim10$）团簇基态结构各原子局域磁矩

原子序号	Os₂	Os₃	Os₄	Os₅	Os₆	Os₇	Os₈	Os₉	Os₁₀
1	2.05	1.367	0.987	0.635	1.126	1.008	0.909	0.759	0.092
2	2.05	1.366	1.013	0.458	0.794	1.007	0.909	-0.714	-0.057
3		1.366	0.987	0.637	0.794	1.008	0.273	-0.721	0.092
4			1.013	0.458	0.545	0.749	0.909	0.761	0.092
5				-0.188	-0.630	0.749	0.909	0.761	-0.057
6					-0.630	0.750	0.909	0.759	0.092
7						0.829	0.909	-0.714	0.462
8							0.273	-0.721	0.462
9								1.930	0.462
10									0.462

从图 1-44 可以看出，Os_6 团簇的 Os5 和 Os6 原子上只有自旋向下的贡献，局域磁矩值也都为 -0.63，Os4 原子上既有自旋向上又有自旋向下的贡献，但自旋向上贡献较多，其局域磁矩为 0.545 μ_B，剩下的三个原子均为自旋向上贡献，局域磁矩分别为 1.126 μ_B，0.794 μ_B，0.794 μ_B，所以 Os_6 团簇为反铁磁性耦合。Os_7 团簇所有原子上只有自旋向上的贡献，局域磁矩全为正值，对总磁矩贡献大，为铁磁性耦合。Os_8 团簇中只有 Os3 和 Os8 原子既有自旋向上又有自旋向下的贡献，但自旋向上占主要贡献，其他原子全为自旋向上贡献，由表 1-17 可知 Os3 和 Os8 原子上的局域磁矩值为 0.273 μ_B，而其他原子局域磁矩值都为 0.909 μ_B，图 1-44 和表 1-17 吻合得很好。Os_9 团簇 Os2，Os3，Os7，Os8 原子上全为自旋向下的贡献，由表 1-17 知局域磁矩值均为负，且大小相近，而其余原子全为自旋向上贡献，Os9 深色部分较大，局域磁矩值为 1.93 μ_B，自旋向上和自旋向下的贡献之和使得总磁矩变小。Os_{10} 团簇中，只有 Os2，Os5 原子为自旋向下的贡献，且浅色部分较小，贡献较小，局域磁矩均为 -0.057 μ_B，其余原子均为自旋向上的贡献，所以自旋向上和自旋向下之和要比 Os_9 团簇大，即总磁矩比 Os_9 团簇大。

（4）红外光谱

在优化结构的基础上，计算了 Os_n（$n=2\sim10$）团簇的全部振动频率。频率是判断稳定点的标志，本书计算得出的所有振动频率都为正值，表明各结构均为势能面上的稳定点，而不会是过渡态或高阶鞍点。红外活性决定了是否可以在实验上观测到它们。计算得到的振动频率，可以为今后的光谱实验提供理论依据。图 1-47 给出了 Os_n（$n=3\sim10$）团簇基态结构的红外（IR）光谱图，其中 IR 谱中横坐标的单位是 cm^{-1}，纵坐标是强度，单位是 $km\cdot mol^{-1}$。为方便分析每个原子的振动情况，图 1-46 列出了带有标号的基态结构图。以下分析中所用到的原子标号与图 1-46 一致。

如果体系的简正振动导致其固有偶极矩发生改变，这样的振动模式是红外活性的。从微观角度来说，红外光谱是单光子吸收过程，它决定于分子的偶极矩的变化。由于 Os_2 团簇的红外光谱强度为 0，没有吸收峰，所以只讨论 Os_3 到 Os_{10} 团簇的红外光谱。从图 1-47 可以看出，团簇 Os_3 和 Os_4 的红外光谱只有一个较强的振动峰，Os_3 团簇的振动峰位于频率 82.48 cm^{-1} 处，该处的振动模式为 Os1 与 Os3 做呼吸振动，Os2 做伸缩振动。团簇 Os_4 的振

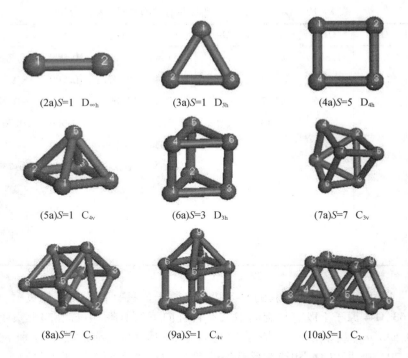

(2a)S=1 $D_{\infty h}$ (3a)S=1 D_{3h} (4a)S=5 D_{4h}

(5a)S=1 C_{4v} (6a)S=3 D_{3h} (7a)S=7 C_{3v}

(8a)S=7 C_5 (9a)S=1 C_{4v} (10a)S=1 C_{2v}

图 1－46　Os$_n$(n＝2～10)团簇的基态结构

动峰位于频率 233.24 cm^{-1} 处,该处的振动模式为 Os3 和 Os4 原子在同一直线上方向相反的伸缩振动模式,Os1 和 Os2 原子则做呼吸振动。团簇 Os$_5$ 的红外光谱中有三个较强的振动峰,最强的振动峰位于频率 232.13 cm^{-1} 处,该处的振动模式为 Os1 与 Os2 和 Os4 原子间的剪切振动;第二强峰和第三强峰强度差不多,分别位于频率 178.82 cm^{-1} 和 121.96 cm^{-1} 处。团簇 Os$_6$ 的红外光谱有四个振动峰,最强的振动峰位于频率 219.48 cm^{-1} 处,该处的振动模式为 Os1 和 Os4 原子做同一直线上方向相反的伸缩振动,Os2,Os3,Os5,Os6 四个原子组成的平面则做呼吸振动。团簇 Os$_7$ 的红外光谱中有几个较小和一个较强的振动峰,较强振动峰位于频率 244.14 cm^{-1} 处,该处的振动模式为由 Os1,Os3,Os6 组成的平面做的呼吸振动,其他原子则做方向不同的伸缩振动。团簇 Os$_8$ 的红外光谱有多个振动峰,其中最强的振动峰位于频率为 207.09 cm^{-1} 处,该处的振动模式为 Os3 和 Os7 做同一直线上方向相反的伸缩振动,由 Os1,Os2,Os4,Os5,Os6 和 Os8 原子组成的笼状结构做的是呼吸振动。团簇 Os$_9$ 的红外光谱有多个振动峰,两个较强的振动峰强度很接近,频率分别位于 198.9 cm^{-1} 和 187.69 cm^{-1} 处,198.9 cm^{-1} 处的强度更强一些。最强振动峰的振动模式是由 Os2,Os3,Os7,Os8 组成的平面做呼吸振动;位于频率 187.69 cm^{-1} 处振动峰的振动模式为 Os1 与 Os2,Os6 与 Os7 之间的伸缩振动,Os9 原子在 Os1 和 Os6 原子所连成的直线上做前后的伸缩振动。团簇 Os$_{10}$ 的红外光谱也有多个振动峰,最强峰位于频率 105.57 cm^{-1} 处,振动模式为 Os7,Os8,Os9,Os 10 组成的平面做方向相同的伸缩振动,次强峰在频率 203.28 cm^{-1} 处,振动模式为 Os3 与 Os4 做方向相反的伸缩振动,第三个强峰位于频率 191.62 cm^{-1} 处,振动模式为 Os1 和 Os3 做方向相反的伸缩振动。

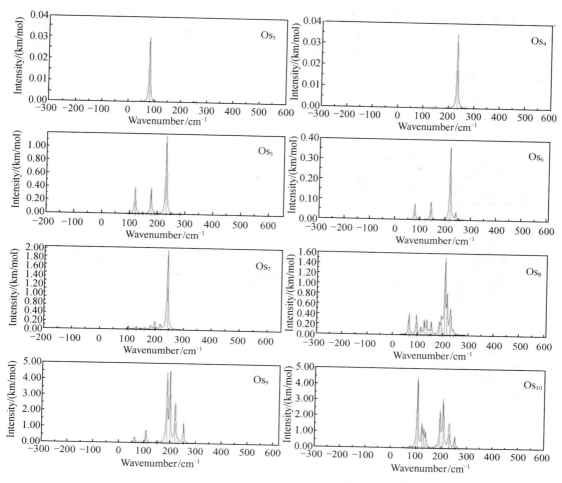

图 1-47　$Os_n(n=3\sim10)$ 基态团簇的 IR 谱

（5）结论

采用密度泛函理论研究了 $Os_n(n=2\sim10)$ 团簇的几何结构、稳定性及电子和光谱性质。研究结果表明：$n=2\sim4$ 团簇的体系为平面结构，当 $n=5\sim10$ 时为三维结构。团簇的稳定性呈奇偶振荡，在 $n=8$ 时团簇的稳定性最好。对磁矩的主要贡献来源于 d 轨道，p 轨道和 s 轨道的贡献相对较小。Os_2，Os_3，Os_4，Os_7 和 Os_8 团簇的电子自旋密度均向上，都呈铁磁性耦合，Os_5，Os_6，Os_9，Os_{10} 团簇则呈现反铁磁性耦合。红外光谱分析得知，Os_3 和 Os_4 只有一个振动峰，其余都有多个振动峰；最强振动峰的频率都位于 82.48 cm^{-1} 和 244.14 cm^{-1} 之间；Os_3 团簇的最强振动峰频率最小，位于 82.48 cm^{-1} 处；Os_7 团簇的最强振动峰波数最大，位于 244.14 cm^{-1} 处；大部分原子的振动模式为伸缩振动；除了 Os_3 和 Os_{10} 团簇的最强峰位于 100 cm^{-1} 附近之外，其余团簇最强峰的位置均在 200 cm^{-1} 附近。

2. $Os_n(n=11\sim22)$ 团簇的结构与性能

（1）几何结构

首先设计了 $Os_n(n=11\sim22)$ 团簇的多种可能的初始几何结构，进行了几何参数全优化。在计算的所有结果中，把没有虚频的结构定为稳定结构，把能量最低且没有虚频的结构定为基态结构,与基态结构能量接近的稳定结构称亚稳态。图 1 – 48 和图 1 – 49 分别给出了 Os_n(n = 11 ~ 16)和 Os_n(n = 17 ~ 22)团簇的基态构型和部分亚稳态构型(统称为稳定构型),在相应的结构下面标出了各个构型的自旋多重度、对称性以及相对能量,构型按照能量由低到高的顺序排列,单位为 eV。以能量为判据,各团簇其稳定性顺序是 $na > nb > nc\cdots$,能量依次升高,其中 na 为 Os_n(n = 11 ~ 22)团簇的基态结构,其余的为亚稳态结构。在几何结构优化过程中得到的稳定结构很多,图中只列出了能量相对较低的五种构型。

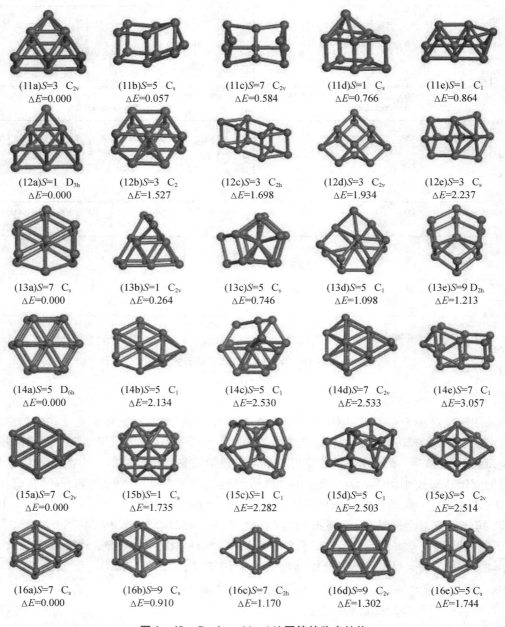

(11a)S=3 C_{2v}
ΔE=0.000

(11b)S=5 C_s
ΔE=0.057

(11c)S=7 C_{2v}
ΔE=0.584

(11d)S=1 C_s
ΔE=0.766

(11e)S=1 C_1
ΔE=0.864

(12a)S=1 D_{3h}
ΔE=0.000

(12b)S=3 C_2
ΔE=1.527

(12c)S=3 C_{2h}
ΔE=1.698

(12d)S=3 C_{2v}
ΔE=1.934

(12e)S=3 C_s
ΔE=2.237

(13a)S=7 C_s
ΔE=0.000

(13b)S=1 C_{2v}
ΔE=0.264

(13c)S=5 C_s
ΔE=0.746

(13d)S=5 C_1
ΔE=1.098

(13e)S=9 D_{2h}
ΔE=1.213

(14a)S=5 D_{6h}
ΔE=0.000

(14b)S=5 C_1
ΔE=2.134

(14c)S=5 C_1
ΔE=2.530

(14d)S=7 C_{2v}
ΔE=2.533

(14e)S=7 C_1
ΔE=3.057

(15a)S=7 C_{2v}
ΔE=0.000

(15b)S=1 C_s
ΔE=1.735

(15c)S=1 C_1
ΔE=2.282

(15d)S=5 C_1
ΔE=2.503

(15e)S=5 C_{2v}
ΔE=2.514

(16a)S=7 C_s
ΔE=0.000

(16b)S=9 C_s
ΔE=0.910

(16c)S=7 C_{2h}
ΔE=1.170

(16d)S=9 C_{2v}
ΔE=1.302

(16e)S=5 C_s
ΔE=1.744

图 1 – 48　Os_n(n = 11 ~ 16)团簇的稳定结构

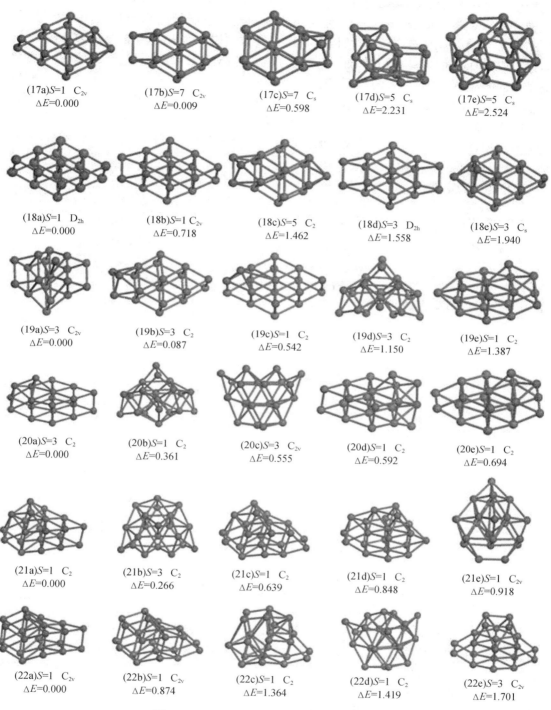

(17a).$S=1$　C_{2v}
$\Delta E=0.000$

(17b).$S=7$　C_{2v}
$\Delta E=0.009$

(17c).$S=7$　C_s
$\Delta E=0.598$

(17d).$S=5$　C_s
$\Delta E=2.231$

(17e).$S=5$　C_s
$\Delta E=2.524$

(18a).$S=1$　D_{2h}
$\Delta E=0.000$

(18b).$S=1$　C_{2v}
$\Delta E=0.718$

(18c).$S=5$　C_2
$\Delta E=1.462$

(18d).$S=3$　D_{2h}
$\Delta E=1.558$

(18e).$S=3$　C_s
$\Delta E=1.940$

(19a).$S=3$　C_{2v}
$\Delta E=0.000$

(19b).$S=3$　C_2
$\Delta E=0.087$

(19c).$S=1$　C_2
$\Delta E=0.542$

(19d).$S=3$　C_2
$\Delta E=1.150$

(19e).$S=1$　C_2
$\Delta E=1.387$

(20a).$S=3$　C_2
$\Delta E=0.000$

(20b).$S=1$　C_2
$\Delta E=0.361$

(20c).$S=3$　C_{2v}
$\Delta E=0.555$

(20d).$S=1$　C_2
$\Delta E=0.592$

(20e).$S=1$　C_2
$\Delta E=0.694$

(21a).$S=1$　C_2
$\Delta E=0.000$

(21b).$S=3$　C_2
$\Delta E=0.266$

(21c).$S=1$　C_2
$\Delta E=0.639$

(21d).$S=1$　C_2
$\Delta E=0.848$

(21e).$S=1$　C_{2v}
$\Delta E=0.918$

(22a).$S=1$　C_{2v}
$\Delta E=0.000$

(22b).$S=1$　C_{2v}
$\Delta E=0.874$

(22c).$S=1$　C_2
$\Delta E=1.364$

(22d).$S=1$　C_2
$\Delta E=1.419$

(22e).$S=3$　C_{2v}
$\Delta E=1.701$

图 1-49　$Os_n(n=17\sim22)$ 团簇的稳定构型

如图 1-48 所示，Os_{11} 的基态构型（11a）为自旋三重态，对称性为 C_{2v}，几何结构是由一个四棱锥与两个三棱柱融合而成的；在 Os_{11} 的四个亚稳态结构中，对称性为 C_s 的（11b）结构能量仅比基态高 0.057 eV,自旋五重度为 5,其结构可以看作由一个四棱柱和一个三棱柱边带一个原子整合而成,其余的三种异构体分别比基态能量高 0.584 eV,0.766 eV 和 0.864 eV。对于 Os_{12} 团簇,其基态结构(12a)与(11a)结构颇为相似,整体呈现为三棱柱状,可以看成在 Os_{11} 的基态构型上添加一个锇原子构成,其对称性为 D_{3h},多重度为 1,几种亚稳态结构的能量要比 Os_{12} 团簇的基态高得多一些,在 1.527 eV 和 2.237 eV 范围之间。Os_{13} 到 Os_{18} 的基态结构是类似的,都是在规则的六棱柱的基础上添加原子而成,即都是密排六方结构,Os_{19} 到 Os_{22} 团簇的基态结构还是以密排六方结构为基础,但是它们整体却逐步向偏球形的笼状结构过渡。这表明了随着尺寸的增加,Os_n 团簇体系的结构有由扁平状变为球状的趋势,变化趋势的转折点为 Os_{19} 团簇。

(2)相对稳定性

为了研究团簇体系的相对稳定性,计算了每个原子的平均结合能(E_b/atom)、总能量的二阶差分($\Delta_2 E$)和能隙。图 1-50 和图 1-51 分别给出了体系每个原子的平均结合能(E_b/atom)和总能量的二阶差分($\Delta_2 E$)。在计算 E_b 和 $\Delta_2 E$ 时采用了以下的公式:

$$E_b = [nE(Os) - E(Os_n)]/n$$
$$\Delta_2 E(Os_n) = E(Os_{n+1}) + E(Os_{n-1}) - 2E(Os_n)$$

其中,$E(Os_n)$ 是 Os_n 团簇的总能量。

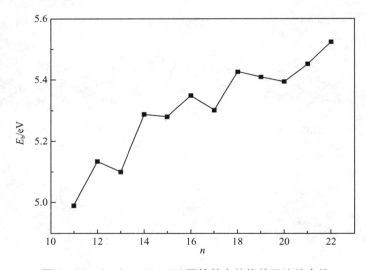

图 1-50　Os_n(n=11~22)团簇基态结构的平均结合能

图 1-50 给出了 Os_n(n=11~22)团簇的 E_b 随其尺寸的变换规律。由图可以看出,平均结合能的变化趋势可以分为两个部分:从 Os_{11} 到 Os_{19},团簇体系的平均结合能呈现出奇偶振荡的变化趋势,n 为偶数时 E_b 总是大于 Os_{n+1} 团簇的 E_b;而从 Os_{20} 到 Os_{22},团簇体系的平均结合能不再是奇偶振荡,而是随着尺寸的增加而单调递增,这表明 n=19 是 Os_n(n=11~22)团簇体系稳定性变化趋势的转折点,由图 1-49 也可以看出,n=19 也是团簇构型转变的转折点。由图 1-50 还可以看出,n=22 的平均结合能是 Os_n(n=11~22)团簇体系的最大值,但仍然低于块体的理论值(6.122 eV),这说明在 n 小于等于 22 时由于表面效应的重要作用,能量仍然没有出现向块体演化的现象。

图 1-51 给出了 $\Delta_2 E$ 随尺寸的变化曲线,同样的,在相同尺寸范围内出现了奇偶振荡

现象,n 为偶数时的稳定性比 n 为奇数时的稳定性要高,n 为 14 和 18 时出现了局域极大值,说明当 $n=14,18$ 的时候,团簇的稳定性比其相邻的团簇稳定性高,$n=19$ 是 Os_n($n=11 \sim$ 22)团簇体系稳定性变化趋势的转折点,这和前面平均结合能的变化趋势基本一致。

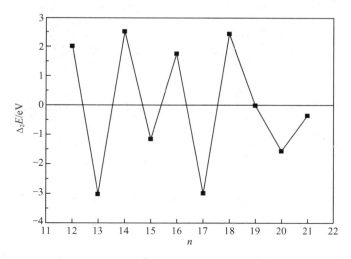

图 1 - 51　Os_n($n=11 \sim 22$)团簇的二阶差分($\Delta_2 E$)随尺寸的变化趋势

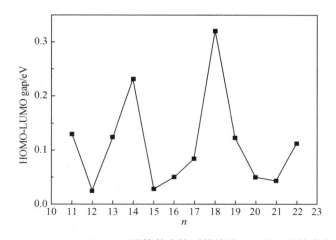

图 1 - 52　Os_n($n=11 \sim 22$)团簇基态构型的能隙 E_{gap} 随尺寸的变化曲线

　　HOMO 和 LUMO 之间的差(即能隙)是考查团簇化学活性和化学稳定性的一个重要指标,一般表示为 $E_{gap} = E_{LUMO} - E_{HOMO}$。$E_{gap}$ 表征了电子从 HOMO 转移到 LUMO 的难易程度,E_{gap} 的值越小电子越容易转移,E_{gap} 的值较大时则表明体系的化学活性较弱而稳定性较高。图 1 - 52 列出了锇团簇体系的能隙随原子数的变化规律。由图可以清楚地看到在 $n=14$,18 处曲线有明显的峰值,说明 Os_{14} 和 Os_{18} 团簇的稳定性较高,这与前面平均结合能和二阶差分的研究结论一致,说明 Os_{14} 和 Os_{18} 为幻数团簇。我们知道锇的晶体是密排六方结构,而这里的 Os_{14} 和 Os_{18} 团簇的结构也是以密排六方结构为基础的。

　　图 1 - 53 列出了幻数结构 Os_{14} 和 Os_{18} 团簇 HOMO 和 LUMO 轨道等值面图,从图可以看出,HOMO 和 LUMO 轨道的电子态主要是位于团簇的外围原子周围,而且对轨道的贡献主

要来源于原子的 5d 轨道,表明锇团簇的 5d 轨道最容易得到或失去电子。

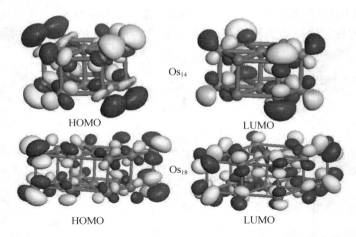

图 1 - 53   Os$_{14}$ 和 Os$_{18}$ 团簇的 HOMO 和 LUMO 轨道等值面图

(3)电子与磁学性质

为了进一步研究 Os$_n$(n = 11 ~ 22)团簇的电子性质,下面研究了体系的分波态密度(PDOS)和总态密度(TDOS),见图 1 - 54、图 1 - 55、图 1 - 56。图中能量为 0 的位置代表的是费米能级,态密度大于 0 的部分代表的是自旋向上,小于 0 的部分代表的是自旋向下。

图 1 - 54 给出了 Os$_n$(n = 11 ~ 14)的 PDOS 和 TDOS 图,由图可以看出,在能量大于 - 7 eV 范围内,PDOS 中的 d 轨道曲线和 TDOS 的曲线较为相似,并且和 s 与 p 轨道有着较大的差别,说明在这个能量区间 s,p 轨道对于 TDOS 曲线的贡献相对较小,主要是 d 轨道的贡献,仅在较小的区间(- 8 eV 到 - 7 eV 区间)s 轨道的贡献较大。总之,对 TDOS 曲线的主要贡献几乎都来自 Os 原子的 5d 轨道,这和前面分析的结论一致。由图 1 - 54 还可以看出,除 Os$_{12}$ 外,其余三个团簇的 PDOS 中的 d 轨道曲线和 TDOS 的曲线对称性较低,而对称性最低的就是 Os$_{13}$,这说明其自旋向上的电子数量和自旋向下的电子数量之间有着较大的差别,其原子周围的未配对电子数较多,图 1 - 48 给出的自旋多重度也证明了这一点,这三个团簇的自旋多重度都不为 1,Os$_{13}$ 的自旋多重度最高,为 7;Os$_{12}$ 团簇的自旋多重度为 1。

图 1 - 55 和图 1 - 56 给出了 Os$_n$(n = 15 ~ 22)的 PDOS 和 TDOS 图,和图 1 - 54 类似,对 TDOS 曲线的主要贡献也几乎都来自 Os 原子的 5d 轨道。n = 15,16,19 和 20 时 PDOS 曲线和 TDOS 曲线对称性较低,而 n = 17,18,21 和 22 时 PDOS 曲线和 TDOS 曲线对称性较高,图 1 - 48 给出的自旋多重度也证明了这一点,因为 n = 15 和 16 的自旋多重度都为 7,未配对的电子数也就较多,n = 19 和 20 的自旋多重度都为 3,也有未配对的电子;而 n = 17,18,21 和 22 的自旋多重度都为 1,没有未配对电子,因此 PDOS 曲线和 TDOS 曲线对称性较高。

前面已经提到过,在本书的几何构型优化和能量的计算中,充分地考虑了自旋多重度的影响,也就是考虑了自旋极化,即在寻找能量最低的稳定构型以及对其进行能量等性质的进一步精确计算时对原子不同的自旋方向使用了不同的轨道。这些说明了在基态的确定和能量等性质的计算中,充分考虑了电子之间的旋轨耦合,而团簇的磁性与其电子的旋轨耦合的关系相当密切,因此有必要对锇团簇的磁性特征进行进一步的讨论。

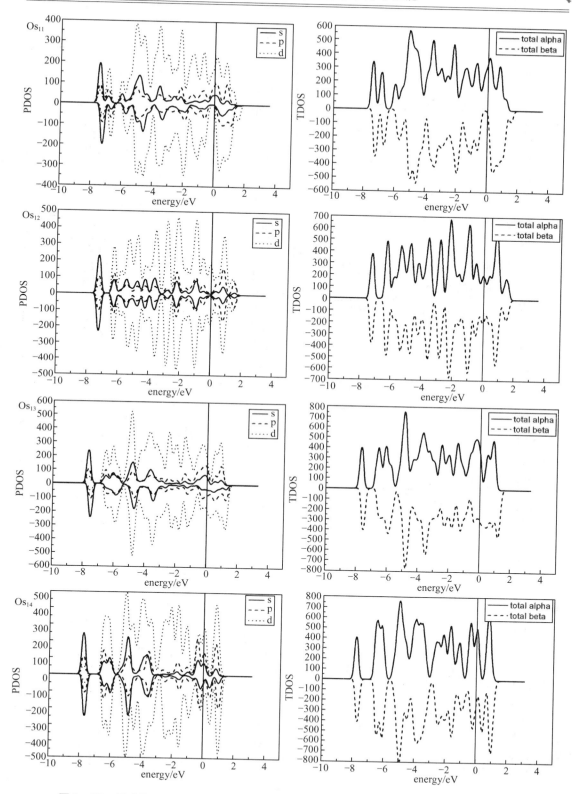

图 1-54　尺寸为 $n = 11 \sim 14$ 的 Os_n 团簇的分波态密度(PDOS) 和总的态密度(TDOS)

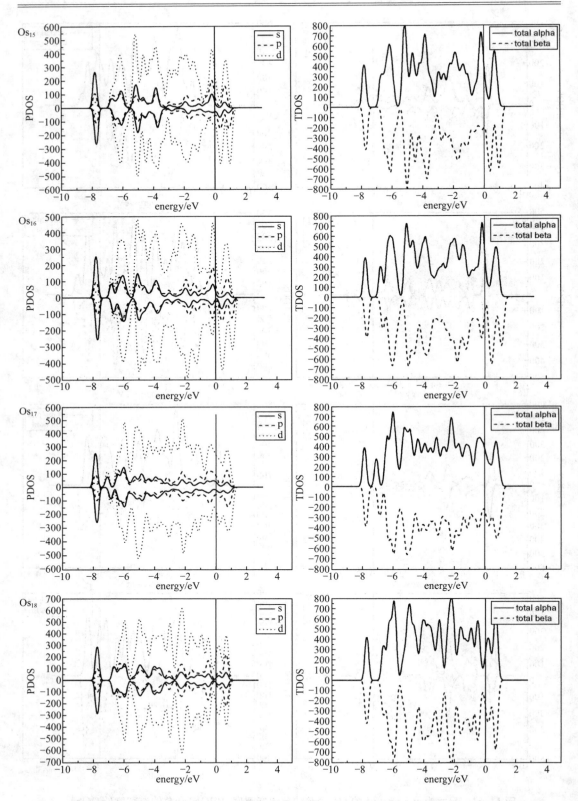

图 1 − 55　尺寸为 $n = 15 \sim 18$ 的 Os_n 团簇的分波态密度(PDOS)和总的态密度(TDOS)

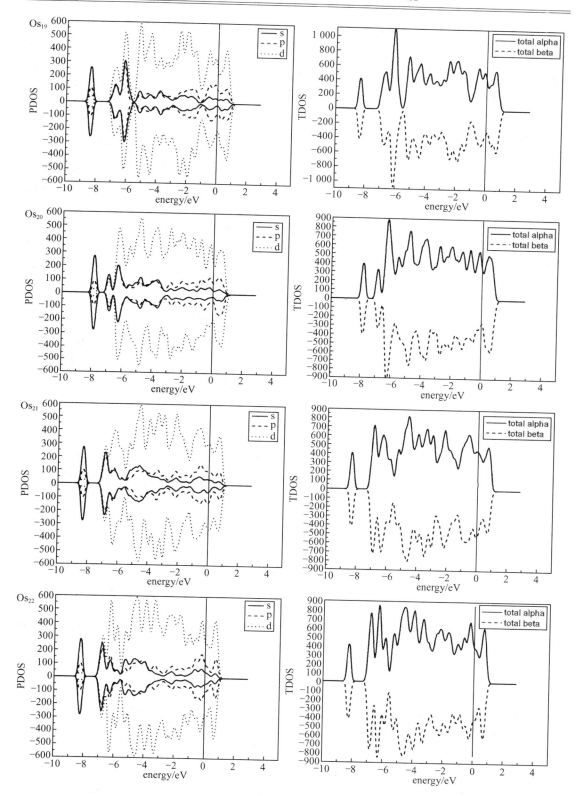

图 1－56　尺寸为 $n = 19 \sim 22$ 的 Os_n 团簇的分波态密度（PDOS）和总的态密度（TDOS）

图 1 – 57 给出了 Os_n ($n = 11 \sim 22$) 团簇总磁矩与平均磁矩随着原子数 n 的变化规律。总磁矩是由局域磁矩的代数和求得;平均磁矩是团簇总磁矩除以相应的原子数求出。而局域磁矩是利用 Mulliken 布居分析得到轨道电子占据数后,再由自旋向上的状态与自旋向下态电子的占据数之差得到。磁矩的单位为玻尔磁子(μ_B)。由图看出,团簇 Os_{13} , Os_{15} , Os_{16} 的总磁矩最大,为 $6\mu_B$,由图 1 – 48 可知这三个团簇的自旋多重度也是最大的,为 7;而 Os_{12} , Os_{21} , Os_{22} 团簇的自旋多重度为 1,团簇中电子完全配对,没有孤立电子存在,即为闭壳层电子结构,其总磁矩发生了猝灭现象,因而图 1 – 57 中总磁矩在这三点处出现局域谷值。磁矩与自旋多重度有密切关系,自旋多重度越大,未配对电子数就越多,其磁矩相应就越大。从图 1 – 57 可以看出平均磁矩曲线的变化趋势与总磁矩随着尺寸演变趋势相一致,只是变化幅度较小。

为了描述每个原子的局域磁矩以及它们对总磁矩的贡献,图 1 – 58 至图 1 – 60 给出了 Os_n ($n = 11 \sim 22$) 团簇基态构型的电子自旋密度图,其中深色的代表的是自旋向上的电子态,浅色的代表的是自旋向下的电子态。电子自旋密度越大说明原子周围的未配对电子越多,局域磁矩将越大;相反的,它们对总磁矩的贡献将会越小。

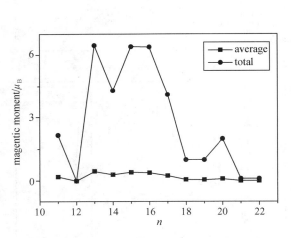

图 1 – 57 Os_n ($n = 11 \sim 22$) 团簇基态结构的
总磁矩与平均磁矩

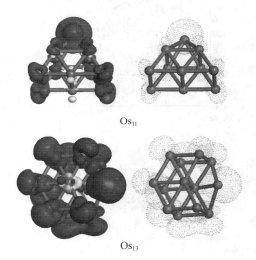

图 1 – 58 团簇 Os_{11} , Os_{13} 基态结构的
电子自旋密度图

在图 1 – 58 中,可以明显地看出 Os_{11} 呈反铁磁性耦合,其中有六个原子的轨道有自旋向下的贡献,其中 Os3 与 Os7 原子只有自旋向下的贡献,由表 3.1 可知其对应的局域磁矩分别为 $-0.056\mu_B$ 和 $-0.057\mu_B$,既确实为负值;Os4,Os5,Os8 与 Os10 原子的轨道中既有自旋向上的贡献又有自旋向下的贡献,两者相互影响,故这四个原子的局域磁矩应该相对较小,查表 1 – 18 可知,此四个原子的局域磁矩虽然为正值,但确实比 Os1,Os2,Os6,Os9 和 Os11 原子的局域磁矩小得多。Os_{11} 基态团簇的各个原子中,Os11 的深色部分体积最大,另外在表 1 – 18 中查得,Os11 原子的局域磁矩也是最大的。由表 1 – 18 还可看出,Os_{12} 团簇比较特别,所有原子的局域磁矩都为零,当然总磁矩也为零,说明 Os_{12} 团簇中所有电子完全配对,出现了磁矩猝灭,所以图 1 – 58 中未画它的电子自旋密度图。Os_{13} 团簇的总磁矩为 $6 \mu_B$,也属于反铁磁性耦合,各原子局域磁矩中最大为 $1.425\mu_B$,最小值为唯一的负值($-0.047\mu_B$)。

由图 1 - 59 和表 1 - 18 看出,Os_{14},Os_{15} 与 Os_{16} 均呈反铁磁性耦合,且团簇内部均有两个原子局域磁矩呈负值,它们的总磁矩分别为 $4\mu_B$,$6\mu_B$ 与 $6\mu_B$。其中,Os_{14} 团簇各原子的局域磁矩,除两个原子为负的外,其余 12 个原子均为 $0.34(\pm 0.01)\mu_B$,这是由于 Os_{14} 团簇的电子自旋密度在每个原子上平均化的结果。

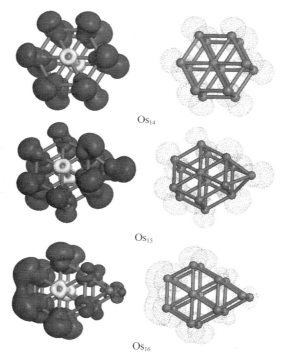

图 1 - 59 团簇 Os_{14},Os_{15},Os_{16} 的基态结构的电子自旋密度图

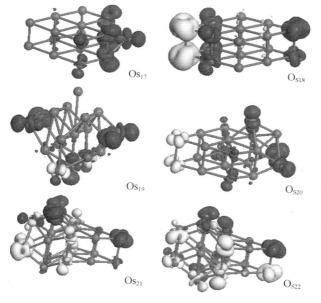

图 1 - 60 $Os_n(n = 17 \sim 22)$ 团簇基态构型的电子自旋密度图

表 1 – 18　Os$_n$(n = 11 ~ 16)团簇基态结构各原子的局域磁矩

原子序号	Os$_{11}$	Os$_{12}$	Os$_{13}$	Os$_{14}$	Os$_{15}$	Os$_{16}$
1	0.141	0.000	0.807	0.348	0.436	0.169
2	0.144	0.000	0.501	0.338	0.314	0.594
3	− 0.056	0.000	0.394	0.346	0.614	0.795
4	0.083	0.000	0.400	0.350	0.618	0.771
5	0.074	0.000	0.495	0.346	0.436	0.602
6	0.149	0.000	0.474	0.347	0.297	0.166
7	− 0.057	0.000	0.284	0.339	0.592	0.152
8	0.074	0.000	0.354	0.347	0.589	0.612
9	0.147	0.000	0.408	0.348	0.435	0.754
10	0.083	0.000	0.006	− 0.066	− 0.095	0.746
11	1.219	0.000	− 0.047	− 0.066	− 0.094	0.614
12		0.000	0.498	0.338	0.311	0.146
13			1.425	0.346	0.827	− 0.114
14				0.338	0.414	− 0.113
15					0.306	0.081
16						0.026

从图 1 – 60 可以发现,Os$_{17}$团簇只有自旋向上电子,而不存在自旋向下的电子,这表明其原子周围存在较多的未配对电子,从而体系的磁性较高,这和前面的自旋多重度分析结果不太一致,可能是轨道磁矩起了重要作用。Os$_{18}$,Os$_{19}$,Os$_{20}$团簇中既存在自旋向上的电子也存在自旋向下的电子,但是自旋向下的相对较少,则原子周围的未配对电子数较多,导致了其磁性较高。对于 Os$_{20}$团簇而言,右侧的笼状结构存在较多自旋向上的未配对电子,这说明右侧的笼状结构会在体系的化学性质中起关键性的作用,这和稳定性的分析结果较为一致。Os$_{21}$和 Os$_{22}$团簇中自旋向上和自旋向下的电子数量基本相当,这导致其磁性相对较小。

（4）红外光谱

①Os$_n$(n = 11 ~ 16)体系的红外光谱

对于研究的 Os$_n$(n = 11 ~ 16)体系,计算了其全部振动频率。频率是判断稳定点的标志,在表 1 – 19 中列出了 Os$_n$(n = 11 ~ 16)团簇基态构型的所有的振动频率,并标明了在此频率上对应的红外振动强度。由表可以看出,所有的振动频率的波数都为正值,表明各结构均为势能面上的稳定点,而不会是过渡态或高阶鞍点。红外活性决定了是否可以在实验上观测到它们,计算得到的振动频率可以为今后的光谱实验提供理论依据。为了方便讨论每个原子的振动情况,图 1 – 61 给出了团簇 Os$_n$(n = 11 ~ 16)的基态结构,并对每个原子进行了标号。图 1 – 62 给出了 Os$_n$(n = 11 ~ 16)团簇基态结构的红外光谱图(IR)。其中 IR 谱中横坐标的单位是 cm^{-1},纵坐标是强度,单位是 km·mol^{-1}。然后,通过 Dmol^{3}来判定各团簇振动光谱峰值所对应频率的振动方式的归属情况。

表 1-19　Os$_n$ ($n = 11 \sim 16$)团簇的振动频率、红外强度(IR)

Os$_{11}$	Freq —	IR —	Os$_{12}$	Freq —	IR —	Os$_{13}$	Freq —	IR —
1	57. 454 04	$9.078\ 36 \times 10^{-4}$	1	61. 439 39	$5.763\ 04 \times 10^{-7}$	1	37. 729 71	0. 001 18
2	79. 383 73	$5.830\ 53 \times 10^{-4}$	2	65. 677 23	$4.022\ 53 \times 10^{-5}$	2	51. 907 56	$3.612\ 17 \times 10^{-4}$
3	80. 086 86	$9.605\ 42 \times 10^{-4}$	3	73. 040 54	$1.139\ 07 \times 10^{-4}$	3	71. 838 55	$3.856\ 37 \times 10^{-4}$
4	90. 214 3	$4.485\ 73 \times 10^{-4}$	4	74. 283 32	$1.618\ 06 \times 10^{-4}$	4	82. 765 34	$4.556\ 61 \times 10^{-4}$
5	95. 477 07	$2.448\ 98 \times 10^{-4}$	5	85. 209	0. 002 4	5	85. 040 85	$2.340\ 4 \times 10^{-4}$
6	104. 881 61	$5.526\ 19 \times 10^{-4}$	6	92. 313 21	0. 001 96	6	93. 387 94	$2.070\ 01 \times 10^{-4}$
7	116. 568 18	$7.422\ 31 \times 10^{-4}$	7	109. 820 29	$9.901\ 52 \times 10^{-5}$	7	95. 380 24	$2.017\ 58 \times 10^{-4}$
8	126. 594 2	0. 001 3	8	110. 508 58	$1.923\ 43 \times 10^{-4}$	8	103. 935 13	0. 006 14
9	133. 802 3	$1.205\ 21 \times 10^{-4}$	9	115. 904 82	$1.009\ 71 \times 10^{-4}$	9	107. 766 3	$2.067\ 05 \times 10^{-4}$
10	137. 919 2	$2.867\ 14 \times 10^{-4}$	10	118. 856 61	0. 001 7	10	109. 942 82	$9.244\ 68 \times 10^{-4}$
11	144. 106 64	$8.099\ 81 \times 10^{-4}$	11	120. 488 88	$3.727\ 3 \times 10^{-6}$	11	113. 691 04	$5.864\ 73 \times 10^{-5}$
12	144. 481 61	$9.686\ 63 \times 10^{-5}$	12	128. 117 11	$2.818\ 63 \times 10^{-5}$	12	124. 008 06	$9.565\ 25 \times 10^{-5}$
13	145. 540 13	0. 001 89	13	130. 515 79	$1.447\ 28 \times 10^{-4}$	13	125. 575 26	$4.071\ 16 \times 10^{-4}$
14	159. 509 26	0. 002 06	14	134. 079 33	$9.746\ 5 \times 10^{-4}$	14	132. 426 67	$9.276\ 59 \times 10^{-4}$
15	177. 646 62	0. 002 15	15	164. 748 33	$4.826\ 32 \times 10^{-7}$	15	145. 325 97	0. 001 88
16	183. 105 57	$4.998\ 41 \times 10^{-4}$	16	167. 169 15	$2.986\ 18 \times 10^{-4}$	16	149. 057 64	$2.572\ 92 \times 10^{-4}$
17	200. 704 28	$1.628\ 01 \times 10^{-4}$	17	176. 229 86	0. 003 29	17	151. 642 28	0. 002 19
18	204. 085 68	$3.105\ 26 \times 10^{-4}$	18	195. 419 27	0. 004 69	18	152. 774 51	0. 002 3
19	213. 065 21	$1.127\ 3 \times 10^{-4}$	19	203. 430 56	0. 001 39	19	158. 565 09	$2.218\ 74 \times 10^{-4}$
20	218. 807 93	$8.175\ 53 \times 10^{-4}$	20	205. 390 79	$3.259\ 05 \times 10^{-4}$	20	164. 124 81	$4.915\ 43 \times 10^{-4}$
21	227. 607 7	$7.854\ 94 \times 10^{-4}$	21	217. 325 1	$3.310\ 32 \times 10^{-5}$	21	167. 011 65	$4.487\ 11 \times 10^{-4}$
22	230. 715 35	$5.425\ 65 \times 10^{-4}$	22	222. 845 77	$2.034\ 74 \times 10^{-5}$	22	171. 360 79	0. 003 11
23	232. 440 78	0. 001 48	23	227. 594 01	$2.380\ 48 \times 10^{-5}$	23	189. 682 46	0. 005 34
24	242. 258 17	0. 005 69	24	230. 625 42	0. 001 11	24	195. 567 66	0. 002 53
25	245. 885 74	0. 003 36	25	231. 648 34	0. 004 67	25	200. 050 94	0. 001 42
26	251. 224 32	$6.080\ 64 \times 10^{-4}$	26	231. 952 97	$5.319\ 4 \times 10^{-5}$	26	218. 537 36	0. 001 98
27	253. 828 16	0. 001 33	27	233. 054 93	$2.881\ 51 \times 10^{-5}$	27	219. 558 96	$6.206\ 1 \times 10^{-4}$
			28	239. 804 67	0. 002 47	28	224. 384 29	0. 001 04
			29	243. 576 59	0. 005 55	29	228. 525 35	0. 001 2
			30	256. 766 32	$8.151\ 78 \times 10^{-4}$	30	230. 986 43	$3.053\ 16 \times 10^{-4}$
						31	237. 383 35	0. 002 23
						32	247. 287 15	0. 002 4
						33	252. 181 85	$5.423\ 64 \times 10^{-4}$

表 1-19(续)

Os$_{14}$	Freq —	IR —	Os$_{15}$	Freq —	IR —	Os$_{16}$	Freq —	IR —
1	64. 108 81	0. 002 05	1	50. 524 59	$4.626\ 4 \times 10^{-4}$	1	16. 580 34	15. 638 42
2	65. 726 62	$4.159\ 37 \times 10^{-4}$	2	56. 220 47	$5.641\ 5 \times 10^{-4}$	2	30. 011 51	2. 981 08
3	68. 449	$8.890\ 94 \times 10^{-4}$	3	65. 096 01	0. 010 3	3	42. 005 13	5. 0232 3
4	99. 225 44	0. 003 42	4	67. 777 16	$8.284\ 35 \times 10^{-4}$	4	49. 146 18	2. 489 87
5	105. 736	0. 006 91	5	83. 940 96	$7.297\ 46 \times 10^{-4}$	5	57. 065 44	0. 238 13
6	112. 267 56	$8.466\ 01 \times 10^{-4}$	6	93. 750 56	0. 004 33	6	88. 627 08	10. 328 06
7	114. 870 67	0. 004 55	7	98. 221 55	$4.132\ 32 \times 10^{-4}$	7	93. 165 08	3. 718 46
8	115. 620 29	0. 001 98	8	105. 373 88	0. 003 22	8	94. 507 92	1. 297 96
9	118. 811 16	0. 001 06	9	107. 325 01	0. 001 8	9	97. 545 64	2. 482 18
10	119. 518 48	$3.938\ 39 \times 10^{-4}$	10	109. 241 22	0. 001 32	10	101. 223 53	0. 655 9
11	120. 977 52	0. 006 32	11	113. 904 19	$2.963\ 9 \times 10^{-4}$	11	103. 373 94	1. 551 97
12	121. 344 61	0. 002 18	12	114. 498 89	0. 005 62	12	104. 397 27	3. 459 52
13	141. 506 93	0. 001 59	13	117. 764 45	0. 003 73	13	112. 596 89	1. 751 8
14	143. 668 38	$4.977\ 26 \times 10^{-4}$	14	120. 612 71	0. 001 15	14	114. 904 5	1. 207 61
15	143. 942 56	0. 001 26	15	133. 007 53	$2.848\ 2 \times 10^{-4}$	15	121. 497 6	4. 116 17
16	146. 149 14	0. 002 11	16	134. 457 28	0. 002 82	16	130. 319 08	5. 020 83
17	149. 506 43	0. 002 24	17	143. 648 89	$5.181\ 08 \times 10^{-4}$	17	132. 388 39	0. 943 75
18	151. 749 42	0. 001 02	18	145. 831 99	0. 002 09	18	135. 331 37	3. 074 71
19	153. 480 8	0. 001 74	19	148. 083 88	0. 006 48	19	137. 736 23	5. 781 74
20	166. 023 68	0. 001 21	20	152. 402 53	$5.968\ 81 \times 10^{-4}$	20	141. 033 17	1. 450 4
21	170. 889 88	0. 001 82	21	157. 745 9	0. 004 11	21	143. 477 21	2. 074 85
22	176. 564 24	0. 002	22	160. 447	0. 002 75	22	146. 279 36	5. 257 4
23	177. 012 83	0. 001 22	23	164. 553 75	0. 001 12	23	154. 7463 41	2. 485 42
24	179. 311 24	0. 001 09	24	170. 578 07	0. 006 32	24	158. 288 55	0. 236 7
25	190. 583 41	0. 007 25	25	175. 282 23	$4.503\ 98 \times 10^{-4}$	25	160. 250 25	1. 759 55
26	205. 513 97	0. 003 2	26	176. 233 97	0. 005 42	26	169. 641 59	2. 642 19
27	208. 712 61	0. 003 05	27	181. 478 65	$6.984\ 45 \times 10^{-4}$	27	171. 420 86	7. 018 85
28	215. 233 68	$3.264\ 67 \times 10^{-4}$	28	188. 203 4	0. 007 47	28	176. 728 13	3. 999 01
29	219. 240 9	$3.261\ 76 \times 10^{-5}$	29	208. 245 68	0. 007 99	29	195. 861 3	0. 694 35
30	234. 382 82	$8.121\ 98 \times 10^{-4}$	30	212. 493 94	0. 002 97	30	197. 720 06	1. 113 45
31	239. 548 76	$2.679\ 54 \times 10^{-4}$	31	214. 129 04	0. 001 47	31	199. 826 65	0. 572 73
32	239. 902 7	0. 001 43	32	216. 898 19	0. 001 95	32	200. 749 63	1. 735 08
33	243. 653 06	0. 002 03	33	222. 064 67	0. 003 01	33	205. 793 3	0. 743 32
34	244. 559 74	0. 001 46	34	225. 312 71	0. 009 8	34	210. 418 49	1. 929 47
35	245. 709 99	0. 002 19	35	234. 969 17	0. 001 56	35	213. 724 36	0. 748 05
36	251. 698 33	0. 001 38	36	236. 193 83	$5.623\ 14 \times 10^{-4}$	36	218. 410 69	0. 325 48
			37	237. 563 94	0. 002 54	37	223. 439 28	11. 058 94
			38	240. 993 91	0. 001 45	38	228. 852 42	0. 776 02
			39	245. 286 45	0. 002 66	39	229. 646 41	0. 527 55
						40	234. 092 07	1. 003 41
						41	238. 808 79	6. 023 01

如果体系的简正振动导致其固有偶极矩发生改变,这样的振动模式是红外活性的。从微观角度来说,红外光谱是单光子吸收过程,它决定于分子的偶极矩的变化,非线性分子有 3N - 6 个振动自由度。

从图 1 - 62 可以看出,对于团簇 Os_{11},红外光谱中有多个振动峰,其中最强的振动峰位于频率 242.258 2 cm^{-1} 处,该处的振动模式为 Os3(原子序号和图 1 - 61 一致)与 Os7 原子做同一直线上方向相反的伸缩振动,Os11 与 Os4,Os5,Os8,Os10 四原子组成的平面做呼吸振动。团簇 Os_{12} 的红外光谱图也有多个振动峰,其中有三个较强的振动峰,最强的振动峰位于频率 243.576 6 cm^{-1} 处,该处的振动模式为 Os11 与 Os5 原子间的伸缩振动,Os1,Os2,Os6,Os7,Os8,Os12 这 6 个原子组成的三棱柱的呼吸振动;在两个次强峰中,一个位于频率 195.419 3 cm^{-1} 处,此处表现为 Os1,Os3,Os5 原子间的呼

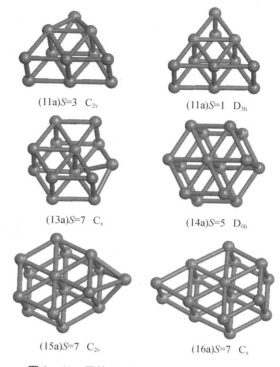

(11a)S=3　C_{2v}　　　　(11a)S=1　D_{3h}

(13a)S=7　C_s　　　　(14a)S=5　D_{6h}

(15a)S=7　C_{2v}　　　　(16a)S=7　C_s

图 1 - 61　团簇 Os_n (n = 11 ~ 16) 的基态结构

吸振动,Os7,Os9,Os11 原子之间的呼吸振动,且振动方向与 Os1,Os3,Os5 原子相反;另一个位于频率 231.648 3 cm^{-1} 处,振动模式为 Os1 与 Os7,Os3 与 Os9,Os5 与 Os11 之间的伸缩振动,Os2,Os4,Os6,Os8,Os10 与 Os12 六个原子组成的三棱柱的呼吸振动。

团簇 Os_{13} 有多个振动峰。其中最强峰位于频率 103.935 1 cm^{-1} 处,峰值为 0.006 1 $km \cdot mol^{-1}$,振动模式主要表现为 Os6,Os9,Os13 原子与 Os2,Os4,Os10 原子间的剪切振动;次强峰位于频率 189.682 5 cm^{-1} 处,振动模式为 Os6,Os7 和 Os8,Os12 之间的反向伸缩振动,Os2,Os3,Os4,Os5,Os11 原子与以上 4 个原子之间组成的呼吸振动。团簇 Os_{14} 有多个振动峰,第一个强峰位于频率 190.583 4 cm^{-1} 处,峰值为 0.007 3 $km \cdot mol^{-1}$,振动模式整体表现为呼吸振动,其两个六边形面中,Os1,Os2,Os3,Os4,Os5,Os14 面与 Os6,Os7,Os8,Os9,Os12,Os13 面的振动方向完全相反;次强峰位于频率 105.736 0 cm^{-1} 处,振动模式在整体上表现为呼吸振动,其中 Os1,Os9 与 Os5,Os6 做剪切振动,Os3,Os8 与 Os4,Os13 也是做剪切振动,Os10 与 Os11 做伸缩振动;第三强峰位于频率 120.977 5 cm^{-1} 处,振动模式在整体上也表现为呼吸振动,其中 Os5,Os10,Os12,Os14 为朝向团簇内部的振动,其余原子均为朝向团簇外部的振动。

Os_{15} 团簇的红外光谱图振动峰较多,最强峰频率为 225.312 7 cm^{-1},峰值为 0.009 8 $km \cdot mol^{-1}$,振动模式为 Os10 与 Os11 之间的反向伸缩振动,且由于它们位于上下两个六边形面的中心点,所以振动模式在整体上表现为呼吸振动。Os_{16} 的振动峰很多,且强度相比前 5 种团簇都大。最强峰位于频率 16.580 3 cm^{-1} 处,振动模式为 Os15 与 Os16 原子的反向伸缩振动,Os1 与 Os7,Os2 与 Os8,Os6 与 Os12 原子的伸缩振动;次强峰位于频率 223.439 3 cm^{-1} 处,振动模式为 Os2 与 Os8,Os5 与 Os11,Os15 与 Os16 原子的指向团簇内部的反向伸缩振动,Os4 与

Os10,Os6 与 Os12,Os3 与 Os9,Os1 与 Os7 原子间的指向团簇外部的反向伸缩振动;第三强峰频率为88.627 1 cm^{-1},振动模式为 Os13 与 Os14 原子的伸缩振动、Os2 与 Os8 的剪切振动。

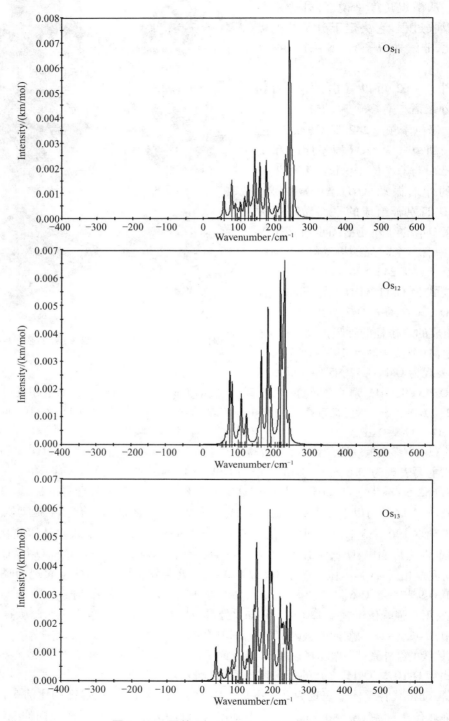

图 1-62　团簇 Os$_n$(n =11 ~ 16)的 IR 光谱

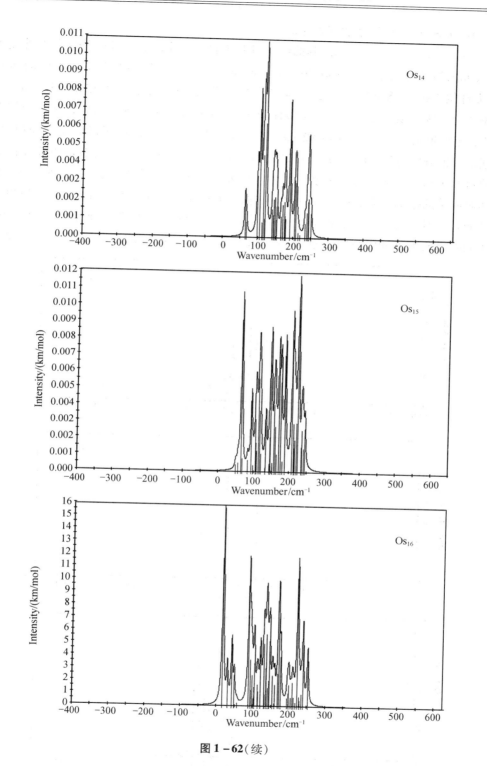

图 1 - 62(续)

②Os_n($n=17\sim22$)体系的红外光谱

图 1–63 给出了 $Os_{17}\sim Os_{22}$ 团簇的红外（IR）光谱图。由图看出，Os_{17} 团簇的红外光谱有多个振动峰，最强峰位于频率 100.30 cm^{-1} 处，位于团簇中心的一对原子做侧向的伸缩振动；次强峰位于频率 78.62 cm^{-1} 处，振动模式为呼吸振动；而位于频率为 154.32 cm^{-1} 处的振动模式为三棱柱顶点处的三对原子做伸缩振动。Os_{18} 团簇的红外光谱中存在三个较强的振动峰，最强的峰值处于频率 130.92 cm^{-1} 处，四棱柱顶点的四对原子做伸缩振动；其余两个较强的峰值分别位于 40.53 cm^{-1} 和 206.11 cm^{-1} 处，它们的振动模式都是四棱柱长轴端点的两对原子和中心顶点的一对原子做伸缩振动，所不同的是当频率位于 40.53 cm^{-1} 处时端点两对原子的振动方向和中心顶点原子的振动方向是同一平面反向平行的，而当频率在 206.11 cm^{-1} 处时，它们的振动方向是异面垂直的。Os_{19} 团簇的红外光谱最强峰位于 205.86 cm^{-1} 处，该处的中心原子做伸缩振动；次强峰位于频率 133.37 cm^{-1} 处，中心原子与

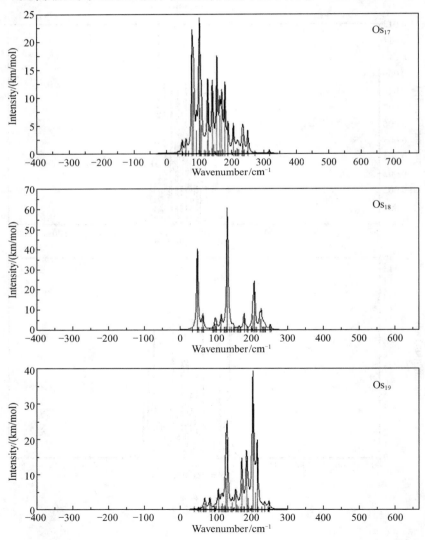

图 1–63　Os_n($n=17\sim22$)基态团簇的 IR 谱

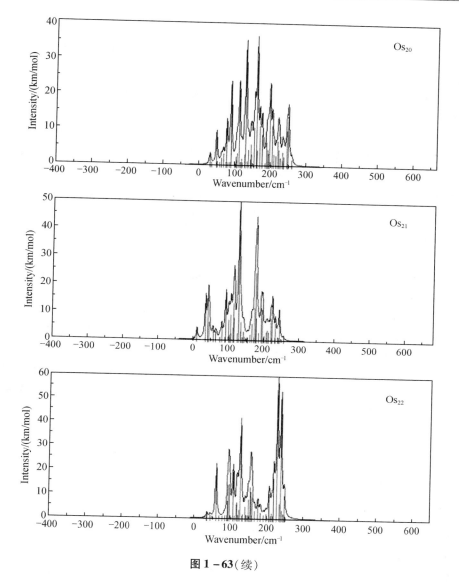

图 1-63(续)

底面中心的原子做同向的伸缩振动。Os_{20} 团簇的红外光谱在零到 300.00 cm^{-1} 之间分布了很多峰,明显的强峰有 6 个,两个较强的分别位于 128.27 cm^{-1} 处和 159.22 cm^{-1} 处,它们的振动模式分别为笼状结构最上端的两个原子做呼吸振动而中心密排六方结构中的原子做呼吸振动;四个相对弱一点的峰分别位于 87.79 cm^{-1},110.59 cm^{-1},196.35 cm^{-1} 和 248.35 cm^{-1} 处,它们都是呼吸振动且振动幅度不明显。Os_{21} 团簇的红外光谱分布在零和 250.00 cm^{-1} 之间,两个较强的峰值位于 127.95 cm^{-1} 和 176.99 cm^{-1} 处,它们的振动模式分别为右侧笼状结构做呼吸振动和端点处的原子做伸缩振动。Os_{22} 团簇也有多个峰,其中两个强峰分别位于 225.48 cm^{-1} 和 235.55 cm^{-1} 处;当团簇处于 225.48 cm^{-1} 时,三棱柱做水平方向的伸缩振动而笼状结构则做呼吸振动;当团簇处于 235.55 cm^{-1} 时,只有小三棱柱做伸缩振动。

从整体来看,振动范围大都分布在 $0 \sim 250$ cm^{-1} 处,振动强度分布在 $0 \sim 70$ $km \cdot mol^{-1}$ 之

间,其中 Os_{18} 和 Os_{22} 团簇的最高峰振动强度相对较大。

（5）小结

采用 $Dmol^3$ 软件,从基于密度泛函理论的第一性原理出发,运用广义梯度近似（GGA）、PW91 交换关联函数等方法,在充分考虑自旋多重度的前提下计算了 Os_n ($n=11\sim22$)团簇的结构与性能,得到了 Os_n ($n=11\sim22$)团簇的基态结构,并对其稳定性和电磁及光谱性质进行了计算研究,主要结论如下:

①Os_n ($n=11\sim22$)的绝大部分稳定团簇呈现出较规则的空间立体结构,无平面结构;当 $n<13$ 时,相应团簇的稳定构型以三棱柱、四棱锥居多;当 $n=13\sim16$ 时,其稳定构型在整体上以六棱柱为主;$n=17\sim18$ 的 Os_n 团簇的基态构型更趋向于一种扁平的笼状结构;$n=19\sim22$ 的时候,团簇更趋向于球形的笼状结构,Os_{19} 是团簇构型变化的转折点。

②根据对平均结合能、二阶差分以及 HOMO - LUMO 能隙的分析可知,n 为偶数时的稳定性比 n 为奇数时的稳定性要高,在 $n=18$ 的时候团簇体系更为稳定,说明 Os_{18} 为幻数结构。

③通过对基态团簇态密度以及磁矩的分析发现,5d 轨道的电子对总态密度的贡献较大。Os_{13},Os_{15} 和 Os_{16} 团簇的总磁矩出现了局域最大值,而 Os_{12},Os_{21} 和 Os_{22} 由于各个轨道态密度曲线较对称,磁矩出现了猝灭现象。从电子自旋密度图中可以发现当 $n=11\sim18$ 时,总磁矩的贡献主要来源于体系构型的外围原子上,而当 $n=19\sim22$ 的时候,笼状结构原子的局域磁矩对总磁矩贡献较大;大多数团簇为反铁磁性耦合。

④通过对团簇红外光谱的研究发现,Os_n ($n=11\sim22$)团簇的吸收峰都比较多,当 $n<16$ 时,吸收峰的强度都较小,当 $n\geqslant16$ 时,强度逐渐增加,其中 Os_{18} 和 Os_{22} 团簇吸收峰的强度最大。

1.4 $Pt_n^{0,\pm}$ ($n=2\sim6$)团簇的结构和性能

1.4.1 引言

过渡金属中的铂作为贵金属催化剂有着优良的催化活性、较高的选择性和可回收再生等特点,成为近年来研制新型高效加氢催化剂的热门材料。实验和理论方面已经有一些关于铂小团簇研究。Airola[47] 等利用高分辨率激光诱导荧光光谱仪测定出基态 Pt_2 的键长;Fabbi[48] 等利用散射荧光光谱仪对 Pt_2 进行了研究,获得了基态 Pt_2 的振动频率;Ho 和 Ervin[49-50] 等利用负离子光致分离分光法对 Pt_n ($n=2,3$)的电子光谱和电子亲和能进行了分析;Taylor[51] 等利用光电离共振光谱和飞行时间质谱仪研究了 Pt_2 的离子化能和解离能;Pontius[52] 等利用飞秒光电子能谱仪研究了 Pt_n ($n=1\sim7$)团簇,得出了 Pt_3,Pt_4,Pt_5 的电子亲和能;Grushow 和 Ervin[53] 利用导向离子束质谱仪研究了气相铂团簇负离子的碰撞解离（CID）,得出了 Pt_n ($n=2\sim5$)团簇的解离能。理论上也有一些关于 Pt 团簇的研究[54-59]。但目前大多数研究都是针对中性团簇的几何结构、电子结构,而对 Pt 阴阳离子团簇的研究并不多,可供参考的实验数据也很少。基于此,本节采用了普遍认为在计算过渡金属小团簇上比较精确的密度泛函方法 B3LYP 在 LANL2DZ 基组水平上对 Pt_n ($n=2\sim6$)的中性,阴阳离子团簇的基态结构和物理化学性质进行了较全面的研究。前面已经用该方法和基组对过渡金属 W_n 团簇进行了系统的研究,其结果与实验吻合得很好,说明本书采用的方法和

基组对过渡金属是合适的。

1.4.2　计算方法

密度泛函理论是研究多粒子系统基态的重要方法,它是通过构造电子密度的泛函模拟电子相关效应的一种近似方法。对于重过渡金属铂,由于存在 d 轨道相互作用,相对论效应十分明显,作用机理比较复杂,交换能和相关能对计算结果的影响不可忽略,所以采用了 B3LYP 方法。B3LYP 方法的交换能是选择包含梯度修正的非定域 Beck 交换泛函,相关能计算是选择定域相关泛函 VWN(Vosko,Wilk 和 Nusair)和非定域相关泛函 LYP(Lee,Yang 和 Parr 相关泛函),通过调节泛函三参数的值,可以对交换能和相关能进行优化修正,能较好地反映 d – d 轨道间的电子相关效应。在进行几何结构优化,振动频率计算时,计算机时与 HF 相仿,而计算精度相当或者优于 MP2。出于对计算量和精度的综合考虑,基组采用了双 ξ 价电子和相应的 Los Alamos 相对论有效核势(RECP),即 LANL2DZ 基组,这一基组通过有效核势进行标量相对论效应修正,适合于过渡金属体系。相对论有效核电势(RECP)屏蔽了 Pt 内层 60 个电子,即 $1s^2 2s^2 2p^6 3s^2 3p^6 3d^{10} 4s^2 4p^6 4d^{10} 4f^{14}$,并用有效核势基组 LANL2DZ 只计算最外层 18 个价电子($5s^2 5p^6 5d^9 6s^1$)。所有的计算都采用 Gassian03 程序完成。

1.4.3　结果与讨论

1. 几何结构

首先设计了 $Pt_n^{0, \pm}$($n = 2 \sim 6$)团簇的多种可能几何结构,进行了几何参数全优化。在计算的所有结果中,把没有虚频的结构定为稳定结构,把能量最低且没有虚频的结构定为基态稳定结构(简称基态结构)。在图 1 – 64 和图 1 – 65 列出了优化得到的基态结构和亚稳态结构。

对于 Pt_2,中性基态构型键长为 2.37 Å, Airola[47] 实验测得的 Pt_2 键长为 2.33 Å; Fortunelli[54] 采用分子动力学结合热淬火方法(MD – TQ)计算的 Pt_2 的键长为 2.34 Å; Yang 等人[55] 采用基于局域密度的非自洽 Harris 泛函得到的键长为 2.40 Å;都和本书计算的数据接近,而 Majumdar 等人[59] 分别采用 MP2 和 CASMCSCF 方法计算得到的二聚物键长分别为 2.49 Å,2.54 Å,和本书的差别较大。

对于 Pt_3,分别优化得出了直线、折线、等腰三角形和等边三角形四种异构体。发现稳定性顺序是:等腰三角形 > 等边三角形 > 折线 > 直线。从图 1 – 64 可看出,等腰三角形和等边三角形构型很接近,中性团簇只有底边键长相差 0.001 Å,阴离子团簇只有腰长相差 0.002 Å,能量也很接近。理论上 Majumdar 等人[59] 采用 CASMCSCF,MRSDCI 方法优化得到的基态稳定构型也都为等腰三角形,键长分别为(2.55 Å,2.54 Å)和(2.52 Å,2.54 Å),电子态为 $^1A_1$,他们得到的键长与我们得到的键长(2.52 Å,2.52 Å)相近,电子态也一样,MP2 方法计算的结果为电子态为 $^1A_1$ 的等边三角形,键长分别为(2.51 Å,2.51 Å);Yang 等人[55] 采用基于局域密度的非自洽 Harris 泛函方法得到的稳定结构为键长为 2.58 Å 的等边三角形;Henrik[60] 采用了 BLYP 方法得到的最稳定结构也为等腰锐角三角形,与本书结论一致,说明本书采用的方法和基组是可信的。

对于 Pt_4,优化出了六种异构体。稳定性顺序为:二面体(C_{2v},有一对角原子成键,并且为非平面结构)> 四面体 > 空二面体(C_{2v},对角不成键,非平面结构)> 正方形(D_{4h})> 漏斗

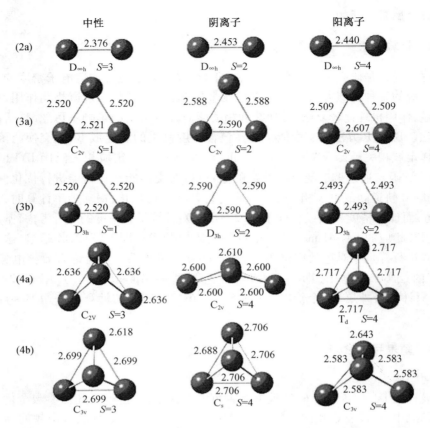

图 1-64　B3LYP 方法优化得到的 $Pt_n^{0,\pm}$ ($n=2\sim4$) 团簇的稳定结构

其中(2a)(3a)(4a)为基态结构,S 为多重度,键长单位:Å

形(C_{2v},平面结构)>菱形(D_{2h},平面结构,有一对角原子成键)。图 1-64 只列出了二面体和四面体这两种相对稳定构型。中性团簇的基态结构为三重态的二面体,比四面体结构(C_{3v})低 0.03 eV,比菱形(D_{2h})低 0.94 eV,比正方形(D_{4h})低 0.67 eV。Henrik[60]得到的四聚物基态构型也是对称性为 C_{2v},多重度为 3 的二面体结构,这与本书的结论一致,但是他们提到单重态的二面体变成了 D_{2h} 对称性平面结构,而我们找到了单重态的 C_{2v} 对称性的二面体结构,但是其能量要比三重态高,Henrik 还发现对称性为 D_{4h},多重度为 1 的正方形是亚稳态,四面体是不稳定的;Yang[55]得出四聚物稳定构型是对称性为 C_{2v} 的菱形,键长为 2.64 Å,而正方形为亚稳态,键长为 2.58 Å;Ali[61]采用 MD-TQ 方法得出的四面体是最稳定的,键长为 2.46 Å,此方法计算的键长与上面所有方法计算的结果都有较大差别。为了验证四面体不是最稳定的,笔者将 Ali 得到的键长为 2.46 Å 正四面体结构采用 B3LYP 和 B3PW91 两种方法分别输入计算,发现为不稳定结构,并且在能量较低的构型附近做了势能面扫描,取扫描得到的能量最低结构再进行优化计算,结构还是不稳定。上面所有理论计算方法除了 Henrik 提到二面体构型外,其他人都没有提到此构型。

对于 Pt_5,中性与阳离子团簇构型都为秋千型。中性团簇的基态结构是在四聚物中性团簇基态结构的基础上外加一个 Pt 原子,此构型比高对称性的船型结构更稳定。阴离子团簇的基态结构也是基于四聚物基态结构上外加一个 Pt 原子。D. Majumdar[62]采用 CASMCSCF

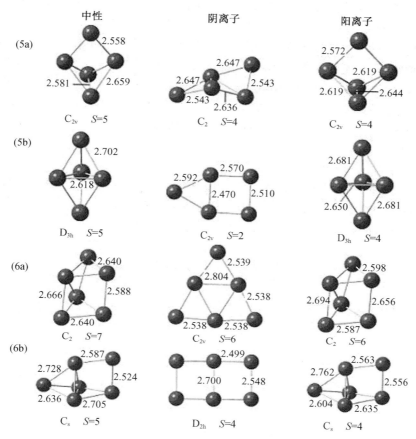

图 1-65 B3LYP 方法优化得到的 $Pt_n^{0,\pm}$ ($n=5\sim6$) 团簇的稳定结构

其中 (5a)(6a) 为基态结构,S 为多重度,键长单位:Å

和 MRSDCI 计算了 Pt_5 团簇,得到金字塔形结构最稳定,船形结构也不是基态,他们的结论与我们的不太一致,原因之一是他们在计算过程中并没有考虑我们这种构型,第二,他们只考虑了单重态和三重态,而本书在计算过程中考虑了他们在文中提到的所有构型,并且充分考虑了多重度,搜索的范围更加全面,更加深入。聂爱华[57] 采用 PW91 方法用 $Dmol^3$ 程序研究了 Pt 小团簇生长规律,得到 Pt_5 的最稳定构型为船形。大家知道 $Dmol^3$ 计算得到的结果没有 Guassian 03 的精确,并且,他们没有考虑多重度,也没有提到本书所得到的这种构型,在目前所查到的文献中秋千形作为 Pt_5 的基态结构是第一次被提出来。

对于 Pt_6,中性和阳离子团簇的结构都有点像三菱柱结构,阴离子的基态是二维平面三角形结构。聂爱华[57] 采用 PW91 方法研究亚纳米结构 Pt 团簇结构的演化,得到 Pt 的六聚物的中性团簇的稳定结构为一个大三角形,但是他在优化的过程中只考虑在五聚物的稳定结构和亚稳定结构的基础上添加一个原子进行优化得到的稳定结构,并且没有考虑多重度和对称性,所以所找的结构并不全面。而本书对 Pt_6 团簇的各种可能结构进行了全面优化,最后得到了六聚物铂团簇的基态结构,见图 1-65。对于中性 Pt_6 团簇笔者也计算了 C_{2v} 对称性的三角形结构,其能量比图 1-65 中基态的能量高 0.328 eV。而文献 [61] 采用分子动力学热淬火法研究了 Pt_n ($n=2\sim21$) 团簇的结构和能量,得出 Pt_6 的基态结构为八面体结构。本书参考所给的结构进行了各种对称性和多重度的优化,最后得到八面体最稳定结构为多重度为 5,对称性为 D_{4h},其能量比图 1 - 65 中的基态结构能量要高 0.762 eV,并且笔者对八面体结构进行没有对称性限制优化时,所优化得到的最低能量结构跟图 1 - 65 中所给出的基态结构很相近,说明本书所得的基态结构比八面体结构更稳定,更容易存在。

综上所述,对 $Pt_n^{0,\pm}$($n=2\sim6$)团簇进行了全面的结构搜索,在充分考虑了多重度的情况下,优化得到了一些前人没有发现的基态结构,并且 Pt_n($n=2\sim6$)中性团簇和阳离子团簇基态结构基本上都保持一致,且都趋向于立体结构,阴离子团簇基态结构随着原子数目的增大,慢慢地趋向于平面结构。

2. 稳定性分析

下面从能隙、解离能、平均结合能三个方面分析了 $Pt_n^{0,\pm}$($n=2\sim6$)基态结构的稳定性随着原子数目增加的变化情况。表 1 - 20 给出了具体数据,为了更直观地了解随着原子个数增加,能隙、解离能和平均结合能的变化情况,也画出了曲线图 1 - 66。

表 1 - 20 $Pt_n^{0,\pm}$($n=2\sim6$)团簇基态结构的能量参数

Cluster	M	E	HOMO	LUMO	E_g	E_b	VDE	ADE
Pt_2	3	−238.25	−6.55	−4.27	2.28	1.29	2.59	2.59
Pt_3	1	−357.43	−5.87	−4.01	1.85	1.83	3.75	2.63
Pt_4	3	−476.61	−5.03	−3.48	1.55	2.05	3.06	2.78
Pt_5	5	−595.79	−5.55	−3.75	1.79	2.20	3.91	2.73
Pt_6	7	−714.96	−5.46	−4.10	1.36	2.26	3.36	2.82
Pt_2^-	2	−238.33	0.05	1.46	1.41	1.42	2.68	2.68
Pt_3^-	2	−357.51	−0.29	1.19	1.49	1.90	2.88	2.77
Pt_4^-	4	−476.70	−1.11	0.51	1.62	2.16	3.30	3.04
Pt_5^-	4	−595.88	−1.36	−0.02	1.33	2.27	2.93	2.87
Pt_6^-	6	−715.09	−2.12	−0.21	1.90	2.49	3.95	3.55
Pt_2^+	4	−237.91	−12.89	−11.56	1.33	1.32	3.74	2.64
Pt_3^+	4	−357.14	−12.13	−9.98	2.15	2.26	4.25	4.08
Pt_4^+	4	−476.36	−11.29	−8.19	3.10	2.71	4.05	3.88
Pt_5^+	4	−595.52	−10.39	−8.57	1.82	2.59	3.39	2.36
Pt_6^+	6	−714.71	−10.17	−8.54	1.63	2.65	4.04	2.93

我们知道金属原子的价电子在大块金属中表现为自由电子,它们的能谱为连续谱带,但是对于小的金属簇,其能谱不是能带,而是具有分立能级的特征,可吸收光子由低能级跃迁到较高的能级,并且能级的间隔随原子团簇的大小而变化;其次,团簇的电子结构与其稳定性密切相关,通过对 HOMO 和 LUMO 的分析可以得到团簇的几何构型的稳定性信息。一般说来,HOMO - LUMO 能隙(E_g)与高对称性的闭壳层电子构型相关联,能隙的大小反映了电子从占据轨道向空轨跃迁的能力,是物质导电性的一个参数,在一定程度上代表了分子参与化学反应的能力;另外,E_g 值很小时,则被认为具有很强的化学活性,E_g 值较大时,则被认为具有较强的化学稳定性。

从图 1 - 66 可以看出,中性团簇的能隙先下降,到了 Pt_5 这里突然升高,Pt_6 的能隙最小;阴离子团簇情况与中性团簇正好相反,除了 Pt_5^- 外,总体呈上升趋势,Pt_6^- 的能隙最大;阳离

子团簇的能隙先上升后下降。以上计算的团簇中 Pt_2，Pt_6^- 和 Pt_4^+ 的能隙较大，说明它们的化学稳定性比较好。相反的，Pt_5^- 和 Pt_2^+ 的能隙相对比较小，容易发生化学反应，有较强催化活性。根据能隙的不同，可以选择不同的团簇来设计具有不同特性的新材料。

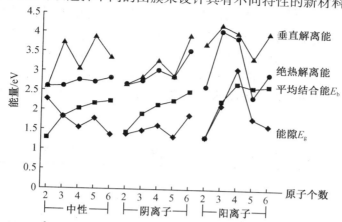

图 1-66　$Pt_n^{0, \pm}$（$n = 2 \sim 6$）团簇基态结构的解离能、能隙 E_g 和平均结合能 E_b

解离能是团簇离解一个原子所需能量，在本书中 Pt 原子的解离能代表了使 Pt_n（$n = 2 \sim 6$）团簇中 Pt–Pt 键断裂的难易程度，因而可以用来表示团簇的稳定性，其值越大，说明对应的团簇越稳定。绝热解离能（ADE）和垂直解离能（VDE）的解离模式为：$Pt_n^{0, \pm} \rightarrow Pt + Pt_{n-1}^{0, \pm}$，其计算公式分别为

$$ADE_n = E_n - E_{n-1} - E_1$$
$$VDE_n = E_n - E'_{n-1} - E_1$$

式中，E_n 表示 n 个原子团簇的基态稳定结构的能量，E_{n-1} 表示 $n-1$ 个原子团簇基态稳定结构的能量，E'_{n-1} 表示在 n 个原子基态结构的基础上去掉一个最容易离解掉的原子后结构的能量。

垂直解离能反映了反应物和生成物之间的过渡。目前解离能可参考的数据非常少。Grushow 和 Ervin[63] 得到 Pt_n（$n = 2 \sim 5$）团簇的解离能为：$(3.14 \pm 0.02) eV$，$(4.4 \pm 0.4) eV$，$5.12 eV$，$5.05 eV$，相比之下，本书计算的结果普遍偏小。主要原因是本书只选择一个最容易离解的原子进行解离，所以解离能普遍偏小。从图 1-66 可以看出，中性团簇绝热解离能随原子个数增加变化不大，垂直解离能振荡行为明显；阴离子团簇中垂直解离能和绝热解离能的变化趋势非常一致，Pt_6^- 的解离能最大；阳离子团簇的解离能没有明显的变化趋势，其中 Pt_3^+，Pt_4^+ 的解离能相对都比较大。

另外一个判断稳定性的依据就是结合能，这里对平均结合能的定义为

$$E_{bn}^{0, \pm} = \left[(n-1)E_1 + E_1^{0, \pm} - E_n^{0, \pm} \right] / n$$

从图 1-66 可以看出无论是中性还是阴离子团簇平均结合能都是随着原子数目增大而增大的，阳离子团簇的平均结合能先增大后稍有下降，Pt_4^+ 的平均结合能最大。

综上可知，无论是从解离能、平均结合能还是能隙上看，在 Pt_6^- 和 Pt_4^+ 处的值都比较大，从而反映了这两个团簇的稳定性很好，这可能与这两个团簇高对称性的几何结构有关。

3. 频率和光谱分析

对以上研究的体系，计算了其全部振动频率，考虑篇幅问题，表 1-21 只列出了

$Pt_n^{0,\pm}$（$n=2\sim4$）基态构型的振动频率，在括号中标明了各自的振动模式。频率是判断稳定点的本质，可以看出，所有的振动频率都为正值，表明各结构均为势能面上的稳定点，而不会是过渡态或高阶鞍点。

对于二聚物，实验上 Ho 等人[49]用负离子光致分光法测得的 Pt_2 频率为（215 ± 15）cm^{-1}，本书计算的结果 234.53 cm^{-1}，与实验值比较接近。理论上用 BLYP 方法测得的为 239 cm^{-1}，LSDA 方法计算的结果为 269 cm^{-1}[54]，用非自洽场的密度泛函方法计算得 218 cm^{-1}[55]。对于阴离子，本书得到的频率为 199.27 cm^{-1}，与文献[64]的实验值（178 ± 20）cm^{-1} 比较接近。阳离子团簇的频率为 209.21 cm^{-1}，暂时没有看到可参考的实验值。

表 1−21　$Pt_n^{0,\pm}$（$n=2\sim4$）团簇基态结构的振动频率

Pt_2 $D_{\infty h}$	Pt_2^- $D_{\infty h}$	Pt_2^+ $D_{\infty h}$	Pt_3 C_{2v}	Pt_3^- C_{2v}	Pt_3^+ C_{2v}	Pt_4 C_{2v}	Pt_4^- C_{2v}	Pt_4^+ T_d
234.53 (σ_g)	199.27 (σ_g)	209.21 (σ_g)	146.49 (b_2)	121.05 (a_1)	131.30 (a_1)	68.61 (a_1)	41.98 (a_1)	102.39 (e)
			146.67 (a_1)	122.39 (b_2)	148.95 (b_2)	88.30 (a_2)	108.57 (b_1)	102.39 (e)
			228.27 (a_1)	197.5 (a_1)	220.60 (a_1)	122.26 (b_2)	115.28 —	147.85 (t_2)
						128.33 (a_1)	118.38 —	147.85 (t_2)
						137.19 (b_1)	174.39 (b_2)	147.85 (t_2)
						208.70 (a_1)	196.01 (a_1)	219.66 (a_1)

对于三聚物和四聚物的频率，理论和实验上可供参考的数据很少。实验上 Ervin 等人[50]通过测量铂三聚物的阴离子光谱发现两个频率峰带，分别为（105 ± 30）cm^{-1}，（225 ± 30）cm^{-1}，本书得到的为 121.05 cm^{-1}，122.39 cm^{-1}，197.57 cm^{-1}，刚好在这两个频率峰带范围内。目前只有 Fortunelli[54]采用 ADF 泛函计算出了对称性为 T_d 的四面体阳离子频率（97 cm^{-1}，97 cm^{-1}，146 cm^{-1}，146 cm^{-1}，146 cm^{-1}，221 cm^{-1}），与本书的（102.39 cm^{-1}，102.39 cm^{-1}，147.85 cm^{-1}，147.85 cm^{-1}，147.85 cm^{-1}，219.66 cm^{-1}）也比较接近。

总的来看，本书所得到的频率都与现有实验和理论上的数据吻合得较好，说明本书所得到的结构是合理的。

下面从振动模式的对称性上判断某个振动模式具有红外活性还是拉曼活性，并分析了其红外强度、拉曼强度以及振动方式。对于对称性为 $D_{\infty h}$ 具有 σ_g 振动模式的铂团簇表现为拉曼活性；C_{2v} 对称性的 a_1，b_1，b_2 振动模式既有红外活性又有拉曼活性，a_2 振动模式只有红外活性；T_d 对称性的 e，a_1 振动模式有拉曼活性，t_2 振动模式表现为既有红外活性又有拉曼活性。

三聚物的红外和拉曼光谱都有三个振动峰，从图 1−67 可知，中性团簇三个振动峰处的

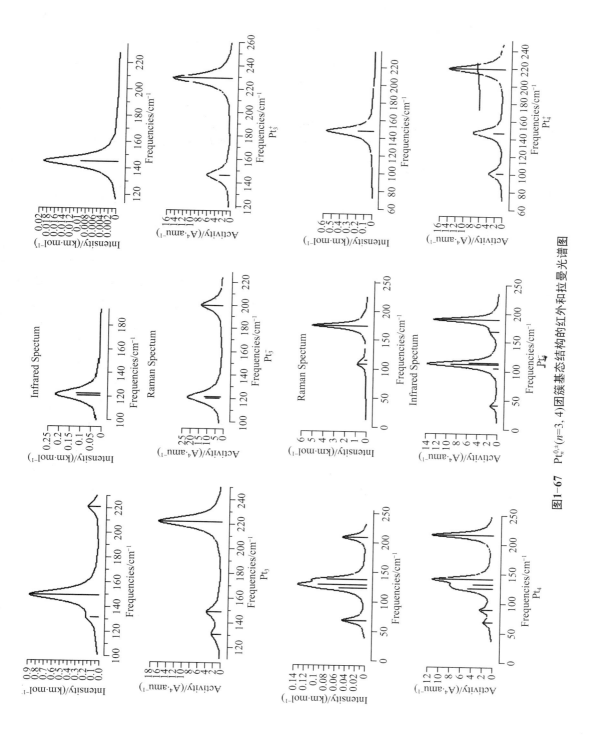

图1-67　$Pt_n^{0,\pm}(n=3,4)$团簇基态结构的红外和拉曼光谱图

红外强度都比较小,强度最大的在频率 146.49 cm^{-1} 处,为不对称伸缩振动;拉曼强度最强峰在频率 228.27 cm^{-1} 处,为呼吸振动。阴离子团簇红外光谱只有一个振动峰,处于频率 122.39 cm^{-1} 处,为不对称伸缩振动;拉曼强度有两个振动峰,最大强度处的是频率为 197.57 cm^{-1} 的呼吸振动。阳离子团簇红外光谱和拉曼光谱较强峰分别为 148.95 cm^{-1} 和 220.60 cm^{-1},红外强度为非对称伸缩振动,拉曼强度为呼吸振动。总的来看三聚物的红外强度都为不对称伸缩振动,拉曼强度都为呼吸振动。

四聚物有六个振动模式,中性团簇红外强度最大处于频率 122.33 cm^{-1} 处,为对角 Pt - Pt 键的伸缩振动;拉曼强度最大处频率为 208.70 cm^{-1},是呼吸振动,次峰在 137.19 cm^{-1} 处,为不对称伸缩振动。阴离子团簇的红外强度最大处频率 174.39 cm^{-1},振动方式为不对称伸缩振动,拉曼强度最强峰为 196.01 cm^{-1} 处,次强峰在 115.26 cm^{-1} 处,都为对称伸缩振动。阳离子为 T$_d$ 对称性的正四面体结构,有三个相同的频率 147.94 cm^{-1},其红外强度相同,分别对应于底面三角形不同边上 Pt - Pt 键的伸缩振动;拉曼强度最大峰值为 219.80 cm^{-1},此处的红外强度为 0,整体做呼吸振动。

4. 电离能和亲和能

本书计算了 Pt$_n^{0,\pm}$($n = 2 \sim 6$)团簇绝热电离能和亲和能、垂直电离能和亲和能。任何系统的化学反应特性都是价轨道电子结构发生变化的结果,而绝热电离能和绝热亲和能恰恰是直接反映价轨道的变化信息。团簇的绝热电离能(AIP)可以通过测量中性和阳离子基态能量之差得到,表示分子从振动基态跃迁到分子离子的振动基态的电离过程就是绝热电离,相应的电离能称为绝热电离能;分子也可以从振动基态跃迁到分子离子跃迁概率最大的振动态,即 Franck - Condon 跃迁,这一电离过程的电离能为垂直电离能,即如果阳离子保持中性团簇的基态几何结构,所得到的是垂直电离能(VIP);所以垂直电离能一般是大于对应的绝热电离能。绝热亲和能(AEA)定义为中性团簇与阴离子团簇基态能量差,指电子从阴离子基态到相应的中性基态发生零点跃迁所需要的能量,与团簇结构的稳定性相关;而垂直亲和能(VEA)则是阴离子基态能量和用阴离子基态构型计算中性团簇能量之差。电子亲和能可以用来评估团簇接受电子的能力,电子亲和能的大小在一定程度上反映了体系阴离子的稳定性,以及中性体系束缚电子的能力,电子亲和能越大,表示体系得到电子生成负离子的倾向越大,该金属非金属性越强。表 1 - 22 给出了 Pt$_n$($n = 2 \sim 6$)团簇电离能和亲和能的具体数值。

表 1 - 22　Pt$_n$($n = 2 \sim 6$)团簇的电离能和亲和能

cluster	VIP	AIP	VEA	AEA
Pt$_2$	9.31	9.28	2.08	2.02
Pt$_3$	7.96	7.83	2.24	2.16
Pt$_4$	6.80	6.73	2.74	2.42
Pt$_5$	7.21	7.09	2.90	2.57
Pt$_6$	7.06	6.98	3.86	3.29

为了更直观地了解电离能和亲和能的变化趋势,画出了曲线图 1 - 68。由图可以看出,Pt$_2$,Pt$_3$,Pt$_4$ 的电离能依次减小,团簇失去一个电子越来越容易,到了 Pt$_5$ 稍微有点升高,Pt$_6$ 继

续下降。并且垂直电离能(VIP)和绝热电离能(AIP)之间差值较小,说明团簇的结构受到正电荷的影响不大。相反的,亲和能依次增大,说明铂团簇随着尺寸的增加夺取电子的能力越来越强。且垂直亲和能(VEA)和绝热亲和能(AEA)的差值越来越大,团簇结构受到负电子的影响越来越大。聂爱华[57]采用 PW91 方法计算得到了 $Pt_n(n = 2 \sim 15)$ 团簇的电离能不断下降,亲和能不断上升,与本书分析的结果基本保持一致。且从图 1-68 还可以看到本书计算 Pt_2,Pt_3,Pt_4,Pt_5 的亲和能与实验值(1.898 ± 0.008)eV,(1.8 ± 0.1)eV,(2.5 ± 0.1)eV,(2.6 ± 0.1)eV 都吻合得很好。

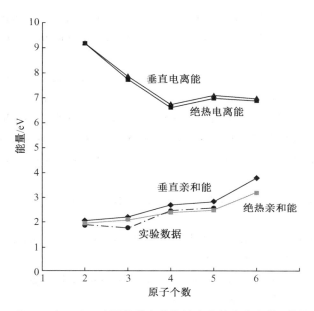

图 1-68　$Pt_n(n = 2 \sim 6)$ 团簇基态结构的电离能和亲和能(单位:eV)

1.4.4　结论

采用 B3LYP 方法在 LANL2DZ 基组水平上对 $Pt_n^{0,\pm}(n = 2 \sim 6)$ 团簇进行了结构优化,得到了基态构型,分析了基态的稳定性、光谱以及电子特性。主要结论如下:

(1)几何结构:无论是中性、阴离子还是阳离子三聚物,基态结构都是等腰三角形;四聚物的阳离子团簇基态结构是对称性为 T_d 的正四面体结构,中性和阴离子团簇则是以对称性为 C_{2v} 的二面体结构最稳定,T_d 对称性的正四面体结构都不稳定;五聚物中性和阳离子团簇基态结构都是秋千形,阴离子团簇的基态结构为在四聚物基态二面体结构外加一个 Pt 原子;六聚物中性和阳离子团簇都为类似三棱柱结构,阴离子团簇为网状大三角形。整体上看,中性和阳离子团簇趋向于立体结构,阴离子团簇趋向于平面结构。

(2)稳定性:分别从解离能、平均结合和能隙三个方面对 $Pt_n^{0,\pm}(n = 2 \sim 6)$ 团簇稳定性随团簇尺寸增大的变化情况进行了分析,发现无论从哪一个方面看 Pt_6 和 Pt_4^+ 处的解离能,平均结合和能隙都比较大,从而从多种角度反映了这两个团簇有比较高的稳定性。

(3)频率与光谱:本书计算得到的 $Pt_n^{0,\pm}(n = 2 \sim 6)$ 的频率与已有实验值都吻合得较好;从光谱上分析,三聚物和四聚物的红外强度最大处的振动方式都为伸缩振动,拉曼强度最大处的都为呼吸振动(只有四聚物阴离子团簇为伸缩振动)。

（4）电子结构特性：Pt_2，Pt_3，Pt_4 的电离能依次减小，团簇失电子越来越容易，到了 Pt_5 才开始有些升高，Pt_6 继续下降。亲和能依次增大，表示体系得到电子生成负离子的倾向越来越大，该金属非金属性越来越强，且所得到的亲和能与实验值都吻合得很好，说明本书所得结果是可信的。

参 考 文 献

［1］WEIDELE H，KREISLE D，RECKNAGEL E，et al. Thermionic emission from small clusters：direct observation of the kinetic energy distribution of the electrons［J］. Chem. Phys. Lett. 1995，237：425 − 431.

［2］LEE G H，HUH S H，PARK Y C，et al. Photoelectron spectra of small nanophase W metal cluster anions［J］. Chemical Physics Letters，1999，299：309 − 314.

［3］OH S J，HUH S H，KIM H K，et al. Structural envolution of W nano clusters with increasing cluster size ［J］. JOURNAL OF CHEMICAL PHYSICS，1999，11：7402 − 7404.

［4］林秋宝，李仁全，文玉华，等. W_n（n = 3 ～ 27）原子团簇结构的第一性原理计算［J］. 物理学报，2008，57：181.

［5］徐勇，王贤龙，曾雉. 中性和带电小钨团簇的第一性原理研究［J］. 物理学报，2009，58：S72.

［6］YAMAGUCHI WATARU，MURAKAMI JUNICHI. Geometries of small tungsten clusters［J］. Chemical Physics，2005，316：45 − 52.

［7］WU Z J，MA X F. Potential energy surface of aluminum and tungsten dimers［J］. Chemical Physics Letters，2003，371（1/2）：35 − 39.

［8］STRATMANN R E，SCUSERIA G E，FRISCH M J. An efficient implementation of time-dependent density-functional theory for the calculation of excitation energies of large molecules［J］. Journal of Chemical Physics，1998，109（19）：8218 − 8224.

［9］BAUERNSCHMITT R，AHLRICHS R. Treatment of electronic excitations within the adiabatic approximation of time dependent density functional theory［J］. Chemical Physics Letters，1996，256（4/5）：454 − 464.

［10］CASIDA M E，JAMORSKI C，CASIDA K C，et al. Molecular excitation energies to high-lying bound states from time-dependent density-functional response theory：Characterizationand correction of the time-dependentlocal density approximation ionization threshold Mark ［J］. J. Chem. Phys，1998，108：4439.

［11］HIRATA S，LEE T J，HEADGORDON M. Time-dependent density functional study on the electronic excitation energies of polycyclic aromatic hydrocarbon radical cations of naphthalene，anthracene，pyrene，and perylene［J］. Journal of Chemical Physics，1999，111（19）：8904 − 8912.

［12］GISBERGEN S J A V，ROSA A，RICCIARDI G，et al. Time-dependent density functional calculations on the electronic absorption spectrum of free base porphin［J］. Journal of Chemical Physics，1999，111（111）：2499 − 2506.

［13］ROSA A，BAERENDS E J，GISBERGEN S J A V，et al. Electronic spectra of M（CO）（6）（M = Cr，Mo，W）revisited by a relativistic TDDFT approach［J］. Journal of the American

Chemical Society,1999,121(44):10356－10365.

[14] GISBERGEN S J A V,GROENEVELD J A,ROSA A,et al. Excitation Energies for Transition Metal Compounds from Time－Dependent Density Functional Theory. Applications to MnO_4^-,$Ni(CO)_4$,and $Mn_2(CO)_{10}$[J]. Journal of Physical Chemistry A,1999,103(34): 6835－6844.

[15] BROCŁAWIK EWA,BOROWSKI TOMASZ. Time－dependent DFT study on electronic states of vanadium and molybdenum oxide molecules[J]. Chemical Physics Letters,2001, 339(5/6):433－437.

[16] DAI B,DENG K,YANG J L. A theoretical study of the Y_4O cluster[J]. Chemical Physics Letters,2002,364(1):188－195.

[17] DAI B,DENG K,YANG J L,et al. Excited states of the 3d transition metal monoxides[J]. Journal of Chemical Physics,2003,118(21):9608－9613.

[18] DING X L,DAI B,YANG J L,et al. Assignment of photoelectron spectra of $Au_nO_2^-$($n=2$, 4,6) clusters[J]. Journal of Chemical Physics,2004,121(1):621.

[19] WU H,S R D,Wang L S. Chemical Bonding between Cu and Oxygen Copper Oxides vs O_2 Complexes:A Study of CuO_x($x=0\sim6$) Species by Anion Photoelectron Spectroscopy[J]. Journal of Physical Chemistry A,1997,101(101):2103－2111.

[20] SÜZER S,LEE S T,SHIRLEY D A. Correlation satellites in the atomic photoelectron spectra of group－IIA and－IIB elements[J]. Physical Review A,1976,13(13):1842 －1849.

[21] WU H,WANG L. Electronic structure of titanium oxide clusters:TiO_y($y=1\sim3$) and $(TiO_2)n(n=1\sim4)$[J]. Journal of Chemical Physics,1997,107(20):8221－8228.

[22] H W,LAISHENG WANG. Photoelectron Spectroscopy and Electronic Structure of ScO_n^- ($n=1\sim4$) and YO_n^-($n=1\sim5$):Strong Electron Correlation Effects in ScO－and YO^- [J]. Journal of Physical Chemistry A,1998,102(46):9129－9135.

[23] DENNG K,YANG J L,ZHU Q. A theoretical study of the CuO_3 species[J]. Journal of Chemical Physics,2000,113(18):7867－7873.

[24] HÄKKINEN H,BOKWON YOON A,LANDMAN U,et al. On the Electronic and Atomic Structures of Small Au_N^-($N=4-14$) Clusters:A Photoelectron Spectroscopy and Density－ Functional Study[J]. ChemInform,2003,34(45):6168－6175.

[25] JIGUANG DU,XIYUAN SUN,DAQIAO MENG,et al. Geometrical and electronic structures of small W_n($n=2-16$)clusters[J]. Journal of Chemical Physics,2009,131:044313.

[26] 白云. 钨团簇、铝钨团簇的结构和电子特性计算[D]. 吉林:吉林大学,2008.

[27] JIAO H,VON R S P,MO Y,et al. Magnetic Evidence for the Aromaticity and Antiaromaticity of Charged Fluorenyl, Indenyl, and Cyclopentadienyl Systems[J]. J. Am. Chem. Soc. 1997,119:7075－7083.

[28] HU Z,DONG J,LOMBARDI J R,et al. Optical and Raman spectroscopy of mass-selected tungsten dimers in argon matrices[J]. Journal of Chemical Physics,1992,97(97):8811－8812.

[29] MORSE M D. Clusters of transition-metal atoms[J]. Chemical Reviews,1986,86(6):1049 －1109.

[30] 张秀荣,高从花,刘小芳. 双原子氟化物分子的密度泛函理论研究[J]. 江苏科技大学学报:自然科学版,2010,24(1):102 – 106.

[31] 杨雪. 小尺寸金属钨团簇的密度泛函研究[J]. 大学物理实验,2014,27(2):3 – 5.

[32] DUAN H M,ZHENG Q Q. Symmetry and magnetic properties of transition metal clusters [J]. Physics Letters A,2001,280(5):333 – 339.

[33] FENG J N,HUANG X R,Li Z S. A theoretical study on the clusters Irn with $n = 4,6,8,10$ [J]. Chemical physics letters,1997,276(5):334 – 338.

[34] XIAO L,WANG L. Structures of platinum clusters:Planar or spherical[J]. The Journal of Physical Chemistry A,2004,108(41):8605 – 8614.

[35] WANG J,ZHAO J,MA L,et al. Structure and magnetic properties of cobalt doped Si_n($n = 2 \sim 14$) clusters[J]. Physics Letters A,2007,367(4):335 – 344.

[36] DYALL K G. Bond dissociation energies of the tungsten fluorides and their singly charged ions:A density functional survey[J]. The Journal of Physical Chemistry A,2000,104(17):4077 – 4083.

[37] SHAFAI G S,SHETTY S,KRISHNAMURTY S,et al. Density functional investigation of the interaction of acetone with small gold clusters[J]. The Journal of chemical physics,2007,126(1):014704.

[38] DING X L,LI Z Y,YANG J L,et al. Theoretical study of nitric oxide adsorption on Au clusters[J]. The Journal of chemical physics,2004,121(6):2558 – 2562.

[39] WANG J,WANG G,ZHAO J. Nonmetal – metal transition in Zn_n($n = 2 \sim 20$) clusters[J]. Physical Review A,2003,68(1):013201.

[40] PHAISANGITTISAKUL N,PAIBOON K,BOVORNRATANARAKS T,et al. Stable structures and electronic properties of 6 – atom noble metal clusters using density functional theory[J]. Journal of Nanoparticle Research,2012,14(8):1 – 10.

[41] AHRENS B,CLARKE L P,FEEDER N,et al. Reactions of [Os_3(CO)$_{10}$($MeCN$)$_2$] with ethynyl thiophenes:The formation of linked clusters[J]. Inorganica Chimica Acta,2008,361(11):3117 – 3124.

[42] JACKSON S D,Wells P B. Catalysis by Osmium Metal Clusters[J]. Platinum Metals Review,1986,30(1):14 – 20.

[43] ZHANG MIAO,WANG MEI,CUI TIAN,et al. Electronic structure,phase stability,and hardness of the osmium borides,carbides,nitrides,and oxides:First-principles calculations [J]. Journal of Physics and Chemistry of Solids,2008,69(8):2096 – 2102.

[44] YANG J W,CHEN X R,LUO F,et al. First – principles calculations for elastic properties of OsB_2 under pressure[J]. Physica B:Condensed Matter,2009,404(20):3608 – 3613.

[45] JI Z W,HU C H,WANG D H,et al. Mechanical properties and chemical bonding of the Os – B system:A first-principles study[J]. Acta Materialia,2012,60(10):4208 – 4217.

[46] WU Z J,HAN B,DAI Z W,et al. Electronic properties of rhenium,osmium and iridium dimers by density functional methods[J]. Chemical physics letters,2005,403(4):367 – 371.

[47] AIROLA M B,MORSE M D. Rotationally resolved spectroscopy of Pt_2[J]. J. Chem. Phys.,

2002,116(4):1313 – 1317.

[48] FABBI J C,LANGENBERG J D,COSTELLO Q D,et al. Dispersed fluorescence spectroscopy of jet – cooled AgAu and Pt_2[J]. J. Chem. Phys. ,2001,115(16):7543 – 7549.

[49] HO J,POLAK M L,ERVIN K M,et al. Photoelectron spectroscopy of nickel group dimers: Ni_2,Pd_2, and Pt_2[J]. Journal of Chemical Physics,1993,99(11):8542 – 8551.

[50] ERVIN K M,HO J,LINEBERGER W C. Electronic and vibrational structure of transition metal trimers:Photoelectron spectra of Ni_3,Pd_3,and Pt_3[J]. ChemInform,1989,89(3):4514 – 4521.

[51] TAYLOR S, LEMIRE G W, HAMRIEK Y M, et al. Resonant two – photon ionization spectroscopy of jet – cooled Pt_2[J]. J. Chem. Phys. ,1988,89(9):5517 – 5523.

[52] PONTIUS N,BECHTHOLD P S,NEEB M,et al. Femtosecond multi – photon photoemission of small transition metal cluster anions[J]. Journal of Electron Spectroscopy & Related Phenomena,2000,106(2/3):107 – 116.

[53] GRUSHOW A,ERVIN K M. Ligand and metal binding energies in Platinum carbonyl cluster anions:Collision – induced dissociation of Pt_m and $Pt_m(CO)_n$[J]. J. Chem. Phys. ,1997, 106(23):9580 – 9593.

[54] FORTUNELLI A. Density functional calculations on small platinum clusters: Pt_n^q($n = 1 \sim 4$, $q = 0$, ± 1)[J]. Journal of Molecular Structure,1999,493(1 – 3):233 – 240.

[55] YANG S H,DRABOLD D A,ADAMS J B,et al. Density functional studies of small platinum clusters[J]. J. Phys. Condens. Matter,1997,9:39 – 45.

[56] DAI D,BALASUBRAMANIAN K. Electronic structures of Pd_4 and Pt_4[J]. J. Chem. Phys. , 1995,103(2):648 – 655.

[57] 聂爱华. 铂团簇结构演化、异相催化氢分子的密度泛函理论研究[D]. 武汉:中国地质大学,2007.

[58] 尹红梅,段海明,赵新军. 遗传算法研究 Pt_n($n = 2 \sim 57$)团簇的基态结构特性[J]. 四川大学学报:自然科学版,2008,45(3):605 – 611.

[59] MAJUMDAR D,DAI D,BALASUBRAMANIAN K. Theoretical study of the electronic states of platinum trimer(Pt_3)[J]. Journal of Chemical Physics,2000,113(18):7919 – 7927.

[60] GRÖNBEEK H, ANDREONI W. Gold and Platinum microclusters and their anions: comparison of structure and electronic properties[J]. Chem. Phys,2000,262(1):1 – 14.

[61] SEBETCI A,GÜVENG Z B. Energetics and structures of small clusters: Pt_N($N = 2 \sim 21$) [J]. Surf. Sci. ,2003,525(1 – 3):66 – 84.

[62] MAJUMDAR D,DAI D,BALASUBRAMANIAN K. Theoretical study of electronic states of Platinum Pentamer(Pt_5)[J]. J. Chem. Phys. ,2000,113(18):7928 – 7938.

[63] GRUSHOW A,ERVIN K M. Ligand and metal binding energies in Platinum carbonyl cluster anions:Collision – induced dissociation of Pt_m and $Pt_m(CO)_n$[J]. J. Chem. Phys. ,1997, 106(23):9580 – 9593.

第 2 章　吸附体系的结构与性能

2.1　$W_n(n=1\sim12)$ 团簇吸附 CO 的结构与性能

2.1.1　引言

近年来,随着科学技术的迅速发展,小分子在团簇及固体表面上的吸附行为作为理解催化机理、制作新型纳米材料和分子仪器的一个关键因素,无论是在实验还是理论计算上都得到了广泛关注和研究[1-12]。特别是对于在基础科学和纳米材料催化领域处于重要地位的过渡金属钨来说,其表面与小分子的吸附作用成为了研究者们的首要关注对象[13-20]。比如,Santos 等人[16]研究了大豆油的甲醇分解,以多相钨固体作为催化剂,并用 XRF(X – ray fluorescence)和 XRD(X – ray powed diffraction)方法探讨了该催化剂的结构和催化行为。许雪松等[17]用杂化密度泛函 B3LYP 方法采用 6 – 311 + +G* * 和 LANL2DZ 赝势基组计算了 W_n 和 $W_nN(n=1\sim5)$ 团簇的稳定结构并讨论了随着团簇尺寸的增加其结构及物理性质的变化规律。Holmgren L[18]在实验上发现 N_2 在中性 $W_n(n\le15)$ 团簇上表现出相对较低的吸附活性,同时还发现当 $n=15$ 时,在室温和液氮温度两种情况下,N_2 吸附活性都表现出跳跃性的变化。作者[19]对 $W_nC^{0,\pm}(n=1\sim6)$ 团簇的结构和电子性质进行了全面研究,结果表明,当 $n>3$ 时,稳定构型从平面发展成立体结构,同时掺入的 C 原子更趋向于表面最稳定,中性 W_nC 团簇更易得到电子,非金属性较强。

一氧化碳作为在碳化学中具有重要地位的小分子,其与过渡金属钨的吸附自然也吸引了科研者们的关注,Chen 等[20]用 DFT 的 PAW 方法研究了 $CO_X(X=1,2)$ 在 W(111)固体表面的吸附和分离,结果表明:W(111)—CO 的吸附能为 – 37.9 kcar/mol,C 原子吸附在W(111)的桥位,氧原子吸附于 W(111)的顶点处。Ishikawa 等人[21]用 DFT 方法对第六族气相过渡金属 $M(CO)_n(M=Cr,Mo,W;n=3\sim6)$ 的结构和红外光谱进行了研究,研究显示 $M(CO)_n$ 在 CO—$W(CO)_{n-1}$ 键分离过程中仍保持原来的结构骨架,$M(CO)_n$ 在 1 μs 内的瞬时吸收光谱强度在 1 850 ~ 2 050 cm^{-1} 范围内。Holmgren L[22]通过实验发现团簇 $W_n(n<10)$ 与 CO 和 O_2 在发生反应的过程中,W_n 与 CO 的结合概率为 0.6 ~ 0.8;CO 和 O_2 吸附团簇 $W_n(n<10)$ 时,体系具有较低的吸附活性和较弱的尺寸依赖性。Lyon[23]用红外多光子解离光谱法(IR – MPD)探讨了 CO 在中性 $W_n(n=5\sim14)$ 团簇上的吸附行为,结果表明:$W_n(n=5\sim10)$ 团簇与 CO 分子的结合具有明显的尺寸依赖性;在冷却反应通道的温度从 300 K 降到 100 K 的实验过程中,CO 分子的吸附行为没有改变。

尽管实验上对 W_n 团簇吸附一氧化碳有一些研究,但到目前为止理论研究尚未见报道。本节将对 W_n 团簇吸附 CO 的稳定和电子结构、吸附性能和化学活性等性质进行系统的理论研究。一方面,试图阐明 CO 分子在 W_n 团簇表面的吸附本质,并对 W_n 过渡金属的催化活性进行改进;另一方面,为实验上制备 W ~ CO 催化材料提供一定的理论帮助。

2.1.2　计算方法

对于 $W_n CO(n=1\sim6)$ 团簇,采用的计算软件是 Gaussian 03,对于 $W_n CO(n=7\sim12)$ 团簇,采用的计算软件是 Gaussian 09。两者采用的方法和基组都相同,采用杂化密度泛函 B3LYP 方法,选用了双 ζ 价电子基组和相应的 Los Alamos 相对论有效核势(RECP),即赝势 LANL2DZ 基组,这一基组通过有效核势进行标量相对论效应的修正,适合钨等过渡金属的计算。在计算中对 $W_n CO(n=1\sim12)$ 团簇的所有构型进行了结构优化和频率分析,把能量最低且振动频率为正的稳定结构定为基态结构。作者在第一章已经用 B3LYP/LANL2DZ 方法对过渡金属 W_n 团簇进行了系统研究,其结果与实验吻合得很好[24]。为了更好地验证本书所用的方法和基组对吸附体系的有效性,采用 $6-311+G(3df)$ 全电子基组计算了 CO 的键长(0.113 nm),与用 LANL2DZ 基组计算的值(0.116 nm)和实验值 0.113 nm[25]吻合较好;用混合基组(W 原子用 LANL2DZ,C,O 原子用 $6-311+G(3df)$)计算 WCO 团簇的 W—C 键长(0.1913 nm),多重度为 5,与用 LANL2DZ 基组计算的结果(W—C 键长为 0.191 nm,多重度为 5)相吻合,由此说明本书选用的方法和基组对该体系是适用的。

2.1.3　结果与讨论

1. $W_n(n=1\sim6)$ 团簇吸附 CO 的结构和性能

(1)几何结构

为了得到 $W_n CO(n=1\sim6)$ 团簇的基态结构,首先用 W_n 团簇稳定构型作为基本框架,分别在 W_n 团簇的端位、空位、桥位等不同的位置连接 CO,然后进行几何参数全优化。在计算的所有结果中,把没有虚频的结构定为稳定结构,把能量最低且没有虚频的结构定为基态结构,与基态结构能量相近的稳定结构称为亚稳态。图 2-1 给出了 CO 和 $W_n(n=2\sim6)$ 团簇的基态结构以及 $W_n CO$ 团簇的稳定构型。为了进一步探究 CO 与 W_n 团簇的相互作用,图 2-1 也给出了 $W_n CO$ 团簇基态结构中 W 原子的电荷,表 2-1 给出了 $W_n CO$ 团簇基态结构的电子态和一些几何参数。

对于 CO 吸附在一个 W 原子上,基态结构为(1a),是 CO 中的 C 吸附在 W 原子的端位上,对称性为 C_s。由表 2-1 可以看出其电子态为 $^5A'$,W—C 键长为 0.191 nm,C—O 键长为 0.121 nm,C—O 键长增加了 0.005 nm,C 原子的电荷为 0.170 e,W 原子的电荷为 0.314 e。$W_1 CO$ 的亚稳态(1b)为 C_s 对称性的折线型结构,能量比基态高 0.638 eV。

$W_2 CO$ 团簇基态结构(2a)为 C_s 对称性的“L”字形结构,CO 中的 C 吸附在 W_2 的端位上。由表 2-1 看出它的电子态为 $^1A'$,W—W 平均键长为 0.212 nm,W—C 键长为 0.197 nm,C—O 键长为 0.120 nm,C 原子的电荷为 0.285 e,与 C 原子相邻的 2W 原子的电荷为 0.079 e,1W 原子的电荷为 0.115 e。亚稳态(2b)的构型为金字塔形,与基态结构的形状有所区别,但对称性相同,能量也十分相近,仅比基态高 0.009 eV。

$W_3 CO$ 团簇具有三种稳定结构,对称性都为 C_s,基态结构(3a)为二面体结构,可以看作 CO 吸附在 W_3 基态结构的桥位上,此结构与 $Ni_3 CO$ 的基态结构[26]相似。由表 2-1 知,其电子态为 $^1A'$,W—W 平均键长为 0.234 nm,W—C 键长为 0.213 nm,C—O 键长为 0.123 nm,其中,(3a)比 W_3 基态结构的 W—W 平均键长[13]长 0.003 nm,由此可以看出 CO 的吸附激活了 W_3 团簇的化学活性,C 原子的电荷为 0.103 e,与 C 原子相邻的 1W,2W 原子的电荷同为 0.163 e,3W 原子的电荷为 0.076 e。W₃CO 团簇亚稳态结构(3b)(3c)能量分别高出基态 0.074 eV 和 1.077 eV。

W₄CO 团簇的基态结构(4a)可看作 CO 吸附于 W₄ 阴离子基态结构的 W 原子的端位上,具有 C_s 对称性,该结构的电子态为 $^1A'$,W—W 平均键长 0.233 nm,W—C 键长为 0.199 nm,C—O 键长为 0.120 nm,C 原子的电荷为 0.427e,与 C 原子相邻的 1W 原子的电荷为 -0.275 e,其余 W 原子的电荷分别为 0.138 e,0.138 e 和 0.034 e。另外,从表 2-1 可以看出,W₄CO 团簇基态结构的 C—O 键长为所研究的 $W_nCO(n=1\sim6)$ 团簇中较短的,表明 W—C 键轨道杂化表现出了极强的极性键性质。两种亚稳态(4b)(4c)的对称性同为 C_{2v},构型(4b)可以看作 CO 吸附在 W₄ 畸变三角锥体的桥位上,能量比基态(4a)的高 0.316 eV;构型(4c)为 CO 吸附在畸变菱形的空位上,能量比基态(4a)的高 0.408 eV。

表 2-1　$W_nCO(n=1\sim6)$ 团簇基态结构的电子态、键长以及 C 和 CO 上的电荷

团簇	电子态	W—W 平均键长/nm	W—C 键长/nm	C—O 键长/nm	C 电荷/e	CO 电荷/e
W₁CO	$^5A'$	—	0.191	0.121	0.170	-0.314
W₂CO	$^1A'$	0.212	0.197	0.120	0.285	-0.195
W₃CO	$^1A'$	0.234	0.213	0.123	0.103	-0.401
W₄CO	$^1A'$	0.233	0.199	0.120	0.427	-0.035
W₅CO	$^3A'$	0.245	0.199	0.120	0.445	-0.018
W₆CO	^1A	0.252	0.197	0.121	0.404	-0.103

W₅CO 团簇有四种稳定构型,其中,(5a)为 CO 吸附在 W₅ 基态结构的 W 原子的端点上,其能量最低,具有 C_s 对称性,为基态结构,该结构电子态为 $^3A'$,W—W 平均键长为 0.245 nm, 比 W₅ 基态结构的 W—W 平均键长长 0.005 nm,这表明 CO 吸附后,W₅CO 团簇中的 W—C 间的作用要强于 W—W 间的相互作用;W—C 键长为 0.199 nm,C—O 键长为 0.120 nm,C 原子的电荷为 0.445 e,与 C 原子相邻的 4W 原子的电荷是 -0.318 e,其他 W 原子上的电荷分别是 0.024 e,0.125 e,0.125 e 和 0.062 e。亚稳态(5b)可看作在(3b)结构的基础上添加两个 W 原子生长而成。(5c)可看作 CO 吸附在 W₅ 六面体结构的桥位上。亚稳态(5d)是由 W₄C⁺ 基态结构[22]的顶点上添加一个 CO 构成,三个亚稳态的对称性分别为 C_1,C_s 和 C_1,能量分别比基态的高 0.044 eV,0.544 eV 和 0.937 eV。

对于 W₆CO 团簇,基态结构(6a)是 CO 吸附在 W₆ 基态结构中的一个 W 原子上,对称性为 C_1,由表 2-1 知,其电子态为 ^1A,W—W 平均键长为 0.252 nm,W—C 键长为 0.197 nm,C—O 键长为 0.121 nm,C 原子的电荷为 0.404 e,与 C 原子相邻的 5W 原子的电荷是 -0.315 e,其他钨原子的电荷分别为 0.107 e,0.063 e,0.156 e,0.093 e 和 -0.001 e。W₆CO 团簇的亚稳态构型较多,图 2-1 列出了构型(6b)(6c)和(6d),能量分别比基态的高 0.577 eV,1.009 eV 和 1.738 eV。

通过以上对 W_nCO 团簇稳定结构的分析可以发现:W_nCO 团簇中的 CO 在 W_n 团簇表面发生的是非解离性吸附。从图 2-1 可以看出,当 $n \geqslant 3$ 时,团簇 W_nCO 的稳定结构从平面转变为立体结构。比较 W_n 和 W_nCO 团簇的结构可以发现,CO 的吸附是 C 原子吸附在 W 原子

的端位为主,桥位为辅;$W_n CO$ 团簇的基态结构是在 W_n 团簇基态结构或阴离子结构的基础上吸附 CO 生长而成,也就是说 CO 的吸附只是轻微改变了少数 W_n 团簇的构型。

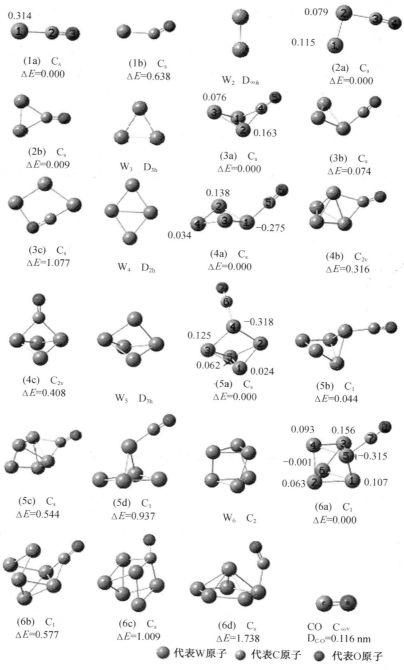

图 2－1　$W_n (n = 2 \sim 6)$ 团簇和 CO 的基态结构及 $W_n CO (n = 1 \sim 6)$
团簇的稳定结构(能量:eV)

由表 2 - 1 知,与自由的 CO 键长(0.116 nm)相比,吸附后 C—O 键长变长(0.120 ~ 0.123 nm),表明吸附后 C—O 键被削弱,CO 分子被活化了,C—O 的键长增加越多,表示其被活化的程度越大,反之被活化的程度越小。在 W_3CO 团簇中,C—O 键长的伸长量最大,为 0.123 nm,比纯的 CO 键长长 0.007 nm,表明 W_3CO 团簇中 CO 的活化程度最大。

(2)稳定性和化学活性

为了研究吸附后团簇的相对稳定性,图 2 - 2 给出了 W_nCO 和 W_n 团簇基态结构的平均结合能随团簇尺寸的变化规律。吸附物和过渡金属簇之间的平均结合能表征了吸附物和底物之间的结合能力,平均结合能越大,表示结合能力越强,反之,则越小。平均结合能的计算公式如下:

$$E_n[W_nCO] = (-E[W_nCO] + nE[W] + E[O] + E[C])/(n+2)$$

$$E_b[W_n] = (-E[W_n] + nE[W])/n$$

其中,$E[W_n]$,$E[W_nCO]$,$E[W]$,$E[C]$ 和 $E[O]$ 分别是 W_n,W_nCO,W,C 和 O 的基态结构的总能量。

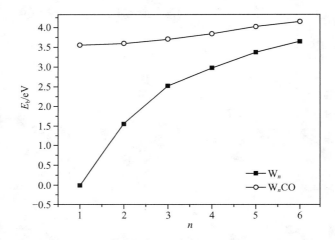

图 2 - 2　W_nCO 和 W_n 团簇基态结构的平均结合能

由图 2 - 2 可知,随着团簇尺寸的增加,W_nCO 和 W_n 团簇的平均结合能都增大,说明两团簇在生长过程中能继续获得能量。W_n 团簇的平均结合能增加得快,W_nCO 团簇随尺寸增加得慢,但在研究的尺寸范围内,W_nCO 团簇的平均结合能始终大于 W_n 团簇,说明 W_nCO 团簇的稳定性比 W_n 团簇强;另外,W_nCO 团簇的平均结合能在增加过程中基本上呈一次函数式增大,没有拐点和极值点,说明 W_nCO 团簇中原子之间化学作用没有发生突变。

为了进一步探讨团簇的相对稳定性,图 2 - 3 给出了 W_nCO 和 W_n 团簇基态结构的二阶能量差分($\Delta_2 E_n$)随团簇尺寸的变化规律。二阶能量差分的计算公式如下:

$$\Delta_2 E_n = E(n-1) + E(n+1) - 2E(n)$$

二阶能量差分是描述团簇稳定性的一个很好的物理量,其值越大,则对应团簇的稳定性越高。从图 2 - 3 可以看出,W_nCO 和 W_n 团簇都表现出了明显的"奇偶"振荡和"幻数"效应,而且两者变化趋势一致,当 $n = 3,5$ 时各对应一峰值,与近邻尺寸的团簇相比,这些团簇具有较高的稳定性,所以 $n = 3,5$ 可以看成 W_nCO 团簇的幻数,即 W_3CO 和 W_5CO 是幻数团簇。W_nCO 和 W_n 团簇的二阶能量差分的变化趋势相同,这表明 CO 的吸附对 W_n 团簇的成

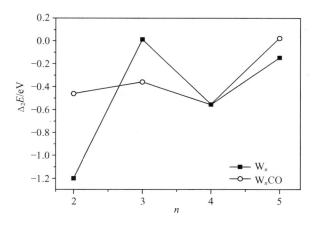

图 2 - 3　$W_n CO$ 和 W_n 团簇基态结构的二阶能量差分

键特性影响比较小。

　　为了研究吸附后团簇的化学活性,图 2 - 4 给出了 $W_n CO$ 和 W_n 团簇的能隙随团簇尺寸的变化规律。能隙的计算公式为

$$E_g = E_{LUMO} - E_{HOMO}$$

其中,LUMO 表示最低未占据轨道,HOMO 表示最高占据轨道。能隙的大小反映了电子从占据轨道向空轨道跃迁的能力,是物质导电性的一个参数;另外,能隙也反映电子被激发所需的能量的多少,其值越大,表示该分子越难以激发,活性越差,稳定性越强。如图 2 - 4 所示,除 $W_1 CO$ 团簇外,$W_n CO$ 团簇的能隙都比相应的 W_n 团簇的能隙大,这表明 CO 的吸附降低了其化学活性,增强了团簇的稳定性。当 $n = 3, 5$ 时,$W_n CO$ 团簇的能隙相对于邻近的团簇而言出现了峰值,说明 $W_3 CO, W_5 CO$ 团簇的化学活性较弱,稳定性较强,这与上文所述的幻数效应是一致的。

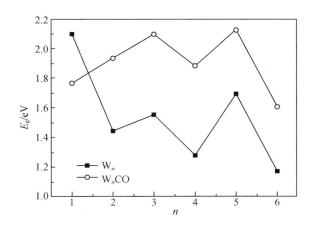

图 2 - 4　$W_n CO$ 和 W_n 团簇基态结构的能隙

（3）吸附能

　　为了研究 CO 与 W_n 团簇间相互作用的强弱,下面给出了 CO 与 W_n 团簇相互作用的吸附能（E_{ads}）,其公式如下:

$$E_{ads} = E_{CO} + E_{W_n} - E_{W_nCO}$$

其中，E_{W_nCO} 表示吸附体系的总能量，E_{CO} 代表吸附剂 CO 分子气相的能量，E_{W_n} 表示 W_n 团簇的总能量。

图 2 – 5 给出了 CO 与 W_n 团簇相互作用的吸附能。吸附能越大，表明 CO 与 W_n 团簇的相互作用越强，反之则越小。从图 2 – 5 可以看出，W_nCO 团簇的吸附能并不是随着 n 的增大呈线性关系，而是呈现振荡趋势，当 $n = 2,5,6$ 时，W_nCO 团簇的吸附能相对于邻近团簇较大，其中，W_5CO 团簇的吸附能最大，说明 CO 与 W_5 团簇的结合作用最强，这与上文的分析结果一致。而 W_1CO 团簇的吸附能最小，且与其他团簇的吸附能值相差较大，推测可能是因为 $W_n(n=2\sim6)$ 团簇中 W—W 键作用的影响。另一方面，从表 2 – 1 和图 2 – 5 可以看出，CO 吸附 $W_n(n=2\sim6)$ 团簇的吸附能与 W—C 键长、C 原子和 CO 电荷数等存在相似的变化规律，相邻 W_nCO 团簇间的吸附能相近时，对应的 W—C 键长也相近，W_3CO 团簇的吸附能较小，对应的 W—C 键长较长，这表明 CO 与 W_n 团簇的结合越弱，吸附能越小。由于 CO 的吸附主要是 C 原子与团簇的相互作用，O 原子几乎无贡献，因此 C 原子的电子得失对应着 CO 的电子得失。在 W_5CO 团簇中，C 原子失去的电荷最多，CO 得到的电荷最少，吸附能最大；W_3CO 团簇的吸附能较小，C 原子失去的电荷最少，对应 CO 得到的电荷最多。这表明 C 原子失去的电荷数越多，相应团簇的吸附能也就越大，也就是说 CO 和 W_n 团簇之间转移的电荷越多，其相互作用越强，吸附能也就越大。

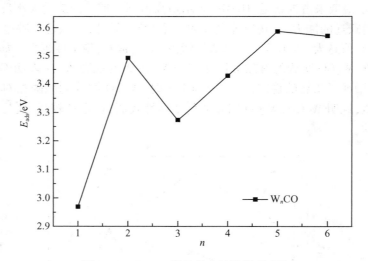

图 2 – 5 W_nCO 团簇基态结构的吸附能

(4) 自然键轨道(NBO)分析

为了更进一步研究 CO 在 W_n 团簇上的吸附，对于优化后的 W_nCO 团簇进行自然键轨道和集居数分析。表 2 – 2 列出了 CO 和 W_nCO 团簇基态构型各轨道上的 NBO 电荷分布。表中的原子序号与图 2 – 1 一致。

首先分析 CO 中 C 原子的轨道电荷以及 W_nCO 团簇中 C 原子和与 C 相邻的 W 原子的轨道电荷。在自由团簇中，由于处在不等价空间位置的原子感受到不同的势场，一部分原子将失去电荷，另一部分原子将得到电荷，从而出现电荷转移现象。通过 NBO 方法分析发现，吸附后 CO 的分子轨道的电荷占据发生了变化，与 CO 中 C 的 2s 轨道电荷数相比，W_nCO

团簇中 C 的 2s 轨道的电荷数都减少了,可能是 CO 吸附在 W_n 团簇上时,2s 轨道的电荷转移给了 W 原子;与 CO 中 C 的 2p 轨道电荷数相比,W_nCO 团簇中 C 的 2p 轨道的电荷数增加了;与自由 W 原子的电子排布 $5d^46s^2$ 相比,在 CO 吸附 W_n 团簇的过程中 W 原子的 6s 轨道都失去电子,5d,6p 和 6d 得到电子,6s 轨道失去的电子除了向自身的 5d,6p 和 6d 轨道转移外,其他的电子向 CO 转移。这说明与 C 相邻的 W 原子 6s 轨道的电子向 CO 发生了转移。由于 W 原子向 CO 转移的电荷大于 CO 向 W 原子转移的电荷,所以 CO 带负电。由此说明 W 原子与 CO 分子相互作用的本质是 CO 分子内的杂化轨道与 W 原子 6s,5d,6p 和 6d 轨道之间相互作用的结果,并且这些杂化轨道在原子间相互作用形成化学键,决定了团簇的稳定性和特殊的物理化学性质。

其次,分析 W_nCO 团簇中各个原子内部的轨道电荷分布以及显电性。从表 2-2 可以看出,W_nCO 团簇中与 C 相邻的 W 原子 6s 轨道的电荷分布在 0.53~0.85 之间,5d 轨道的电荷分布在 4.76~5.29 之间,6p 轨道的电荷分布在 0.03~0.61 之间;与 C 不相邻的 W 原子 6s 轨道的电荷分布在 0.68~1.27 之间,5d 轨道的电荷分布在 4.47~4.92 之间,6p 轨道的电荷分布在 0.04~0.48 之间,所有 W 原子的 6d 轨道的电荷分布很少甚至没有。和与 C 相邻的 W 原子的电荷分布相比,与 C 不相邻的 W 原子的 6s 轨道失去的电荷较少,5d,6p 轨道得到的电荷也较少。对于 W_nCO 团簇中的 C 原子来说,2s 轨道的电荷分布在 1.16~1.25 之间,2p 轨道的电荷分布在 2.30~2.69 之间,3s,3p 轨道的电荷分布很少;与自由 C 原子的电子分布 $2s^22p^2$ 相比,W_nCO 团簇中的 C 原子的 2s 轨道失去了电荷,2p,3s,3p 轨道得到了电荷,且失去电荷数的绝对值大于得到的电荷数,所以 C 原子总体失去电子且内部发生了轨道杂化现象显正电性。对于 W_nCO 团簇中的 O 原子来说,2s 轨道的电荷分布在 1.72~1.74 之间,2p 轨道的电荷分布在 4.73~4.78 之间,少数的 O 原子含有 3p 轨道;与自由 O 原子的电子分布 $2s^22p^4$ 相比,W_nCO 团簇中的 O 原子 2s 轨道失去了电荷,2p 和 3p 轨道得到了电荷,且得到电荷数的绝对值大于失去的电荷数,所以 O 原子总体得到电荷且内部发生了轨道杂化现象显负电性。另外,与 CO 中 O 原子的轨道电荷分布相比,W_nCO 团簇中的 O 原子的轨道电荷变化不大,这说明 CO 在吸附时,O 原子的轨道电荷没有发生大的电荷转移,表现较稳定。这也解释了 W_nCO 团簇的基态结构中没有生成 W—O 键,C—O 键也没有断裂的现象。

表 2-2　W_nCO 团簇以及 CO 的自然电子组态

团簇	原子	自然电子组态
CO	C	2s(1.69)2p(1.79)
	O	2s(1.77)2p(4.72)
W_1CO	**1W**	6s(0.85)5d(4.83)6p(0.03)
	2C	2s(1.25)2p(2.55)3s(0.02)3p(0.02)
	3O	2s(1.74)2p(4.73)3p(0.01)
W_2CO	1W	6s(1.41)5d(4.47)6p(0.04)
	2W	6s(0.73)5d(5.06)6p(0.17)6d(0.01)
	3C	2s(1.25)2p(2.43)3s(0.02)3p(0.02)

表 2 - 2(续)

团簇	原子	自然电子组态
W₃CO	4O	2s(1.73)2p(4.74)3p(0.01)
	1W	6s(0.81)5d(4.76)6p(0.30)6d(0.01)
	2W	6s(0.81)5d(4.76)6p(0.30)6d(0.01)
	3W	6s(1.27)5d(4.55)6p(0.13)6d(0.01)
	4C	2s(1.16)2p(2.69)3s(0.02)3p(0.03)
	5O	2s(1.72)2p(4.77)3p(0.01)
W₄CO	**1W**	6s(0.64)5d(5.21)6p(0.45)6d(0.02)
	2W	6s(1.02)5d(4.68)6p(0.20)6d(0.01)
	3W	6s(1.02)5d(4.68)6p(0.20)6d(0.01)
	4W	6s(0.93)5d(4.84)6p(0.23)6d(0.01)
	5C	2s(1.21)2p(2.32)3s(0.02)3p(0.02)
	6O	2s(1.73)2p(4.73)
W₅CO	1W	6s(0.79)5d(4.73)6p(0.48)6d(0.01)
	2W	6s(0.89)5d(4.76)6p(0.26)6d(0.01)
	3W	6s(0.89)5d(4.76)6p(0.26)6d(0.01)
	4W	6s(0.53)5d(5.21)6p(0.61)6d(0.02)
	5W	6s(0.82)5d(4.67)6p(0.47)6d(0.01)
	6C	2s(1.21)2p(2.30)3s(0.02)3p(0.02)
	7O	2s(1.73)2p(4.73)
W₆CO	1W	6s(0.69)5d(4.87)6p(0.38)6d(0.02)
	2W	6s(0.73)5d(4.80)6p(0.43)6d(0.02)
	3W	6s(0.68)5d(4.80)6p(0.40)6d(0.01)
	4W	6s(0.69)5d(4.86)6p(0.40)6d(0.02)
	5W	6s(0.54)5d(5.29)6p(0.53)6d(0.02)
	6W	6s(0.76)5d(4.92)6p(0.36)6d(0.01)
	7C	2s(1.19)2p(2.37)3s(0.02)3p(0.02)
	8O	2s(1.72)2p(4.78)3p(0.01)

注:加粗的 W 原子代表与 C 原子相连。

(5)垂直电离能、垂直亲和能和电负性

为了进一步研究团簇 $W_nCO(n=1\sim6)$ 的电子特性,分别对垂直电离能(VIP)、垂直电子亲和能(VEA)和电负性进行了研究,如图 2 - 6、图 2 - 7 和图 2 - 8 所示。原子失去电子的难易可用电离能来衡量,结合电子的难易可用电子亲和能来定性地比较。电离能是指从中性分子中移走一个电子所需要的能量,绝热电离能可以通过测量中性和正离子基态能量之差得到,定义为 $IP = E^+ - E$,记为 AIP;如果正离子保持中性分子的基态几何构型,所得到的是垂直电离能,记为 VIP。图 2-6 给出了 $W_nCO(n=1\sim6)$ 团簇的垂直电离能随 n 变化的关系,以 W_{n+1} 的实验值作为比较对象。从图 2-6 可以看出,W_nCO 团簇的垂直电离能大于 W_{n+1Ref} 的值,这说明 W_nCO 团簇比 W_{n+1} 团簇更难失去电子,其还原性更弱,容易被氧化,非金属性更强。从 W_nCO 团簇自身来看,垂直电离能随 n 增大而减小(W_5CO 除外),从 W_1CO 到 W_4CO 团簇,团簇间的垂直电离能的间隔幅度相近,为 0.4 eV 左右;W_5CO 团簇出现了局域极大值,为 6.184 eV。图 2-7 给出了 $W_nCO(n=1\sim6)$ 团簇的垂直电子亲和能随 n 变化的关系,垂直电子亲和能是用阴离子的基态构型计算中性团簇得到的能量与阴离子在基态结构时的能量之差。从图中可以看出,$W_nCO(n=1\sim6)$ 团簇的垂直电子亲和能随 n 呈振荡变化,其中 W_2CO 团簇最大,W_6CO 团簇最小,这说明 W_2CO 团簇得到电子生成负离子的倾向最大,该团簇非金属性最强。

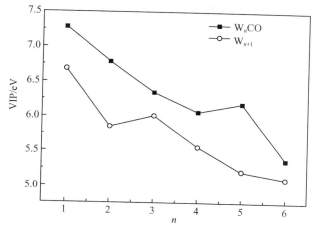

图 2-6　$W_nCO(n=1\sim6)$ 和 W_{n+1Ref} 团簇的垂直电离能(VIP)

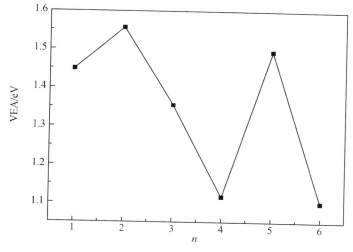

图 2-7　$W_nCO(n=1\sim6)$ 团簇的垂直电子亲和能

电负性表示分子中原子吸引电子的能力,用于判别化学键的极性。1978 年 Parr 等人通

过密度泛函理论将绝对电负性定义为[27]

$$\chi = -(\partial E/\partial n)_\nu$$

E 是体系基态的电子总能量,n 为总电子数,ν 指外部势在求导过程中保持不变,这是对电负性所做的精确定义,在有限近似条件下,Parr 的绝对电负性可重新写成:

$$\chi = (VIP + VEA)/2$$

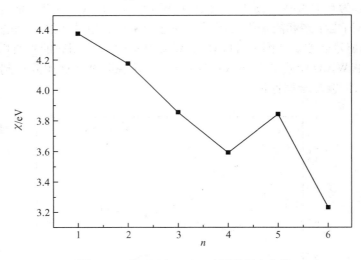

图 2 - 8 $W_n CO(n = 1 \sim 6)$ 团簇的电负性

图 2 - 8 给出了 $W_n CO(n = 1 \sim 6)$ 团簇在有限近似条件下的电负性随钨原子数的变化规律。由图可知,$W_n CO(n = 1 \sim 6)$ 团簇的电负性随 n 的增大而减小(除 $W_5 CO$ 外)。$W_1 CO$ 团簇的电负性最大,为 4.367 eV,这表明 $W_1 CO$ 团簇的得电子能力最强。另外,轨道的杂化方式对电负性的影响是很大的,一般来说,杂化轨道中含 s 成分越多,原子的电负性越大。

(6)Wiberg 键级

电子转移对应于原子电荷,共享对应于共价键的键级,在分子轨道理论中,没有原子的概念,每个电子是分布于整个分子体系中。为了研究 $W_n CO(n = 1 \sim 6)$ 团簇的价键的性质,在 NBO 的框架下研究了 Wiberg 键级(WBI),其表示团簇分子中相邻原子之间形成的化学键强弱的物理量,通过键级的分析可以了解团簇的化学稳定性。在一定键级数值范围内,其 Wiberg 键级越大表示它们之间的共价化学键能越大,团簇越稳定。表 2 - 3 列出了 $W_n CO(n = 1 \sim 6)$ 团簇中 W,C 和 O 原子的平均键级和总键级。表 2 - 4 列出了 $W_5 CO$ 团簇的 W,C,O 原子的平均键级和总键级,其中两表中的原子序号和团簇结构图相一致。

从表 2 - 3 可以看出,随着 W 原子数 n 的增加,团簇 $W_n CO(n = 1 \sim 6)$ 中 W 的平均键级也逐渐增加($W_5 CO$ 除外),总键级也是增加,这说明团簇内原子的化学键随着 W 原子数 n 的增加作用越来越强烈,团簇也越稳定,这结果和 NBO 分析一致。我们也可以看出,团簇中与 C 原子结合形成共价键的 W 原子,其 Wiberg 键级要比其他 W 原子大,这是共轭 π 键相互作用的结果,说明 CO 与 W_n 团簇的结合促进了 W 原子的化学稳定性。与 C 原子相连的 W 原子和其他 W 原子的 Wiberg 键级相比较,随着原子数 n 的增大,它们的 Wiberg 键级差距也逐渐减少,这是由于随着 W 原子数的增加,CO 的影响力逐渐减弱的缘故。

表 2 – 3　$W_n CO(n = 1 \sim 6)$ 团簇的总 Wiberg 键级及各原子上的平均 Wiberg 键级

原子序号	$W_1 CO$	$W_2 CO$	$W_3 CO$	$W_4 CO$	$W_5 CO$	$W_6 CO$
1	1.767	5.029	6.137	6.404	6.053	6.169
2	3.417	5.947	6.137	5.957	5.694	6.369
3	2.090	3.527	5.413	5.957	5.694	6.278
4		2.284	3.735	6.112	6.355	6.221
5			2.266	2.303	6.015	6.376
6				3.531	3.499	6.161
7					2.277	3.599
8						2.258
W 平均键级	1.767	5.488	5.896	6.108	5.962	6.262
总键级	7.274	16.787	23.688	30.264	35.587	43.431

表 2 – 4　$W_5 CO$ 团簇原子之间的 Wiberg 键级

原子序号	1W	2W	3W	4W	5W	6C	7O
1	0.000	1.648	1.648	0.481	2.194	0.066	0.018
2	1.648	0.000	0.306	1.988	1.606	0.093	0.054
3	1.648	0.306	0.000	1.988	1.606	0.093	0.054
4	0.481	1.988	1.988	0.000	0.546	1.210	0.143
5	2.194	1.606	1.606	0.546	0.000	0.046	0.017
6	0.066	0.093	0.093	1.210	0.046	0.000	1.992
7	0.018	0.054	0.054	0.143	0.017	1.992	0.000

为了具体了解团簇 $W_n CO(n = 1 \sim 6)$ 的各个原子之间键能的关系,表 2 – 4 以 $W_5 CO$ 为例给出了 $W_5 CO$ 团簇相邻原子之间的 Wiberg 键级(WBI)。如表 2 – 4 所示,1W—2W,1W—3W 的键级同为 1.648,1W—5W 的键级为 2.194,4W—2W,4W—3W 的键级都为 1.988,3W—5W 之间的键级为 1.606。从以上数据可以看出,1W—5W 间的化学键最稳定,其次是 4W—3W,4W—2W。而 1W—2W 和 1W—3W 间化学键的稳定性最小,这是因为原子之间原子轨道的重叠程度不同的缘故。C—O 之间的键级是 1.992,大于 C—W 之间的键级(1.210),这说明 C—O 之间化学相互作用很强,一般原子无法使它们分离。

(7)团簇的磁性

独立原子的磁矩可以由电子轨道角动量和自旋量子数确定。物质中长程磁有序不再是单个原子的磁性简单相加,而是原子间通过库仑力和泡利不相容原理(Pauli' sexclu sion principle)的集体作用来实现的。

在寻找 $W_n CO(n = 1 \sim 6)$ 团簇的基态构型过程中,必须考虑自旋多重度,即自旋极化,也就是对团簇的不同自旋方向(自旋向上和自旋向下)使用不同的轨道,这说明基态构型的确定考虑了电子与电子之间的旋转耦合。而团簇的磁性与电子的自旋极化密切相关,团簇的磁性在实验上很难准确确定,而在理论上可以准确获得,从而可得到与磁矩相互依赖的团簇结构性质,以便理解 $W_nCO(n=1\sim6)$ 团簇的尺寸、电子结构和磁性之间的关系。

表 2-5 给出了 $W_nCO(n=1\sim6)$ 团簇基态构型的总磁矩 U_0 及各原子上的局域磁矩。利用 Mulliken 布居分析得到轨道的电子占据数,自旋向上态与自旋向下态的电子占据数之差求得磁矩,单位为玻尔磁子(μ_B)。

表 2-5 $W_nCO(n=1\sim6)$ 团簇的总磁矩和局域磁矩

Cluster	U_0	Local moment(μ_B)							
		C	O	W	W_2	W_3	W_4	W_5	W_6
W_1CO	4	-0.185	0.060	4.125					
W_2CO	0	0.000	0.000	0.000	0.000				
W_3CO	0	0.000	0.000	0.000	0.000	0.000			
W_4CO	0	0.000	0.000	0.000	0.000	0.000	0.000		
W_5CO	2	0.029	0.013	0.306	0.704	0.704	-0.114	0.358	
W_6CO	0	0.000	0.000	0.000	0.000	0.000	0.000	0.000	0.000

由表 2-5 可知,$W_nCO(n=1\sim6)$ 基态团簇的总磁矩范围为 $0\sim4\mu_B$ 之间,其中 W_1CO,W_5CO 团簇的总磁矩为 $4\mu_B$,$2\mu_B$,而其他团簇的总磁矩全为 $0\mu_B$。这说明除 W_1CO,W_5CO 团簇外所有的团簇发生了"磁矩猝灭"的现象,仔细观察发现它们的自旋多重度都是1,外层电子都已配对,没有孤立电子,这说明 $W_nCO(n=1\sim6)$ 基态结构的孤立电子是影响团簇磁矩性能的主要原因。

下面来看局域磁矩,计算得到的 W_1CO 团簇总磁矩为 $4\mu_B$,W 原子的局域磁矩为 $4.125\mu_B$,C 原子的磁矩为 $-0.185\mu_B$,O 原子的磁矩为 $0.060\mu_B$,其中 C—O 之间、C—W 之间都是反铁磁性耦合。由表 2-5 知,W_1CO 团簇总磁矩的大部分是由 W 原子提供的,C,O 原子的贡献很少,这说明团簇中 W 原子能提高团簇的磁性。从 NBO 的角度分析看,W 原子的局域磁矩主要由 5d 轨道提供,所以 5d 轨道承载了大部分的磁性能。W_5CO 团簇的总磁矩为 $2\mu_B$,4W 原子的局域磁性为 $-0.114\mu_B$,其他 W 原子的局域磁性为正,W 原子的总磁矩为 $1.958\mu_B$,C 原子的局域磁矩为 $0.029\mu_B$,O 原子的局域磁矩为 $0.013\mu_B$,从整体上来看,W_5CO 团簇的总磁矩的大部分也是由 W 原子提供的。单个原子的局域磁矩和团簇的对称性和原子的位置有很大联系,从团簇结构上分析来看,对称位置上的原子磁矩是相同的。比如具有 C_s 对称性的 W_5CO 团簇,2W 原子和 3W 原子的位置关于镜面对称,所以局域磁矩相同,都为 $0.704\mu_B$。

为了进一步分析 $W_nCO(n=1\sim6)$ 基态构型磁矩的具体分布特点,以 W_1CO 团簇和 W_5CO 团簇为例,画出了它们的电子自旋密度分布图和自旋密度等值图(图 2-9)。电子自旋密度分布的定义为自旋向上的电子密度减去自旋向下的电子密度。从图 2-9 可以看到,W_1CO 和 W_5CO 团簇的电子自旋密度主要分布在钨原子周围,这也就是说未成对电子主要是由 W 原子提供的,表明 W_1CO 和 W_5CO 团簇的总磁矩大部分是由 W 原子提供的,这和上面的分析结果是一致的。除了开壳层构型之外,也计算了闭壳层构型团簇,比如 W_4CO 团簇的自旋密度分布(这里未列出),在闭壳层电子构型的团簇中,电子自旋密度的分布为 0,也就是说,在这些团簇中没有未成对的电子。

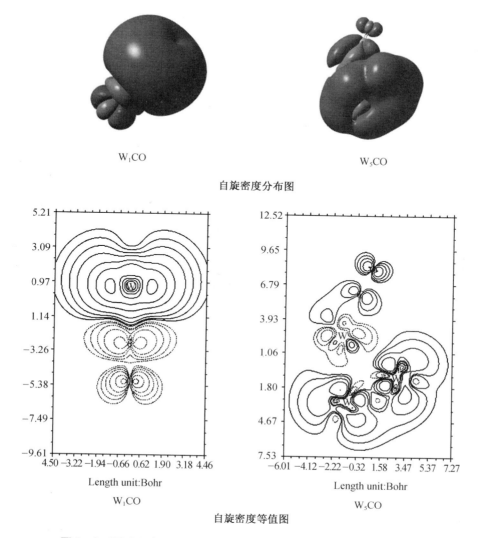

自旋密度分布图

自旋密度等值图

图 2 - 9　W₁CO 和 W₅CO 团簇的自旋密度分布图和自旋密度等值图

（8）能级轨道

为了进一步了解 $W_nCO(n=1\sim6)$ 团簇的分子轨道和电荷极化情况,用 Chemcraft 软件画出了团簇 $W_nCO(n=1\sim6)$ 基态结构的分子轨道能级图(如图 2 - 10、图 2 - 11 所示),图中不同的能级代表不同的分子轨道,在占据轨道中,箭头向上的代表电子自旋向上轨道(Alpha 轨道),箭头向下的代表电子自旋向下轨道(Beta 轨道)。

从图 2 - 10 和 2 - 11 可以看出,W_1CO 团簇和 W_5CO 团簇的 Alpha 轨道和 Beta 轨道是分离的,电子结构为“开壳层”结构。占据轨道中最高能级序列都不同,其中,W_1CO 团簇的 Beta 轨道最高能级的序列为 12,Alpha 轨道最高能级的序列为 16,所以 W_1CO 团簇的总磁矩为 $4\mu_B$。W_5CO 团簇的 Beta 轨道最高能级的序列为 41,Alpha 轨道最高能级的序列为 43,所以 W_5CO 团簇的总磁矩为 $2\mu_B$。这进一步解释了上文关于团簇磁性的分析。其余四个团簇的 Alpha 轨道和 Beta 轨道是完全简并的,最高能级序列相同,电子结构属于闭壳层结构,电子是严格两两配对的,能级完全相同,所以为自旋单重态,发生自旋“磁矩猝灭”的现象。

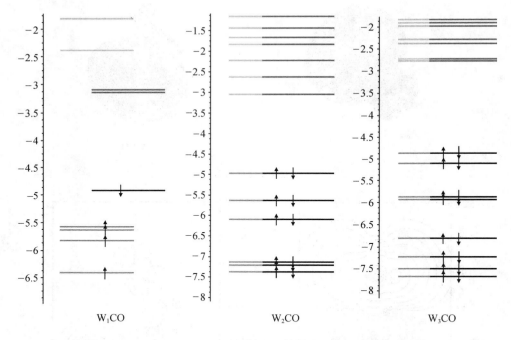

图 2 – 10　$W_n CO(n=1\sim3)$ 团簇分子轨道能级图(纵坐标单位:eV)

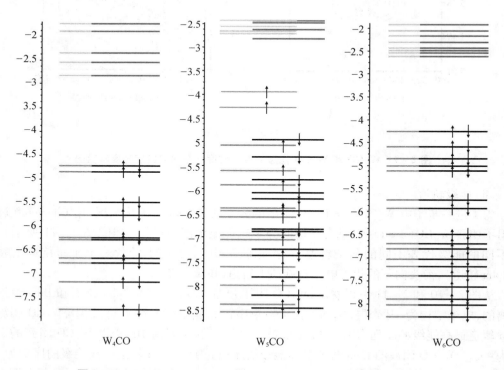

图 2 – 11　$W_n CO(n=4\sim6)$ 团簇分子轨道能级图(纵坐标单位:eV)

为了进一步对团簇能级轨道进行分析,还画出了团簇的前线分子轨道图即 HOMO, LUMO 轨道图(如图 2 – 12 所示)。HOMO 为最高占据轨道,LUMO 为最低未占据轨道。$W_nCO(n=1~6)$ 团簇的前线分子轨道不像双原子分子那样标准,其 HOMO,LUMO 轨道则表现较为复杂,下面就根据计算数据和图 2 – 12 对 $W_nCO(n=1~6)$ 团簇的轨道进行定性分析。图 2 – 12 中,W_1CO 团簇的轨道主要由 1W 原子的 6s,5d 轨道提供,1W 和 2C 形成 π键,2C 和 3O 形成 π 键。LUMO 轨道主要由 1W 原子的 6s,5d 轨道提供,形成的化学键为 σ键。W_2CO 团簇的轨道主要由 1W 的 6p 轨道,2C 的 2s 轨道提供,3C 和 4O,3C 和 2W 形成 π 键,1W 和 2W 形成 σ 键,由图知,1W 和 2W 的 6s,5d 轨道发生了变形;LUMO 轨道主要由 2W 的 6s,5d 轨道和 2C 的 2s 轨道提供,其形成的化学键类型均为 σ 键,且分子轨道的分布非常规则,具有对称性。

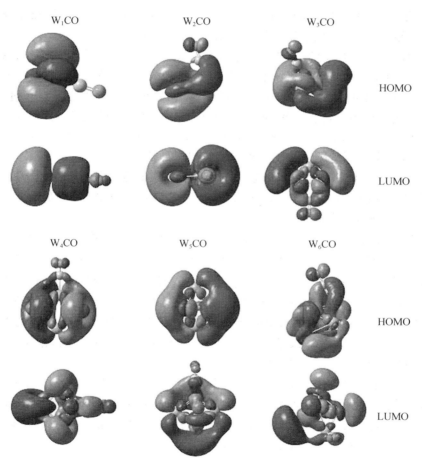

图 2 – 12   团簇 $W_nCO(n=1~6)$ 基态结构的 HOMO,LUMO 图

团簇 W_3CO 的 HOMO 轨道主要由 1W 原子的 6p 轨道,3W 原子的 5d 轨道和 3C 原子的 2p 轨道构成,4C 和 5O 原子形成 π 键,1W,2W,3W 原子之间形成 π 键,1W 和 4C,2W 和 4C 原子之间形成 σ 键,且轨道之间发生了杂化。LUMO 轨道主要由 2W 的 5d 轨道、3C 的 2p 轨道、5O 的 2s 轨道提供,由图可以看出,轨道电子分布具有高度的轴对称性,W 原子之间形成 σ 键,C 原子和 W 原子之间形成了 π 键,4C 和 5O 原子之间形成反键轨道 π 键。W_4CO

团簇的 HOMO 轨道由 1W 的 5p 轨道,4W,3W 的 5p 轨道,5O 原子的 2s 轨道,6C 原子的 2s 轨道组成,6C 和 5O 原子形成了反键轨道 π 键,6C 和 1W 原子、1W 和 4W 原子形成 π 键,其余 W 原子之间形成 σ 键;LUMO 轨道主要以 2W,3W,4W 的 5d,5p 轨道为主,还有少量的 5O 的 3s 轨道,6C 的 3p 轨道成分,6C 和 5O,6C 和 1W,1W 和 2W 原子之间形成反键 π 键,1W,2W,3W 形成 π 键,1W 和 4W 原子构成 σ 键,通过图可以发现,两轨道的对称性相反,且都发生了杂化现象。

团簇 W_5CO 的 HOMO 轨道主要由 1W,2W,3W,4W 的 6s,5d,6p 轨道,6C 原子的 2p 轨道,7O 的 2s 轨道组成,W 原子之间的键为 π 键,6C 和 7O 的键为反键 π 键,正负电子具有斜对称性,4W 和 6C 原子形成反键 π 键。LUMO 轨道值为 −2.857eV,轨道由 1W,2W,3W,4W 原子的 6p,5d 轨道,5W 原子的 5d,6s 轨道,6C 和 7O 的 2p 轨道组成,4W,5W,3W 原子之间形成 σ 键,1W,2W,4W 之间形成 π 键。由两图可知,团簇 W_5CO 的轨道能级具有高度对称性,轨道之间发生了轨道杂化现象,两轨道图的形状相似。

团簇 W_6CO 的 HOMO 轨道由 W 原子的 5d,6p,6s 轨道,7C 原子的 2s 轨道,8O 的 2p 轨道组成;7C 和 8O 原子构成了反键 π 键,5W 和 7C 原子形成 π 键,2W,4W,3W,6W 原子之间形成 π 键,3W 和 5W 原子之间为反键 π 键,1W,2W,3W,4W 原子之间为 σ 键,轨道之间发生了杂化轨道。LUMO 轨道由 W 原子的 5d,6s 轨道为主,7C 的 2p 轨道,8O 的 2p 轨道为辅组成;7C 和 8O 原子形成了反键 π 键,从图中可以清晰地看出,5W 和 7C 原子形成 π 键,1W,5W,4W 原子形成了规则的 σ 键,3W 和 5W 原子形成 π 键。

总之,$W_nCO(n=1\sim6)$ 团簇的 W 原子能级基本都是 π 键,团簇的前线轨道能级主要由 W 原子的 5d 轨道组成,说明这些团簇的化学性质主要决定于 W 原子 5d 轨道中的电子。

(9)振动频率和光谱分析

在优化几何构型的基础上,进而又计算了 $W_nCO(n=1\sim6)$ 团簇基态结构的 Raman 光谱、IR 光谱以及振动频率。表 2−6 给出了 $W_nCO(n=1\sim6)$ 团簇的最小振动频率[a]Freq 和红外强度最强的振动频率[b]Freq,括号中为各自的对称模式。振动频率是判断团簇结构稳定的关键要素。由表 2−6 的最小振动频率[a]Freq 可以看出,频率分布在 $23.8\sim374.1$ cm^{-1} 之间,所有团簇的振动频率都为正值,表明所有 $W_nCO(n=1\sim6)$ 团簇基态结构均为势能面上的稳定点,而不是过渡态或高阶鞍点。红外强度最强的振动频率分布在 $1\,674.3\sim1\,846.4$ cm^{-1} 之间,此振动频率可以反映出红外光谱最强峰的位置。对于某个振动,它是否为红外强度或者拉曼活性,可以从振动模式的对称性上判断,对于对称性为 C_s 具有 a′ 和 a″ 振动模式的团簇既有红外活性又有拉曼活性;对于对称性为 C_1 具有 a 振动模式的团簇既有红外活性又有拉曼活性。由于目前还没有相应的实验,所以本书计算得到的振动频率值,可以为以后的光谱实验提供理论依据。

表 2−6　$W_nCO(n=1\sim6)$ 团簇的最小振动频率和红外强度最强的振动频率

Cluster	W_1CO (C_s)	W_2CO (C_s)	W_3CO (C_s)	W_4CO (C_s)	W_5CO (C_s)	W_6CO (C_1)
[a]Freq/cm^{-1}	374.1 (a′)	75.1 (a′)	74.2 (a′)	56.3 (a′)	36.9 (a″)	23.8 (a)
[b]Freq/cm^{-1}	1 785.3 (a′)	1 841.6 (a′)	1 674.3 (a′)	1 846.4 (a′)	1 841.9 (a′)	1 772.4 (a)

图 2 – 13 给出了 $W_n CO(n = 1 \sim 6)$ 团簇基态结构的红外光谱图（IR）和拉曼光谱图（Raman）。其中 IR 谱中横坐标的单位是 cm^{-1}，纵坐标是强度，单位是 $km \cdot mol^{-1}$，Raman 谱中横坐标的单位是 cm^{-1}，纵坐标是活性，单位是 $A^4 \cdot amu^{-1}$。

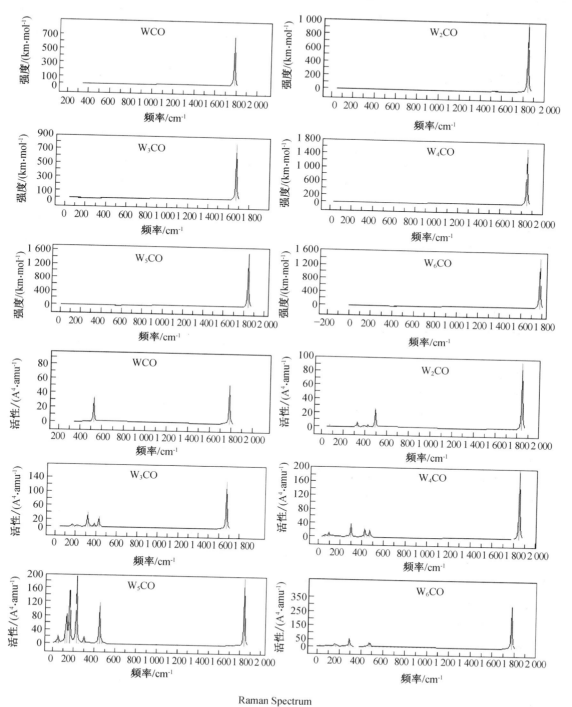

Raman Spectrum

图 2 – 13　$W_n CO(n = 1 \sim 6)$ 团簇基态结构的 IR 谱和 Raman 谱

通过 GaussView 判定各团簇峰值所对应频率振动方式的归属情况。表 2 - 7 给出了 $W_nCO(n=1\sim6)$ 团簇基态结构的振动频率、红外强度（IR）、拉曼活性（S^R）和偏振比（D - P）。从图 2 - 13 可知：对于 W_1CO 团簇，红外光谱中只有一个最强峰，位于频率 1 785.3 cm^{-1} 处，峰值为 690.1 $km\cdot mol^{-1}$，属于 C_s 对称性，振动模式为 C 与 O 的对称伸缩振动，偏振比为 0.111，振动较为对称。而位于其他频率处的峰值均接近于零。拉曼光谱图中有两个较强的振动峰，最强峰位于频率 1 785.3 cm^{-1} 处，拉曼散射活性为 53.8 $A^4\cdot amu^{-1}$，振动模式归属于 W 的缓慢振动和 C，O 的伸缩振动；次强峰处的频率为 524.7 cm^{-1}，拉曼散射活性为 33.8 $A^4\cdot amu^{-1}$，振动方式为 W_1CO 团簇结构整体的伸缩振动，偏振比为 0.197，振动具有对称性。

W_2CO 团簇的红外光谱图和 W_1CO 团簇的图形很相似，只有一个最强峰。其频率为 1 841.6 cm^{-1}，峰值为 992.8 $km\cdot mol^{-1}$，谱峰处在最大频率处，偏振比为 0.383，对称性为 C_s，振动方式为 C 原子与 O 原子围绕 2W 的伸缩振动。拉曼光谱的最强峰也在频率 1 841.6 cm^{-1} 处，其拉曼活性为 95.3 $A^4\cdot amu^{-1}$，振动模式为 C 原子与 O 原子的一维伸缩振动；而次强峰位于频率为 492.8 cm^{-1} 处，其振动峰值为 26.8 $A^4\cdot amu^{-1}$，偏振比为 0.105，振动方式归属于以 C 原子为轴的 2W，O 原子的活塞式振动，在其附近有很多强度较弱的峰，峰值均小于7 $A^4\cdot amu^{-1}$，这可能是由于团簇对称性较高，外场不易引起体系偶极矩变化导致的。

对于 W_3CO 团簇来说，红外光谱只有一个较为明显的最强峰，其振动频率为 1 674.3 cm^{-1}，峰值为 800.3 $km\cdot mol^{-1}$，对称性为 C_s，和 W_2CO 团簇的对称性一样，振动模式也一样，为 C 原子与 O 原子围绕 2W 的伸缩振动，偏振比为 0.343，振动模式具有弱对称性；红外光谱的其余峰值则远小于最强峰，范围在 13.30 ~ 0.85 $km\cdot mol^{-1}$。对于拉曼光谱来说，有三个较强的振动峰，最强峰同样位于频率为 1674.3 cm^{-1} 处，拉曼光谱活性为 135.4 $A^4\cdot amu^{-1}$，振动方式为 C 原子与 O 原子的直线呼吸振动，三个钨原子则保持静止状态；两个次强峰分别位于频率为 317.0 cm^{-1} 和 426.8 cm^{-1} 处，峰值分别为 41.5 $A^4\cdot amu^{-1}$ 和 27.9 $A^4\cdot amu^{-1}$，其中拉曼活性为 41.5 $A^4\cdot amu^{-1}$ 的振动模式为三个 W 原子和 C，O 原子组成的整体的呼吸振动，偏振比为 0.094，振动具有对称性；活性为 27.9 $A^4\cdot amu^{-1}$ 处的振动模式为 CO 以 1W，2W 为轴的拉伸振动同时伴有 3W 的拉伸振动，偏振比为 0.083，振动具有对称性。

对于 W_4CO 团簇，其红外光谱同样只有一个振动最强峰，位于频率 1 846.4 cm^{-1} 处，红外强度为 1 604.4 $km\cdot mol^{-1}$，对称性为 C_s，振动模式为 C 原子与 O 原子的直线伸缩振动，偏振比相对于其他频率处较大，为 0.390，所以振动幅度较大；另一方面，该红外强度为所有 $W_nCO(n=1\sim6)$ 团簇中的最大值，所以 W_4CO 团簇的振动最为强烈。拉曼光谱图中有一个最强峰和两个较弱峰，最强峰位于 1 846.4 cm^{-1} 处，活性为 199.5 $A^4\cdot amu^{-1}$，振动模式为 C，O 原子的直线对称伸缩振动，振动具有对称性；两个较弱峰的频率分别为 297.2 cm^{-1} 和 424.8 cm^{-1}，峰值分别为 37.6 $A^4\cdot amu^{-1}$ 和 25.3 $A^4\cdot amu^{-1}$；拉曼活性为 37.6 $A^4\cdot amu^{-1}$ 的振动模式归结为 4 个钨原子和 CO 构成的四面体的呼吸振动，偏振比为 0.015，具有良好的对称性；而峰值为 25.3 $A^4\cdot amu^{-1}$ 的振动模式为 1W 与 C，O 原子的不规则摇摆振动，偏振比为 0.327，振动模式不具有对称性。

表 2 - 7　$W_nCO(n=1\sim6)$ 团簇的振动频率、红外强度(**IR**)、拉曼活性(S^R)和偏振比(**D - P**)

	Freq	IR	S^R	D - P		Freq	IR	S^R	D - P
W_1CO	—	—	—	—	W_5CO	—	—	—	—
1	374. 097	7. 110	0. 092	0. 444	1	36. 855	0. 386	8. 889	0. 750
2	524. 742	1. 452	33. 814	0. 197	2	51. 947	0. 776	17. 505	0. 740
3	1 785. 294	690. 133	53. 796	0. 111	3	58. 732	0. 304	7. 810	0. 750
W_2CO	—	—	—	—	4	120. 772	0. 193	24. 958	0. 436
1	75. 097	1. 203	2. 179	0. 619	5	134. 703	0. 741	86. 041	0. 027
2	326. 100	7. 752	6. 823	0. 080	6	135. 441	4. 401	4. 430	0. 750
3	385. 345	1. 036	2. 092	0. 750	7	159. 875	0. 132	59. 241	0. 004
4	424. 625	3. 164	3. 403	0. 222	8	163. 828	0. 258	140. 121	0. 030
5	492. 783	2. 184	26. 811	0. 105	9	228. 237	1. 009	192. 969	0. 037
6	1 841. 598	995. 346	95. 340	0. 383	10	245. 528	2. 805	2. 396	0. 750
W_3CO	—	—	—	—	11	302. 686	0. 728	20. 016	0. 410
1	74. 167	1. 812	2. 088	0. 660	12	434. 745	0. 222	1. 640	0. 750
2	167. 103	3. 045	6. 712	0. 750	13	449. 866	6. 534	118. 635	0. 373
3	183. 577	1. 618	1. 179	0. 750	14	472. 417	3. 817	9. 235	0. 085
4	214. 186	4. 342	3. 077	0. 424	15	1 841. 926	1 598. 856	193. 197	0. 417
5	316. 976	0. 411	41. 520	0. 094	W_6CO	—	—	—	—
6	334. 421	13. 301	4. 920	0. 750	1	23. 770	1. 190	7. 681	0. 071
7	382. 609	3. 812	10. 109	0. 715	2	46. 985	1. 268	5. 953	0. 689
8	426. 790	0. 850	27. 961	0. 083	3	79. 212	1. 323	5. 276	0. 177
9	1 674. 337	800. 333	135. 398	0. 343	4	93. 157	0. 128	3. 376	0. 062
W_4CO	—	—	—	—	5	113. 274	0. 133	3. 246	0. 714
1	56. 340	0. 420	2. 644	0. 724	6	124. 549	0. 101	4. 620	0. 477
2	60. 321	0. 713	3. 463	0. 750	7	150. 934	0. 026	14. 047	0. 443
3	94. 495	1. 600	13. 435	0. 148	8	153. 933	1. 099	2. 684	0. 695
4	124. 732	0. 188	0. 447	0. 542	9	162. 066	0. 821	3. 860	0. 736
5	172. 577	0. 011	1. 295	0. 750	10	166. 064	2. 131	2. 148	0. 569
6	258. 043	6. 017	1. 723	0. 343	11	236. 187	0. 178	1. 313	0. 629
7	259. 877	1. 798	1. 391	0. 750	12	240. 588	3. 141	1. 030	0. 557
8	297. 222	0. 142	37. 631	0. 015	13	255. 547	0. 267	0. 486	0. 279
9	424. 788	13. 811	25. 345	0. 327	14	288. 853	0. 134	57. 866	0. 003
10	446. 349	0. 481	1. 323	0. 750	15	438. 650	2. 401	2. 365	0. 664
11	470. 893	3. 239	21. 766	0. 099	16	467. 023	6. 771	28. 403	0. 189
12	1 846. 417	1604. 401	199. 530	0. 390	17	481. 503	3. 296	23. 897	0. 254
					18	1 772. 436	1 470. 628	300. 570	0. 119

团簇 W_5CO 的红外光谱也只有一个最强峰,位于频率 1 841.9 cm^{-1} 处,强度为 1 598.8 $km \cdot mol^{-1}$,该值仅次于 W_4CO 团簇的振动峰值,振动方式为 C,O 原子的对称伸缩振动,对称性为 C_s,偏振比为 0.417,振动模式具有一定的对称性。而对于拉曼光谱来说,则具有较多的振动峰,并且峰的位置分为两段,第一段主要集中在振动频率 10~500 cm^{-1} 范围处,拉曼活性范围为 192.9~20.1 $A^4 \cdot amu^{-1}$,振动模式主要为整体的呼吸振动,偏振比多为 0.750,说明振动模式不具有对称性且偏振现象较为强烈;第二段就一个峰,并且是最强峰,其频率为 1 841.9 cm^{-1},峰值为 193.2 $A^4 \cdot amu^{-1}$,振动模式为 C,O 原子的呼吸振动,5 个钨原子则保持静止状态。

对于 W_6CO 团簇的红外光谱也只有一个最强峰,频率为 1 772.4 cm^{-1},强度为 1 470.6 $km \cdot mol^{-1}$,振动模式主要表现为 C 原子与 O 原子的自由呼吸振动,对称性为 C_1,偏振比为 0.119,振动方式具有对称性,而其他频率处的峰值则较弱,几乎为零。拉曼光谱有一个较强峰和一些较弱峰,较强峰位于频率 1 772.4 cm^{-1} 处,拉曼活性为 300.6 $A^4 \cdot amu^{-1}$,振动方式归属于 6 个钨原子组成的菱形立体结构保持不动,C,O 原子的摇摆振动,振动不具有对称性;而较弱峰中最强的峰值为 57.9 $A^4 \cdot amu^{-1}$,位于频率 288.9 cm^{-1} 处,振动模式为 6 个钨原子组成的菱形立体结构悬挂一个 CO 为整体的呼吸振动,偏振比为 0.003,振动具有很强的对称性。

通过对团簇 $W_nCO(n=1~6)$ 基态构型的振动频率和光谱分析可以看出:振动频率分布在 23.8~1 846.4 cm^{-1} 之间,而各个团簇最强峰值对应的频率一般在 1 674.3 cm^{-1} 以上,特别是对于 W_4CO 团簇来说,最强峰位于频率 1 846.4 cm^{-1} 处,为最大频率值,所以振动幅度较大。所有红外强度最强处的振动频率可以反映红外光谱最强吸收峰的位置。红外光谱强度分布在 690.1~1 604.4 $km \cdot mol^{-1}$ 之间,其中 W_4CO 团簇峰值为 1 604.4 $km \cdot mol^{-1}$,该峰值为所有 $W_nCO(n=1~6)$ 团簇中的最大值,说明其振动模式大大改变了团簇结构的电子云分布;所有团簇的最强峰的振动方式基本相似,为 C 原子与 O 原子的自由呼吸振动。这主要因为 W—C 原子之间存在着很强的相互作用,在 C 原子的伸缩振动模式下,团簇的电偶极矩随简并正坐标变化最大,同时由团簇的偏振比可以看出,偏振比值越大,团簇原子的振动模式对称性越低,反之则越高。团簇基态结构的拉曼散射活性各不相同,最强峰振动活性分布在 53.8~300.6 $A^4 \cdot amu^{-1}$ 范围之间,其中,W_6CO 团簇的拉曼散射活性达到 300.6 $A^4 \cdot amu^{-1}$,这是因为在拉曼光谱最强峰的振动模式下,W_6CO 团簇的极化率对简并坐标的导数变化最大,所以拉曼散射活性最强。

(10)团簇的极化率

极化率表征了体系对外电场的响应,表明在外电场存在情况下,体系电子云的分布和热运动的状况,它是描述物质与光的非线性相互作用的参数[28],它不仅可以反映分子间的相互作用的强度(例如分子间的色散力、取向作用力、长程力等),还可以影响散射与碰撞过程的截面,可以用来表征物质的非线性光学效应产生的效率,是振动光谱的重要决定因素。本书的主要目的是研究极化率的变化趋势,所以考虑到计算量使用了和优化构型同样的小基组 LANL2DZ 进行计算。

极化率张量的平均值($\langle \alpha \rangle$)和极化率的各向异性不变量($\Delta \alpha$)由下面两个公式计算[28]:

$$\langle \alpha \rangle = \frac{1}{3}(\alpha_{XX} + \alpha_{YY} + \alpha_{ZZ})$$

$$\Delta \alpha = \left[\frac{(\alpha_{XX} - \alpha_{YY})^2 + (\alpha_{YY} - \alpha_{ZZ})^2 + (\alpha_{ZZ} - \alpha_{XX})^2 + 6(\alpha_{XY}^2 + \alpha_{XZ}^2 + \alpha_{YZ}^2)}{2} \right]^{\frac{1}{2}}$$

计算结果见表 2－8，表中 $\langle \overline{\alpha} \rangle$ 表示每个原子的平均极化率。由表可知，极化率张量主要分布在 XX, YY, ZZ 方向，在这三个方向上，极化率张量分量最小值为 73.684，出现在 W_1CO 团簇中。而最大值则不同，在 XX 方向，极化率张量分量最大值为 W_6CO 团簇，值为 328.130；在 YY, ZZ 方向，最大值则为 W_5CO 团簇。在 XY, XZ, YZ 方向极化率张量分布较少，甚至为零，在 YZ 方向所有团簇的极化率张量值为零，在 XY 方向极化率张量分量最大值为 17.244，出现在 W_3CO 团簇中，在 XZ 方向，基本都为零，就 W_6CO 团簇为 －6.232。团簇 $W_nCO(n = 1 \sim 5)$ 的极化率张量的平均值 $\langle \alpha \rangle$ 随 W 原子数 n 增加而增大，W_6CO 减小，说明在 $n = 1 \sim 5$ 范围内，随着 W 原子数的增多团簇中的原子核和电子云分布易受外场的影响而发生变化，团簇原子间的成键相互作用增强，非线性光学效应增强，容易被外加场极化。对于每个原子的平均极化率 $\langle \overline{\alpha} \rangle$，其值变化也是随 W 原子数 n 增加而增大（除团簇 W_6CO 外），表明在 $n = 1 \sim 5$ 范围内，团簇的电子结构的稳定性逐渐减弱，电子离域效应逐渐增大，当 $n = 1$ 时具有最小值，表明 W_1CO 团簇的电子结构相对稳定，电子离域效应较小；而 W_5CO 团簇具有最大值 43.350 a.u，说明 W_5CO 团簇的电子结构相对不稳定，电子离域效应较大。

表 2－8　$W_nCO(n = 1 \sim 6)$ 团簇基态结构的极化率

Cluster	Polarizability								
	α_{XX}	α_{XY}	α_{XZ}	α_{YY}	α_{YZ}	α_{ZZ}	$\langle \alpha \rangle$	$\langle \overline{\alpha} \rangle$	$\Delta \alpha$
W_1CO	73.684	0.000	0.000	73.684	0.000	88.995	78.788	26.263	15.311
W_2CO	137.469	14.549	0.000	129.235	0.000	89.938	118.881	29.720	50.702
W_3CO	153.193	17.244	0.002	174.711	0.000	163.725	163.876	32.775	35.228
W_4CO	158.504	4.389	0.002	259.882	0.000	209.219	209.202	34.867	88.120
W_5CO	266.562	－3.117	0.000	331.971	0.000	311.808	303.447	43.350	58.268
W_6CO	328.130	3.945	－6.232	265.558	－3.740	254.223	282.637	35.330	70.414

从表 2－8 还可看出，团簇的极化率各向异性不变量随 W 原子数增多成振荡趋势，在研究的范围内 $n = 4$ 极化率各向异性不变量为最大值，说明团簇 W_4CO 对外场的各向异性响应较强；当 $n = 1$ 时为最小值，说明团簇 W_1CO 对外场的各向异性响应最弱。各方向的极化率大小变化不大。有趣的是，该团簇的奇偶振荡行为与 $Cu_nCO(n = 1 \sim 9)$ 团簇正相反，这可能是由于 $W_nCO(n = 1 \sim 6)$ 与 $Cu_nCO(n = 1 \sim 9)$ 团簇的 HOMO—LUMO 能隙值正相反引起的。

（11）团簇的偶极矩

团簇 $W_nCO(n = 1 \sim 6)$ 的基本组成单元为原子，而每个原子都由带正电的原子核和带负电的电子组成，由于正电荷和负电荷数量一样，所以整个团簇是不显电性的。然而对每一类电荷（正电荷或负电荷）量来说，都可以设想集中于某点上，就像任何物体的质量可被设想集中在其重心上一样，把电荷的这种集中点称作"电荷中心"。在团簇中如果正电荷和负电荷中心不重合在同一点上，这样的分子就具有极性；如果正、负电荷中心重合于一点，整个分子不存在正负两极，即团簇不具有极性。团簇的极性大小可以用偶极矩来表示，偶极矩是一个矢量，偶极矩越大，团簇的极性越强，因而可以根据偶极矩数值的大小判断团簇极性的相对强弱。

团簇 $W_nCO(n=1\sim6)$ 由原子 W,C,O 按照一定的空间排布构造而成,而空间排布决定着团簇的原子核和电子云分布,所以当团簇中的原子位置发生变化时,其所对应的原子核和电子也要重新排布,也就是说团簇中的偶极矩间接地反映团簇结构的对称性。当团簇结构中具有对称中心或具有两个或两个以上互不重合的对称轴时,团簇的偶极矩为零;当团簇具有一个 n 重对称轴时,偶极矩应位于该轴上;当团簇仅有一个对称面时,其偶极矩必定位于此平面上。所以,团簇中的偶极矩不仅可以判断团簇的极性大小,反映团簇结构中正负电荷的偏离情况,还可以间接反映出团簇构型的对称性。表 2-9 列出了团簇的总偶极矩和 X,Y,Z 轴上的分偶极矩。

由表 2-9 所示,团簇 $W_nCO(n=1\sim6)$ 的总偶极矩都不为零,这说明它们都是极性分子,而且团簇 $W_nCO(n=1\sim6)$ 的点群同属于 C_n 系。从偶极矩的变化趋势来看,团簇 W_2CO, W_3CO,W_4CO 和 W_5CO 的总偶极矩相差不大,这说明它们的分子极性相似;团簇 W_6CO 的总偶极矩最大,为 $4.355D$。团簇 W_1CO 的偶极矩为 $2.235D$,三个坐标轴方向上只有 XY 轴上有分偶极矩,W_1CO 的点群为 C_s,即具有 1 个 2 次旋转轴和一个垂直于该轴的镜面的点群,所以可以判定其偶极矩位于团簇的对称轴上。团簇 W_2CO 的偶极矩为 $3.785D$,Z 轴分量的偶极矩为零,点群为 C_s,即旋转轴加上垂直于该轴的对称平面的点群,可判断团簇 W_2CO 的偶极矩位于对称平面上。团簇 W_3CO 的点群为 C_s,偶极矩为 $3.683D$,X,Y 轴上有分偶极矩,即偶极矩位于几何结构的对称轴上。团簇 W_4CO 的点群为 C_s,即具有一个 2 重旋转轴和 1 个通过该轴的镜面对称点群,其偶极矩为 $3.570D$,X,Y 轴上具有偶极矩且同为负值,说明总偶极矩位于二重旋转轴上。团簇 W_5CO 的点群为 C_s,即旋转轴加上垂直于该轴的对称平面的点群,其总偶极矩为 $3.515D$,X,Y 轴的分偶极矩有正有负,Z 轴的分偶极矩为零,所以团簇 W_5CO 的总偶极矩位于该团簇结构的对称轴上。团簇 W_6CO 的点群为 C_1,即具有一个 1 次旋转轴且无任何原子对称,总偶极矩为 $4.355D$,X,Y,Z 轴上都有分偶极矩,所以总偶极矩位于团簇几何结构的对称轴上。

表 2-9 $W_nCO(n=1\sim6)$ 团簇的偶极矩

Cluster	X	Y	Z	Total
W_1CO	0.032	2.235	0.000	2.235
W_2CO	-3.654	0.988	0.000	3.785
W_3CO	0.384	-3.663	0.000	3.683
W_4CO	-0.336	-3.554	0.000	3.570
W_5CO	0.644	-3.456	0.000	3.515
W_6CO	-4.251	-0.778	0.538	4.355

(12)团簇的芳香特性和热力学性质

芳香性物质具有很好的热力学稳定性、光谱性质和独特的化学性能。本书采用 GIAO - B3LYP/LANL2DZ 方法计算了团簇 $W_nCO(n=1\sim6)$ 基态构型的核独立化学位移(nucleus independent chemical shifts,简称为 NICS)值,NICS 是一种分子芳香性的判据,它对于有机化合物、无机化合物以及团簇都有很好的适用性。在本书的计算中,$W_nCO(n=1\sim6)$ 团簇的

NICS 值的参考点选取了 5 个位置:团簇几何结构的中心(0.000 nm)位置,距对称平面或者侧面的垂直距离为 0.025 nm,0.050 nm,0.075 nm,0.100 nm 的位置。NICS 为负值表示芳香性,正值表示反芳香性,当 NICS 值接近零时,表现为非芳香性。表 2 - 10 列出了 W_nCO ($n=1\sim6$)团簇的芳香性和热力学参数。

表 2 - 10　$W_nCO(n=1\sim6)$ 团簇的芳香性和热力学参数

Cluster	M	NICS($\times10^{-6}$)					ΔH^{θ} /eV	C_V /(cal· mol^{-1}· K^{-1})	S^{θ} /(cal· mol^{-1}· K^{-1})
		0.000 nm	0.025 nm	0.050 nm	0.075 nm	0.100 nm			
W_1CO	5	18 033.683	1 595.515	1 527.639	2 080.503	1 807.591	−10.723	8.709	56.668
W_2CO	1	16.524	13.687	291.775	485.900	506.131	−14.443	13.756	80.932
W_3CO	1	−16.928	−19.164	76.215	300.004	713.890	−18.620	19.700	91.738
W_4CO	1	−5.385	−17.848	39.961	144.937	361.909	−23.151	24.963	104.329
W_5CO	3	42.505	−46.078	−33.405	41.542	195.942	−28.242	30.767	118.935
W_6CO	1	−55.942	−62.857	−72.038	−76.597	88.916	−33.302	36.322	126.468

由表 2 - 10 可以看出,团簇 W_1CO 和 W_2CO 的 NICS 值全为正值,具有反芳香性,而且团簇 W_1CO 绝对值较其他团簇大,说明其反芳香性最强。当试探原子在位置 0.000 nm,0.025 nm 处时,团簇 W_3CO,W_4CO 的 NICS 值为负值,表现为芳香性;而在位置 0.050 nm,0.075 nm, 0.100 nm 处,团簇 W_3CO,W_4CO 的 NICS 值转为正值。对比表中数据和分子轨道图发现,当试探原子位于结构中心和距离环面不远处,试探原子受离域 π 键影响较大,使得团簇 W_3CO,W_4CO 的 NICS 值转为负值。团簇 W_5CO 在位置 0.025 nm,0.050 nm 处,其 NICS 值为负值,其余位置为正值;团簇 W_6CO 的试探原子在距平面 0.100 nm 处,NICS 值由负值转为正值,这是因为当试探原子远离对称环面时,由于靠近团簇结构的边界,原子之间的 σ 键较强,试探原子受到 σ 键屏蔽效应。

本书还利用 B3LYP/LANL2DZ 方法,在温度为 298.15 K,气压为 1.01×10^5 Pa 的条件下,计算了团簇 $W_nCO(n=1\sim6)$ 基态构型的定容热容(C_V),标准熵(S^{θ})和标准生成焓(ΔH^{θ}),如表 2 - 10 所示。团簇的标准生成焓常被作为团簇稳定性的判断依据,当 ΔH^{θ} 为负值时,表明生成的团簇是放热反应且具有很好的热力学稳定性;当 ΔH^{θ} 为正值时,表明生成的团簇是吸热反应且不具有好的热力学稳定性。标准生成焓的定义为

$$\Delta H^{\theta} = E(W_nCO) - nE(W) - E(C) - E(O)$$

由表 2 - 10 知,团簇 $W_nCO(n=1\sim6)$ 基态结构的 ΔH^{θ} 全为负值,说明生成的团簇都是放热反应,热力学上是稳定的,这也验证了前面平均结合能结论的正确性。由 C_V 和 S^{θ} 的结果可知,随着 W 原子数的增加,C_V 和 S^{θ} 的值增大,从数值增加的幅度来看,每增加一个 W 原子,定容热容(C_V)增大 $5\sim6$ cal·mol^{-1}·K^{-1},而标准熵(S^{θ})的增加没有明显的规律性。

(13)结论

采用密度泛函理论中的 B3LYP 方法,在 LANL2DZ 基组水平上对 $W_nCO(n=1\sim6)$ 团簇的结构和性能进行了计算研究。主要结论如下:

①优化得到的 $W_nCO(n=1\sim6)$ 团簇的稳定构型中,CO 的 C—O 键并没有断开,依然存在化学键,当 $n\geq3$ 时,$W_nCO(n=1\sim6)$ 团簇的基态结构由平面变为立体结构;W_nCO 团簇的基态结构是在 W_n 团簇基态结构或阴离子基态结构的基础上吸附 CO 生长而成。

②通过分析团簇 $W_nCO(n=1\sim6)$ 的稳定性和化学活性发现,在团簇尺寸一定的情况下,W_nCO 团簇的稳定性比 W_n 团簇强,$n=3,5$ 是 W_nCO 团簇的幻数。W_nCO 和 W_n 团簇的二阶能量差分的变化趋势相同,这表明 CO 的吸附对 W_n 团簇的成键特性影响比较小。

③团簇 $W_nCO(n=1\sim6)$ 的吸附能随着团簇尺寸的增加呈现振荡趋势。当 $n=5,6$ 时,W_nCO 团簇的吸附能较大,W_5CO 团簇的吸附能最大,说明 CO 与 W_5 团簇的结合作用最强。CO 分子在 W_n 团簇表面发生的是非解离性吸附,吸附后 C—O 键长变长,表明吸附后 C—O 键被削弱,CO 分子被活化了。

④从团簇 NBO 电荷分布分析发现,CO 分子的 C 原子只与最近邻的 W 原子发生相互作用,W 原子与 CO 分子相互作用的本质是 CO 分子内的杂化轨道与 W 原子 6s,5d,6p 轨道之间相互作用的结果。并且这些杂化轨道在原子间相互作用形成化学键,决定了团簇的稳定性和特殊的物理化学性质。

⑤$W_nCO(n=1\sim6)$ 基态团簇的总磁矩范围为 $0\sim4$ μ_B 之间,除 W_1CO 和 W_5CO 团簇外所有的团簇发生了"磁矩猝灭"的现象。单个原子的局域磁矩和团簇的对称性和原子的位置有很大关系,所以从单个结构上分析来看,对称位置上的原子磁矩是相同的。

⑥W_1CO 团簇和 W_5CO 团簇的 Alpha 轨道和 Beta 轨道是分离的,电子结构为"开壳层"结构;其余四个团簇的 Alpha 轨道和 Beta 轨道是完全简并的,表现为闭壳层结构。团簇的前线轨道主要由 W 原子的 5d 轨道组成,说明这些团簇的化学性质主要决定于 W 原子 5d 轨道中的电子。

⑦$W_nCO(n=1\sim6)$ 团簇的 IR 只有一个吸收峰,吸收峰的强度分布在 $690.1\sim1\ 610$ km·mol^{-1} 之间,其中 W_4CO 团簇峰值为 $1\ 604.4$ km·mol^{-1},该峰值为所有 $W_nCO(n=1\sim6)$ 团簇中的最大值。团簇的 Raman 光谱有两个及以上的振动峰,振动峰值分布在 $53.8\sim300.6$ A^4·amu^{-1} 范围之间。

⑧极化率分析表明,XX,YY 和 ZZ 方向构成了极化率的主要部分,极化率张量的平均值随 W 原子数的增加而增大(W_6CO 除外)。极化率的各向异性不变量发生了"奇偶振荡"行为,当 $n=4$ 时,极化率各向异性不变量 $\Delta\alpha$ 为最大值。

⑨团簇 W_2CO,W_3CO,W_4CO 和 W_5CO 的总偶极矩相差不大,说明它们的分子极性相似,团簇 W_6CO 的总偶极矩最大,为 $4.355D$。团簇 $W_nCO(n=1\sim6)$ 的总键级和 W 的平均键级随团簇尺寸的增加而增大。W_5CO 团簇 C—O 之间的键级是 1.922,大于 C—W 之间的键级(1.210),这说明 C—O 之间化学相互作用较强。

⑩W_1CO 和 W_2CO 的 NICS 值全为正值,具有反芳香性;团簇 W_3CO,W_4CO 在位置 0.000 nm,0.025 nm 处的 NICS 值为负值,其余位置为正值;团簇 W_5CO 在位置 0.025 nm,0.050 nm 处的 NICS 值为负值,其余位置为正值。团簇 W_6CO 的试探原子在距平面 0.100 nm 处,NICS 值由负值转为正值。热力学性质分析表明,$W_nCO(n=1\sim6)$ 团簇中的 W 和 CO 分子之间的化学反应为放热反应,且有很好的化学稳定性。

2. $W_n(n=7\sim12)$ 团簇吸附 CO 的结构和性能

上面已对 $W_nCO(n=1\sim6)$ 团簇的结构和性能进行了研究,为了寻找 CO 在 W_n 团簇表面的吸附规律,本节将在前面工作的基础上进一步探究 CO 在较大尺寸 $W_n(n=7\sim12)$ 团簇表面上的吸附。这里采用的计算软件是 Gaussian 09,而前面对 $W_nCO(n=1\sim6)$ 团簇的计算软件是 Gaussian 03。虽然两者采用的方法和基组都是 B3LYP 和 LANL2DZ,但由于版本不同,结果会稍微有些差别,对于同一体系用 Gaussian 09 计算的结果能量更低一些,算出的平均结合能和二阶差分就比用 Gaussian 03 计算的大一些(由后面的图线可以看出)。

（1）几何结构

为了寻找 $W_nCO(n=7\sim12)$ 中性团簇的基态结构,首先优化 W_n 团簇结构,找到其基态构型,所得到的基态构型与第一章的计算构型相符。然后在 W_n 团簇基态结构和亚稳态结构的基础上吸附一个 CO 分子。在设计构型时分别考虑了 W_n 团簇的 top 位、bridge 位、face 位和 hollow 位等不同的结合位置,然后对吸附体系的初始构型进行几何参数全优化,构型优化时 SCF 的收敛精度设置为 10^{-8}、能量计算设置为 10^{-5}。图 2 – 14 给出了 $W_n(n=7\sim12)$ 团簇的基态结构以及 $W_nCO(n=7\sim12)$ 吸附体系的基态及其亚稳态构型,表 2 – 11 给出了 W—W 平均键长、W—C 键长和 C—O 键长。

由图 2 – 14 可以看出,W_7 纯钨团簇基态结构相当于变形的三菱柱的一个侧面上连接了一个 W 原子。而吸附体系 W_7CO 的基态结构(7a)的点群是 C_1,是 CO 分子中 C 原子吸附在顶端的 W 原子上的,CO 的吸附使得钨团簇基体的结构稍微发生了一些变化,但总体上和 W_7 纯钨团簇还是比较接近。由表 2 – 11 看出它的 W—W 平均键长为 0.247 6 nm,W—C 键长为 0.201 7 nm,C—O 键长为 0.119 8 nm。C—O 键长虽然比自由的 C—O 键长长了 0.003 8 nm,但和 $W_nCO(n=1\sim6)$ 团簇中的 C—O 键长相比有所变短,说明 CO 分子被活化的程度有所减弱。图 2 – 14 还列出了几种能量与基态接近的亚稳态结构,其中(7b)(7d)与基态结构类似,就是 CO 分子吸附的位置不同。

表 2 – 11　$W_nCO(n=7\sim12)$ 团簇基态结构的键长

单位:nm

团簇	对称性	W—W 平均键长	W—C 键长	C—O 键长
W_7CO	C_1	0.247 6	0.201 7	0.119 8
W_8CO	C_{3v}	0.247 4	0.203 2	0.119 3
W_9CO	C_{2v}	0.259 4	0.203 9	0.119 4
$W_{10}CO$	C_{2v}	0.251 8	0.202 6	0.120 0
$W_{11}CO$	C_1	0.254 4	0.206 7	0.119 4
$W_{12}CO$	C_1	0.261 2	0.204 5	0.119 2

W_8 纯钨团簇的基态结构是斜四棱柱,W_8CO 吸附体系基态结构(8a)的对称性为 C_{3v},可以看作变了形的六面体,顶面和底面是两个大小不同的菱形,CO 分子吸附在小菱形的一个顶角 W 原子上;CO 的吸附使得钨团簇基体的结构稍微发生了一些变化。从图 2 – 14 还可以看出,亚稳态团簇(8b)(8c)的结构都可以看成是在 W_8 纯钨团簇基态上吸附了一个 CO 分子,而(8d)的结构变化较大。由表 2 – 11 得知,基态结构 W—W 平均键长为 0.2474 nm,比 W_8 纯钨团簇基态结构的 W—W 平均键长多出了 0.003 nm,W—C 键长为 0.2032 nm,C—O 键长为 0.1193 nm,比自由的 C—O 键长多出了 0.0033 nm。由此可以看出 CO 的吸附激活了 W_8 团簇和 CO 分子的化学活性。亚稳态结构(8b)(8c)(8d)能量分别比基态的多 0.214 eV,0.670 eV 和 0.843 eV。

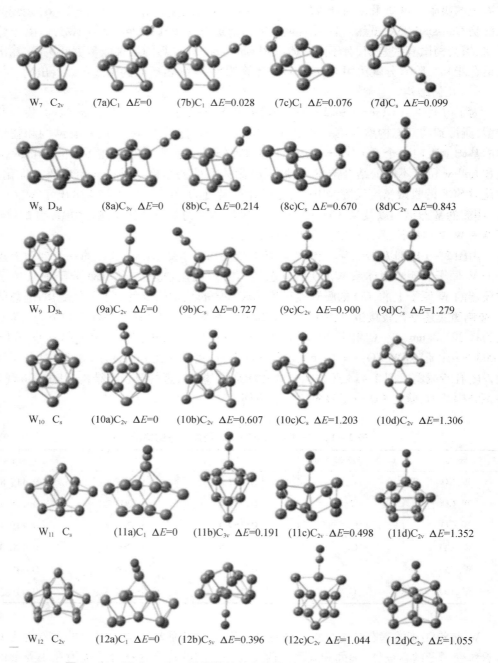

图 2－14　W_n(n=7～12)团簇的基态结构以及 W_nCO(n=7～12)
吸附体系的稳定结构(能量:eV)

W_9 团簇基态结构为 A－B－A 型的密堆结构,对称性为 D_{3h}。W_9CO 团簇吸附体系的基态结构(9a)对称性是 C_{2v},和纯钨团簇相比,对称性降低,结构变化不大,是在 W_9 团簇基态结构中间的一个端位 W 原子上吸附了一个 CO 而形成。亚稳态(9b)的结构是在 W_8CO 团簇基态(8a)的底端长轴上连了一个 W 原子而形成,(9c)的结构是三棱柱的三个侧面上各自盖帽了一个 W 原子,CO 吸附于其中一个盖帽原子上,(9d)的结构可看作在(8d)结构的基础上添加一个原子而成,只是 CO 分子吸附在八面体的另一个顶点上。亚稳态(9b)(9c)和(9d)的能量分别比基态(9a)高出 0.727 eV,0.900 eV 和 1.279 eV。基态结构的 W—W 平均键长为 0.259 4 nm,W—C 键长为 0.203 9 nm,C—O 键长为 0.119 4 nm。

W_{10} 团簇的基态结构相当于两个四角锥错位连接而成,对称性为 C_s。$W_{10}CO$ 团簇基态结构(10a)的对称性为 C_{2v},是在 W_{10} 团簇的顶端上连接了一个 CO 分子而形成,CO 分子的吸附基本没改变 W_{10} 团簇的结构,对称性有所提高。亚稳态(10b)的结构是在 W_9CO 团簇亚稳态(9d)的基础上增加一个 W 原子而成,它比基态能量高 0.607eV;(10c)结构可看作一个八面体和两个四棱锥连接而成,四棱锥与八面体共用一个顶点,CO 就吸附于这个顶点上;(10d)的结构貌似一条金鱼,在八面体下半部左右两个面各连有一个盖帽 W 原子,下顶点上又连接两个 W 原子,CO 分子以桥位连接在这两个 W 上,就像"金鱼"的尾巴。基态结构的 W—W 平均键长为 0.251 8 nm,W—C 键长为 0.202 6 nm,C—O 键长为 0.120 0 nm。

W_{11} 团簇基态构型有着类似"船形"的结构,$W_{11}CO$ 团簇基态构型(11a)相当于在这"船形"结构的顶点吸附一个 CO 分子而形成,它的对称性是 C_1。亚稳态(11b)的结构可看作一个五棱锥与一个三棱锥连接而成,CO 分子吸附在五棱锥的顶点上,它的能量比基态的高 0.191eV;(11c)和(11d)两个构型能量分别比基态的高 0.498 eV 和 1.352 eV。由表 2 – 11 知,基态结构 W—W 平均键长为 0.254 4 nm,W—C 键长为 0.206 7 nm,C—O 键长为 0.119 4 nm。

W_{12} 团簇的基态构型是三个共顶点的八面体,而 $W_{12}CO$ 团簇基态构型(12a)就是在中间的八面体另一个顶点上吸附 CO 而成,其对称性是 C_1;其亚稳态(12b)的结构好似旋转木马,可以看成有三层的结构,顶端有一个 W,中间是两层相互错开 36° 的两个五边形,底面中间还有一个 W,CO 就吸附于这个 W 上;(12c)的结构拥有 C_{2v} 的对称性,中间两层是两个相互错开 45° 的四边形,上边和下边又分别连接了一个和三个原子,CO 吸附在三个原子中间的 W 上;(12d)对称性为 C_{2v},有一个 2 次轴和两个对称面,它的能量比基态高 1.055 eV。由表 2 – 11 知,基态结构 W—W 平均键长为 0.261 2 nm,W—C 键长为 0.204 5 nm,C—O 键长为 0.119 2 nm。

总之,W_nCO 团簇的基态构型基本是在 W_n 团簇最低能量结构的基础上吸附 CO 生长而成,吸附 CO 对 W_n 团簇的几何构型影响不是很大,但是除 $n = 10$ 外对称性普遍降低了;C—O 键长比自由的 C—O 键长也有不同程度的增长,说明 C—O 键不同程度地被削弱了,即 CO 分子被活化了。

(2)团簇的稳定性和吸附活性分析

团簇基态结构的稳定性和吸附活性是吸附体系研究中重要的内容,本节计算了 W_nCO($n = 7 \sim 12$)团簇基态结构的平均结合能(E_b)、能量二阶差分($\Delta_2 E_n$)和能隙(E_g)。

①平均结合能和能量二阶差分

平均结合能和能量的二阶差分($\Delta_2 E_n$)是一个能很好地反映团簇稳定性的物理量,对于相同数目原子的团簇,其平均结合能和能量二阶差分($\Delta_2 E_n$)数值越大,该团簇的结构越稳定,热力学稳定性就越强。平均结合能的计算公式如下:

$$E_b[W_nCO] = (-E[W_nCO] + nE[W] + E[C] + E[O])/(n+2)$$
$$E_b[W_n] = (-E[W_n] + nE[W])/n$$

式中,$E[W_nCO]$ 和 $E[W_n]$ 分别代表相应团簇基态结构的能量,其他代表原子的能量。

图 2 – 15 给出了 $W_nCO(n=7\sim12)$ 团簇基态结构的 E_b 随 W 原子数目的变化曲线,为了比较,图中也给出了 $W_n(n=7\sim12)$ 团簇基态结构的 E_b 随 W 原子数目的变化曲线。从图可以看出,团簇的平均结合能随 W 原子数量增加而呈增大趋势,并且两条曲线的变化规律基本一致,都在 $n=9$ 处出现了局域极大值;原子数较少时曲线上升较快,W_n 团簇尤其突出;当原子数 $n>9$ 时斜率变小,平均结合能的增加变得平缓,说明在 $n>9$ 时,团簇中可能已经形成了较强的金属键。实际上 $n>7$ 之后纯钨团簇都是金属键性质的[29],由于 CO 的吸附使得 W 团簇的性质发生变化,需要钨原子数更大才出现了金属键。结合能与团簇中原子的电子结构相关,即与原子间的键型密切相关[30]。在图中可以看到,$n=10$ 时,平均结合能有一个下降的现象,在林秋宝的文章中也出现了同样的现象[31]。

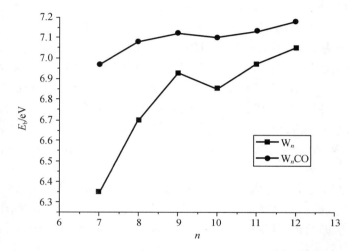

图 2 – 15 W_n 和 $W_nCO(n=7\sim12)$ 团簇的平均结合能随
W 原子数目的变化关系

为了更深入地探讨 $W_nCO(n=7\sim12)$ 中性团簇的相对稳定性,图 2 – 16 给出了 W_n 和 W_nCO 团簇基态结构的能量二阶差分(Δ_2E_n)随 W 原子数目增加的变化规律。二阶能量差分通过如下公式计算:

$$\Delta_2E_n = E(n-1) + E(n+1) - 2E(n)$$

二阶能量差分是另一个很好地表征团簇稳定性的物理量,团簇的 Δ_2E_n 值越大,则团簇的稳定性越强。如图 2 – 16 所示,W_nCO 团簇吸附体系和 W_n 团簇的 Δ_2E_n 曲线都有显著的"奇偶振荡"和"幻数效应",两者变化趋势一致。当钨原子个数是 9 和 11 时,曲线各出现一个峰值,与它们相邻两边的团簇相比,它们具有较高的稳定性,和平均结合能是一致的,所以 9,11 是 W_nCO,W_n 团簇的幻数。另外,W_nCO 和 W_n 团簇的 Δ_2E_n 曲线变化趋势相同,证明了 W_n 团簇的成键特性在 CO 吸附后变化不大。

为了讨论吸附 CO 分子后团簇吸附体系的化学活性和化学稳定性,图 2 – 17 给出了 W_nCO 和 W_n 团簇基态结构的能隙 E_g 随 W 原子数目的变化规律,计算公式如下:

$$E_g = E_{LUMO} - E_{HOMO}$$

其中,LUMO 是最低未占据轨道(Lowest Unoccupied Molecular Orbital),HOMO 是最高占据轨道(Highest Occupied Molecular Orbital)。E_g 的大小反映了电子从 HOMO 向 LUMO 跃迁的能

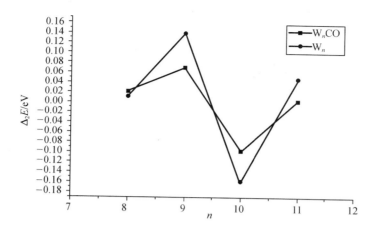

图 2 - 16　W_nCO 吸附体系和 W_n 团簇基态结构的二阶能量差分

力。物质的导电性与能隙大小有关,只有获得足够能量的电子才能从价带被激发,跨过能隙并跃迁至传导带,所以 E_g 可以反映电子被激发所需的能量,其值越大,表示该分子越难以激发,活性越差,化学稳定性越强。如图 2 - 17 所示,所有 $W_nCO(n = 7 \sim 12)$ 团簇的能隙比相应的 W_n 团簇的能隙大,这表明 CO 的吸附降低了其化学活性,增强了团簇的化学稳定性。从图中还可以看出,W_n,W_nCO 团簇的能隙随 W 原子数目的曲线先升高再下降,$n = 12$ 时,又有了一个很大的增加,说明 W_n,W_nCO 团簇的化学活性先下降后升高最后再下降,化学稳定性先增强后下降最后又增大。两种团簇变化趋势一致,说明 CO 分子的吸附未改变钨团簇化学活性和化学稳定性的变化趋势。

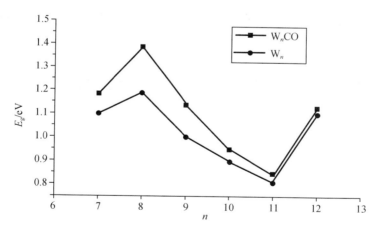

图 2 - 17　W_nCO 和 W_n 团簇基态结构的能隙

②团簇的吸附能

为了研究 CO 在 W_n 团簇上吸附的强弱,图 2 - 18 给出了 CO 在 W_n 团簇表面吸附的吸附能(E_{ads})随钨原子数的变化曲线,计算公式如下:

$$E_{ads} = E_{CO} + E_{W_n} - E_{W_nCO}$$

其中,E_{W_nCO} 表示吸附体系的总能量,E_{CO} 代表吸附剂 CO 分子气相的能量,E_{W_n} 表示 W_n 团簇的总能量。吸附能越大,表明 CO 分子在 W_n 团簇表面上的吸附强度越强;反之则越小。

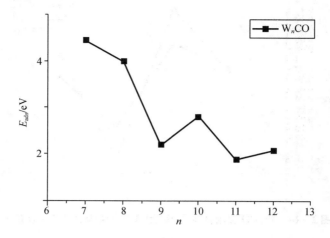

图 2－18　W_nCO 团簇基态结构的吸附能

从图中可知,$W_nCO(n=7\sim12)$ 团簇吸附体系的吸附能并不与钨原子数目 n 呈一次方函数关系,而是表现出局部振荡总体降低的趋势;当钨原子数目是 10 和 12 时,W_nCO 吸附体系的吸附能呈现了局域极大。和表 2－11 对比可以看出,体系的吸附能与 C—O 键长以及 W—C 存在相似的变化规律,$n=10$ 时,C—O 键长最长,而 W—C 键长较短,这就说明 W_{10} 对 CO 分子吸附最强,吸附能也较大。

（3）自然键轨道（NBO）分析

为了研究 $W_nCO(n=7\sim12)$ 吸附体系基态构型的电子结构,采用 NBO 方法计算了团簇的电荷布居特性。表 2－12 列出了在同一方法和基组下气相 CO 分子和 W_nCO 吸附体系基态构型中各原子的 NBO 电子布居数和自然电荷。表中粗体表示与 C 原子相连的 W 原子。

表 2－12　$W_nCO(n=7\sim12)$ 团簇和 CO 的自然电子组态及自然电荷

团簇	自然电子组态	自然电荷
CO		
1C	2s(1.70)2p(1.80)	0.495 92
2O	2s(1.78)2p(4.72)	− 0.495 92
W_7CO		
1W	6s(0.72)5d(4.83)6p(0.54)6d(0.01)	− 0.067 26
2W	6s(0.63)5d(4.86)6p(0.49)6d(0.02)	0.058 20
3W	6s(0.70)5d(4.86)6p(0.38)6d(0.02)	0.091 45
4W	6s(0.58)5d(5.17)6p(0.64)6d(0.02)	− 0.366 45
5W	6s(0.70)5d(4.86)6p(0.38)6d(0.02)	0.090 52
6W	6s(0.85)5d(4.87)6p(0.17)6d(0.01)	0.143 25
7W	6s(0.62)5d(4.86)6p(0.49)6d(0.02)	0.060 02

表 2-12（续）

团簇	自然电子组态	自然电荷
8C	2s(1.20)2p(2.31)3s(0.02)3p(0.03)	0.446 26
9O	2s(1.73)2p(4.72)	-0.455 99
W_8CO		
1W	6s(0.51)5d(5.00)6p(0.56)6d(0.01)	-0.042 94
2W	6s(0.51)5d(5.01)6p(0.56)6d(0.01)	-0.044 13
3W	6s(0.82)5d(4.86)6p(0.14)6d(0.02)	0.225 08
4W	6s(0.82)5d(4.86)6p(0.14)6d(0.02)	0.225 44
5W	6s(0.51)5d(5.01)6p(0.56)6d(0.01)	-0.044 85
6W	6s(0.86)5d(4.96)6p(0.15)6d(0.02)	0.069 32
7W	6s(0.50)5d(5.34)6p(0.29)6d(0.02)7p(0.58)	-0.703 51
8C	2s(1.17)2p(2.25)3s(0.03)3p(0.02)	0.535 37
9O	2s(1.72)2p(4.72)	-0.447 09
10W	6s(0.82)5d(4.85)6p(0.14)6d(0.02)	0.227 31
W_9CO		
1W	6s(0.67)5d(4.76)6p(0.36)6d(0.01)7p(0.01)	0.260 75
2W	6s(0.65)5d(4.72)6p(0.39)6d(0.02)7p(0.01)	0.278 26
3W	6s(0.49)5d(5.48)6p(1.01)6d(0.03)7p(0.01)	-0.971 65
4W	6s(0.67)5d(4.79)6p(0.40)6d(0.02)	0.175 77
5W	6s(0.57)5d(5.04)6p(0.70)6d(0.02)	-0.281 04
6W	6s(0.58)5d(5.04)6p(0.68)6d(0.02)	-0.269 85
7W	6s(0.67)5d(4.76)6p(0.36)6d(0.01)7p(0.01)	0.260 75
8W	6s(0.67)5d(4.79)6p(0.40)6d(0.02)	0.175 77
9W	6s(0.65)5d(4.72)6p(0.39)6d(0.02)7p(0.01)	0.278 26
10C	2s(1.15)2p(2.24)3s(0.03)3p(0.02)	0.554 97
11O	2s(1.72)2p(4.74)	-0.461 98
$W_{10}CO$		
1W	6s(0.61)5d(4.95)6p(0.44)6d(0.02)	0.035 62
2W	6s(0.61)5d(4.95)6p(0.44)6d(0.02)	0.035 62
3W	6s(0.54)5d(4.94)6p(0.55)6d(0.01)	0.002 11
4W	6s(0.54)5d(4.94)6p(0.55)6d(0.01)	0.002 11
5W	6s(0.52)5d(4.97)6p(0.50)6d(0.02)	0.056 15
6W	6s(0.61)5d(4.89)6p(0.49)6d(0.01)	0.053 59
7W	6s(0.66)5d(4.83)6p(0.45)7s(0.01)6d(0.01)	0.090 97
8W	6s(0.61)5d(4.89)6p(0.49)6d(0.01)	0.053 59

表 2 – 12(续)

团簇	自然电子组态	自然电荷
9W	6s(0.59)5d(5.39)6p(0.44)6d(0.03)	− 0.388 66
10W	6s(0.67)5d(5.07)6p(0.26)6d(0.01)	0.047 00
11C	2s(1.22)2p(2.27)3s(0.02)3p(0.02)	0.472 38
12O	2s(1.73)2p(4.73)	− 0.460 48
W₁₁CO		
1W	6s(0.52)5d(4.94)6p(0.60)6d(0.02)	− 0.026 41
2W	6s(0.46)5d(4.99)6p(0.61)6d(0.02)7p(0.01)	− 0.030 96
3W	6s(0.60)5d(4.96)6p(0.59)6d(0.02)	− 0.111 98
4W	6s(0.55)5d(4.97)6p(0.63)6d(0.02)	− 0.108 20
5W	6s(0.46)5d(5.22)6p(0.50)6d(0.03)7p(0.01)	− 0.151 30
6W	6s(0.62)5d(5.01)6p(0.43)6d(0.02)7p(0.01)	− 0.022 62
7W	6s(0.64)5d(4.94)6p(0.52)6d(0.02)	− 0.063 63
8W	6s(0.67)5d(4.88)6p(0.45)6d(0.01)	0.041 33
9W	6s(0.67)5d(4.87)6p(0.45)6d(0.02)	0.044 31
10W	6s(0.80)5d(4.87)6p(0.12)6d(0.02)	0.249 40
11W	6s(0.81)5d(4.86)6p(0.13)6d(0.01)	0.237 71
12C	2s(1.19)2p(2.35)3s(0.02)3p(0.03)	0.418 27
13O	2s(1.72)2p(4.75)3p(0.01)	− 0.475 93
W₁₂CO		
1W	6s(0.50)5d(4.98)6p(0.65)6d(0.03)	− 0.108 77
2W	6s(0.50)5d(5.07)6p(0.65)6d(0.03)	− 0.204 42
3W	6s(0.56)5d(5.01)6p(0.61)6d(0.02)	− 0.146 44
4W	6s(0.44)5d(4.98)6p(0.62)6d(0.03)	− 0.008 21
5W	6s(0.46)5d(5.10)6p(0.54)6d(0.04)	− 0.080 10
6W	6s(0.55)5d(5.28)6p(1.00)6d(0.03)	− 0.831 94
7W	6s(0.67)5d(4.74)6p(0.37)6d(0.02)	0.257 35
8W	6s(0.67)5d(4.84)6p(0.33)6d(0.02)	0.213 97
9W	6s(0.64)5d(4.83)6p(0.32)6d(0.02)7p(0.01)	0.248 37
10W	6s(0.64)5d(4.81)6p(0.35)6d(0.02)7p(0.01)	0.236 50
11W	6s(0.61)5d(4.83)6p(0.35)6d(0.02)7p(0.01)	0.255 08
12W	6s(0.67)5d(4.79)6p(0.32)6d(0.02)7p(0.01)	0.263 80
13C	2s(1.16)2p(2.39)3s(0.02)3p(0.03)	0.402 50
14O	2s(1.71)2p(4.78)3p(0.01)	− 0.497 70

根据泡利不相容和能量最低原理,基态自由 W 原子最外层的电子排布式为 $5d^46s^2$,C 原子为 $2s^22p^2$,O 原子为 $2s^22p^4$。在自由团簇中,由于原子处在不等价空间位置因而受到不同势场的作用,其中一部分原子将失去电子,而另一些原子会得到电子,所以团簇中各原子间会出现电子转移现象。从表 2-12 可以得知,吸附后的 CO 分子电子布居特性发生了变化,首先分析 C 原子以及与 C 相连的 W 原子的轨道电荷分布。自由 CO 分子中 C 原子的轨道电荷是 $2s(1.70)2p(1.80)$,在吸附于 W_n 团簇表面后,C 原子的 2s 轨道电荷分布在 $1.16 \sim 1.22$,都失去了电子;2p 轨道的电荷分布在 $2.24 \sim 2.39$,都得到了电子。自由 CO 分子中 O 原子的轨道电荷是 $2s(1.78)2p(4.72)$,吸附后的 O 原子的轨道电荷数没有大的变化,其 2s 轨道电子占据情况少量减少,为 $1.71 \sim 1.73$,2p 轨道的电荷分布在 $4.72 \sim 4.78$。从而我们可以知道 CO 分子在 W 团簇表面吸附的电荷转移主要发生在 C 原子与 W 团簇基体之间,这也正好印证了 W_nCO 体系中没有形成 W—O 键,且 C—O 键未断裂的现象。在 CO 吸附后,W_n 团簇中不仅与 C 相连的 W 原子和 C 原子之间有电荷转移,而且其他的 W 原子也有电荷转移。W 原子的 6s 轨道的电荷分布为 $0.44 \sim 0.86$,都失去电子,失电子的范围在 $1.14 \sim 1.56$,与 C 相连的 W 原子失电子最多;5d 轨道的电荷分布为 $4.72 \sim 5.48$,都得到电子,得电子的范围为 $0.72 \sim 1.48$,与 C 相连的 W 原子得电子最多;6p,6d 轨道也得到了电子,而且有些 W 原子还出现了 7p 轨道上得到电子的现象。W 的 6s 轨道失去的电子可能向 C 原子的 2p,3s,3p 转移外,还会向自身的 5d,6p,6d 轨道转移;C 原子失去的 2s 电子也可能向自身的 2p 以及 W 原子转移,说明了 CO 分子在 W_n 团簇表面上的吸附机制是 C 原子的杂化轨道与 W 原子 6s,5d,6p 和 6d 轨道互相杂化成键的结果,成键情况就决定了团簇吸附体系的稳定性和其他物化性质。

(4)团簇的磁性

独立原子的磁矩可以由电子轨道角动量和自旋量子数确定。物质中长程磁有序不再是单个原子的磁性简单相加,而是原子间通过库仑力和泡利不相容原理(Pauli'sexclusionprinciple)的集体作用来实现的。在寻找 $W_nCO(n=7\sim12)$ 团簇的基态构型过程中,考虑了自旋多重度,即自旋极化,也就是对团簇的不同自旋方向(自旋向上和自旋向下)使用不同的轨道,这说明基态构型的确定考虑了电子与电子之间的旋轨耦合,而 $W_nCO(n=7\sim12)$ 团簇的磁性与电子的自旋极化密切相关。团簇的磁性在实验上很难准确确定,而在理论上可以准确获得,从而得到与磁矩相互依赖的团簇结构性质,以便理解 $W_nCO(n=7\sim12)$ 团簇的尺寸、电子结构和磁性之间的关系。表 2-13 给出了 $W_nCO(n=7\sim12)$ 团簇的基态构型的总磁矩及各原子上的局域磁矩。利用 Mulliken Population 分析得到轨道的电子占据数,自旋向上态与自旋向下态的电子占据数之差求得磁矩,单位为玻尔磁子(μ_B)。由表 2-13 可知,W_7CO 团簇的总磁矩为 $4\mu_B$,而其他团簇的总磁矩全为 $0\mu_B$。这说明除 W_7CO 团簇外所有的团簇发生了"磁矩猝灭"的现象,仔细观察发现它们的自旋多重度都是 1,外层电子都已配对,没有孤立电子,这说明 $W_nCO(n=7\sim12)$ 基态结构的未成对电子是决定团簇磁矩性能的主要原因。

表 2 – 13 $W_nCO(n = 7 \sim 12)$ 团簇的总磁矩和局域磁矩

Moment \ Cluster	W_7CO	W_8CO	W_9CO	$W_{10}CO$	$W_{11}CO$	$W_{12}CO$
U_0	4	0	0	0	0	0
C	0.143	0	– 0.211	0	– 0.192	– 0.170
O	0.183	0	– 0.172	0	– 0.179	– 0.201
1W	0.982	0	– 0.001	0	0.219	0.249
2W	0.354	0	0.094	0	0.216	0.185
3W	0.367	0	0.056	0	0.078	0.076
4W	0.869	0	0.016	0	0.194	0.125
5W	0.369	0	0.040	0	– 0.05	0.035
6W	0.376	0	0.082	0	– 0.03	– 0.466
7W	0.358	0	– 0.008	0	0.095	0.036
8W		0	0.016	0	– 0.057	0.035
9W			0.094	0	– 0.054	0.044
10W				0	– 0.137	0.056
11W					– 0.102	– 0.001
12W						0.004

接下来讨论局域磁矩,计算得到的 W_7CO 团簇总磁矩为 $4\mu_B$,W 原子的局域磁矩为 $0.354 \sim 0.982\mu_B$,C 原子的磁矩为 $0.143\mu_B$,O 原子的磁矩为 $0.183\mu_B$。由表 2 – 13 知,W_7CO 团簇总磁矩基本上是由 W 原子提供的,C,O 原子的贡献较少,这说明团簇中 W 原子能提高团簇的磁性。从 NBO 的角度分析看,W 原子的局域磁矩主要由 5d 轨道提供,所以 5d 轨道承载了大部分的磁性能。

单个原子的局域磁矩和团簇的对称性与原子的位置有很大联系,从团簇结构上分析来看,对称位置上的原子磁矩是相同的。比如具有 C_s 对称性的 W_9CO 团簇,4W 原子和 8W 原子的位置关于镜面对称,所以局域磁矩相同,都为 $0.016\mu_B$。

为了讨论 $W_nCO(n = 7 \sim 12)$ 基态构型磁矩的具体分布特点,本书以 W_7CO 团簇为例,画出了它的自旋密度分布图和自旋密度等值图(图 2 – 19)。电子自旋密度分布的定义为自旋向上的电子密度减去自旋向下的电子密度。从图 2 – 19 可以看到,W_7CO 团簇的电子自旋密度主要分布在钨原子周围,这也就是说未成对电子主要是由 W 原子提供的,表明 W_7CO 团簇的总磁矩大部分是由 W 原子提供的,这和上面的结果是一致的。除了开壳层构型之外,也计算了闭壳层构型团簇,比如 $W_{11}CO$ 团簇的自旋密度分布(文章中未显示),在闭壳层电子构型的团簇中,电子自旋密度的分布为 0,也就是说,在这些团簇中没有未成对的电子。

(5)电离能、亲和能和电负性

为了进一步研究团簇 $W_nCO(n = 7 \sim 12)$ 的电荷特性,下面对电离能(IP)、电子亲和能(EA)和电负性进行了研究,如表 2 – 14 所示。表中 AIP 和 AEA 分别表示绝热电离能和绝热亲和能；VIP 和 VEA 分别表示垂直电离能和垂直亲和能。

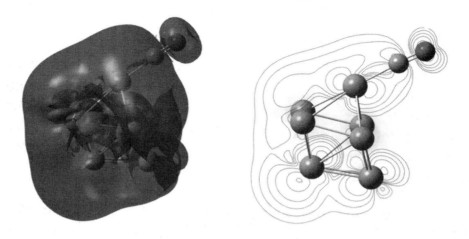

图 2 – 19　W_7CO 团簇的自旋密度分布图和自旋密度等值图

表 2 – 14　$W_nCO(n=7\sim12)$ 基态结构的电离能、电子亲和能和电负性

团簇	W_7CO	W_8CO	W_9CO	$W_{10}CO$	$W_{11}CO$	$W_{12}CO$
AIP/eV	5.798	5.538	5.493	5.015	5.299	5.147
AEA/eV	1.826	1.461	1.924	2.307	1.957	2.109
VIP/eV	6.913	6.589	5.671	5.147	5.616	5.284
VEA/eV	2.231	2.149	2.274	2.499	2.298	2.492
χ/eV	4.460	4.026	3.798	3.661	3.786	3.697

从表 2 – 14 可以看出，团簇 $W_nCO(n=7\sim12)$ 的 AIP 和 VIP 变化趋势一致，VIP 大于对应的 AIP；从 W_7CO 到 $W_{10}CO$，团簇的 AIP 和 VIP 呈单调下降趋势，在 $W_{11}CO$ 处开始上升，$W_{12}CO$ 又下降，最大值出现在 W_7CO 处，最小值出现在 $W_{10}CO$ 处。说明 W_7CO 在化学变化中要失去电子成为阳离子是困难的，而 $W_{10}CO$ 团簇中的原子容易失去电子。AEA 和 VEA 的变化规律也一致，AEA 和 VEA 的最大值出现在 $W_{10}CO$ 处，最小值出现在 W_8CO 处，说明 $W_{10}CO$ 团簇得到电子生成负离子的倾向最大，该团簇非金属性最强。和前面的能隙、能量二阶差分和结合能的结果是一致的。

电负性为分子中原子吸引电子的能力，用于判别化学键的极性。1978 年 Parr 等人通过密度泛函理论将绝对电负性定义为[27]

$$\chi = -(\partial E/\partial n)_v$$

E 是体系基态的电子总能量，n 为总电子数，v 指外部势在求导过程中保持不变，这是对电负性所做的精确定义，在有限近似条件下，Parr 的绝对电负性可重新写成：

$$\chi = (VIP + VEA)/2$$

表 2 – 14 给出了 $W_nCO(n=7\sim12)$ 团簇在有限近似条件下的电负性值。由表可知，$W_nCO(n=7\sim12)$ 团簇的电负性随 n 的增大而有减少的趋势，在 $n=11$ 时有一个振荡现象。W_7CO 团簇的电负性最大，为 4.460 eV，这表明 W_7CO 团簇吸引电子能力最强。另外，轨道

的杂化方式对电负性的影响是很大的。一般来说,杂化轨道中含 s 成分越多,原子的电负性越大。$W_nCO(n=7\sim12)$ 团簇中原子轨道的 s 轨道成分不是很多,所以团簇中原子的电负性和独立的 CO 中原子相比较小。

(6) Wiberg 键级

为了研究 $W_nCO(n=7\sim12)$ 团簇的价键的性质,在 NBO 的框架下研究了 Wiberg 键级(WBI),其表示团簇分子中相邻原子之间形成的化学键强弱的物理量,通过键级的分析可以了解团簇的化学稳定性。在一定键级数值范围内,其 Wiberg 键级越大表示它们之间的共价化学键能越大,团簇越稳定。表 2-15 列出了 $W_nCO(n=7\sim12)$ 团簇中 W,C 和 O 原子的键级和总键级。表 2-16 列出了 W_7CO 团簇原子之间的 Wiberg 键级,其中两表中的原子序数和团簇结构图相一致。

表 2-15　$W_nCO(n=7\sim12)$ 团簇的总 Wiberg 键级及各原子上的平均 Wiberg 键级

原子序号	W_7CO	W_8CO	W_9CO	$W_{10}CO$	$W_{11}CO$	$W_{12}CO$
1	5.949	6.437	6.187	6.493	6.691	6.729
2	6.119	6.438	6.263	6.493	6.625	6.739
3	5.830	5.967	7.281	6.590	6.651	6.706
4	5.990	5.966	6.314	6.590	6.803	6.604
5	5.829	6.438	6.859	6.476	6.467	6.393
6	5.696	5.989	6.814	6.599	6.381	7.360
7	6.122	7.190	6.187	6.543	6.581	6.217
8	3.383	5.967	6.314	6.599	6.430	6.139
9	2.169	3.566	6.263	6.506	6.417	6.128
10		2.324	3.569	6.088	6.007	6.211
11			2.306	3.512	6.014	6.168
12				2.308	3.590	6.229
13					2.292	3.656
14						2.273
Total	47.087	56.282	64.357	70.797	76.949	83.552

从表 2-15 中可以看出,随着 W 原子数 n 的增加,团簇 $W_nCO(n=7\sim12)$ 的总键级逐渐增加,这说明团簇内原子的化学键作用越强烈,团簇越稳定,此结果和 NBO 分析一致。W 原子的键级在 5.696 ~ 7.360 之间,C 原子的键级在 3.383 ~ 3.656 之间,O 原子的键级在 2.169 ~ 2.324 之间。而且团簇中与 C 原子结合形成共价键的 W 原子,其 Wiberg 键级要比其他 W 原子大,这是共轭 π 键相互作用的结果,说明 CO 与 W_n 团簇的结合促进了 W 团簇的化学稳定性。与 C 原子相连的 W 原子和其他 W 原子的 Wiberg 键级相比较,随着原子数 n 的增大,它们的 Wiberg 键级差距也逐渐减少,这是由于随着 W 原子数的增加,CO 的影响力逐渐减弱的缘故。

表 2 - 16　W₇CO 团簇原子之间的 Wiberg 键级

原子序号	1W	2W	3W	4W	5W	6W	7W	8C	9O
1W	0								
2W	0.537	0							
3W	1.469	0.177	0						
4W	0.195	1.519	0.687	0					
5W	1.473	1.530	1.705	0.68	0				
6W	1.709	1.674	0.202	0.212	0.203	0			
7W	0.534	0.562	1.529	1.521	0.177	1.677	0		
8C	0.021	0.093	0.05	1.086	0.05	0.012	0.094	0	
9O	0.013	0.029	0.012	0.089	0.012	0.007	0.029	1.978	0

为了具体了解团簇 $W_nCO(n=7\sim12)$ 的各个原子之间键能的关系,以 W_7CO 团簇为例研究了 W_7CO 团簇相邻原子之间的 Wiberg 键级(WBI),见表 2 - 16。从表 2 - 16 中的数据可以看出,1W~6W 间的化学键最稳定,其次是 2W~6W,3W~5W,6W~7W。而 1W~4W 和 2W~3W,5W~7W 间化学键的稳定性最小,这是因为这些原子空间距离较远,原子之间原子轨道的重叠程度不高的缘故。C—O 之间的键级是 1.978,这说明 C—O 之间化学相互作用很强,一般原子无法使它们分离,证明了 CO 发生的是非解离性吸附。

表 2 - 17 给出了 $W_nCO(n=7\sim12)$ 团簇键级的补充信息,从表中可以看出 W 原子的平均键级差别不大,其中 W_7CO 团簇 W 原子的平均键级最小。$W_{12}CO$ 团簇的 W—C 键级最大,说明了 $W_{12}CO$ 中 W 原子和 C 原子之间的化学结合作用最强烈,和其平均结合能最大的结论相一致;C—O 键级最小也是出现在 $n=12$ 处,说明 $n=12$ 时,CO 被活化的程度最大。另外,从表 2 - 17 中还可以看出,C—O 之间的键级都大于对应团簇的 W—C 之间的键级,这又证明了 C—O 之间化学相互作用很强,一般原子无法使它们分离。

表 2 - 17　W_nCO 团簇的相关键级

键级	W_7CO	W_8CO	W_9CO	$W_{10}CO$	$W_{11}CO$	$W_{12}CO$
W 平均键级	5.933 6	6.299 5	6.498 2	6.498 1	6.460 9	6.469 1
W—C 键级	1.085 9	1.053 0	1.102 4	1.097 6	1.078 5	1.157 8
C—O 键级	1.978 1	2.014 5	2.001 0	1.986 8	1.942 6	1.885 5

(7)能级轨道

为了进一步了解 $W_nCO(n=7\sim12)$ 团簇的分子轨道和电荷极化情况,用 Chemcraft 软件画出了团簇 $W_nCO(n=7\sim12)$ 基态结构的分子轨道能级图(图 2 - 20),图中不同的能级代表不同的分子轨道,在占据轨道中箭头向上的代表电子自旋向上轨道(Alpha 轨道);箭头向下的代表电子自旋向下轨道(Beta 轨道)。

由于 W_7CO 团簇的自旋多重度为 5,电子结构为“开壳层”结构,所以如图 2 - 20 所示,Alpha 轨道和 Beta 轨道是分离的,占据轨道中最高能级序列都不同,其中,W_7CO 团簇的

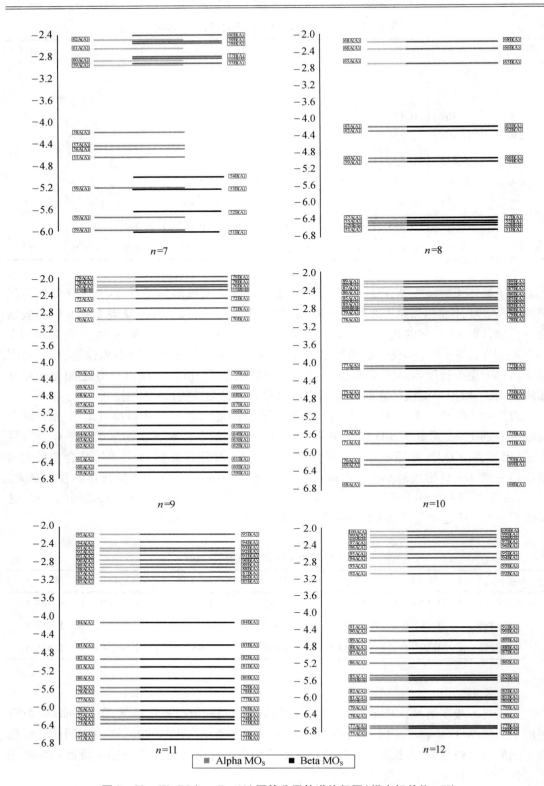

图 2 - 20 $W_nCO(n = 7 \sim 12)$ 团簇分子轨道能级图(纵坐标单位:eV)

Alpha 轨道最高能级的序列为 58, Beta 轨道最高能级的序列为 54, 所以 W_7CO 团簇的总磁矩为 $4\mu_B$。这进一步解释了上面关于团簇磁性的分析。其余五个团簇的自旋多重度都是单重态, 在这种情况下 Alpha 轨道和 Beta 轨道是完全简并的, 最高能级序列相同, 电子结构属于闭壳层结构, 电子是严格地两两配对的, 能级完全相同, 发生了自旋"磁矩猝灭"的现象, 这时采用开壳层方法(ub3lyp)和闭壳层方法(rb3lyp)计算结果是一致的。

为了进一步对团簇能级轨道进行分析, 画出了团簇的前线分子轨道图即 HOMO, LUMO 轨道图(图 2-21)。HOMO 为最高占据轨道, LUMO 为最低未占据轨道。

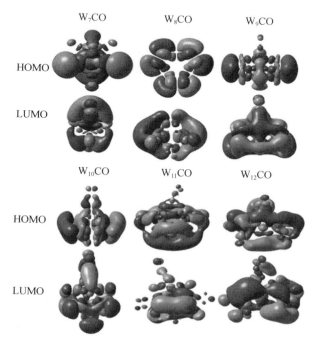

图 2-21　团簇 $W_nCO(n=7\sim12)$ 的 HOMO, LUMO 轨道图

$W_nCO(n=7\sim12)$ 团簇的前线分子轨道不像双原子分子那样标准, 其 HOMO, LUMO 轨道则表现较为复杂, 下面就根据计算数据和图 2-21, 以 W_7CO 为例对团簇的轨道进行定性分析。图 2-21 中, 团簇 W_7CO 的 HOMO 值为 -4.147 eV, 其轨道由 W 原子的 5d, 6s, 6p 轨道, 8C 原子的 2s 轨道, 9O 的 2p 轨道组成; 8C 和 9O 原子构成了反键 π 键, 5W 和 8C 原子形成 π 键, 2W, 4W, 3W, 6W 原子之间形成 π 键, 3W 和 5W 原子之间反键 π 键, 1W, 2W, 3W, 4W 原子之间为 σ 键, 轨道之间发生了杂化轨道。LUMO 轨道值为 -2.964 eV, 由 W 原子的 5d, 6s 轨道为主, 8C 的 2p 轨道, 9O 的 2p 轨道为辅组成。8C 和 9O 原子形成了反键 π 键, 从图中可以清晰地看出, 5W 和 8C 原子形成 π 键, 1W, 5W, 4W 原子形成了规则的 σ 键, 3W 和 5W 原子形成 π 键。

根据以上分析得出结论: $W_nCO(n=7\sim12)$ 团簇的 W 原子能级基本都是 π 键, 团簇的前线轨道能级主要由 W 原子的 5d 轨道组成, 说明这些团簇的化学性质主要决定于 W 原子 5d 轨道中的电子。

（8）振动频率和光谱分析

本节利用 Gaussian 09 软件计算了 W_nCO（$n = 7 \sim 12$）团簇吸附体系基态结构的红外光谱、拉曼光谱，通过 GaussView 5.0 判定红外光谱和 Raman 光谱的各峰值所对应的频率及频率的振动模式。表 2 - 18 给出了 W_nCO（$n = 7 \sim 12$）团簇吸附体系的最小振动频率[a]Freq、红外光谱最强峰对应的振动频率[b]Freq 和 Raman 活性最强峰的频率[c]Freq。振动频率是用来判断团簇结构是否稳定的关键因素，振动频率为负则说明结构是某势能面上的过渡态。从表 2 - 18 中可知，团簇的最小振动频率[a]Freq 的波数分布在 12.79 ~ 35.08 cm^{-1} 之间，所有团簇的振动频率都为正，证明 W_nCO（$n = 7 \sim 12$）团簇吸附体系基态构型都是势能面上的稳定点，而不是过渡态或高阶鞍点。红外强度最强峰对应振动频率在 1 752 ~ 1 853.7 cm^{-1} 之间，判断某振动频率是否具有红外强度或拉曼活性，可以考察该频率振动模式的对称性：若团簇对称性为 C_s，则具有 a′ 和 a″ 振动模式的频率既有红外强度又有拉曼活性；而对称性为 C_1 的团簇，具有 a 振动模式的频率既有红外强度又有拉曼活性。目前还没有关于 W_nCO（$n = 7 \sim 12$）团簇吸附体系光谱的实验，本节计算获得的振动频率及光谱数据，可作为以后相关光谱实验的数据支持。

表 2 - 18 W_nCO（$n = 7 \sim 12$）团簇的振动频率

Cluster	W_7CO	W_8CO	W_9CO	$W_{10}CO$	$W_{11}CO$	$W_{12}CO$
[a]Freq/cm^{-1}	34.65	35.08	24.81	12.79	33.52	23.70
[b]Freq/cm^{-1}	1 812.99	1 853.70	1 834.44	1 812.44	1 785.88	1 752.00
[c]Freq/cm^{-1}	179.27	1 853.70	1 834.44	1 812.44	1 785.88	1 752.00

图 2 - 22 给出了 W_nCO（$n = 7 \sim 12$）团簇吸附体系基态结构的红外光谱图（IR），图 2 - 23 给出了其拉曼光谱图（Raman）。其中 IR 光谱图中横坐标代表频率，单位是 cm^{-1}，纵坐标表示红外强度，单位是 $km \cdot mol^{-1}$；Raman 光谱图中横坐标表示频率，单位是 cm^{-1}，纵坐标为 Raman 活性，单位是 $A^4 \cdot amu^{-1}$。在拉曼散射的测量中，除了拉曼光谱本身的测量外，拉曼退偏比 ρ 也是一个重要的量，它能提供有关分子内部结构及其对称性方面的信息。根据 ρ 值的大小，可以判断分子不同振动模式的对称性及其在不同环境中对称性发生的变化。对于一个拉曼峰，其退偏比 ρ 可以表示为 $\rho = \iota_\perp / \iota_{//}$，其中，$\iota_\perp$ 是偏振方向与入射激光偏振方向垂直的拉曼强度，$\iota_{//}$ 是偏振方向与入射激光偏振方向平行的拉曼强度。如果退偏比 ρ 小于 0.75，该振动可以被认为是偏振的，那么振动是全对称的。如果退偏比 ρ 等于 0.75，该振动可以被认为是退偏振的，振动则是非对称的。用 D - P、D - U 分别表示偏振光和非偏振光的退偏振比，图 2 - 22 给出了 W_nCO（$n = 7 \sim 12$）团簇吸附体系基态构型的 D - P 和 D - U 谱图。

从图 2 - 22 可知：W_7CO 吸附体系的 IR 光谱中只有一个最强峰，位于频率 1 812.9 cm^{-1} 处，红外峰值为 1 410.9 $km \cdot mol^{-1}$，该频率对应的振动模型为 C 原子与 O 原子的对称伸缩振动，而其他频率处的红外强度均接近于零。W_7CO 的 Raman 谱图中有两个强峰，其中最强峰处于频率 179.27 cm^{-1} 处，Raman 散射活性为 742.5 $A^4 \cdot amu^{-1}$，最强 Raman 活性对应的频率振动模式为 W 伸缩振动和 CO 弯曲振动，该频率的退偏比为 0.11，振动的对称性很高。次强峰位于频率 1 812.9 cm^{-1} 处，峰值是 546.26 $A^4 \cdot amu^{-1}$，退偏比为 0.13，由于与红外最强峰频率一致,所以振动方式同为 CO 的伸缩振动。

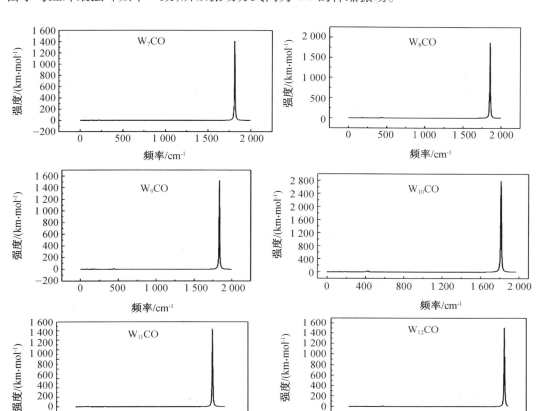

图 2 - 22 W$_n$CO(n = 7 ~ 12)团簇基态结构的 IR 谱

W$_8$CO 团簇吸附体系基态构型的 IR 光谱图只有一个强峰,处于频率为 1 853.7 cm^{-1} 的位置,红外强度峰值为 1 871.05 km·mol^{-1},峰值位于最大频率处。振动方式为 C 原子与 O 原子的伸缩振动,具有对称性。拉曼光谱的最强峰也在频率 1 853.7 cm^{-1} 处,其拉曼活性为 247.57 A^4·amu^{-1},该频率的振动模式为 C 与 O 的直线伸缩振动,退偏振比 0.38,是对称振动。而次强峰位于频率 440.35 cm^{-1} 处,其振动峰值为 55.79 A^4·amu^{-1},偏振比为 0.13。另外一个峰位于频率 242.48 cm^{-1} 处,拉曼活性为 50.11 A^4·amu^{-1},其余各峰的强度都较小。

对于 W$_9$CO 团簇来说,红外光谱只有一个较为明显的最强峰,其振动频率为 1 834.4 cm^{-1},峰值为 1 524.6 km·mol^{-1},对称性为 C$_{2v}$,振动模式为 C 原子与 O 原子的伸缩振动,其他频率处的红外强度都很小,为 0.000 1 ~ 7.196 km·mol^{-1}。Raman 光谱图有两个较强的振动峰,最强峰的频率与它的红外光谱一样,为 1 834.4 cm^{-1},Raman 光谱活性为 293.44 A^4·amu^{-1};次强峰位于频率 287.14 cm^{-1} 处,峰值为 70.13 A^4·amu^{-1};振动模式为 W 原子的呼吸振动,C 原子和 O 原子的摇摆振动,偏振比为 0.01,振动具有高对称性。

W$_{10}$CO 团簇吸附体系基态结构的 IR 光谱的强峰只有一个,位于频率 1 812.4 cm^{-1} 处,IR 强度为 2 795.02 km·mol^{-1},对称性为 C$_{2v}$,振动模式为 C 原子与 O 原子的直线伸缩振动;

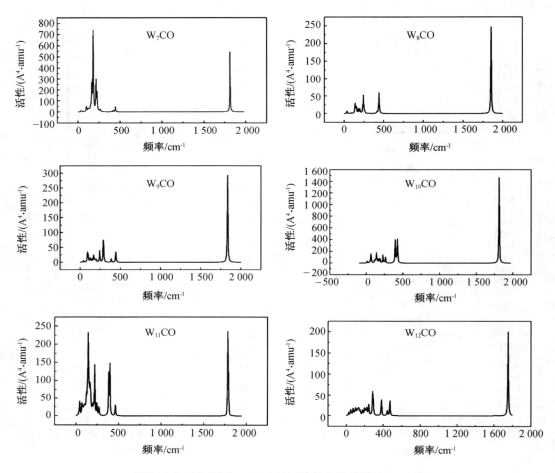

图 2 - 23 W$_n$CO(n = 7 ~ 12)团簇基态结构的 Raman 谱

该团簇的 IR 强度是 W$_n$CO(n = 7 ~ 12)吸附体系中的最大值,所以 W$_{10}$CO 体系的振动最强烈,振幅最大。该团簇体系的 Raman 光谱图有一个最强峰和两个峰值较弱的峰,最强峰的频率是 1 812.44 cm^{-1},Raman 活性为 1 467.13 A^4·amu^{-1},该频率退偏振比很小,为 0.07,所以振动拥有高对称性,振动模式为 C,O 原子的直线对称伸缩振动,振动具有高对称性;两个较弱峰的频率分别为 394.59 cm^{-1} 和 424.61 cm^{-1},峰值分别为 356.61 A^4·amu^{-1} 和 361.94 A^4·amu^{-1};拉曼活性为 356.61 A^4·amu^{-1} 的振动模式表现为 CO 分子的弯曲振动和与 C 原子相邻的 9 号钨原子的轻微摇摆振动,偏振比为 0.13,振动具有较好的对称性;而峰值为 361.94 A^4·amu^{-1} 的振动模式为 9 号 W 与 C 原子的相对伸缩振动,但是 O 原子与 C 原子间没有相对伸缩振动,偏振比为 0.08,振动模式也具有高对称性。

团簇 W$_{11}$CO 的红外光谱也只有一个最强峰,位于频率 1 785.88 cm^{-1} 处,强度为 1 641.43 km·mol^{-1}。振动方式为 C,O 原子的对称伸缩振动。对于拉曼光谱来说,则具有较多的振动峰,主要集中在频率 143.79 ~ 1 785.88 cm^{-1} 的振动频率范围内,主要的几个拉曼活性峰为 232.02 A^4·amu^{-1},144.09 A^4·amu^{-1},124.35 A^4·amu^{-1},148.95 A^4·amu^{-1} 和 235.20 A^4·amu^{-1};其中 144.09 A^4·amu^{-1} 峰对应的振动频率为 219.00 cm^{-1},偏振比为 0.04,振动对称性最高且偏振现象较为不明显,该频率振动模式为 W$_{11}$ 团簇基体的呼吸振动;

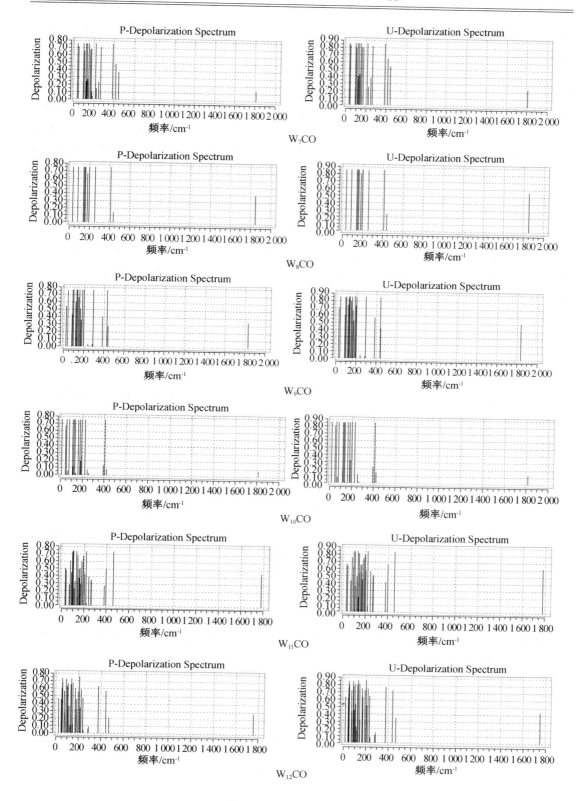

图 2 − 24　W_nCO 团簇的偏振比（ P − D , U − D）

拉曼光谱最强峰出现在频率 1 785.88 cm^{-1} 处,与红外光谱相同,峰值为 235.2 A^4·amu^{-1},该频率对应的振动模式为 C,O 原子对称伸缩振动,而钨团簇基体则保持静止。

W$_{12}$CO 团簇吸附体系的基态结构的 IR 光谱最强峰只有一个,对应频率为 1 752.00 cm^{-1},强度为 1507.35 km·mol^{-1},振动模式主要表现为 C 原子与 O 原子的伸缩振动,而其他频率处的峰值则较弱,几乎为零。Raman 光谱图上最强峰位于频率 1 752.00 cm^{-1} 处,拉曼活性为 200.09 A^4·amu^{-1},振动方式表现为 W$_{12}$ 团簇基体结构保持不动,C 原子和 O 原子做对称伸缩振动;而次强峰的峰值为 49.41 A^4·amu^{-1},位于频率 284.86 cm^{-1} 处,振动模式为 W$_{12}$CO 基态结构左右两个的四棱锥的伸缩振动和 O 原子相对于 C 原子的扭转,该频率的退偏振比为 0.05,振动的对称性较强。

通过以上对 W$_n$CO(n = 7 ~ 12)团簇吸附体系基态构型的振动和光谱分析得出以下结论:

从振动频率来看:振动频率分布在 12.79 ~ 1 853.7 cm^{-1} 之间,我们已知羰基 C≡O 的特征光谱在波数为 1 725 cm^{-1} 的振动频率处,而所有吸附体系的红外光谱峰值对应的频率都在 1 752 cm^{-1} 以上,因此吸附反应使得羰基的振动发生了蓝移现象,这是由于吸附反应改变了 CO 的电子结构,发生了电荷转移。W$_7$CO 团簇吸附体系基态结构的 IR 光谱和 Raman 光谱的最强峰出现在不同的频率,而其他的吸附体系两种光谱最强峰均出现在同一频率处。

从红外光谱来看:红外光谱强度分布在 1 752 ~ 1 853.7 cm^{-1} 之间,其中 W$_{10}$CO 团簇峰值为 2 795.02 km·mol^{-1},该峰值为所有 W$_n$CO(n = 7 ~ 12)团簇中的最大值。所有团簇的最强峰的振动方式基本相似,为 C 原子与 O 原子的对称伸缩振动。这主要因为 W—C 原子之间存在着很强的相互作用,在 C 原子的伸缩振动模式下,团簇的电偶极矩随简并正坐标变化最大。同时由团簇的偏振比可以看出,偏振比值越大,团簇原子的振动模式对称性越低,反之则越高。

从拉曼光谱角度来看:团簇基态结构的拉曼散射活性各不相同,振动活性分布在 200.09 ~ 1 467.13 A^4·amu^{-1} 之间;其中,W$_{10}$CO 团簇的拉曼散射活性最大,达到了 1 467.13 A^4·amu^{-1},这是因为在拉曼光谱最强峰的振动模式下,W$_{10}$CO 团簇的极化率对简并坐标的导数变化最大,所以拉曼散射活性最强。

(9) 极化率

采用 B3LYP/LANL2DZ 方法对 W$_n$CO(n = 7 ~ 12)团簇基态结构的极化率进行研究。极化率表征了体系对外电场的响应,表明在外电场存在情况下体系电子云的分布和热运动的状况,它是描述物质与光的非线性相互作用的参数[28],它不仅决定了分子间的相互作用的强度(例如分子间的色散力、取向作用力、长程力等),也能影响散射与碰撞过程的截面,还能影响体系的非线性光学特性。用下面两个公式来计算极化率张量的平均值 $\langle \alpha \rangle$、极化率的各向异性不变量 $\Delta\alpha$ 和每个原子的平均极化率 $\langle \overline{\alpha} \rangle$,并以此来衡量分子产生非线性光学性质能力的强弱。W$_n$CO(n = 7 ~ 12)团簇的极化率张量、极化率张量的平均值 $\langle \alpha \rangle$、极化率的各向异性不变量 $\Delta\alpha$ 和每个原子的平均极化率 $\langle \overline{\alpha} \rangle$ 如表 2 - 19 所示。

$$\langle \alpha \rangle = \frac{1}{3}(\alpha_{XX} + \alpha_{YY} + \alpha_{ZZ})$$

$$\Delta\alpha = \left[\frac{(\alpha_{XX} - \alpha_{YY})^2 + (\alpha_{YY} - \alpha_{ZZ})^2 + (\alpha_{ZZ} - \alpha_{XX})^2 + 6(\alpha_{XY}^2 + \alpha_{XZ}^2 + \alpha_{YZ}^2)}{2} \right]^{\frac{1}{2}}$$

由表 2 – 19 可知,极化率张量主要分布在 XX, YY, ZZ 方向。在 XX 方向,极化率张量分量最大值为 $W_{12}CO$ 团簇的 727.89,最小值是 W_9CO 团簇,其值为 374.88;在 YY 方向,最大值则为 $W_{11}CO$ 团簇;而 ZZ 方向的最大值和最小值分别是 $W_{10}CO$ 团簇和 W_8CO 团簇。在 XY, XZ, YZ 方向极化率张量分布较少。对于每个原子的平均极化率 $\langle \overline{\alpha} \rangle$,其值随 W 原子数 n 增加,呈现先减小后增大再减小的趋势,$W_{11}CO$ 具有最大值,表明 $W_{11}CO$ 团簇中原子间的成键相互作用最强;每个原子的平均极化率在 $n = 8$ 时具有最小值,表明 W_8CO 团簇的电子结构相对稳定,电子离域效应较小;团簇的极化率各向异性不变量在 $n = 8$ 时具有最小值,$n = 12$ 时具有最大值,表明 W_8CO 团簇对外场的各向异性响应较弱,各方向的极化率大小变化不大;团簇 $W_{12}CO$ 对外场的各向异性响应较强,极化率在各向的变化较大。

表 2 – 19　$W_nCO(n = 7 \sim 12)$ 基态结构的极化率

Cluster	Polarizability								
	α_{XX}	α_{XY}	α_{YY}	α_{XZ}	α_{YZ}	α_{ZZ}	$\langle \alpha \rangle$	$\langle \overline{\alpha} \rangle$	$\Delta \alpha$
W_7CO	453.37	63.74	377.17	− 1.11	− 0.59	376.97	402.50	44.72	134.22
W_8CO	428.64	0.10	350.44	− 0.35	− 0.04	350.28	376.45	37.65	78.28
W_9CO	374.88	− 20.14	407.93	0	0	532.88	438.56	39.87	148.50
$W_{10}CO$	609.31	− 32.75	530.88	0	0	540.46	560.22	46.68	93.11
$W_{11}CO$	644.04	4.49	597.78	− 0.88	− 22.15	521.15	587.66	45.20	114.42
$W_{12}CO$	727.89	0.41	546.37	2.72	12.58	451.59	576.22	41.16	244.20

（10）偶极矩

偶极矩是描述分子正负电荷分布情况的物理量,可以衡量团簇极性的大小,它是带电系统的极性和电荷分布情况的一种衡量。团簇的结构是由一定数目、种类的原子空间排列而成的,当团簇中的原子位置发生改变时,相应的电子也要重新排布。偶极矩是分子的静态性质,它在分子点群的每一个对称操作下其大小和方向必须保持不变,即团簇结构的对称性可以由团簇的偶极矩间接地反映出来。团簇结构振动的对称性越高,振动中团簇偶极矩变化越小,当团簇结构中有对称中心或有两个互不重合的对称轴时团簇的偶极矩为零;当团簇有 n 重对称轴时则偶极矩在该轴上;当团簇仅有一个对称面则偶极矩必在此面上。因此团簇的偶极矩不仅可以判断团簇的极性大小,反映团簇结构中正负电荷的偏离情况,还可以间接反映出团簇结构的对称性。

团簇 $W_nCO(n = 7 \sim 12)$ 的基本组成单位为原子,而每个原子都由带正电的原子核和带负电的电子组成,由于正电荷和负电荷数量一样,所以整个团簇是不显电性的。然而对每一类电荷(正电荷或负电荷)量来说,都可以设想集中于某点上,就像任何物体的重力可被设想集中在其重心上一样,把电荷的这种集中点称作"电荷中心"。在团簇中如果正电荷和负电荷中心不重合在同一点上,这样的分子就具有极性;如果正、负电荷中心重合于一点,整个分子不存在正负两极,即团簇不具有极性。团簇的极性大小可以用偶极矩来表示,偶极矩是一个矢量,偶极矩越大,团簇的极性越强,因而可以根据偶极矩数值的大小判断团簇极性的相对强弱。表 2 – 20 列出了团簇的总偶极矩和 X, Y, Z 轴上的分偶极矩。

表 2-20   W$_n$CO(n=7~12)团簇的偶极矩

Cluster	X	Y	Z	Total
W$_7$CO	3.178 2	1.926 4	-0.001 4	3.716 5
W$_8$CO	-4.283 6	-0.005 4	0.032 6	4.283 7
W$_9$CO	0.470 2	-3.025 4	0	3.061 7
W$_{10}$CO	4.765 3	-4.387 0	0	6.477 2
W$_{11}$CO	-1.0011	-4.535 8	0.374 9	4.660 1
W$_{12}$CO	-0.798 2	-5.802 0	-1.402 8	6.022 3

由表 2-20 可知,团簇 W$_n$CO(n=7~12)的总偶极矩都不为零,这说明它们都是极性分子,而且团簇 W$_n$CO(n=7~12)的点群同属于 C$_n$ 系。从偶极矩的变化趋势来看,偶极矩随 W 原子数的增加呈折线型分布。团簇 W$_7$CO,W$_8$CO,W$_9$CO 和 W$_{11}$CO 的总偶极矩相差不大,这说明它们的分子极性相似;团簇 W$_{10}$CO 和 W$_{12}$CO 的总偶极矩比较接近,W$_{10}$CO 的总偶极矩最大,为 6.477D。团簇 W$_7$CO 的偶极矩为 3.716 5D,三个坐标轴方向上只有 X,Y 轴上有分偶极矩,Z 方向上的分量接近为零,W$_7$CO 的点群为 C$_1$,即没有对称性。团簇 W$_8$CO 的偶极矩为 4.283 7D,Z 轴分量的偶极矩同样接近于零,点群为 C$_1$。团簇 W$_9$CO 的偶极矩为 3.061 7D,只有 X,Y 轴上有分偶极矩,其点群为 C$_s$,即具有 1 个 2 次旋转轴和一个垂直于该轴的镜面的点群,所以可以判定其偶极矩位于团簇的对称轴上。团簇 W$_{10}$CO 的点群为 C$_s$,其偶极矩为 6.477 2D,X 轴上具有偶极矩为正值,Y 轴上的偶极矩为负值,Z 轴没有分量,说明总偶极矩位于二重旋转轴上。团簇 W$_{11}$CO 的点群为 C$_1$,其总偶极矩为 4.660 1D,X,Y 轴的分偶极矩同为负值,Z 轴的分偶极矩接近零。团簇 W$_{12}$CO 的点群为 C$_1$,即具有一个 1 次旋转轴且无任何原子对称,总偶极矩为 6.022 3D,X,Y,Z 轴上都有分偶极矩,Z 轴上分量是四个对称性为 C$_1$ 的团簇中最大的,其他的三个接近零可以忽略,可知 W$_{12}$CO 团簇总偶极矩位于团簇几何结构的对称轴上。

(11)芳香特性和热力学性质

芳香特性物质具有很好的热力学稳定性和独特的化学性能,引起了实验和理论物理学家的极大兴趣。衡量芳香性的指标很多,从磁性质、电子离域性和结构等诸多方面对芳香性进行描述。核独立化学位移(Nucleus Independent Chemical Shifts,NICS)是被使用得最广泛的衡量芳香性的指标,它对于有机化合物、无机化合物以及团簇都有很好的适用性。它的含义是在某个人为设定的不在原子核位置上的磁屏蔽值的负值,越负(对磁场屏蔽越强)则芳香性越强。

NICS 芳香性判断标准最初由 Paul von Ragué Schleyer 等[32]提出,取在共轭环的几何中心,为了明确起见,后来被特称为 NICS(0)。有人认为取在环中心会将 σ 和 π 轨道的贡献叠加在一起而说不清楚,于是提出取在平面上方或下方 1 Å 的位置,称为 NICS(1),这个位置体现的主要是 π 电子的贡献。在本章的计算中,W$_n$CO(n=7~12)团簇的 NICS 值的参考点选取了 5 个位置:团簇几何结构的中心(0.000 nm)位置,距对称平面或者侧面的垂直距离为 0.025 nm,0.050 nm,0.075 nm,0.100 nm 的位置。NICS 为负值表示芳香性,正值表示反芳香性,当 NICS 值接近零时,表现为非芳香性。

表 2-21 列出了 W$_n$CO(n=7~12)团簇的芳香性和热力学参数。由表 2-21 可以看

出,团簇的 NICS 值全为负值,具有芳香性。由轨道能级分析知,这是由于团簇的试探原子受离域 π 键影响较大。从团簇 W_7CO 的 0.1 nm 处的 NICS 绝对值较其他团簇为最小,说明其芳香性最弱,因为此处的离域影响最小。其他团簇的 NICS 值受试探原子位置的影响不大,在 5 个试探点的值比较接近,原因是在这些团簇中 π 键的离域影响较均衡。

表 2 - 21　$W_nCO(n = 7 \sim 12)$ 团簇的芳香性和热力学参数

Cluster	NICS($\times 10^{-6}$)					ΔH^θ	C_V	S^θ
	0.000 nm	0.025 nm	0.050 nm	0.075 nm	0.100 nm	eV	cal·mol^{-1}·K^{-1}	cal·mol^{-1}·K^{-1}
W_7CO	− 63.806	− 62.867	− 57.011	− 38.626	− 1.166	− 59.046	42.369	138.329
W_8CO	− 98.335	− 98.599	− 98.102	− 93.038	− 88.381	− 66.640	47.750	142.770
W_9CO	− 65.557	− 61.280	− 51.782	− 42.561	− 35.867	− 73.656	53.765	157.035
$W_{10}CO$	− 113.391	− 114.363	− 115.024	− 108.228	− 82.051	− 79.899	59.624	168.938
$W_{11}CO$	− 53.020	− 51.682	− 50.619	− 48.488	− 44.793	− 86.465	65.265	175.972
$W_{12}CO$	− 38.752	− 39.615	− 47.714	− 56.281	− 58.538	− 94.168	70.873	189.644

表 2 - 21 也列出了 $W_nCO(n = 7 \sim 12)$ 团簇在温度为 298.15 K、气压为 1.01×10^5 Pa 的条件下的定容热容(C_V)、标准熵(S^θ)和标准生成焓(ΔH^θ)。团簇的标准生成焓常被作为团簇稳定性的判断依据,当 ΔH^θ 为负值时,表明生成的团簇是放热反应且具有很好的热力学稳定性。标准生成焓的定义为

$$\Delta H^\theta = E(W_nCO) - nE(W) - E(C) - E(O)$$

由表 2 - 21 可知,团簇 $W_nCO(n = 7 \sim 12)$ 的 ΔH^θ 全为负值,说明生成的团簇都是放热反应,热力学上是稳定的,这也验证了前面结合能的结论正确性。由 C_V 和 S^θ 的结果可知,随着 W 原子数的增加, C_V 和 S^θ 的值增大;从数值增加的幅度来看,每增加一个 W 原子,定容热容(C_V)增大 5 ~ 6 cal·mol^{-1}·K^{-1},而标准熵(S^θ)的增加没有明显的规律性。

（12）结论

采用密度泛函理论(DFT)中的杂化密度泛函 B3LYP 方法,在 LANL2DZ 赝势基组水平上优化了 $W_nCO(n = 7 \sim 12)$ 团簇吸附体系的几何构型,得到了基态结构,并在基态结构基础上研究了体系的稳定性、吸附活性以及物理化学特性,主要结论如下:

①$W_nCO(n = 7 \sim 12)$ 团簇吸附体系的基态结构是在 $W_n(n = 7 \sim 12)$ 团簇基态结构的基础上吸附 CO 而成;CO 吸附在 W_n 团簇上由 C 原子与 W 原子成键,CO 的吸附是非解离性吸附。W_nCO 团簇的稳定性随 W 数目的增加而增加。

②自然键轨道(NBO)分析表明,W 原子与 CO 分子相互作用的本质是 CO 分子内的杂化轨道与临近 W 原子 6s、5d 和 6p 轨道相互作用的结果,成键情况就决定了团簇吸附体系的稳定性和其他物化性质。W_nCO 团簇的磁矩大部分是由 W 原子提供的;d 轨道对团簇电子结构影响最大。

③各个团簇红外光谱最强峰对应的频率振动模式相似,都为 CO 的伸缩振动,频率分布

在 $1\,752 \sim 1\,853.7\ \text{cm}^{-1}$；拉曼光谱图的波峰比红外光谱多，振动活性分布在 $200.09 \sim 1\,467.13\ \text{A}^4 \cdot \text{amu}^{-1}$。极化率主要由 XX, YY, ZZ 方向的分量组成。所有团簇都具有芳香性。

2.2　$W_n CO^{\pm}$（$n = 1 \sim 12$）体系的结构与性能

2.2.1　引言

团簇是材料设计中一个非常重要的研究领域，近年来，人们在实验和理论上对中性过渡团簇进行广泛的研究。相对于中性团簇，人们更期望进一步揭示各种过渡金属在离子状态下的形成机理，目前无论是在实验方面还是理论方面都得到了研究人员的关注，如胡建平等[33]用密度泛函理论中的 B3LYP 方法研究了二元铜族团簇阴离子 $AuAg^-$，$AuCu^-$ 和 $AgCu^-$ 与 CO 氧化反应的机理，计算结果表明：CO 在混合团簇中的吸附稳定顺序为 $Cu > Au > Ag$。池贤兴等[34]运用密度泛函中的关联从头算（correlated ab initio）方法对阳离子 X_{3+}（$X = Sc$，Y，La）和相关的中性 X_3Cl（$X = Sc$，Y，La）团簇的稳定结构与芳香性进行了研究，通过分子轨道分析发现，当一个阴离子 Cl^- 分别与 Sc_{3+}，Y_{3+} 阳离子结合成中性 Sc_3Cl，Y_3Cl 团簇时，其组成单元 Sc_{3+}，Y_{3+} 的芳香类型从原单独时 π^- 芳香性变为 σ^- 芳香性，而当一个阴离子 Cl^- 与 La_{3+} 阳离子结合成中性 La_3Cl 时，其组成单元 La_{3+} 的芳香类型保持不变。杨继先等[35]用基于密度泛函理论的 B3LYP 方法和 LANL2DZ 基组系统研究了阴离子团簇 Au_nPt^-（$n = 1 \sim 5$）可能的几何构型和电子态，确定了基态结构，结果表明，尽管阴离子团簇只比中性团簇多一个电子，但其基态结构与中性团簇基态稳定结构差异大，这种差异随着团簇体积的增大而减小。Lawicki A 等[36]研究了氢离子在过渡金属表面上的吸附作用。Trzhaskovskaya M B[37]通过实验测量了钨离子在高温下的辐射能力。前节已对中性 $W_n CO$（$n = 1 \sim 6$）团簇的结构和相关物理化学性质进行了系统的研究，本章是在前面对中性团簇研究的基础上对阴阳离子 $W_n CO^{0,\pm}$（$n = 1 \sim 6$）团簇的结构和电子性质进行研究与探索。

2.2.2　计算方法

过渡金属存在 d 轨道，相对论效应明显，相互作用机理较为复杂，密度泛函理论中的杂化密度泛函 B3LYP 方法充分地考虑其轨道之间交换能和相关能，B3LYP 方法的交换能选择的是包含梯度修正的非定域的 Beck 交换泛函，相关能计算选择定域相关泛函 Vosko，Wilk，nusair（VWN）和非定域相关泛函 LYP（Lee，Yang 和 Parr）相结合，得到了含有三个参数的泛函，通过调节泛函参数，可以对交换能和相关能进行优化修正，较好地反映了 $d-d$ 轨道间的电子相关效应。基组选用了双 ζ 价电子基组和相应的 Los Alamos 相对论有效核势（RECP），即赝势 LANL2DZ 基组，这一基组通过有效核势，屏蔽了原子内层电子，适用于过渡金属体系。作者已用密度泛函的 B3LYP/LANL2DZ 方法对 $W_n CO^{0,\pm}$（$n = 1 \sim 6$）团簇[19]进行了系统的理论研究，研究结果和相关实验吻合得很好，说明本章选用的方法和基组对该体系是合适的。对 $W_n CO^{\pm}$（$n = 1 \sim 6$）团簇的计算采用的是 Gaussian 03 程序，而对 $W_n CO^{\pm}$（$n = 7 \sim 12$）团簇的计算采用的是 Gaussian 09 程序。

2.2.3　结果与讨论

1. $W_nCO^\pm (n = 1 \sim 6)$ 团簇的结构和性能

（1）几何结构

为了寻找 $W_nCO^\pm (n = 1 \sim 6)$ 团簇的基态构型，在中性团簇稳定构型的基础上设计可能的各种构型，分别在不同的自旋多重度下进行结构优化、能量和频率的计算，在计算的所有结果中，把没有虚频的结构定为稳定结构，把能量最低且没有虚频的结构定为基态结构。图 2 − 25、图 2 − 26 和表 2 − 22 分别列出了 $W_nCO^\pm (n = 1 \sim 6)$ 阴阳离子团簇的稳定结构及基态结构的几何参数，其中原子较大的是 W 原子，和 W 原子连接的是 C 原子，远离 W 原子和 C 原子连接的是 O 原子。

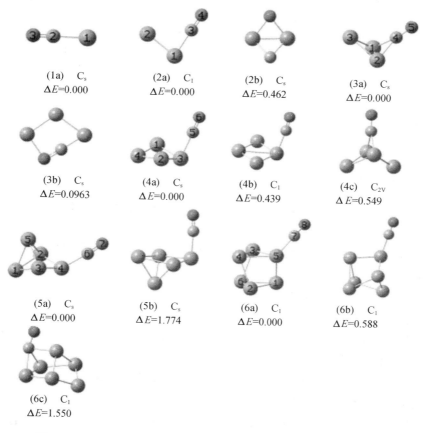

（1a）　C_s
$\Delta E = 0.000$

（2a）　C_1
$\Delta E = 0.000$

（2b）　C_s
$\Delta E = 0.462$

（3a）　C_s
$\Delta E = 0.000$

（3b）　C_s
$\Delta E = 0.0963$

（4a）　C_s
$\Delta E = 0.000$

（4b）　C_1
$\Delta E = 0.439$

（4c）　C_{2V}
$\Delta E = 0.549$

（5a）　C_s
$\Delta E = 0.000$

（5b）　C_s
$\Delta E = 1.774$

（6a）　C_1
$\Delta E = 0.000$

（6b）　C_1
$\Delta E = 0.588$

（6c）　C_1
$\Delta E = 1.550$

图 2 − 25　$W_nCO^+ (n = 1 \sim 6)$ 阳离子团簇的稳定构型（能量：eV）

$W_1CO^\pm$ 阴阳离子团簇基态构型（1a）（11）同为直线型，对称性分别为 C_s 和 C_1。由表 2 − 22 可以看出 W_1CO^+ 阳离子团簇基态构型的电子态为 $^4A''$，W—C 键长为 0.200 nm，C—O 键长为 0.116 nm。W_1CO^- 阴离子团簇基态构型的电子态为 $^2A''$，W—C 键长为 0.184 nm，C—O 键长为 0.125 nm。与中性 W_1CO 团簇相比，阳离子团簇的 W—C 键长增加，C—O 键长变短；阴离子团簇则相反。这说明 W_1CO 团簇得失电子前后的键长变化明显。

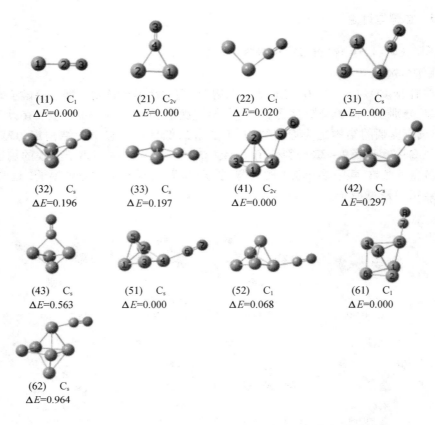

(11)　C_1
$\Delta E=0.000$

(21)　C_{2v}
$\Delta E=0.000$

(22)　C_1
$\Delta E=0.020$

(31)　C_s
$\Delta E=0.000$

(32)　C_s
$\Delta E=0.196$

(33)　C_s
$\Delta E=0.197$

(41)　C_{2v}
$\Delta E=0.000$

(42)　C_s
$\Delta E=0.297$

(43)　C_s
$\Delta E=0.563$

(51)　C_s
$\Delta E=0.000$

(52)　C_1
$\Delta E=0.068$

(61)　C_1
$\Delta E=0.000$

(62)　C_s
$\Delta E=0.964$

图 2 – 26　W_nCO^-（$n=1\sim6$）阴离子团簇的稳定结构（能量：eV）

$W_2CO^\pm$ 阴阳离子团簇基态构型不相同，W_2CO^+ 阳离子团簇基态构型（2a）为折线形状，对称性为 C_1，电子态为 ^2A，W—W 键长为 0.223 nm，W—C 键长为 0.198 nm，C—O 键长为 0.118 nm。W_2CO^- 阴离子团簇基态构型（21）为"金字塔"形，与中性 W_2CO 团簇的亚稳态构型相同，具有 C_{2v} 对称性，电子态为 $^2B_2$，W—W 键长为 0.218 nm，W—C 键长为 0.206 nm，C—O 键长为 0.126 nm。阴阳离子团簇与中性团簇相比，W—C 键长和 C—O 键长都增加了，这说明团簇中电荷的变化使团簇的 W—C 和 C—O 键变弱了。

W_3CO^+ 阳离子团簇基态构型（3a）与中性 W_3CO 团簇基态构型相同，即 C_s 对称性的二面体结构，（3a）团簇的电子态为 $^2A''$，W—W 平均键长为 0.236 nm，W—C 键长为 0.211 nm，C—O 键长为 0.122 nm；亚稳态构型（3b）为具有 C_s 对称性的环形结构，能量相差 0.963 eV。W_3CO^- 阴离子团簇基态构型（31）可看作 CO 吸附在 W_3 基态结构的顶点上，具有 C_s 对称性，电子态为 $^2A'$，W—W 平均键长为 0.241 nm，W—C 键长为 0.194 nm，C—O 键长为 0.125 nm；亚稳态构型（32）（33）为 C_s 对称性的二面体结构和四边形平面结构，能量比基态的分别高 0.196 eV，0.197 eV。

$W_4CO^\pm$ 阴阳离子团簇基态构型中，W_4CO^+ 阳离子团簇基态构型（4a）与中性 W_4CO 团簇基态构型相同，为 CO 吸附于 W_4 阴离子团簇基态结构的一个 W 原子上，对称性为 C_s。W_4CO^- 阴离子团簇基态构型（41）可看作 CO 吸附在四面体 W_4 结构的桥位上，与中性团簇的亚稳态构型相同,对称性为 C_{2v}。W_4CO^+ 阳离子团簇基态电子态 $^2A'$,W—W 平均键长为 0.237 nm,W—C 键长为 0.199 nm,C—O 键长为 0.118 nm,团簇中原子之间的键长与中性基态团簇相近。而 W_4CO^- 阴离子团簇基态电子态为 $^2A_1$,W—W 平均键长为 0.247 nm,W—C 键长为 0.211 nm,C—O 键长为 0.125 nm,团簇中原子之间的键长比中性和阳离子团簇大,由此表明 W_4CO^- 阴离子团簇原子之间的相互作用没有相应的中性和阳离子团簇的强。$W_4CO^\pm$ 阴阳离子亚稳态的结构相似,同为二面体结构和三叉结构。

$W_5CO^\pm$ 阴阳离子团簇基态构型相同,都可看作在三棱锥 W_4 的一侧添加一个 WCO 而成,具有 C_s 对称性,电子态为 $^2A'$。W_5CO^+ 阳离子团簇(5a)的 W—W 平均键长为 0.245 nm,W—C 键长为 0.201 nm,C—O 键长为 0.118 nm;而 W_5CO^- 阴离子团簇(51)的 W—W 键长为 0.244 nm,W—C 键长为 0.199 nm,C—O 键长为 0.121 nm。亚稳态(5b)结构为四边形 W_4 的两侧分别添加一个 W 和 CO 原子而成,具有 C_s 对称性,能量比基态(5a)的高 1.774 eV;(52)结构与基态(51)构型关于镜面对称,具有 C_1 对称性,能量比基态(51)的高 0.068 eV。

表 2-22　$W_nCO^\pm(n=1\sim6)$ 基态结构的电子态和原子之间的键长

Cluster	State	r_{W-W}/ nm	r_{W-C}/ nm	r_{C-O}/ nm
W_1CO^+	$^4A''$	—	0.200	0.116
W_2CO^+	^2A	0.223	0.198	0.118
W_3CO^+	$^2A''$	0.236	0.211	0.122
W_4CO^+	$^2A'$	0.237	0.199	0.118
W_5CO^+	$^2A'$	0.245	0.201	0.118
W_6CO^+	^2A	0.249	0.203	0.119
W_1CO^-	$^2A''$	—	0.184	0.125
W_2CO^-	$^2B_2$	0.218	0.206	0.126
W_3CO^-	$^2A'$	0.241	0.194	0.125
W_4CO^-	$^2A_1$	0.247	0.211	0.125
W_5CO^-	$^2A'$	0.244	0.199	0.121
W_6CO^-	^2A	0.248	0.199	0.121

$W_6CO^\pm$ 阴阳离子团簇基态构型和中性基态构型相同,即 CO 吸附在 W_6 基态结构的顶点上,对称性为 C_1,电子态为 ^2A。W_6CO^+ 阳离子团簇(6a)的 W—W 平均键长为 0.249 nm,W—C 键长为 0.203 nm,C—O 键长为 0.119 nm;W_6CO^- 阴离子团簇(61)的 W—W 平均键长为 0.248 nm,W—C 键长为 0.199 nm,C—O 键长为 0.121 nm。阳离子亚稳态(6b),(6c)均为"笼状"结构,能量比基态(6a)分别高 0.588 eV 和 1.550 eV;阴离子亚稳态(62)为在三角锥的侧面和顶点处分别添加一个 W 原子和一个 CO 原子,能量比基态(61)的高 0.964 eV。

通过以上对 $W_nCO^\pm(n=1\sim6)$ 阴阳离子团簇稳定构型的分析可以看出,CO 分子主要吸附于 W_n 团簇的端位和桥位处,以端位吸附为主,桥位吸附为辅。当 $n\geqslant2$ 时,$W_nCO^\pm$($n=1\sim6$)团簇的稳定构型从平面转变为立体结构,这点与中性团簇一致。当 $2\leqslant n\leqslant4$ 时,相同原子个数的阴阳离子的基态结构各不相同,这说明 W_nCO 团簇中电荷的得失,引起了 W_n 团簇结构的变化。团簇中的 C 原子与 W 原子始终相连,并形成化学键。阴阳离子团簇基态结构的 C—O 键长均大于纯 CO 的键长(0.116 nm),说明吸附之后 CO 分子被活化了。由表 2−22 还可以看出,阴阳离子团簇的电子态也不相同,这也从侧面反映了中性团簇在得失电子之后,基态结构的振动模式也发生了变化。

(2)稳定性

为了研究吸附后团簇的相对稳定性,计算了 $W_nCO^{\pm}$ ($n=1\sim6$)团簇基态结构的平均结合能、总能量的二阶差分(Δ_2E_n)、Wiberg 键级和能隙。为了便于比较,将中性团簇的数据也列入图中。

①平均结合能(E_b)和二阶差分(Δ_2E_n)

平均结合能的计算公式如下:

$$E_b[W_nCO^+] = (-E[W_nCO^+] + (n-1)E[W] + E[W^+] + E[O] + E[C])/(n+2)$$

$$E_b[W_nCO^-] = (-E[W_nCO^-] + nE[W] + E[O^-] + E[C])/(n+2)$$

其中,$E[W_nCO^-]$ 代表 W_nCO^- 团簇的总能量,$E[W_nCO^+]$ 代表 W_nCO^+ 团簇的总能量,其余以此类推。图 2−27 给出了平均结合能随团簇尺寸变化的规律,由图看出,与中性团簇相比,除 $n=1$ 外,在相同尺寸情况下,阴阳离子团簇的结合能大于中性团簇,这说明中性团簇在得失电子之后,团簇的稳定性增强。另外,阴阳离子团簇相比,阳离子团簇的结合能大,这与 $W_nC^{0,\pm}$ ($n=1\sim6$)团簇平均结合能的变化情况一致[19],说明团簇失去电荷比得到电荷更稳定。

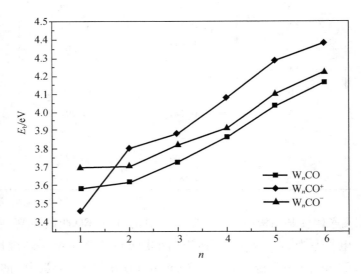

图 2−27 $W_nCO^{\pm}$ ($n=1\sim6$)团簇平均结合能

能量的二阶差分 Δ_2E_n 是表征团簇稳定性的重要物理参数,其定义式为

$$\Delta_2E_n = E_{n+1} + E_{n-1} - 2E_n$$

其中,E_{n+1},E_{n-1},E_n 分别表示 $W_{n+1}CO^{\pm}$,$W_{n-1}CO^{\pm}$,$W_nCO^{\pm}$ 基态结构的总能量。图 2−28 给出了团簇的能量二阶差分随团簇尺寸的变化规律。能量二阶差分的值越大,对应团簇的稳定性越高。从图 2−28 可以看出,阴离子团簇的二阶差分和中性团簇的变化趋势相近,而且

变化趋势一致,而阳离子团簇的二阶差分和两者差别较大,这点从上文平均结合能部分得以验证。阴离子团簇的二阶差分表现出"奇偶"振荡和"幻数"效应,当 $n = 3,5$ 时各对应一峰值,与近邻尺寸的团簇相比,这些团簇具有较高的稳定性。阳离子团簇的二阶差分值分布类似于 V 字形,在 $n = 3$ 处出现了最低点,表明 W_3CO^+ 团簇的稳定性相对较低,化学活性较强。

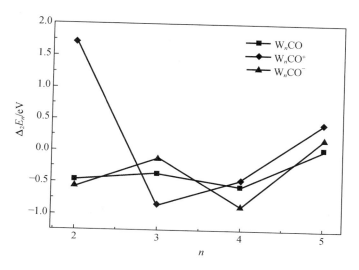

图 2 - 28　$W_nCO^\pm$ ($n = 1 \sim 6$) 团簇能量的二阶差分($\Delta_2 E_n$)

②Wiberg 键级

键级是一种用以说明化学键牢固程度的半定量方法,是分子结构的重要参数。键级的大小表示两个相邻原子间的键强度,一般来说,键级越大,键能越大,键越稳定,键级为零表示原子不能有效地结合成分子。本书计算了 $W_nCO^\pm$ ($n = 1 \sim 6$) 阴阳离子团簇的 Wiberg 键级(WBI)。表 2 - 23 给出了 $W_nCO^\pm$ ($n = 1 \sim 6$) 阴阳离子团簇的总键级和各原子上的平均键级。表 2 - 23 中的原子序号和图 2 - 25、图 2 - 26 的序号一致。通过表 2 - 23 可以看出,随着团簇尺寸的增加,阴阳离子团簇的总键级也依次增大,这说明随着团簇尺寸的增加团簇的稳定性也越好,这与平均结合能的分析结果一致。由表 2 - 23 还可以看出,不论是阳离子还是阴离子,团簇中 C,O 原子的键级随尺寸的变化不大,这说明阴阳离子团簇的稳定性和物理化学性质主要由 W—W 键决定。对于 W 原子的平均键级来说,阴阳离子团簇的 W 原子平均键级随团簇尺寸的增加而变大,但 W_4CO^+ 和 W_6CO^- 团簇例外。

③能隙

为了进一步分析阴阳离子团簇的化学稳定性和化学活性,图 2 - 29 给出了阴阳离子团簇和中性团簇的能隙(E_{gap}),能隙是团簇的最高占据轨道(HOMO)与最低未占据轨道(LUMO)的能级之差,可以反映电子被激发所需的能量的多少,其值越大,表示该团簇越难以激发,活性越差,稳定性越强。如图 2 - 29 所示,三种类型团簇的能隙分布各不相同,说明团簇得失电子导致电子轨道的能级分布发生变化,这将直接导致团簇的光谱发生变化,进而影响团簇的物理化学性质。对于阳离子团簇,W_2CO^+ 团簇的能隙最大,表明该团簇的化学活性最差,稳定性最强。W_1CO^+ 团簇的能隙最小,其稳定性最弱。阴离子团簇的能隙随团簇尺寸的增加而减少,说明阴离子团簇的化学活性越来越强,容易与外界原子发生反应。

表 2-23　$W_n CO^\pm$ ($n=1\sim6$) 团簇基态结构的总 Wiberg 键级及各原子上的平均 Wiberg 键级

NO.	$W_1 CO^+$	$W_2 CO^+$	$W_3 CO^+$	$W_4 CO^+$	$W_5 CO^+$	$W_6 CO^+$
1	1.591	4.756	5.688	4.846	6.025	5.773
2	3.456	3.953	5.688	4.846	5.580	5.979
3	2.269	3.293	4.955	5.979	5.580	6.007
4		2.456	3.743	5.419	6.178	5.932
5			2.312	3.538	5.996	6.218
6				2.353	3.479	5.938
7					2.351	3.453
8						2.322
W 平均键级	1.591	4.355	5.444	5.273	5.872	5.975
Total	7.316	14.458	22.386	26.981	35.189	41.622

NO.	$W_1 CO^-$	$W_2 CO^-$	$W_3 CO^-$	$W_4 CO^-$	$W_5 CO^-$	$W_6 CO^-$
1	2.518	5.434	5.814	6.092	6.686	5.993
2	3.688	5.434	2.168	6.496	6.088	6.300
3	2.002	2.051	3.695	6.092	6.088	6.145
4		3.778	5.450	6.496	6.811	6.206
5			5.857	3.772	6.449	6.476
6				2.196	3.535	6.317
7					2.214	3.475
8						2.130
W 平均键级	2.518	5.434	5.707	6.294	6.424	6.240
Total	8.208	16.697	22.984	31.144	37.871	43.043

(3) 吸附强度

为了研究 CO 与 W_n 离子团簇相互作用的强弱,下面计算了 CO 与 W_n 离子团簇相互作用的吸附能,其计算公式如下:

$$E_{ads}^- = E_{CO^-} + E_{W_n} - E_{W_n CO^-}$$

$$E_{ads}^+ = E_{CO} + E_{W_n^+} - E_{W_n CO^+}$$

其中,$W_n CO^\pm$ 是吸附体系的总能量,E_{CO} 和 E_{CO^-} 分别是吸附剂一氧化碳分子和离子气相的总能量,E_{W_n} 和 $E_{W_n^+}$ 分别代表 W_n 团簇和 W_n 阳离子团簇的总能量。图 2-30 给出了 $W_n CO^\pm$ 体系的吸附能,为了便于比较,图 2-30 也给出了中性 $W_n CO$ 体系的吸附能。吸附能越大,表明 CO 与 W_n 离子团簇相互作用越强,反之,则结合越弱。从图 2-30 可以看出,阳离子和中性的吸附体系的吸附能类似,都出现了明显的振荡,与近邻尺寸相比,当 $n=2,5$ 时两者吸附能都出现了峰值,表明这些体系的吸附能较大,CO 与 $W_2^{0,+}$ 和 $W_5^{0,+}$ 团簇的结合较强。对于阴离子吸附体系,$n=5$ 时吸附能最大,这点和中性的一致。

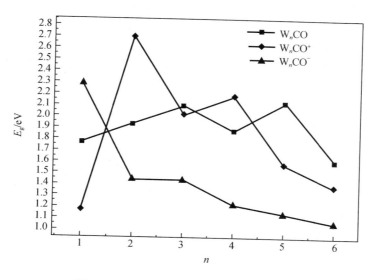

图 2 - 29　$W_nCO^{\pm}(n=1\sim6)$ 团簇的能隙

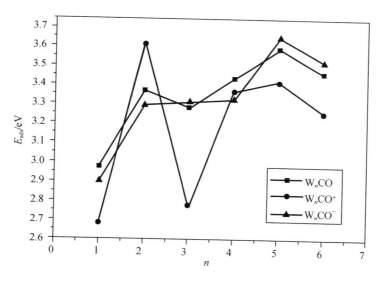

图 2 - 30　$W_nCO^{0,\pm}(n=1\sim6)$ 团簇的吸附能

（4）自然键轨道（NBO）和电荷分析

为了进一步研究阴阳离子 $W_nCO^{\pm}(n=1\sim6)$ 团簇的成键及吸附性质，用 NBO 方法对 $W_nCO^{\pm}(n=1\sim6)$ 团簇基态结构的自然键轨道和电荷布居特性进行了分析。表 2 - 24 列出了 $W_nCO^{\pm}(n=1\sim6)$ 团簇基态构型的各轨道上的 NBO 电荷分布和每个原子上的净电荷分布，与 C 原子相连的 W 原子用黑体字表示，表中的原子序号与图 2 - 25、图 2 - 26 一致。

从表 2 - 24 可以看出：第一，阳离子团簇中 W 原子的电荷分布在 $-0.259\sim1.079$ e，比相应中性团簇 W 原子的电荷分布范围要大，这是因为团簇在失去电子之后，原子外层电子活性增加的缘故，除少数 W 原子（W_4CO^+ 中的 3W，W_5CO^+ 中的 4W，W_6CO^+ 中的 5W）外，其余 W 原子显正电性。阴离子团簇 W 原子的电荷分布在 $-0.582 \sim 0.006$ e，且基本显负电性（W_6CO^- 的 3W 原子除外）。第二，阳离子团簇中 C 原子的电荷分布在 $0.123 \sim 0.483$ e，显正电性，所有 O 原子电荷分布在 $-0.280 \sim -0.434$ e，显负电性，这是由于 W 原子和 C 原子失去的电荷主要转移给了 O 原子。阴离子团簇中 C 原子的电荷分布在 $0.048 \sim 0.405$ e，显正电性，O 原子的电荷分布在 $-0.530 \sim -0.705$ e，带负电。由上可以看出，阴阳离子团簇中的 W 原子的显电性不同，C，O 原子的显电性相同，说明决定阴阳离子团簇显电性的主要因素是 W 原子，这与前面键级分析的结果一致。

表 2-24 $W_nCO^{\pm}$（$n=1\sim6$）团簇基态构型的自然键电子组态（价电子）和电荷

Cluster	Atom	Electron configuration	Charge/e
W_1CO^+	**1W**	6s(0.74)5d(4.19)6p(0.01)	1.079
	2C	2s(1.26)2p(2.47)3s(0.02)3p(0.02)	0.230
	3O	2s(1.76)2p(4.55)	-0.309
W_1CO^-	**1W**	6s(1.73)5d(4.59)6p(0.10)7s(0.01)	-0.399
	2C	2s(1.21)2p(2.65)3s(0.01)3p(0.02)	0.104
	3O	2s(1.74)2p(4.95)3p(0.01)	-0.705
W_2CO^+	**1W**	6s(0.75)5d(4.82)6p(0.13)6d(0.01)	0.326
	2W	6s(1.16)5d(4.31)6p(0.02)	0.532
	3C	2s(1.25)2p(2.28)3s(0.02)3p(0.02)	0.423
	4O	2s(1.68)2p(4.59)3s(0.01)3p(0.01)	-0.280
W_2CO^-	**1W,2W**	6s(1.27)5d(4.73)6p(0.24)	-0.202
	3O	2s(1.73)2p(4.90)3p(0.01)	-0.644
	4C	2s(1.12)2p(2.80)3s(0.01)3p(0.03)	0.048
W_3CO^+	**1W,2W**	6s(0.76)5d(4.71)6p(0.16)6d(0.01)	0.405
	3W	6s(0.88)5d(4.56)6p(0.10)6d(0.01)	0.501
	4C	2s(1.13)2p(2.71)3s(0.01)3p(0.03)	0.123
	5O	2s(1.72)2p(4.70)3p(0.01)	-0.434
W_3CO^-	1W	6s(1.18)5d(4.64)6p(0.34)6d(0.01)	-0.135
	2O	2s(1.72)2p(4.85)3p(0.01)	-0.582
	3C	2s(1.18)2p(2.60)3s(0.01)3p(0.02)	0.188
	4W	6s(1.06)5d(4.74)6p(0.47)6d(0.01)	-0.244
	5W	6s(1.12)5d(4.74)6p(0.40)6d(0.01)	-0.228
W_4CO^+	1W,2W	6s(1.04)5d(4.56)6p(0.08)6d(0.01)	0.359
	3W	6s(0.54)5d(5.05)6p(0.48)6d(0.01)	-0.024
	4W	6s(0.78)5d(4.79)6p(0.21)6d(0.01)	0.258

表 2 - 24(续)

Cluster	Atom	Electron configuration	Charge/e
W_4CO^-	5C	2s(1.18)2p(2.35)3s(0.02)3p(0.03)	0.429
	6O	2s(1.72)2p(4.65)	-0.381
	1W,3W	6s(1.02)5d(4.69)6p(0.49)6d(0.01)	-0.178
	2W,4W	6s(0.67)5d(4.80)6p(0.65)6d(0.01)7p(0.01)	-0.085
	5C	2s(1.16)2p(2.70)3s(0.01)3p(0.03)	0.102
	6O	2s(1.72)2p(4.85)3p(0.01)	-0.577
W_5CO^+	1W	6s(0.66)5d(4.75)6p(0.34)6d(0.01)	0.294
	2W,3W	6s(0.90)5d(4.75)6p(0.15)6d(0.01)	0.238
	4W	6s(0.54)5d(5.19)6p(0.49)6d(0.02)	-0.182
	5W	6s(0.63)5d(4.74)6p(0.34)6d(0.01)	0.331
	6C	2s(1.21)2p(2.26)3s(0.03)3p(0.02)	0.476
	7O	2s(1.73)2p(4.66)	-0.396
W_5CO^-	1W	6s(0.80)5d(4.69)6p(0.75)6d(0.01)	-0.210
	2W,3W	6s(0.90)5d(4.78)6p(0.38)6d(0.01)	-0.034
	4W	6s(0.58)5d(5.17)6p(0.73)6d(0.02)	-0.454
	5W	6s(0.93)5d(4.64)6p(0.58)6d(0.01)7p(0.01)	-0.142
	6C	2s(1.21)2p(2.35)3s(0.02)3p(0.02)	0.405
	7O	2s(1.73)2p(4.80)3p(0.01)	-0.530
W_6CO^+	1W	6s(0.68)5d(4.80)6p(0.30)6d(0.01)	0.270
	2W	6s(0.71)5d(4.79)6p(0.33)6d(0.02)	0.202
	3W	6s(0.65)5d(4.77)6p(0.34)6d(0.02)	0.274
	4W	6s(0.68)5d(4.82)6p(0.31)6d(0.02)	0.227
	5W	6s(0.57)5d(5.17)6p(0.55)6d(0.02)	-0.259
	6W	6s(0.69)5d(4.81)6p(0.34)6d(0.01)	0.198
	7C	2s(1.20)2p(2.27)3s(0.03)3p(0.02)	0.483
	8O	2s(1.73)2p(4.66)	-0.394
W_6CO^-	1W	6s(0.76)5d(4.84)6p(0.47)6d(0.01)	-0.038
	2W	6s(0.77)5d(4.82)6p(0.58)6d(0.01)	-0.144
	3W	6s(0.74)5d(4.81)6p(0.48)6d(0.01)	0.006
	4W	6s(0.74)5d(4.93)6p(0.46)6d(0.01)	-0.098
	5W	6s(0.59)5d(5.22)6p(0.68)6d(0.02)	-0.468
	6W	6s(0.75)5d(4.86)6p(0.54)6d(0.01)7p(0.01)	-0.117
	7C	2s(1.19)2p(2.37)3s(0.02)3p(0.03)	0.395
	8O	2s(1.72)2p(4.81)3p(0.01)	-0.537

自由 W 原子的最外层电子排布为 $5d^46s^2$，C 原子为 $2s^22p^2$，O 原子为 $2s^22p^4$。由阳离子团簇中的原子轨道电荷分布可知，W 原子的 5d 轨道都得到了电子，6s 轨道都失去了电子，对于与 C 相连的 W 原子的 5d 轨道得到的电子数大于其他 W 原子，6s 轨道失去的电子数也大于其他 W 原子，这也说明与 C 相连的 W 原子活性较强。从团簇的 C，O 原子轨道来看，它们的 2p 轨道都得到了电子，2s 轨道都失去了电子。

进一步观察数据发现，所有阳性离子团簇的 C，O 原子轨道电荷布局相似，这说明团簇之间电荷的差别主要是由 W—W 间相互作用引起的，而且随着团簇尺寸的增大影响越大。另外，当 $n \leqslant 3$ 时，与 C 原子相连的 W 原子的 5d 轨道电子数小于 5，而当 $n > 3$ 时，则大于 5；对于 C 原子，W_3CO^+ 的 2s 轨道失去电子最多而 2p 轨道得到电子也最多，说明 W_3CO^+ 的 C 原子内部的 sp 轨道杂化最强，这也决定了其构型和其他团簇不同。

对于阴性离子团簇，与 C 相连的 W 原子的 5d 轨道得到的电子数大于其他 W 原子，6s 轨道失去的电子数大于其他 W 原子，这是由于团簇 W—C 之间发生了轨道杂化现象的缘故。由表 2–24 还可以看出，只有 C 原子失去电子，W 和 O 原子基本上都是得到电子，这也说明了 C 原子向 W，O 原子转移了电子。对于 C 原子，W_2CO^- 的 2s 轨道失去电子最多而 2p 轨道得到电子也最多，说明 W_2CO^- 的 C 原子内部的 sp 轨道杂化最强，这可能和 W_2CO^- 团簇的构型有关。

（5）光谱分析

通过 GaussView 判定各团簇峰值所对应频率振动方式的归属情况。图 2–31 和图 2–32 给出了 $W_nCO^\pm$（$n = 1 \sim 6$）阴阳离子团簇基态构型的红外光谱图（IR）和拉曼光谱图（Raman）。其中 IR 谱中横坐标的单位是 cm^{-1}，纵坐标是强度，单位是 $km \cdot mol^{-1}$，Raman 谱中横坐标的单位是 cm^{-1}，纵坐标是活性，单位是 $A^4 \cdot amu^{-1}$。

从两图可看出，$W_1CO^\pm$ 阴阳离子团簇的红外光谱图相似，都是只有一个最强峰，振动模式都为 C 与 O 的对称伸缩振动，其中，阳离子团簇的红外光谱峰位于 $1\,690.190\ cm^{-1}$ 处，强度为 $377.905\ km \cdot mol^{-1}$；而阴离子团簇位于 $1\,651.999\ cm^{-1}$ 处，强度为 $1\,115.989\ km \cdot mol^{-1}$；由此也可看出两者的结构对称性不同。在拉曼光谱图中，阴阳离子团簇的峰值分布不同，阳离子团簇有两个峰值，分别位于 $514.370\ cm^{-1}$ 和 $1\,690.190\ cm^{-1}$ 处；相应的拉曼活性为 $16.682\ A^4 \cdot amu^{-1}$ 和 $38.944\ A^4 \cdot amu^{-1}$。阴离子团簇只有一个峰值，位于 $1\,651.999\ cm^{-1}$ 处，拉曼活性为 $243.509\ A^4 \cdot amu^{-1}$。

对于 $W_2CO^\pm$ 阴阳离子团簇，红外光谱都只有一个较为明显的最强峰，振动方式为 C 原子与 O 原子围绕 2W 的伸缩振动。阳离子团簇的振动频率为 $1\,929.350\ cm^{-1}$，峰值为 $705.680\ km \cdot mol^{-1}$，偏振比为 0.740；阴离子团簇的振动频率为 $1\,542.397\ cm^{-1}$，峰值为 $804.730\ km \cdot mol^{-1}$，偏振比为 0.750。阴阳离子的偏振比相差不大，这说明两者的散射电磁波偏振相似。阴阳离子团簇的拉曼光谱图峰值分布不相同，阳离子团簇在频率为 $1\,929.350\ cm^{-1}$ 处有一个强振动峰，峰值为 $94.420\ A^4 \cdot amu^{-1}$，在 $350 \sim 500\ cm^{-1}$ 之间还有三个小振动峰；阴离子团簇有四个明显的振动峰，其中最强峰位于 $971.542\ cm^{-1}$ 处，拉曼活性为 $630.582\ A^4 \cdot amu^{-1}$，次强峰位于 $1\,423.263\ cm^{-1}$ 处，拉曼活性为 $320.120\ A^4 \cdot amu^{-1}$。由此可见，阴离子团簇的拉曼活性要强于阳离子团簇，这是由于阴离子从外界得到电子，使团簇的振动活性增加的缘故。

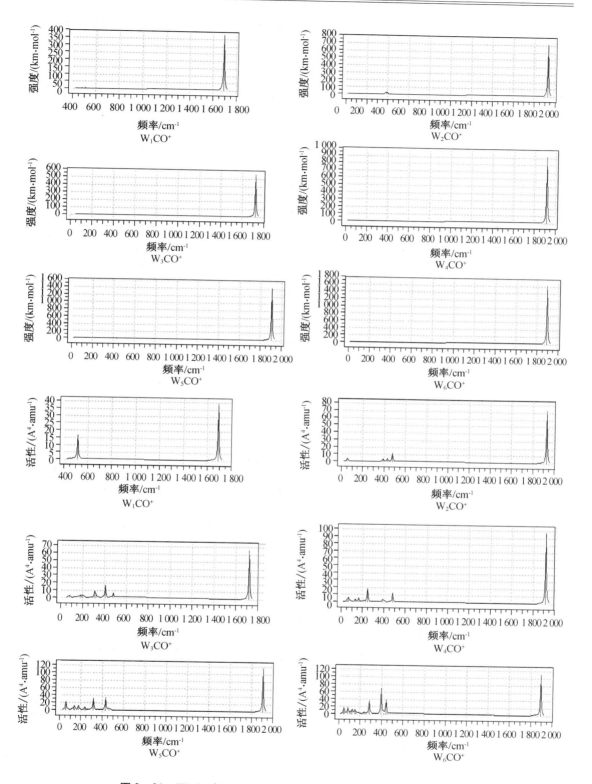

图 2-31　W_nCO^+（$n = 1 \sim 6$）团簇基态结构的 IR 谱和 Raman 谱

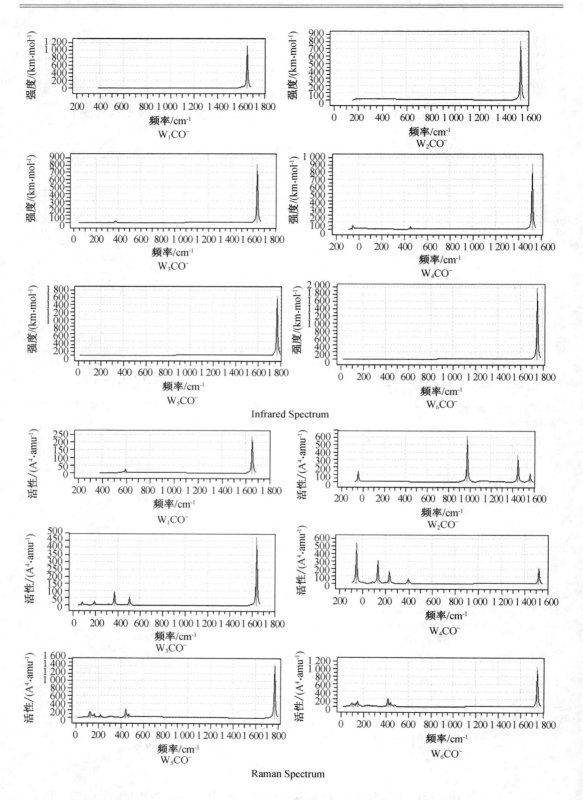

Infrared Spectrum

Raman Spectrum

图 2 - 32　$W_n CO^-$（$n = 1 \sim 6$）团簇基态结构的 IR 谱和 Raman 谱

$W_3CO^{\pm}$ 阴阳离子团簇的红外光谱和相应中性团簇一样,有一个最强峰,振动模式为 C 原子与 O 原子围绕 2W 的伸缩振动,对称性同为 C_s。阳离子团簇的振动波数为 1 720.922 cm^{-1},峰值为 556.614 km·mol^{-1};阴离子团簇的振动波数为 1 637.369 cm^{-1},峰值为 813.014 km·mol^{-1}。阴阳离子团簇拉曼光谱图也相似,都有一个最强峰和几个较弱峰,阳离子团簇的最强峰位于振动波数 1 720.922 cm^{-1} 处,峰值为 66.016 A^4·amu^{-1};而阴离子团簇的最强峰位于振动波数 1 637.369 cm^{-1} 处,峰值为 474.194 A^4·amu^{-1};阳离子团簇的偏振比为 0.534,阴离子团簇的偏振比为 0.029。

对于 $W_4CO^{\pm}$ 阴阳离子团簇,红外光谱和相应中性团簇一样都只有一个较为明显的最强峰。阳离子团簇的峰值为 914.190 km·mol^{-1},位于频率 1 917.748 cm^{-1} 处,团簇结构对称性为 C_s。振动模式为 4W 原子的简谐振动,C,O 原子保持不动;阴离子团簇的峰值为 923.862 km·mol^{-1},位于频率 1 521.495 cm^{-1} 处,团簇结构对称性为 C_{2v}。振动模式为 4W 原子的伸缩振动,C,O 原子保持不动。而对于拉曼光谱来说,阴阳离子团簇相差较大,阳离子团簇位于 1 917.748 cm^{-1} 处有一个最强峰,峰值为 97.254 A^4·amu^{-1},在 50 ~ 500 cm^{-1} 之间还有多个小振动峰,都比较弱,最强的峰值也只有 20 A^4·amu^{-1};阴离子团簇有 4 个较强的振动峰,最强峰位于 131.124 cm^{-1} 处,峰值为 311.767 A^4·amu^{-1},次强峰离其他三个峰较远,位于 1 521.495 cm^{-1} 处,峰值为 220.008 A^4·amu^{-1}。

对于 $W_5CO^{\pm}$ 阴阳离子团簇,红外光谱只有一个最强峰,结构对称性都为 C_s,所以两者的振动模式为 C—O 键的摇摆振动,W 原子轻微振动。阳离子团簇的最强峰值为 1 426.147 km·mol^{-1},位于频率 1 906.759 cm^{-1} 处;阴离子团簇的最强峰值为 1 638.006 km·mol^{-1},位于频率 1 767.046 cm^{-1} 处。阴阳离子团簇的拉曼光谱也相似,都只有一个最强峰和数个微弱峰。阳离子团簇的拉曼活性最大值为 117.008 A^4·amu^{-1},位于 1 906.759 cm^{-1} 处,其他微弱峰值分布在 50 ~ 450 cm^{-1} 之间,拉曼活性均小于 31.575 A^4·amu^{-1};阴离子团簇的拉曼活性最大值为 1471.313 A^4·amu^{-1},位于 1 767.046 cm^{-1} 处,其他微弱峰值分布在 100 ~ 500 cm^{-1} 之间,拉曼活性均小于 123.600 A^4·amu^{-1}。

$W_6CO^{\pm}$ 阴阳离子团簇的红外光谱也只有一个最强峰,对称性同为 C_1,振动模式为 C—O 键的摇摆振动,W 原子轻微振动。阳离子团簇的最强峰值为 1 608.937 km·mol^{-1},位于频率为 1 893.648 cm^{-1} 处;阴离子团簇的最强峰值为 1 980.885 km·mol^{-1},位于频率为 1746.702cm^{-1} 处。$W_6CO^{\pm}$ 阴阳离子团簇的拉曼光谱图分布相似,但活性值差别较大,阳离子团簇的拉曼活性最大值为 109.178 A^4·amu^{-1},而阴离子团簇的拉曼活性最大值则为 1 064.374 A^4·amu^{-1},两者的其他小峰都分布在 50 ~ 500 cm^{-1} 之间。

通过对团簇 $W_nCO^{\pm}$($n = 1 \sim 6$)阴阳离子基态构型的振动光谱分析可以看出:

从红外光谱分布来看,$W_nCO^{\pm}$($n = 1 \sim 6$)阴阳离子团簇的红外光谱分布和中性团簇相似,都只有一个最强峰,而且阴阳离子团簇最强峰的位置都倾向于频率较大的位置,频率分布范围为 1 521.495 ~ 1 917.748 cm^{-1},峰值范围在 377.905 ~ 1 980.885 km·mol^{-1} 之间,W_6CO^- 阴离子团簇的谱值为所有 $W_nCO^{0,\pm}$($n = 1 \sim 6$)团簇中的最大值,这说明 W_6CO^- 阴离子团簇的得电子能力最强。阴阳离子团簇相比较而言,阴离子团簇的红外光谱峰值比相应的阳离子团簇峰值大,这是因为阴离子团簇的得电子能力较强。

从拉曼光谱分布来看,阴阳离子团簇的拉曼散射活性各不相同,阳离子团簇的拉曼活性分布在 38.944 ~ 109.178 A^4·amu^{-1} 之间;阴离子团簇的拉曼活性分布在 1 471.313 ~

243.509 $A^4 \cdot amu^{-1}$ 之间,其中,W_5CO^- 阴离子团簇的拉曼活性值为所有 $W_nCO^{0,\pm}$（$n = 1 \sim 6$）团簇中的最大值,这说明 W_5CO^- 阴离子团簇的拉曼散射信号最强。

（6）极化率分析

使用 B3LYP/LANL2DZ 方法对 $W_nCO^{\pm}$（$n = 1 \sim 6$）离子团簇基态结构的极化率进行研究。极化率张量的平均值 $\langle \alpha \rangle$ 和极化率的各向异性不变量 $\Delta\alpha$ 由下面两个公式计算:

$$\langle \alpha \rangle = \frac{1}{3}(\alpha_{XX} + \alpha_{YY} + \alpha_{ZZ})$$

$$\Delta\alpha = \left[\frac{(\alpha_{XX} - \alpha_{YY})^2 + (\alpha_{YY} - \alpha_{ZZ})^2 + (\alpha_{ZZ} - \alpha_{XX})^2 + 6(\alpha_{XY}^2 + \alpha_{XZ}^2 + \alpha_{YZ}^2)}{2} \right]^{\frac{1}{2}}$$

表 2 – 25 列出了 $W_nCO^{\pm}$（$n = 1 \sim 6$）团簇极化率张量、每个原子的平均极化率 $\langle \overline{\alpha} \rangle$、极化率张量的平均值（$\langle \alpha \rangle$）和极化率的各向异性不变量（$\Delta\alpha$）。由表可知,阴阳离子团簇的极化率张量主要分布在 XX, YY, ZZ 方向;阳离子团簇的极化率张量随原子数的增加而增大,这说明阳离子团簇的分子间相互作用是逐渐增强的;而阴离子团簇除 $n = 4$ 以外也是随原子数的增加而增大,只是在 $n = 4$ 处出现了一个拐点。$W_nCO^{\pm}$（$n = 1 \sim 6$）阴阳离子团簇极化率的各向异性不变量随 W 原子数目的增加都表现出无规律性。当 $n = 3$ 时,阳离子团簇的各向异性不变量值最小,这说明此时团簇对外场的各向异性响应最弱。各方向的极化率变化不大。W_2CO^- 阴离子团簇的各向异性不变量值最大,表明该团簇对外场的各向异性响应最强。

表 2 – 25　$W_nCO(n = 1 \sim 6)$ 团簇基态结构的极化率

Cluster	Polarizability								
	α_{XX}	α_{XY}	α_{YY}	α_{XZ}	α_{YZ}	α_{ZZ}	$\langle \alpha \rangle$	$\langle \overline{\alpha} \rangle$	$\Delta\alpha$
W_1CO^+	34.70	0.00	0.00	39.46	0.00	68.83	47.66	15.89	32.02
W_2CO^+	103.32	0.00	0.00	93.21	0.00	67.27	87.93	21.98	32.21
W_3CO^+	131.14	0.00	0.00	119.43	0.00	119.56	123.38	24.68	11.65
W_4CO^+	161.08	0.00	0.00	160.86	0.00	192.35	171.43	28.57	31.38
W_5CO^+	247.77	0.00	0.00	181.77	0.00	193.81	207.783	29.68	60.88
W_6CO^+	305.93	0.00	0.00	217.49	0.00	218.04	247.153	30.89	88.17
W_1CO^-	100.62	0.00	0.00	100.62	0.00	136.55	112.60	37.53	35.93
W_2CO^-	124.99	0.00	0.00	264.51	0.00	325.47	238.32	59.58	178.01
W_3CO^-	285.08	0.00	0.00	346.82	0.00	193.616	275.17	55.03	133.51
W_4CO^-	168.62	0.00	0.00	171.28	0.00	191.25	177.05	29.51	21.42
W_5CO^-	399.725	0.00	0.00	434.165	0.00	414.286	416.06	59.44	29.94
W_6CO^-	500.078	0.00	0.00	581.587	0.00	410.902	497.52	62.19	147.87

（7）结论

采用密度泛函理论（DFT）中的 B3LYP 方法,在 LANL2DZ 基组水平上研究了 $W_nCO^{\pm}$（$n = 1 \sim 6$）离子团簇的构型、稳定性、电子性质及光谱性质。主要结论如下:

①当 $n > 2$ 时，$W_nCO^\pm$（$n = 1 \sim 6$）团簇的稳定构型从平面转变为立体结构，这点与中性团簇一致；当 $2 \leqslant n \leqslant 4$ 时，相同原子个数的阴阳离子的最低能量构型各不相同，这说明团簇中电荷的得失，引起了团簇构型的变化。阴离子团簇基态构型的 C—O 键长均大于相应阳离子基态构型，表明阴离子团簇的 C—O 键作用强度减弱了。

②通过对团簇的平均结合能分析得知，除 $n = 1$ 外，在相同尺寸情况下，阴阳离子团簇的结合能大于中性团簇，这说明中性团簇在得失电子之后，团簇的稳定性增强。随着团簇尺寸的增加，阴阳离子团簇的总键级也依次增大。阴离子团簇的二阶差分和中性团簇的变化趋势相近，而且变化趋势一致，在 $n = 3,5$ 时最稳定；而阳离子团簇的二阶差分和两者差别较大。

③通过对体系吸附能的计算可知，当 $n = 2,5$ 时两者吸附能都出现了峰值，表明 CO 与这些体系的结合较强。通过分析团簇的电荷特性和键级知，阴阳离子团簇中的 W 原子的显电性不同，C，O 原子的显电性相同，说明决定阴阳离子团簇显电性的主要因素是 W 原子。

④$W_nCO^\pm$（$n = 1 \sim 6$）阴阳离子团簇的红外光谱分布和中性团簇相似，都只有一个最强峰，而且阴阳离子团簇最强峰的位置都倾向于频率较大的位置。阴阳离子团簇的拉曼散射活性各不相同，阴离子团簇的拉曼活性要比阳离子强。

⑤阳离子团簇的极化率张量随原子数的增加而增大；W_2CO^- 对外场的各向异性响应最强，W_3CO^+ 对外场的各向异性响应最弱。

2. $W_nCO^\pm$（$n = 7 \sim 12$）团簇的结构和性能

（1）几何结构

为了寻找 $W_nCO^\pm$（$n = 7 \sim 12$）团簇的基态结构，在前面得到的 $W_nCO^\pm$（$n = 1 \sim 6$）稳定结构的基础上设计了尽可能多的不同构型，在计算时考虑了团簇的自旋多重度。自旋多重度从 2 开始计算，然后计算自旋多重度为 4,6 等，直到团簇能量开始上升为止。在设计初始构型时，也参考了中性团簇 W_nCO（$n = 7 \sim 12$）的几何构型，并且参考了大量的文献中的结构，最终把能量最低且没有负频的结构选为基态结构。图 2 - 33 给出了 $W_nCO^\pm$（$n = 7 \sim 12$）阴阳离子团簇的基态结构，表 2 - 26 列出了基态结构的相关几何参数。图中原子较大的是 W 原子，和 W 原子连接的是 C 原子，远离 W 原子和 C 原子连接的是 O 原子。

W_7CO^+ 团簇的基态构型是变形的五角双锥顶端吸附了 CO 分子，与中性团簇一样，CO 分子与 W 团簇的吸附是 C 原子和 W 原子的结合，其对称性是 C_1，自旋多重度是 6；W—C 键长 0.202 8 nm，C—O 键长 0.119 0 nm，W—W 平均键长 0.257 2 nm。W_7CO^- 团簇的基态构型和阳离子不同，但自旋多重度一样；W—C 键长 0.200 0 nm，C—O 键长 0.121 2 nm，W—W 平均键长 0.248 3 nm。与中性 W_7CO 团簇相比，阳离子团簇的 W—C 键长增加，C—O 键长变短；阴离子团簇则相反。从表 2 - 26 中可以看出阳离子团簇和阴离子图簇相比，阳离子团簇 W—W 键长和 W—C 键长比阴离子团簇大，而 C—O 键长比阴离子团簇短，说明得失电子对团簇的结构产生了影响。

W_8CO^+ 基态构型左边上部是一个三棱柱，下部是一个四棱锥，右边一个 W 原子连接在三棱柱和四棱锥共享的一条棱上，CO 分子连接在这个 W 原子上；它的对称性是 C_1，自旋多重度为 2；C—O 键的键型不同于其他团簇的基态结构，从图 2 - 33 中可以看出，其他团簇的基态构型 C—O 键是双键，W_8CO^+ 基态构型中出现了 π 键，导致 C—O 键长较长，W—C 键长较短，说明在 W_8CO^+ 上 CO 的解离程度较大。W_8CO^- 团簇的结构和纯钨 W_8 团簇较接近，相当于纯钨 W_8 团簇上吸附了一个 CO 分子，由于 CO 的吸附，团簇的对称性降低了，为 C_1；

W_8CO^- 团簇的自旋多重度为 4,W—C 键长 0.202 0 nm,C—O 键长 0.120 8 nm,W—W 平均键长 0.250 8 nm。阴阳离子团簇与中性团簇相比,W—W 键长和 C—O 键长都增加了,W—C 键长变小了,这说明团簇中电荷的变化使 C—O 键活化了。

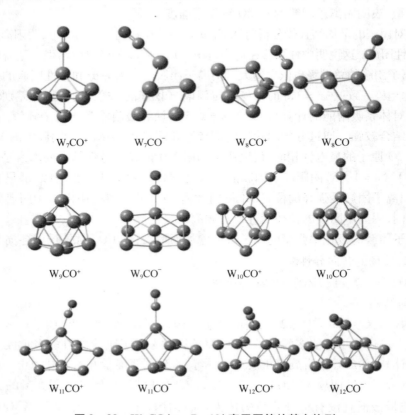

图 2 - 33　$W_nCO(n=7\sim12)$ 离子团簇的基态构型

表 2 - 26　$W_nCO^{\pm}(n=7\sim12)$ 基态结构的电子态、W—W、W—C 和 C—O 键长

团簇	对称性	多重度	W—W 键长	W—C 键长	C—O 键长
W_7CO^+	C_1	6	0.257 2	0.202 8	0.118 6
W_8CO^+	C_1	2	0.253 9	0.194 0	0.131 8
W_9CO^+	C_s	2	0.258 9	0.204 6	0.118 6
$W_{10}CO^+$	C_s	2	0.254 0	0.203 7	0.118 8
$W_{11}CO^+$	C_s	4	0.255 6	0.202 4	0.118 7
$W_{12}CO^+$	C_1	2	0.255 8	0.200 9	0.119 4
W_7CO^-	C_1	6	0.248 3	0.200 0	0.121 3
W_8CO^-	C_1	4	0.250 8	0.202 0	0.120 8
W_9CO^-	C_s	2	0.258 6	0.201 0	0.120 9
$W_{10}CO^-$	C_{2v}	2	0.253 3	0.200 4	0.121 4
$W_{11}CO^-$	C_{2v}	2	0.254 9	0.199 8	0.120 9
$W_{12}CO^-$	C_s	2	0.260 9	0.198 2	0.122 5

W_9CO^+ 团簇的结构和中性的亚稳态很接近,对称性是 C_s,它的自旋多重度为 2,W—W 键长 0.258 9 nm,W—C 键长 0.204 6 nm,C—O 键长 0.118 6 nm,其能量比中性的团簇高 5.493 eV。W_9CO^- 阴离子团簇基态构型与中性的基态构型相似,仔细对比可以发现,阴离子团簇跟中性团簇的差别是阴离子团簇的中间没有中性构型那种变形;W_9CO^- 团簇的对称性是 C_s,自旋多重度为 2,W—W 键长 0.258 6 nm,W—C 键长 0.201 0 nm,C—O 键长 0.120 9 nm,其能量比中性的团簇下降了 1.924 eV。

$W_{10}CO^+$ 和 $W_{10}CO^-$ 团簇的基态结构和中性结构相似,$W_{10}CO^+$ 和 $W_{10}CO^-$ 团簇的对称性分别是 C_s 和 C_{2v}。$W_{10}CO^+$ 的自旋多重度是 2,W—W 键长 0.254 0 nm,W—C 键长 0.203 7 nm,C—O 键长 0.118 8 nm,其能量比中性的团簇升高了 5.015 eV。$W_{10}CO^-$ 团簇的自旋多重度是 2,W—W 键长 0.253 3 nm,W—C 键长 0.200 4 nm,C—O 键长 0.121 4 nm,其能量比中性的团簇减小 2.307 eV。

$W_{11}CO^+$ 和 $W_{11}CO^-$ 团簇的基态结构和中性基态构型相似,都是在 W_{11} 团簇的基础上吸附 CO 分子而成。从图 2 - 33、图 2 - 14 对比来看,这三个团簇虽然 CO 吸附的位置相同,但是 CO 分子的朝向不同,因此对称性有差别,中性团簇的对称性是 C_1,而正负离子团簇的对称性分别是 C_s 和 C_{2v}。$W_{11}CO^+$ 的自旋多重度是 4,W—W 平均键长 0.255 6 nm,W—C 键长 0.202 4 nm,C—O 键长 0.118 7 nm。$W_{11}CO^-$ 团簇的自旋多重度是 2,W—W 平均键长为 0.254 9 nm,W—C 键长 0.199 8 nm,C—O 键长 0.120 9 nm。相比中性结构,$W_{11}CO^+$ 和 $W_{11}CO^-$ 团簇的 W—W 键长变长,W—C 键长变短,阳离子团簇 C—O 键长变短,阴离子团簇 C—O 键长变长,CO 在 $W_{11}CO^-$ 团簇上解离度最大。

$W_{12}CO^+$ 和 $W_{12}CO^-$ 团簇的基态结构比较类似,只是 CO 分子的方向有些差别。$W_{12}CO^+$ 团簇的点群是 C_1,自旋多重度是 2,W—W 平均键长 0.255 8 nm,W—C 键长 0.200 9 nm,C—O 键长 0.119 4 nm。$W_{12}CO^-$ 团簇的点群是 C_s,自旋多重度是 2,W—W 平均键长为 0.260 9 nm,W—C 键长 0.198 2 nm,C—O 键长 0.122 5 nm。与中性团簇相比,阳离子能量升高了 5.147 eV,阴离子团簇能量降低了 2.109 eV。

通过以上对 $W_nCO^\pm$($n = 7 \sim 12$)正负离子团簇基态构型的分析可以看出,CO 分子主要吸附在 W 团簇的端位处。当 $7 \leqslant n \leqslant 9$ 时,相同原子个数的阴阳离子的基态结构各不相同,当 $n \geqslant 10$ 时,$W_nCO^\pm$($n = 7 \sim 12$)团簇的稳定构型变得与中性团簇相近。所有团簇 C 原子始终与 W 原子相连,并形成化学键。阴阳离子团簇基态结构的 C—O 键长均大于纯 CO 的键长(0.116 nm),说明 CO 分子被活化了。阴离子团簇基态结构的 C—O 键长均大于相应阳离子基态结构,表明阴离子团簇对 CO 分子的活化作用大于相应的阳离子团簇;且阴阳离子团簇的电子态也不相同,这也从侧面反映了中性团簇在得失电子之后,基态结构的振动模式发生了变化。

(2)稳定性

上节已经对 W_nCO($n = 7 \sim 12$)中性团簇的稳定性和物理化学性质进行了研究,为了探讨体系在得失一个电子之后的稳定性和活性的变化规律,本节计算了 $W_nCO^\pm$($n = 7 \sim 12$)离子团簇的结合能、二阶差分、能隙、吸附能等。

图 2 - 34 给出了阴阳离子团簇的平均结合能随团簇尺寸变化的规律。平均结合能的计算公式如下:

$$E_b(W_nCO^-) = (-E[W_nCO^-] + (n-1)E[W] + E[W^-] + E[O] + E[C])/(n+2)$$

$$E_b(W_nCO^-) = (-E[W_nCO^-] + nE[W] + E[O^-] + E[C])/(n+2)$$

式中，$E[W_nCO^-]$ 代表 W_nCO^- 团簇的能量，$E[W_nCO^-]$ 代表 W_nCO^+ 团簇的能量，$E[W]$ 代表 W 的能量，其余以此类推。

从图 2-34 中可以看出阴阳离子团簇的平均结合能与中性团簇的变化趋势一致，都是随着团簇尺寸变大而上升，说明无论是中性结构还是离子结构，随 W 原子数目增加，团簇的稳定性增强。此外，从图中还可以看出，对应尺寸的团簇，阳离子的平均结合能大于阴离子团簇和中性团簇，这说明失去电子，团簇的稳定性更好。

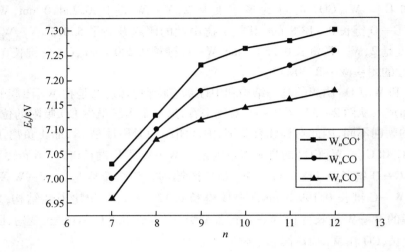

图 2-34　$W_nCO^\pm$（$n=7\sim12$）团簇的平均结合能

能量二阶差分 $\Delta_2 E_n$ 是表示团簇稳定性的重要参数，其定义式为

$$\Delta_2 E_n = E_{n+1} + E_{n-1} - 2E_n$$

其中，E_{n+1}，E_{n-1}，E_n 分别表示 $W_{n+1}CO^\pm$，$W_{n-1}CO^\pm$，$W_nCO^\pm$ 基态结构的总能量。图 2-35 给出了团簇的能量二阶差分随团簇尺寸的变化规律。能量二阶差分的值越大，对应团簇的稳定性越高。从图 2-35 可以看出，阴阳离子团簇能量二阶差分的变化趋势相同，和前面中性团簇的规律也相同，只是阴离子的振荡程度大于阳离子团簇，说明得到电子后团簇的幻数效应更明显，图中曲线的变化明显表现出"奇偶"振荡现象，在 $n=9,11$ 时，曲线出现了峰值，说明 $n=9,11$ 是团簇的幻数，对应的团簇的稳定性比相邻的团簇要高。

为了进一步分析 $W_nCO^\pm$（$n=7\sim12$）离子团簇的化学活性和化学稳定性，下面研究了阴阳离子团簇的能隙。能隙的计算公式为

$$E_g = E_{LUMO} - E_{HOMO}$$

能隙的大小反映了电子从占据轨道向空轨道跃迁的能力，也反映电子被激发所需的能量的多少；其值越大，表示该分子越难以激发，活性越差，化学稳定性越强。如图 2-36 所示，$W_nCO^\pm$（$n=7\sim12$）正负离子团簇的能隙随 n 变大呈振荡增加趋势，只有在 $n=9$ 处出现了下降现象。总体上来讲，随着 n 的增大团簇中电子激发需要更多的能量，越难激发，活性降低而化学稳定性增强。

（3）吸附强度

为了研究 CO 分子在阴阳离子团簇表面的吸附强弱，下面讨论了 CO 分子与 $W_nCO^\pm$

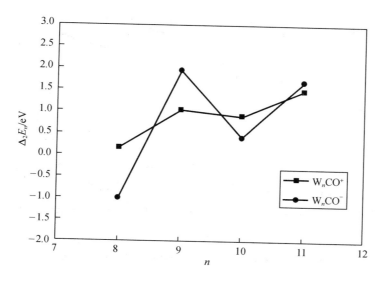

图 2 - 35 $W_nCO^\pm$ ($n=7\sim12$) 团簇能量的二阶差分 (Δ_2E_n)

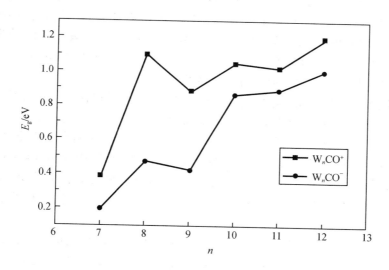

图 2 - 36 $W_nCO^\pm$ ($n=7\sim12$) 团簇的能隙

($n=7\sim12$) 团簇相互作用的吸附能。CO 与离子团簇的吸附能公式如下:

$$E_{ads}^- = E_{CO^-} + E_{W_n} - E_{W_nCO^-}$$
$$E_{ads}^+ = E_{CO} + E_{W_n^+} - E_{W_nCO^+}$$

其中,$E(*)$ 分别表示 $W_nCO^\pm$ 吸附体系的总能量、气相 CO 分子的能量和 W_n 团簇的总能量。

从图 2 - 37 可以看出,离子团簇的吸附能的变化趋势没有前面中性团簇那么大,中性团簇的吸附能随着原子数目的增加呈现下降趋势,而在阴阳离子团簇的吸附能中没有体现出这种趋势。而且在相同数目的原子的情况下,阴离子团簇的吸附能大于相应的阳离子团簇的吸附能,这说明团簇吸附体系在得到电子带上负电荷的情况下更加有利于 CO 在 W_n ($n=7\sim12$) 团簇上的吸附。

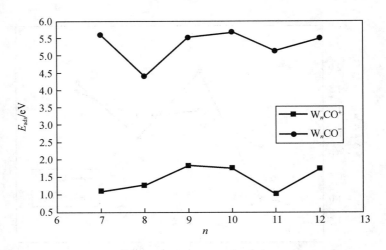

图 2 - 37　$W_n CO^{\pm}$（$n = 7 \sim 12$）团簇基态结构的吸附能

（4）红外光谱分析

图 2 - 38 和图 2 - 39 分别给出了 $W_n CO^+$（$n = 7 \sim 12$）阳离子团簇基态构型和 $W_n CO^-$（$n = 7 \sim 12$）阴离子团簇基态构型的红外光谱图。图中横坐标表示的是振动频率，其单位是 cm^{-1}；纵坐标表示的是红外光谱强度，其单位是 $km \cdot mol^{-1}$。表 2 - 27 给出了 $W_n CO^{\pm}$（$n = 7 \sim 12$）团簇的最小振动频率[a]Freq、红外强度最强的振动频率[b]Freq 和红外光谱最大强度，振动频率是判断团簇结构稳定点的关键要素。

$W_7 CO^{\pm}$ 阴阳离子团簇基态构型的红外光谱图相似，都只存在一个最强峰，振动模式都是 C 原子与 O 原子的对称伸缩振动。其中阳离子团簇的红外光谱最强峰出现在频率 1 861.24 cm^{-1} 处，其强度是 1 734.032 9 $km \cdot mol^{-1}$，而位于其他频率处的峰值均接近于零。而阴离子团簇红外最强峰位于频率 1 749.86 cm^{-1} 处，强度为 1 701.054 3 $km \cdot mol^{-1}$，与阳离子团簇对比可以看出，阴离子团簇 IR 峰的强度及对应频率都减小了，因此阴离子团簇的 IR 峰相较于阳离子团簇 IR 峰发生了红移现象，这是由于阴阳离子团簇中 CO 的电子结构不同所致。

从图 2 - 38 中可以看出，$W_8 CO^+$ 阳离子团簇基态构型的红外光谱强度比其他团簇明显偏低，只有 595.747 6 $km \cdot mol^{-1}$，而且其最强峰出现在频率为 1 209.37.24 cm^{-1} 处，也明显比其他团簇红外光谱峰的频率低，发生的红移现象最为明显，这是因为团簇红外光谱的最强峰对应的振动频率都是 C 原子和 O 原子的对称伸缩振动，而 $W_8 CO^+$ 阳离子团簇基态构型中 C—O 键出现了 π 键，与其他团簇中 C—O 键都是双键有很大差别，从图 2 - 33 中可以看出这一点。$W_8 CO^-$ 阴离子团簇基态构型的红外光谱强度是 1 955.597 0 $km \cdot mol^{-1}$，其最强峰出现在频率为 1 764.52 cm^{-1} 处，同样只有一个最强峰，对应频率的振动模式是 CO 键的对称伸缩振动。

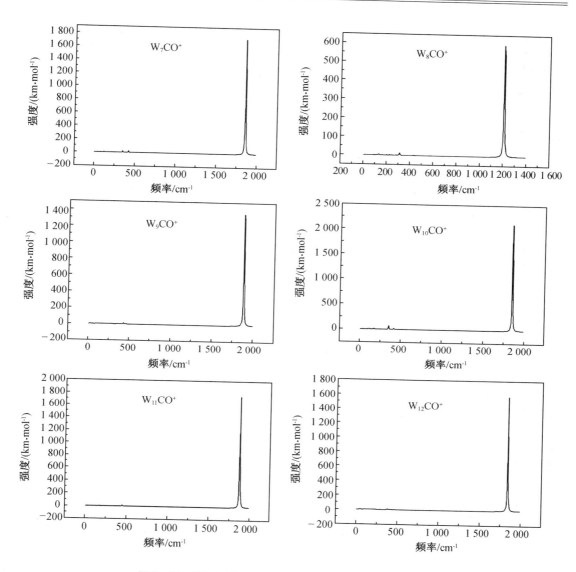

图 2-38 W_nCO^+ ($n=7\sim12$) 团簇基态结构的 IR 谱图

表 2-27 $W_nCO^{\pm}$ ($n=7\sim12$) 团簇的振动频率和红外强度

Cluster	W_7CO^+	W_8CO^+	W_9CO^+	$W_{10}CO^+$	$W_{11}CO^+$	$W_{12}CO^+$
[a]Freq/cm^{-1}	32.33	15.65	26.28	22.24	17.90	31.87
[b]Freq/cm^{-1}	1 861.24	1 209.37	1 885.92	1 857.43	1 879.98	1 840.89
IR Int/(km·mol^{-1})	1 734.03	595.748	1 363.83	2 120.43	1 766.41	1 590.78
Cluster	W_7CO^-	W_8CO^-	W_9CO^-	$W_{10}CO^-$	$W_{11}CO^-$	$W_{12}CO^-$
[a]Freq/cm^{-1}	25.88	23.33	42.54	38.39	22.41	19.27
[b]Freq/cm^{-1}	1 749.86	1 764.52	1 763.05	1 725.15	1 770.48	1 685.21
IR Int/(km·mol^{-1})	1 701.05	1 955.59	1 559.88	1 968.42	1 964.74	1 384.12

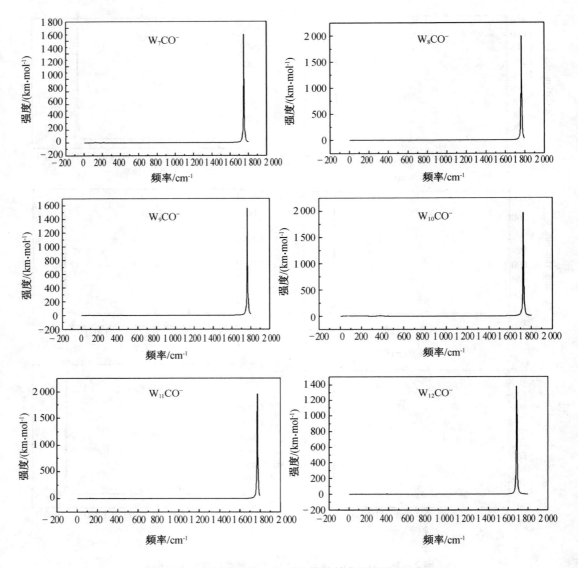

图 2 - 39 W_nCO^- ($n=7 \sim 12$) 团簇基态结构的 IR 谱图

$W_9CO^\pm$ 阴阳离子团簇基态构型对称性相同为 C_s 对称,但是它们的红外光谱强度及出现的频率不相同,这可能是由于它们的构型不同所致。阳离子团簇的红外光谱最强峰出现在 1 885.92 cm^{-1} 处,其强度是 1 363.828 3 km·mol^{-1},阴离子团簇的红外光谱最强峰出现在 1 763.05 cm^{-1} 处,其强度是 1 559.883 8 km·mol^{-1},阴离子团簇的红外光谱最强峰出现的频率小于阳离子团簇,强度要高于阳离子团簇。

$W_{10}CO^\pm$ 阴阳离子团簇的红外光谱也只存在一个最强峰,只是阳离子团簇在 353.42 cm^{-1} 处又出现一个非常弱的峰,如图 2 - 38 所示。$W_{10}CO^+$ 阳离子团簇的最强峰的红外光谱强度为 2 120.429 9 km·mol^{-1},频率为 1 857.43 cm^{-1},振动模式为 CO 的对称伸缩振动,团簇的对称性是 C_s。$W_{10}CO^-$ 阴离子团簇基态构型的对称性是 C_{2v},红外光谱强度为 1 958.422 3 km·mol^{-1},频率为 1 725.15 cm^{-1}。阴离子红外光谱最强峰出现的频率小于阳离子团簇。

从图 2-38 和图 2-39 可以看出 $W_{11}CO^{\pm}$ 阴阳离子团簇基态构型的红外光谱只存在一个强峰,其余频率处的红外强度都几乎为零。阳离子团簇的最强峰出现在 1 879.98 cm^{-1} 处,强度是 1 766.41 km·mol^{-1},阴离子团簇的红外强度出现在 1 770.48 cm^{-1} 处,强度是 1 964.74 km·mol^{-1}。阴离子团簇的红外强度大于阳离子团簇的红外强度,但频率低于阳离子团簇的频率,在 GaussView 软件中可以看出阴离子团簇的 CO 对称伸缩振动幅度比阳离子的大,所以其强度更高。

$W_{12}CO^{\pm}$ 阳离子和阴离子团簇基态构型的红外光谱也只有一个最强峰,对称性分别为 C_1 和 C_s,振动模式为 C—O 键的伸缩振动,W 原子轻微振动。阳离子团簇的最强峰值为 1 590.78 km·mol^{-1},位于频率 1 840.89 cm^{-1} 处;阴离子团簇的最强峰值为 1 384.12 km·mol^{-1},位于频率 1 685.21 cm^{-1} 处。由数据可看出,$W_{12}CO^{-}$ 阴离子团簇的红外强度值为所有阴离子团簇中的最小值,这说明 $W_{12}CO^{-}$ 阴离子团簇的得电子能力最弱。

通过对团簇 $W_nCO^{\pm}$($n = 7 \sim 12$)阴阳离子基态构型的振动光谱分析可以看出:

$W_nCO^{\pm}$($n = 7 \sim 12$)阴阳离子团簇的红外光谱分布和中性团簇相似,都只有一个振动峰,振动峰对应频率的振动模式均为 CO 的对称伸缩振动。阴阳离子团簇的峰值范围在 595.748 ~ 2 120.43 km·mol^{-1} 之间,阴阳离子团簇相比较而言,除了 W_8CO^{+} 阳离子团簇的 C—O 键型特殊外,其他阴离子团簇最强峰对应的频率都比相应的阳离子团簇最强峰对应的频率低,这说明阴离子团簇发生了红移现象。

(5)极化率分析

采用 B3LYP/LANL2DZ 方法对 $W_nCO^{\pm}$($n = 7 \sim 12$)阴阳离子团簇基态结构的极化率进行了计算。极化率表征体系在外电场存在情况下,电子云的分布和热运动状况;是描述物质与光的非线性作用的重要参数。它不仅可以反映分子间的相互作用的强度,还可以影响散射与碰撞过程的截面。极化率张量的平均值$\langle \alpha \rangle$和极化率的各向异性不变量($\Delta \alpha$)由下面两个公式计算:

$$\langle \alpha \rangle = \frac{1}{3}(\alpha_{XX} + \alpha_{YY} + \alpha_{ZZ})$$

$$\Delta \alpha = \left[\frac{(\alpha_{XX} - \alpha_{YY})^2 + (\alpha_{YY} - \alpha_{ZZ})^2 + (\alpha_{ZZ} - \alpha_{XX})^2 + 6(\alpha_{XY}^2 + \alpha_{XZ}^2 + \alpha_{YZ}^2)}{2} \right]^{\frac{1}{2}}$$

表 2-28 列出了 $W_nCO^{\pm}$($n = 7 \sim 12$)阴阳离子团簇基态结构的极化率张量的平均值 $\langle \alpha \rangle$、每个原子的平均极化率$\langle \overline{\alpha} \rangle$和极化率的各向异性不变量($\Delta \alpha$)。由表 2-28 可知,各原子极化率张量主要分布在 XX, YY, ZZ 方向。在 XX 方向极化率分量最大的是 $W_{12}CO^{+}$ 阳离子团簇,在 YY 方向极化率分量最大的是 $W_{11}CO^{-}$ 阴离子团簇,在 ZZ 方向极化率分量最大的是 $W_{12}CO^{-}$ 阴离子团簇。对比阴阳离子团簇的极化率来看,在同一分量上阴离子的极化率总是大于相应的阳离子团簇的极化率($W_{12}CO^{-}$ 的 XX 方向除外)。XZ, YZ 方向上极化率为零出现的次数最多,$W_{11}CO^{+}$,$W_{11}CO^{-}$ 的 XY, XZ, YZ 方向上的分量都为零。

从表 2-28 可以看出,对于每个原子的平均极化率$\langle \overline{\alpha} \rangle$来说,阴离子团簇与阳离子团簇的值都随 W 原子数 n 增加,呈现先减小后增大再减小的趋势,这一点和中性团簇的变化趋势一样;阳离子的每个原子的平均极化率最小的是 W_8CO^{+} 团簇,最大的是 $W_{10}CO^{+}$ 团簇;阴离子的平均极化率最小的是 $W_{12}CO^{-}$ 团簇,最大的是 $W_{10}CO^{-}$ 团簇,阴阳离子团簇的每个原子的平均极化率最大值都出现在 $n=10$ 时,这表明 $n=10$ 时团簇的电子结构相对不稳定,电子离域效应较大,这一现象也与中性团簇相一致。

表 2 – 28　$W_nCO^{\pm}(n=7\sim12)$ 团簇基态结构的极化率

Cluster	Polarizability								
	α_{XX}	α_{XY}	α_{YY}	α_{XZ}	α_{YZ}	α_{ZZ}	$\langle\alpha\rangle$	$\langle\overline{\alpha}\rangle$	$\Delta\alpha$
W_7CO^+	303.5	7.7	290.0	2.6	−18.2	336.6	310.0	34.4	54.0
W_8CO^+	349.9	−0.6	314.6	6.5	−0.2	324.6	329.7	33.0	33.5
W_9CO^+	316.1	−17.5	353.8	0	0	442.2	370.7	33.7	116.1
$W_{10}CO^+$	506.2	34.2	441.6	0	0	618.5	522.1	43.5	165.9
$W_{11}CO^+$	400.0	0	457.4	0	0	598.3	485.2	37.3	176.7
$W_{12}CO^+$	646.5	2.8	497.7	1.4	12.5	390.8	511.7	36.6	223.5
W_7CO^-	503.5	−39.4	466.8	0.7	0.1	483.1	484.5	53.8	75.3
W_8CO^-	555.1	−0.9	517.7	−0.3	−0.8	517.5	530.0	53.0	37.7
W_9CO^-	494.9	4.9	460.4	0	0	672.6	542.6	49.3	197.4
$W_{10}CO^-$	641.1	8.8	662.5	0	0	635.7	646.4	53.9	28.9
$W_{11}CO^-$	536.9	0	744.8	0	0	744.7	675.5	52.0	207.9
$W_{12}CO^-$	622.7	−11.9	536.6	0	0	863.6	674.3	48.2	294.2

从表 2 – 28 还可以看出,阳离子团簇的极化率各向异性不变量($\Delta\alpha$)随 W 原子数 n 的增大而呈增大趋势,只是在 $n=8$ 时出现了小幅下降,说明 W_8CO^+ 团簇的结构密堆积较好;而阴离子团簇的极化率各向异性不变量($\Delta\alpha$)随 W 原子数 n 的增大而呈现"振荡"特性,但是在 $n=12$ 时曲线没有延续振荡趋势,而是继续了 $n=10$ 和 11 之间的增大,阴离子团簇的这一变化趋势和中性团簇相同,而阳离子团簇的变化趋势和中性团簇明显不同,这说明了团簇失去一个电子比得到一个电子对团簇的电子结构影响更大。

(6)结论

采用 Gaussian 09 软件程序包中的 B3LYP 方法,在 LANL2DZ 基组水平上优化得到了 $W_nCO^{\pm}(n=7\sim12)$ 阴阳离子团簇的基态构型,并研究了随着团簇尺寸的增加团簇的稳定性和物化性能。主要结论如下:

①从阴阳离子团簇的基态结构上来看,离子团簇的基态结构有些和中性团簇的基态结构接近,有些比较接近于中性团簇的亚稳态结构。当 $n\geqslant10$ 时,阳离子团簇与阴离子团簇的基态结构变得接近,而当 $n=7\sim9$ 时,阴离子团簇与阳离子团簇的基态结构不相同。CO 主要吸附在 W 团簇的端位,C—O 键被活化且阴离子团簇基态结构的 C—O 键长均大于相应阳离子基态结构。阴阳离子团簇基态构型的稳定规律和中性团簇的变化趋势一致。

②$W_nCO^{\pm}(n=7\sim12)$ 阴阳离子团簇基态构型的红外光谱和其中性团簇的谱图也一致,都只有一个强峰,此强峰对应的振动模式是 CO 的对称伸缩振动。离子团簇的极化率张量平均值随团簇尺寸增大呈现先减小后增大再减小的趋势,且阴离子团簇的极化率张量平均值大于相应的阳离子团簇。离子团簇的总磁矩大部分是由 W 原子提供的。

2.3 $W_n N_2^{0,\pm}$ $(n=1\sim12)$ 体系的结构与性能

2.3.1 引言

许多纳米过渡金属团簇在化学反应中有良好的催化性能,作为了解催化机理的关键因素之一,近年来,人们对过渡金属团簇吸附气体小分子的性能进行了广泛的实验和理论研究。人们已经发现,在许多体系中,团簇的吸附能随团簇尺寸不同有显著的变化,如 H_2 和 N_2 被吸附在 Fe_n [38-39] 和 Nb_n 团簇上[40-44]、CO 被吸附在不同金属团簇上[45] 和 O_2 吸附在金属团簇上[46-48]。许多实例表明,化学反应的不同与金属团簇的电子结构有关,如电子亲和能(EA)和电离能(IP)。例如,在实验中发现 O_2 容易被吸附在含有偶数个原子的 Au 阴离子团簇上,而很难吸附在含有奇数个原子的 Au 团簇上[46],相关理论研究表明,是与 Au 团簇的电子亲和能有关[47]。

钨团簇吸附气体分子已被人们广泛研究。研究发现,$W_n (n<10)$ 团簇对 CO 和 O_2 的吸附有较低的尺寸相关和活性[22];而另一项研究发现[49],在 $W_1 \sim W_7$ 团簇吸附 CO 的过程中,其活性随着团簇的尺寸的增加存在单调递增的趋势。N_2 不仅是减少氮氧化物的主要和目标产物,也是大气中最主要的组成部分。金属团簇对 N_2 的吸附行为有可能会对团簇的催化性能产生影响。W_n 吸附 N_2 的实验研究表明[50,18],对于中性的 $W_n (n<15)$ 团簇吸附氮气后表现出低活性,然而研究发现在 $n=15$ 时,液态氮温度以及室温的情况下活性有飞跃性的变化。另有实验研究表明[51-52],小于 W_9 的阴离子 W_n 团簇,相对于解离性化学吸附,吸附 N_2 后有更好的热力学稳定性。

为了全面了解团簇的吸附性质,比如几何结构和电子结构,对其进行理论研究是必要的,然而,到目前为止,关于 W_n 吸附 N_2 的理论研究还未见报道。上一章已经采用密度泛函理论(DFT)对 W_n 进行了计算研究,所有计算结果都与实验吻合得很好。本节就是在前面对 W_n 纯簇研究的基础上对 $W_n^{0,\pm}$ 吸附氮分子进行全面的理论研究。

2.3.2 计算方法

对于 $W_n N_2^{0,\pm}$ $(n=1\sim5)$ 采用的计算程序是 Gaussian 03 软件包,对于 $W_n N_2^{0,\pm}$ $(n=6\sim12)$ 采用的计算程序是 Gaussian 09 软件包。虽然两者采用的方法和基组都相同,但由于版本不同,结果会稍微有些差别,对于同一体系用 Gaussian 09 计算的结果能量更低一些,算出的平均结合能和二阶差分就比用 Gaussian 03 计算的大一些。采用密度泛函理论(DFT)方法,选用了广义梯度近似泛函(PW91)和杂化密度泛函(B3LYP)。对重的过渡金属钨,由于存在 d 轨道相互作用,相对论效应十分明显,作用机理比较复杂,基组选用了双 ζ 价电子和相应的 Los Alamos 相对论有效核势(RECP),即赝势 LANL2DZ 基组,这一基组通过有效核势,进行标量相对论效应的修正,得到的团簇的结构性质能获得满意的结果,适合于过渡金属体系;对于氮原子,采用 6-311+G(3df) 全电子基组,该基组包括极化和弥散,对于氮和其他非金属原子可以给出较好的描述。结构优化梯度力阈值是 0.000 45 a.u.,积分采用 (75,302) 网格,对所有优化好的构型都做了频率分析,没有虚频,说明得到的优化构型都是势能面上的局域最小点,而不会是过渡态或高阶鞍点。

为了和自由的 W_n 团簇及 N_2 分子进行比较,首先研究了自由的 W_n 团簇和 N_2 分子的中性和阴阳离子的电子亲和能(EA)和电离势(IP)。自由的 $N_2^{0,\pm}$ 的键长、振动频率、电离能和亲和能等性能的计算方法和 W_n 团簇一样,采用 B3LYP 和 PW91 两种方法,基组还是 LANL2DZ 基组,计算结果与实验结果能很好地吻合[24,53]。对于 W_n 团簇,上章采用 B3LYP 方法计算得到的几何参数、EA 和解离能(绝热和纵向解离能)均与实验结果较好吻合。在本章研究中发现采用 PW91 方法得到了相似的结果,通过 PW91 方法得到的几何参数、对称性以及自旋多重度都列在了图 2 - 40 中。唯一不同的是通过 B3LYP 方法得到的中性 W_4 团簇的基态是三重态,而通过 PW91 方法得到的是单重态。为了将计算结果与已有的实验数据进行比较,表 2 - 29 列出了通过 B3LYP 和 PW91 泛函计算得到 W_n 团簇的垂直 EA、绝热 IP 和 N_2 的绝热 EA、垂直 IP。

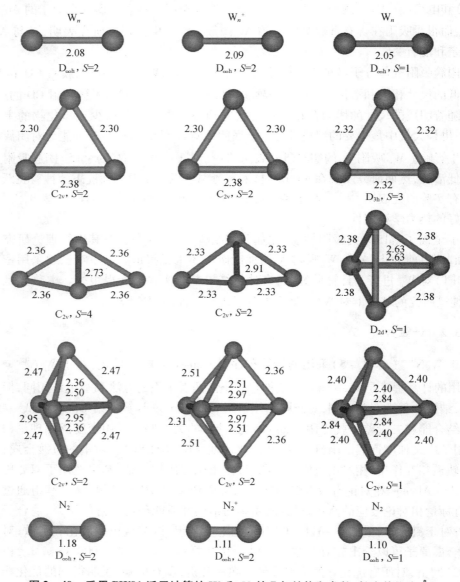

图 2 - 40 采用 PW91 泛函计算的 W_n 和 N_2 的几何结构和参数,长度单位为 Å

表 2 − 29　W_n 和 N_2 的电子亲和能(EA)和电离势(IP)

	EA			IP		
	B3LYP	PW91	Expt.	B3LYP	PW91	Expt.
W_1	0.64	0.42	0.85[a]	8.30	8.54	
W_2	1.34	1.12	1.46[a]	6.63	7.96	
W_3	1.44	1.48	1.44[a]	5.85	6.05	
W_4	1.49	1.56	1.64[a]	5.74	5.80	
W_5	1.65	1.79	1.58[a]	5.21	5.29	
N_2	1.67	1.59	1.93[b]	15.85	15.45	15.58[c]

a—Ref. 24；b—Ref. 54；c—Ref. 55。

众所周知,目前采用的 DFT 方法,如 B3LYP 和 PW91,均不能准确描述分子之间的弱相互作用力,包括色散力静电力以及氢键相互作用力。对于某些体系,比如稀有气体二聚物(He_2,Ne_2)和水二聚物,用 PW91 计算的结合能过高,而用 B3LYP 计算的又过低[56]。关于 Au 团簇对 O_2,N_2,NO,CO 等小分子的吸附[47,53,57,58],采用 PW91 方法要比 B3LYP 计算得到的结合能大。为了使结果更加准确可靠,本书采用 PW91 和 B3LYP 两种方法进行了计算。

为了检测 DFT 方法在本体系计算中的准确性,对 $(W_2N_2)^{0,\pm}$ 和 $(W_3N_2)^{0,\pm}$ 采用 DFT 中的两种泛函(B3LYP 和 PW91)和高精度的从头算法 CCSD(T)在同一基组水平上进行了验算。首先采用 DFT 对其几何结构进行优化,B3LYP 和 PW91 两种方法优化后的结构较为相似(参见下面的详细论述),所以把通过 B3LYP 优化后得到的几何结构再用 CCDS(T)进行单点能计算(经过检验,与用 PW91 优化后的几何构型得出相似的结果)。根据优化后的几何结构,计算了 W_2,W_3 中性和阴阳离子吸附 N_2 的吸附能,计算公式如下

$$E_b = (E_{W_n} + E_{N_2}) - E_{W_nN_2}$$

计算结果列在表 2 − 30 中。根据上式计算的能量都包括了零点能校正。表 2 − 30 列出了用双基组(N:6 − 311 + G(3df),W:LANL2DZ)计算的 N_2 分子吸附在 $W_2^{0,\pm}$ 和 $W_3^{0,\pm}$ 团簇上的吸附能。由表 2 − 30 可以看出,采用 PW91 计算得到的能量比 B3LYP 计算得到的大 0.21 ~ 0.45 eV,但两个泛函预测的趋势是相同的,即阴离子团簇对 N_2 的吸附能力大于阳离子和中性团簇,对 W_n 中不同的 n,吸附能大小存在这样的关系:$W_2^- > W_3^-$,$W_2^+ < W_3^+$ 和 $W_2 \approx W_3$。用 CCDS(T)方法计算出的阳离子和中性团簇吸附能比 PW91 计算得到的结果稍大一点,CCDS(T)计算出阴离子团簇的吸附能比 PW91 和 B3LYP 方法计算的结果大 0.5 eV 左右。

表 2 − 30　用双基组(N:6 − 311 + G(3df),W:LANL2DZ)计算 N_2 吸附在 $W_2^{0,\pm}$ 和 $W_2^{0,\pm}$ 团簇上的吸附能(eV)

Method	$W_2N_2^-$	$W_2N_2^+$	W_2N_2	$W_3N_2^-$	$W_3N_2^+$	W_3N_2
B3LYP	0.91	0.36	0.41	0.58	0.49	0.46
PW91	1.12	0.62	0.86	0.97	0.81	0.81
CCSD(T)	1.62	0.92	0.89	1.43	0.88	0.93

根据上面的讨论,最后选择 PW91 和 B3LYP 泛函和相应的基组(LANL2DZ 基组用于计算 W 而 6 - 311 + G(3DF)基组用于计算 N)计算吸附体系的结构和性能。

2.3.3 结果与讨论

1. $W_nN_2^{0,\pm}(n=1\sim5)$ 的结构与吸附性能

(1)结构和吸附分析

为了研究 W_n 团簇对 N_2 的吸附特性,首先对 $W_nN_2^{0,\pm}$ 的初始几何结构进行了优化,寻找基态构型。为了避免初始构型范围过小,首先在上述纯钨团簇的基础上构造可能的初始构型,构造初始构型采用了两种方式,一是直接猜测的初始构型,二是在上述优化得到的纯钨团簇稳定构型的基础上在不同的位置以戴帽、置换和填充三种方式构造初始构型,再通过理论计算总能的极小来确定团簇的基态结构。通过 B3LYP 和 PW91 泛函得到的吸附体系的基态构型如图 2 - 41 和 2 - 42 所示。由两图可以看出,除了 $W_4N_2^-$ 以外,通过 B3LYP 和 PW91 泛函计算得到的构型键长和键角基本一致。$WN_2^{0,\pm}$ 都是直线结构,而 $W_2N_2^{0,\pm}$ 的二维结构要比三维结构更稳定;对于 $W_nN_2^{0,\pm}(n>2)$,三维结构要比二维结构更稳定,唯一例外的是通过 B3LYP 优化得到的 $W_4N_2^-$ 是一个平面 C_{2v} 结构;所有结果中,N_2 与 W_n 团簇是通过 N—W 单键相连,呈线性或准线性的 W—N—N 结构。

①阴离子团簇

对于图 2 - 41 和图 2 - 42 的基态结构,分别采用 B3LYP 和 PW91 方法计算了吸附能,并列于表 2 - 31 中。B3LYP 和 PW91 方法的计算结果都给出了较大的吸附能,表明所有阴离子 W 团簇都可以吸附一个 N_2,虽然通过 PW91 方法得到的吸附能比 B3LYP 方法得到的大 0.21~0.46 eV,但两种方法计算的吸附能作为团簇尺寸的函数有着非常相似的变化规律,这就意味着吸附趋势可以通过两个泛函进行较为准确的预测。这两个泛函在 Au 团簇吸附 O_2,N_2,NO 和 CO 气体时的差异也是如此[47,53,57,58],他们对此也进行了详细的讨论。

Y. D. Kim 等实验[52]研究发现,W^- 可以吸附一个 N_2 分子,但 W_2^- 和 W_3^- 无论是在室温还是在高温下都无法吸附,而 W_4^- 和 W_5^- 和 N_2 有弱相互作用。然而,根据本书计算得到的吸附能,所有 $W_n^-(n=1\sim5)$ 团簇均可吸附一个 N_2 分子。前面采用 CCDS(T)计算得到的吸附能比采用 PW91 和 B3LYP 泛函计算结果大,同样支持本书这一结论。对于这一结论需要今后更多的实验和理论进行进一步的研究证明。

为了进一步研究 N_2 对 W_n 团簇的影响,表 2 - 31 还列出了另外三个参数,即键长、N—N 键的振动频率和 N_2 分子的自然电荷布局(NPA)。从表 2 - 31 可以看出,B3LYP 和 PW91 两种泛函的计算结果都证实了电子从 W_n^- 团簇向 N_2 转移,转移量比较多,说明它们之间的相互作用是显著的;W_n 团簇有较低的 EA,这就使电子容易从 W_n^- 团簇向 N_2 转移。当电子发生转移时,N_2 的 $p\pi^*$ 反键轨道将被多余的电子填充,所以 N—N 键将被削弱而 N—N 键长增加,导致 N—N 键的振动频率减少。从表 2 - 31 还可看到,通过 B3LYP 计算得到 WN_2^- 团簇中 N_2 的振动频率是 1 793 cm^{-1},与文献[50]中的实验值 1 774 cm^{-1} 吻合得很好,也与自由状态的 N_2^- 的振动频率非常接近。

表 2 – 31　W_n 团簇吸附 N_2 分子的计算结果

	B3LYP					PW91				
	S	E_b	r_{N-N}	D_{N-W}	q_{N_2}	ω_{N_2}	S	E_b	r_{N-N}	D_{N-W}	q_{N_2}	ω_{N_2}
$W_nN_2^-$											
1	4	0.85	1.16	1.89	– 0.70	1 793	4	1.31	1.18	1.87	– 0.69	1 734
2	2	0.91	1.13	2.01	– 0.41	2 002	2	1.12	1.15	2.00	– 0.45	1 948
3	2	0.58	1.12	2.04	– 0.34	2 074	2	0.97	1.14	2.00	– 0.39	1 955
4	2	0.97	1.13	2.05	– 0.38	1 988	2	1.26	1.14	2.00	– 0.35	1 954
5	2	1.13	1.14	2.03	– 0.34	1 972	2	1.44	1.15	2.00	– 0.39	1 939
$W_nN_2^+$											
1	6	1.72	1.10	2.03	0.01	2 254	6	2.05	1.12	1.98	– 0.01	2 113
2	2	0.36	1.10	2.24	0.03	2 367	2	0.62	1.11	2.00	0.01	2 217
3	2	0.49	1.10	2.15	– 0.01	2 311	2	0.81	1.12	2.08	– 0.06	2 166
4	2	0.73	1.10	2.14	0.00	2 281	2	1.00	1.12	2.07	– 0.05	2 134
5	2	0.93	1.11	2.08	– 0.06	2 219	2	1.22	1.12	2.04	– 0.10	2 099
W_nN_2											
1	5	0.29	1.14	1.91	– 0.23	1 960	5	0.35	1.16	1.88	– 0.07	1 873
2	1	0.41	1.11	2.05	– 0.22	2 177	1	0.86	1.13	2.00	– 0.26	2 062
3	3	0.46	1.11	2.05	– 0.20	2 148	3	0.81	1.13	2.01	– 0.25	2 018
4	1	0.81	1.11	2.06	– 0.14	2 177	1	1.36	1.13	2.01	– 0.19	2 048
5	1	0.92	1.12	2.05	– 0.18	2 144	1	1.27	1.13	2.02	– 0.22	2 028

②阳离子团簇

对于阳离子 W 团簇吸附 N_2 目前还没有实验验证。本书的理论计算结果见表 2 – 31，几何构型及参数如图 2 – 41 和图 2 – 42 所示。由表 2 – 31 可以看出，所有吸附能都大于 0.36 eV，这就表明所有阳离子 W 团簇都可以吸附 N_2。而且采用 PW91 泛函计算出的吸附能大于 B3LYP 泛函计算的结果（约 0.26 ~ 0.33 eV）。两种泛函计算的吸附能的差别和阴离子有着相似的结果，又进一步证明了吸附趋势可以通过两个泛函进行较为准确的预测。键长、N—N 键的振动频率和 N_2 的自然电荷布局分析（NPA）也列在了表 2 – 31 中。由表 2 – 31 看出，N_2 上的电荷分布很少，而且从自由 N_2 到吸附态 N_2 的键长和振动频率变化也很小，因此，在阳离子的情况下，电荷转移不是决定 N_2 吸附行为的必要因素，并且 N_2 键在吸附过程中仍然存在。

③中性团簇

计算结果也列于表 2 – 31 中，其几何参数如图 2 – 41 和图 2 – 42 所示。采用 B3LYP 计算得到的吸附能在 0.29 ~ 0.92 eV 之间，而采用 PW91 计算得到的吸附能在 0.35 ~ 1.36 eV 之间，表明中性 W_n（$n = 1 ~ 5$）团簇也可以吸附 1 个 N_2 分子。应当指出的是，对于中性的 W 原子，通过 B3LYP 和 PW91 计算得到的吸附能分别为 0.29 和 0.35 eV，表明 N_2 分子与 W 原子之间的相互作用较弱。实验发现[49]，W_n（$n < 5$）团簇对 N_2 分子无吸附作用，这可能是因为吸附体系 W_nN_2 处于离子化状态而不稳定无法在实验中发现。电荷布局分析表明有一些电子从 W_n 团簇向 N_2 分子转移，但是数目没有阴离子那么大。而且从自由 N_2 到吸附态 N_2 的键长和振动频率变化也很小，其值处于阴阳离子团簇之间。

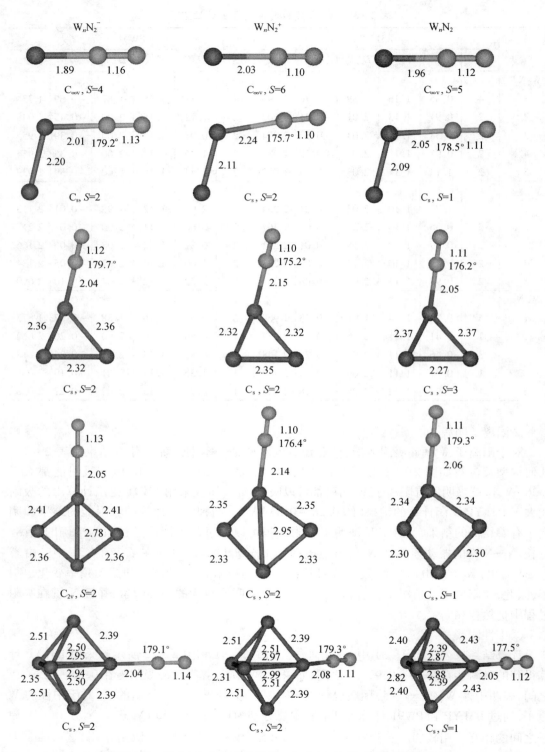

图 2-41　用 B3LYP 方法计算的 $W_nN_2^{0,\pm}$ 的基态构型，键长单位：Å

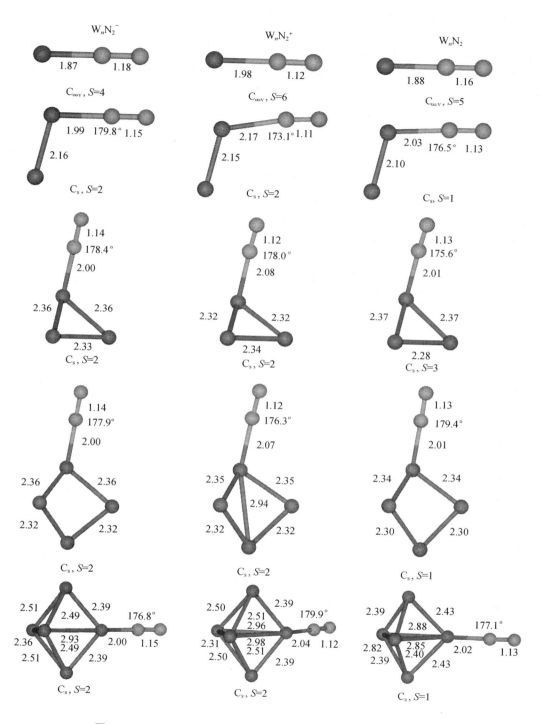

图 2-42　用 PW91 方法计算的 $W_nN_2^{0,\pm}$ 的基态构型, 键长单位: Å

（2）频率分析

振动频率通常是研究吸附体系实验中能观察到的主要实验数据之一。表 2-32 给出了 $W_n N_2^{0, \pm}$（$n = 1 \sim 5$）的所有振动频率。采用 B3LYP 和 PW91 两种泛函计算得到的结果差异很小，因此表 2-32 只给出了 B3LYP 泛函计算的结果。其振动模式可分为三类：W 原子的振动（W 模式）、N—N 之间的振动（N_2 模式）以及 W 和 N_2 之间的振动（WN_2 模式）。在计算的结果中 W 模式振动频率较小，分布在 $100 \sim 300 \text{ cm}^{-1}$ 之间；N_2 模式振动频率最高，都在 $1\,700 \text{ cm}^{-1}$ 以上；W 和 N_2 之间有明显的电荷转移关系，在前面已经进行了讨论，WN_2 模式振动频率范围从几十到 477 cm^{-1}，主要取决于 W_n 团簇和 N_2 之间的相互作用，也取决于它们之间的振动模型，即 WN_2 之间的伸缩振动和弯曲振动。在 WN_2 振动模式中伸缩振动频率最高，其中最高的是 WN_2^-，表明 W^- 和 N_2 之间有较强的相互作用。

振动模式是红外活性还是拉曼活性主要取决于其对称性。表 2-32 列出了其对称性。由表 2-32 看出，吸附体系的对称性分别为 C_s，C_{2v} 和 $C_{\infty v}$，所有的振动模式都具有红外和拉曼活性。本书计算的频率结果可作为将来红外光谱和拉曼光谱实验的重要参考依据。

表 2-32　采用 B3LYP 泛函计算的 $W_n N_2^{0, \pm}$（$n = 1 \sim 5$）的振动频率

WN_2^-（$C_{\infty v}$）	WN_2^+（$C_{\infty v}$）	WN_2（$C_{\infty v}$）	$W_2N_2^-$（C_s）	$W_2N_2^+$（C_s）	W_2N_2（C_s）
353.7（π）	320.8（π）	317.5（π）	77.3（a′）	65.5（a′）	83.6（a′）
354.1（π）	320.8（π）	317.5（π）	257.8（a′）	198.6（a′）	304.4（a′）
477.2（σ）	367.6（σ）	397.2（σ）	315.8（a″）	202.9（a″）	308.6（a″）
1793.1（σ）	2254.9（σ）	2042.7（σ）	332.2（a′）	273.0（a′）	363.8（a′）
			395.1（a′）	358.2（a′）	386.2（a′）
			2 001.8（a′）	2 366.7（a′）	2 176.5（a′）
$W_3N_2^-$（C_s）	$W_3N_2^+$（C_s）	W_3N_2（C_s）	$W_4N_2^-$（C_{2v}）	$W_4N_2^+$（C_s）	W_4N_2（C_s）
63.6（a″）	59.7（a′）	58.7（a″）	37.6（b_1）	41.4（a′）	54.4（a′）
66.3（a′）	60.1（a″）	64.7（a′）	38.6（b_1）	55.0（a″）	62.4（a″）
144.0（a″）	180.3（a″）	188.2（a″）	56.6（b_2）	69.2（a′）	97.3（a′）
186.8（a′）	200.5（a′）	194.8（a′）	130.3（b_2）	143.7（a′）	128.1（a′）
304.0（a′）	235.5（a′）	290.9（a′）	169.7（a_1）	147.3（a″）	176.6（a″）
313.3（a′）	284.5（a′）	321.5（a′）	179.4（a_1）	230.7（a′）	259.0（a′）
373.9（a′）	299.7（a″）	356.4（a′）	197.9（b_2）	254.5（a″）	265.0（a″）
392.3（a′）	318.5（a′）	361.1（a′）	237.9（a_1）	262.2（a′）	297.0（a′）
2 074.2（a′）	2 310.6（a′）	2 148.2（a′）	342.3（b_1）	274.1（a′）	324.6（a′）
			356.0（b_2）	313.3（a′）	374.5（a″）
			373.8（a_1）	320.3（a″）	403.5（a′）
			1 988.0（a_1）	2 280.9（a′）	2 177.4（a′）
$W_5N_2^-$（C_s）	$W_5N_2^+$（C_s）	W_5N_2（C_s）			
7.3（a′）	49.6（a′）	44.6（a′）			

表 2 - 32（续）

WN$_2^-$（C$_{\infty v}$）	WN$_2^+$（C$_{\infty v}$）	WN$_2$（C$_{\infty v}$）	W$_2$N$_2^-$（C$_s$）	W$_2$N$_2^+$（C$_s$）	W$_2$N$_2$（C$_s$）
61. 6（a″）	59. 1（a″）	54. 4（a″）			
64. 5（a″）	64. 9（a″）	70. 2（a′）			
102. 6（a′）	111. 4（a′）	98. 0（a′）			
124. 8（a′）	125. 7（a′）	164. 7（a′）			
141. 3（a′）	137. 6（a′）	172. 5（a″）			
142. 3（a″）	147. 4（a″）	184. 8（a″）			
160. 1（a′）	178. 9（a′）	205. 5（a′）			
225. 2（a′）	242. 6（a′）	211. 5（a′）			
238. 4（a″）	255. 6（a″）	272. 0（a′）			
266. 1（a′）	317. 7（a′）	289. 8（a′）			
299. 9（a′）	324. 4（a′）	325. 9（a″）			
321. 8（a″）	337. 1（a″）	342. 1（a′）			
389. 6（a′）	388. 7（a′）	424. 4（a′）			
1971. 8（a′）	2218. 6（a′）	2143. 5（a′）			

（3）结论

综上所述,采用 DFT 中的广义梯度近似泛函和杂化密度泛函,对 W$_n$（n = 1~5）中性和阴阳离子团簇吸附 N$_2$ 分子进行了系统的理论研究。在对吸附体系的几何结构进行全面优化的基础上,计算了吸附体系基态结构的吸附能和相应的吸附特性。研究结果表明,在任何情况下 W$_n$ 团簇都可以吸附 N$_2$。在 B3LYP 水平上,W 团簇对 N$_2$ 的吸附能在 0. 29~1. 72 eV 范围内,而在 PW91 水平上,吸附能在 0. 35~2. 05 eV 之间。对于阴离子团簇,电子转移发生在 W$_n$ 和 N$_2$ 之间,且 N—N 键之间作用力十分薄弱,表明键长伸长和振动频率减少是影响吸附性能的重要因素。在阳离子吸附体系中,W$_n$ 和 N$_2$ 之间的电子转移并不显著,因此阳离子团簇的吸附特性依赖于不同的机制。对于中性团簇,N$_2$ 上的电荷分布、键长以及振动频率都位于阴阳离子团簇之间。后面还要对大尺寸的吸附体系做系统的研究,以便寻找吸附规律,促进 DFT 在 W 团簇催化反应机制中的研究进程。

2. W$_n$N$_2^{0,\pm}$（n = 6~12）团簇的结构与性能

上面对 W$_n$N$_2^{0,\pm}$（n = 1~5）吸附体系的全部计算采用的是 Gaussian 03 软件包,对于本节的 W$_n$N$_2^{0,\pm}$（n = 6~12）团簇的全部计算采用 Gaussian 03 升级版本的 Gaussian 09 软件包,采用的方法和基组两者完全一样,但由于两者版本不同,因此计算的结果精度有点区别。

（1）W$_n$N$_2$（n = 6~12）中性团簇

①几何结构

为寻找 W$_n$N$_2$（n = 6~12）中性团簇的基态结构,首先对 W$_n$ 团簇结构进行优化,找到的基态构型与上章中钨的构型基本相符。然后分别在 W$_n$ 团簇的基态构型和亚稳态构型的基

础上吸附一个 N_2 分子,在构建吸附体系的初始构型时充分考虑了 W_n 团簇的 bridge 位、top 位、face 位和 hollow 位等不同的结合位置,然后对初始构型进行几何参数全优化,得到大量稳定构型。把计算结果中能量最低且没有虚频(即频率为正)的稳定结构叫作基态结构,与基态结构能量相近且没有虚频的稳定结构称为亚稳态。图 2 – 43 给出了 W_n (n =6~12) 团簇的基态构型及其亚稳态结构(大球是 W 原子,小球是 N 原子),表 2 – 33 给出了 W_nN_2 (n =6~12) 团簇基态结构中 W—N 键长、和 W 原子相连的 N 原子及相离 N 原子的电荷等数据。

W_6N_2 团簇吸附体系的基态结构(6a)的点群是 C_1,它对应的 W_6 纯钨团簇基态构型是有点变异的四角双锥,点群是 C_2。从 W_6N_2 吸附体系的构型来看,N_2 分子一个 N 原子倾斜吸附在 W_6 团簇顶端的 W 原子上,两个 N 原子之间以双键相连,N_2 分子的吸附使得 W_6 团簇的基体结构发生细微变化,但总的来说还是和 W_6 团簇的基态结构相接近。由表 2 – 33 可知,W_6N_2 团簇的 W—W 平均键长为 0.255 3 nm,W—N 键长为 0.202 9 nm,N—N 键长为 0.116 5 nm,和 W 原子相连的 N 原子的电荷是 $-0.213 5e$,相离 N 原子的电荷是 $0.036 7e$,与 N 原子相连的 5 号 W 原子电荷为 $-0.157 6e$,其他原子的电荷详见表 2 – 34。图 2 – 43 还放置了 3 种能量比基态稍高的亚稳态,其中(6b)的构型是在纯钨四角双锥构型的基础上倾斜吸附 N_2 分子,N—N 以单键相连。(6c)的构型和基态(6a)相似,只是 W 原子的空间结构排列更为对称,对称性提高到了 C_s。(6d)的构型是在纯 W 团簇基态结构的基础上垂直吸附 N_2 分子,N—N 以双键相连。

W_7 纯钨团簇基态结构的点群是 C_{2v},它的形状是在斜三棱柱的侧面再连接一个 W 原子。W_7N_2 团簇吸附体系的基态结构(7a)的点群是 C_1,可以看作 N_2 以分子的形式吸附,其中的一个 N 原子吸附在纯钨团簇顶点的一个 W 原子上,N_2 分子的吸附并没有明显影响 W_7 团簇的构型。从表 2 – 33 可知,W_7N_2 团簇的 W—W 平均键长为 0.267 8 nm,W—N 键长为 0.202 1nm,N—N 键长为 0.116 8nm,和 W 原子相连 N 原子的电荷是 $-0.126 1e$,相离 N 原子的电荷是 $0.040 8e$,与 N 原子相连的 6 号 W 原子电荷为 $-0.372 7e$,其他原子的电荷详见表 2 – 34。其中吸附体系基态结构(7a) 中的 W—W 平均键长比纯钨团簇中 W—W 平均键长变长,这说明了 N_2 分子的吸附活化了 W_7 纯钨团簇。亚稳态(7b)(7c)的构型与基态结构有点相似,只是吸附位置和方向不同;(7d)可以看作四棱柱少去一个角,N_2 分子中的一个 N 原子连接在底部的四边形上,两个 N 原子之间还是以双键相连。

W_8 团簇基态结构的点群是 T_d,它的形状是斜四棱柱。W_8N_2 吸附体系的基态结构(8a)的点群是 C_s,其结构是 N_2 分子倾斜吸附在 W_8 纯钨团簇的一个顶点上,两个 N 原子之间以双键相连。亚稳态(8b)(8c)中两个 N 原子都与 W 原子相连,这使得基体 W 团簇变化较大;(8d)是变形的六面体,顶部和底部是两个菱形,这使得基体 W_8 纯钨团簇稍微有点变形。亚稳态能量依次比基态能量高 0.552 eV,0.678 eV 和 0.998 eV。由表 2 – 33 可以看到 W_8N_2 团簇的 W—W 平均键长为 0.249 2 nm,W—N 键长为 0.200 1 nm,N—N 键长为 0.117 5 nm,和 W 原子相连的 N 原子的电荷是 $-0.175 7e$,相离 N 原子的电荷是 $0.056 8e$,与 N 原子相连的 2 号 W 原子电荷为 $-0.3474e$,其他原子的电荷详见表 2 – 34。

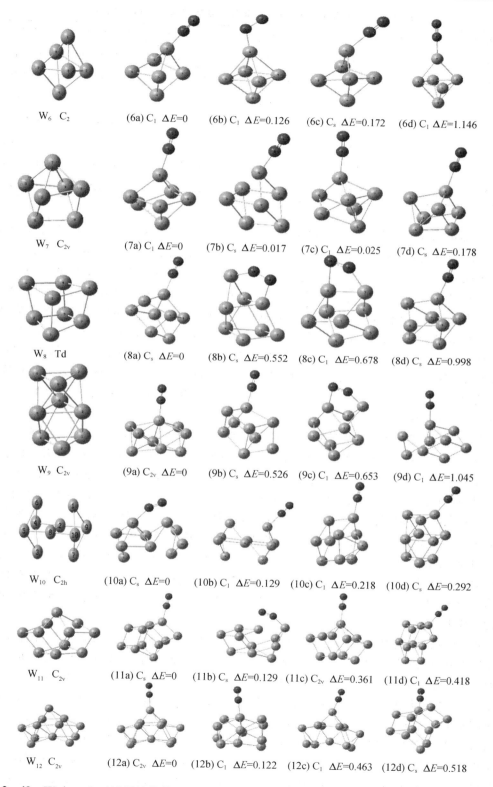

图 2 - 43　$W_n(n=6\sim12)$ 团簇的基态结构及 $W_nN_2(n=6\sim12)$ 吸附体系的稳定结构(能量: eV)

表 2-33　W_nN_2($n=6\sim12$)团簇基态结构的键长(nm)和电荷

团簇	对称性	W—W 平均键长	W—N 键长	N—N 键长	相连 N 电荷	相离 N 电荷
W_6N_2	C_1	0.255 3	0.202 9	0.116 5	−0.213 5	0.036 7
W_7N_2	C_1	0.267 8	0.202 1	0.116 8	−0.126 1	0.040 8
W_8N_2	C_s	0.249 2	0.200 1	0.117 5	−0.175 7	0.056 8
W_9N_2	C_{2v}	0.259 3	0.205 3	0.116 0	−0.068 8	0.047 8
$W_{10}N_2$	C_s	0.259 4	0.205 7	0.124 7	−0.262 4	−0.127 2
$W_{11}N_2$	C_s	0.252 4	0.203 4	0.116 9	−0.156 8	0.071 8
$W_{12}N_2$	C_{2v}	0.253 2	0.205 0	0.116 6	−0.129 8	0.054 5

W_9 纯钨团簇的基态结构的点群是 C_{2v},是 A−B−A 型的密堆结构。W_9N_2 吸附体系的基态结构(9a)的对称性是 C_{2v},其构型是在纯 W_9 团簇基态结构中间的端位 W 原子上吸附 N_2 分子而成,两个 N 原子之间以双键相连。亚稳态(9b)的构型可以看作在 W_8N_2 基态结构(8a)的长轴上外连一个 W 原子而成。亚稳态(9c)结构中 N_2 分子以双键相连,两个 N 原子各与一个 W 原子相连,使得基体 W_9 团簇的形状变化较大。(9d)结构可以看作在 W_7N_2 团簇基态结构(7a)的基础上外连了两个 W 原子而成。亚稳态(9b)(9c)和(9d)比基态(9a)的能量分别升高了 0.526 eV,0.653 eV 和 1.045 eV。由表 2-33 知,W_9N_2 团簇 W—W 平均键长为 0.259 3 nm,W—N 键长为 0.205 3 nm,N—N 键长为 0.116 0 nm,和 W 原子相连的 N 原子的电荷是 −0.068 78 e,相离的 N 原子的电荷是 0.047 8 e,与 N 原子相连的 3 号 W 原子电荷为 −0.710 3 e。

W_{10} 纯钨团簇的基态结构的对称性是 C_{2h},是两个四角双锥的并排相连的结构,中间的两个原子共用。$W_{10}N_2$ 团簇的基态结构(10a)的点群是 C_s,其结构是在纯 W_{10} 团簇基态结构的基础上倾斜吸附一个 N_2 分子,分子中两个 N 原子以双键相连,对 N_2 分子的吸附使得基体 W_{10} 团簇有点变形。亚稳态(10b)构型和基态(10a)相似,只是 N_2 分子连接的位置不同,其能量比基态(10a)能量高 0.129 eV。(10c)的构型貌似一个"毡房",N_2 分子连接在中部的一个端位的 W 原子上,其能量高出基态 0.218 eV。(10d)的结构可看作在 A−B−A 密堆结构的纯钨团簇基础上,在顶端吸附了一个 N_2 分子。基态 $W_{10}N_2$ 团簇中,W—W 平均键长为 0.259 4 nm,W—N 键长为 0.205 7 nm,N—N 键长为 0.124 7 nm,和 W 原子相连的 N 原子的电荷是 −0.262 4 e,相离 N 原子的电荷是 −0.127 2 e,与 N 原子相连的 6 号 W 原子电荷为 0.041 3 e。

W_{11} 纯钨团簇的基态结构的点群是 C_{2v},其结构类似"船形",可看作两个三棱柱以一定的角度并排相连,再在顶部添加一个 W 原子。$W_{11}N_2$ 吸附体系的基态构型(11a)的对称性是 C_s,其构型是在 W_{11} 纯钨团簇基态构型的基础上在底部三棱柱的一个 W 原子上连接 N_2 分子,分子中两个 N 原子以双键相连。亚稳态(11b)构型看上去像个"购物车",N_2 分子倾斜吸附在购物车的推柄处,其能量比基态高 0.129 eV。(11c)的结构与基态(11a)相似,只是 N_2 分子连接位置不同,它是连接在顶端的 W 原子上,能量升高了 0.361 eV。(11d)的构型可以看作在斜四棱柱顶端加了两个 W 原子,在侧面加了一个 W 原子,N_2 分子吸附在四棱柱的底部的一个 W 原子上,它的能量比基态(11a)高了 0.418 eV。在 $W_{11}N_2$ 基态团簇中,W—W 平均键长为 0.252 4 nm,W—N 键长为 0.203 4 nm,N—N 键长为 0.116 9 nm,和 W

原子相连的 N 原子的电荷是 -0.156 8 e,相离 N 原子的电荷是 0.071 8 e,与 N 原子相连的 8 号 W 原子电荷为 -0.251 0 e。

W_{12} 纯钨团簇的基态结构的对称性是 C_{2v},其构型是三个共顶点的八面体。$W_{12}N_2$ 吸附体系的基态结构(12a)的点群是 C_{2v},它的结构是在纯钨 W_{12} 团簇的基础上在中间八面体的另外一个顶点上垂直吸附 N_2 分子,其中两个 N 原子还是以双键相连。亚稳态(12b)的对称性是 C_1,其结构可看作在 ABC 密堆型的钨团簇中间端位 W 原子上吸附一个了 N_2 分子。(12c)的构型和其基态(11a)相似,只是底部成键方式有所不同,而且 N_2 分子是倾斜吸附在 W_{12} 纯钨团簇的基态结构上。(12d)的构型是中间的 8 个 W 原子以斜四棱柱排列,两边各在对称位置上外连 2 个 W 原子,N_2 分子吸附在中间四棱柱的一个 W 原子上,对称性为 C_s。亚稳态(12b)(12c)(12d)的能量相比于基态分别高出了 0.122 eV,0.463 eV,0.518 eV。从表 2-33 可以看出,W—W 平均键长为 0.253 2 nm,W—N 键长为 0.205 0 nm,N—N 键长为 0.116 6 nm,和 W 原子相连的 N 原子的电荷是 -0.129 8 e,相离 N 原子的电荷是 0.054 5 e,与 N 原子相连的 5 号 W 原子电荷为 0.064 6 e。

由以上分析可知,$W_nN_2(n=6\sim12)$ 团簇基态结构都是在纯钨团簇基态结构的基础上吸附 N_2 分子而成,吸附后的 W—W 键长都长于对应的纯钨团簇的 W—W 键长,且 N_2 分子在钨团簇表面的吸附都是非解离性吸附,N—N 之间主要以双键相连,但是键长要比自由的 N_2 分子的键长要长。

②稳定性和化学活性

为了研究吸附后团簇的稳定性,图 2-44 给出了 $W_nN_2(n=6\sim12)$ 团簇基态结构的平均结合能(E_b)随着 W 原子数目增加的变化规律。平均结合能的大小是衡量团簇稳定性的重要依据,对于原子数目相同的团簇,其平均结合能越大,该团簇的结构越稳定,热力学稳定性也越强。平均结合能的计算公式如下:

$$E_b[W_nN_2] = (-E[W_nN_2] + nE[W] + 2E[N])/(n+2)$$
$$E_b[W_n] = (-E[W_n] + nE[W])/n$$

其中,$E[W_nN_2]$ 和 $E[W_n]$ 分别表示对应团簇基态结构的能量,$E[W]$ 和 $E[N]$ 分别表示 W 和 N 原子的能量。从图 2-44 可以看出,随着团簇的 W 原子数目的增加,W_n 和 W_nN_2 的平均结合能都增大,说明团簇在生长过程中团簇变得愈发稳定。在原子数较少时,曲线的斜率较大,团簇的平均结合能增加得很快;当钨原子数 $n>10$ 时,曲线的斜率变小,团簇的平均结合能增加速度变缓,这说明团簇在 $n=10$ 时,团簇中可能形成了较强的金属键,这与 Lee 等[60]通过光电子谱观察纯钨团簇的结论相符。由图还可以看出,实际上在 $n=8$ 以后曲线的斜率就有点变小,对于吸附体系 W_nN_2 更为明显,只不过在 $n=10$ 以后斜率减小得更明显,说明 $n=8$ 也是一个临界点。团簇的平均结合能与团簇原子的电子结构有关,也就是与原子的键型密切相关。

二阶能量差分是描述团簇稳定性的一个很敏感的物理量,团簇的二阶能量差分 Δ_2E_n 值越大,表明团簇的稳定性越强。图 2-45 给出了 W_n 和 $W_nN_2(n=6\sim12)$ 团簇的基态结构的二阶能量差分(Δ_2E_n)随钨原子数目递增的变化曲线。二阶能量差分计算公式如下:

$$\Delta_2E_n = E(n-1) + E(n+1) - 2E(n)$$

由图 2-45 看出,W_n 团簇和 W_nN_2 吸附体系的 Δ_2E_n 曲线都存在明显的"幻数效应"和"奇偶"振荡现象。吸附后的 W_nN_2 团簇的 Δ_2E_n 曲线变化趋势和 W_n 纯钨团簇的变化趋势相同,这表明了 N_2 分子吸附后 W_n 团簇的成键特性没有发生明显改变。当钨原子个数是 8 和

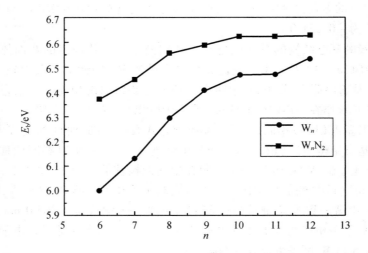

图 2 – 44　W_n 和 W_nN_2(n = 6 ~ 12)团簇基态结构的平均结合能

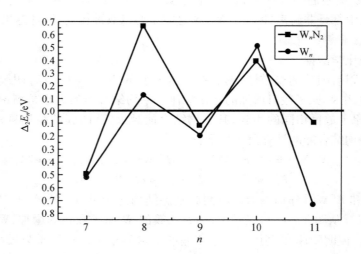

图 2 – 45　W_n 和 W_nN_2 团簇基态结构的二阶能量差分
随钨原子数目的变化曲线

10 时,曲线各出现一个极大值,它们与相邻的团簇相比具有更高的稳定性,所以 8,10 是 W_nN_2,W_n 团簇的幻数,和上面平均结合能描述的一致。

为了研究吸附 N_2 分子后团簇的化学活性,图 2 – 46 分别给出了 W_nN_2 和 W_n 团簇基态结构的能隙 E_g 随钨原子数目的变化规律。能隙的计算公式如下:

$$E_g = E_{LUMO} - E_{HOMO}$$

其中,LUMO(Lowest Unoccupied Molecular Orbital)是指最低未占据轨道的能量,HOMO(Highest Occupied Molecular Orbital)是指最高占据轨道。能隙的大小反映了电子由 HOMO 向 LUMO 跃迁的能力;物质的导电性也与能隙大小有关,因为电子只有获得足够的能量才能被激发,所以能隙间接反映了电子被激发所需要的能量的大小,能隙值越大,表示该分子越难以被激发,活性越差,则化学稳定性越强。从图 2 – 46 可以看出,当原子数 $n \leqslant 9$ 时,

W_nN_2 团簇的能隙比相应的 W_n 团簇的能隙小,这表明 N_2 的吸附增大了其化学活性,降低了团簇的化学稳定性;当原子数 $n>9$ 时,W_nN_2 团簇的能隙比相应的 W_n 团簇的能隙大,这表明 $n>9$ 时吸附体系降低了其化学活性,增强了团簇的稳定性。当 $n=8,10$ 时,W_nN_2 团簇的能隙相对于相邻团簇而言出现了峰值,这说明了 W_8N_2,$W_{10}N_2$ 团簇的化学活性较弱,稳定性比较强,这符合前面所说的幻数效应。

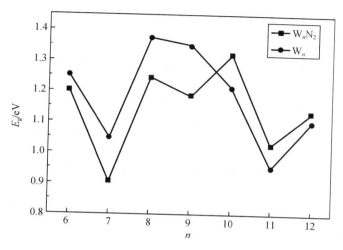

图 2 - 46 W_nN_2 和 W_n 团簇基态结构的能隙

③吸附强度

为了研究 N_2 分子与 W_n 团簇之间吸附能力的强弱,下面给出了 N_2 吸附在 W_n 团簇表面的吸附能(E_{ads}),计算公式如下:

$$E_{ads} = E_{N_2} + E_{W_n} - E_{W_nN_2}$$

其中,$E(*)$ 分别表示气态自由的 N_2 分子、W_n 团簇和 W_nN_2 团簇基态结构的总能量。吸附能的值越大,表明 N_2 分子与 W_n 团簇的结合越强,反之吸附能的值越小则说明吸附的强度越弱,则 N_2 分子与 W_n 团簇的结合越弱。

图 2 - 47 给出了 N_2 分子在 W_n 团簇表面的吸附能随着团簇 W 原子增长的变化规律。从图可以看出,W_nN_2($n=6\sim12$)吸附体系的吸附能与钨原子数 n 并不是简单的线性关系,而是一种振荡的波形趋势。当钨原子数为 8 时,曲线出现了一个最大的峰值,这表明了 N_2 分子与 W_8 团簇的结合相比相邻的团簇更大,吸附的强度更强。结合表 2 - 33 和图 2 - 47 可以看出,N_2 分子吸附在 W_n($n=6\sim12$)团簇表面时,体系吸附能的变化趋势和 N—N 键长的变化规律相同,恰好与 W—N 键长的变化规律相反,这表明了 N_2 分子与 W_n 团簇之间结合得越强,吸附能就越大,W—N 之间的键长就越短,则 N—N 之间的键长就越长。

④自然键轨道(NBO)分析

为了进一步探讨 N_2 分子在 W_n 团簇表面的吸附,采用自然键轨道(Natural Bond Orbital, NBO)方法分析了团簇的自然电荷布居特性。表 2 - 34 列出了 N_2 分子和 W_nN_2 基态构型中各轨道的 NBO 电荷分布和各个原子上的自然电荷,表中粗体字是和 N 原子相连的 W 原子。

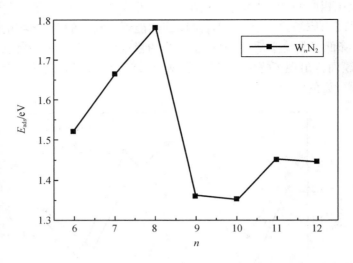

图 2 – 47 $W_nN_2(n = 6 \sim 12)$ 基态结构的吸附能

众所周知，根据能量最低原理和泡利不相容原理，自由钨原子最外层的电子排布式为 $5s^25p^65d^46s^2$，自由氮原子的外层电子排布式为 $2s^22p^3$。在自由团簇中，原子由于处在不同位置将受到不同势场的影响，这将导致其中部分原子会得到电子，而另一部分原子会失去电子，所以团簇中会出现电子转移现象。由表 2 – 34 可知，吸附后的 N_2 分子轨道电荷布居特性发生了变化。首先分析基态结构中以 W—N 键相连的 W 和 N 原子的轨道电荷占据情况。自由 N_2 分子中 N 原子的电子排布是 $2s(1.66)2p(3.31)$，在吸附到 W_n 团簇表面后，与自由 N_2 分子中的 N 原子的轨道自然电荷相比，和 W 原子相连的 N 原子的 2s 轨道失去电子，电荷数减少，电荷分布在 1.40 ~ 1.44 之间；其 2p 轨道得到电子，电荷数增加了，电荷分布在 3.63 ~ 3.80 之间；所有的 N 原子在 3s 和 3p 轨道上还出现少量的占据电荷。与 W 相离的 N 原子轨道电荷数变化不大，其 2s 轨道电荷分布在 1.56 ~ 1.63 之间，占据情况轻微减少，其 2p 轨道的电荷分布在 3.29 ~ 3.54 之间。结合以上分析可知，N_2 分子吸附在 W_n 团簇表面，电荷转移主要发生在与 W 原子相连的 N 原子与 W_n 团簇基体之间，这也印证了 W_nN_2 基态结构中只有一个 N 原子与 W 原子相连形成 W—N 键且 N—N 键也未发生断裂。与自由的 W 原子的 $5d^46s^2$ 电子排布不同，在 N_2 分子吸附后，W_n 团簇中所有的 W 原子的 6s 轨道都失去了电子，5d,6p 和 6d 轨道都得到了电子，6d 轨道得到的电子很少，可以忽略，某些 W_n 团簇中有的 W 原子的 7p 轨道还出现得到电子的现象，但更少。W 的 6s 轨道失去的电子除了向 N 原子的 2p,3s 和 3p 转移外，还有一部分会向自身的 5d,6p 和 6d 轨道转移；相应的 N 原子 2s 轨道失去的电子也可能除了向自身的 2p 轨道转移外还会向 W 原子转移。因此这说明了 N_2 分子吸附在 W_n 团簇表面上的本质是氮原子的 2s,2p 轨道与钨原子 6s,5d 和 6p 轨道之间杂化的结果，且这些杂化轨道会在原子间相互作用形成新的化学键，其成键情况会影响吸附体系团簇的稳定性和物化性质。

表 2 – 34　$W_n N_2 (n = 6 \sim 12)$ 团簇和 N_2 的自然电子组态和电荷

团簇	自然电子组态	自然电荷
N_2		
1N	2s(1.66)2p(3.31)	0
2N	2s(1.66)2p(3.31)	0
$W_6 N_2$		
1W	6s(0.70)5d(4.85)6p(0.38)6d(0.01)	0.113 25
2W	6s(0.71)5d(4.90)6p(0.36)6d(0.01)	0.069 24
3W	6s(0.73)5d(4.85)6p(0.42)6d(0.01)	0.037 24
4W	6s(0.78)5d(4.81)6p(0.42)6d(0.02)	0.014 75
5W	6s(0.66)5d(4.92)6p(0.59)6d(0.03)	− 0.157 55
6W	6s(0.71)5d(4.84)6p(0.39)6d(0.01)	0.099 87
7N	2s(1.43)2p(3.74)3s(0.01)3p(0.03)	− 0.213 48
8N	2s(1.63)2p(3.31)3s(0.01)3p(0.01)	0.036 69
$W_7 N_2$		
1W	6s(0.71)5d(4.85)6p(0.34)6d(0.02)	0.133 13
2W	6s(0.72)5d(4.89)6p(0.37)6d(0.02)	0.059 96
3W	6s(0.72)5d(4.87)6p(0.36)6d(0.02)	0.093 74
4W	6s(0.75)5d(4.88)6p(0.32)6d(0.02)	0.091 58
5W	6s(0.64)5d(4.91)6p(0.38)6d(0.02)	0.099 27
6W	6s(0.54)5d(5.08)6p(0.77)6d(0.03)	− 0.372 70
7W	6s(0.54)5d(4.95)6p(0.56)6d(0.02)	− 0.019 70
8N	2s(1.41)2p(3.68)3s(0.02)3p(0.03)	− 0.126 05
9N	2s(1.62)2p(3.32)3s(0.01)3p(0.01)	0.040 76
$W_8 N_2$		
1W	6s(0.84)5d(4.93)6p(0.19)6d(0.02)	0.088 83
2W	6s(0.59)5d(5.07)6p(0.71)6d(0.03)7p(0.01)	− 0.347 44
3W	6s(0.75)5d(4.80)6p(0.35)6d(0.02)	0.127 67
4W	6s(0.59)5d(4.88)6p(0.46)6d(0.01)	0.107 90
5W	6s(0.70)5d(4.93)6p(0.31)6d(0.02)	0.098 29
6W	6s(0.67)5d(4.84)6p(0.67)6d(0.02)	− 0.162 55
7W	6s(0.70)5d(4.93)6p(0.31)6d(0.02)	0.098 29
8W	6s(0.59)5d(4.88)6p(0.46)6d(0.01)	0.107 90
9N	2s(1.40)2p(3.73)3s(0.01)3p(0.03)	− 0.175 73
10N	2s(1.63)2p(3.30)3s(0.01)3p(0.01)	0.056 83

表 2 - 34(续)

团簇	自然电子组态	自然电荷
W_9N_2		
1W	6s(0.67)5d(4.74)6p(0.38)6d(0.02)7p(0.01)	0.246 23
2W	6s(0.67)5d(4.74)6p(0.38)6d(0.02)7p(0.01)	0.246 23
3W	6s(0.49)5d(5.29)6p(0.93)6d(0.03)7p(0.01)	-0.710 31
4W	6s(0.67)5d(4.79)6p(0.40)6d(0.02)	0.175 06
5W	6s(0.57)5d(5.06)6p(0.70)6d(0.02)	-0.301 85
6W	6s(0.57)5d(5.06)6p(0.70)6d(0.02)	-0.301 85
7W	6s(0.67)5d(4.74)6p(0.38)6d(0.02)7p(0.01)	0.246 23
8W	6s(0.67)5d(4.79)6p(0.40)6d(0.02)	0.175 06
9W	6s(0.67)5d(4.74)6p(0.38)6d(0.02)7p(0.01)	0.246 23
10N	2s(1.40)2p(3.63)3s(0.02)3p(0.03)	-0.068 79
11N	2s(1.61)2p(3.32)3s(0.01)3p(0.01)	0.047 77
$W_{10}N_2$		
1W	6s(0.49)5d(4.98)6p(0.60)6d(0.03)	-0.059 14
2W	6s(0.49)5d(5.16)6p(0.79)6d(0.03)	-0.430 72
3W	6s(0.72)5d(4.82)6p(0.29)6d(0.01)7p(0.01)	0.203 05
4W	6s(0.67)5d(4.89)6p(0.29)6d(0.01)	0.189 58
5W	6s(0.67)5d(4.89)6p(0.29)6d(0.01)	0.189 58
6W	6s(0.57)5d(4.87)6p(0.55)6d(0.02)	0.041 28
7W	6s(0.65)5d(4.87)6p(0.37)6d(0.02)7p(0.01)	0.152 62
8W	6s(0.49)5d(5.16)6p(0.79)6d(0.03)	-0.430 72
9W	6s(0.72)5d(4.86)6p(0.20)6d(0.01)7p(0.01)	0.267 04
10W	6s(0.72)5d(4.86)6p(0.20)6d(0.01)7p(0.01)	0.267 04
11N	2s(1.44)2p(3.80)3s(0.01)3p(0.02)	-0.262 43
12N	2s(1.56)2p(3.54)3p(0.02)	-0.127 19
$W_{11}N_2$		
1W	6s(0.62)5d(4.94)6p(0.62)6d(0.02)	-0.144 65
2W	6s(0.62)5d(4.94)6p(0.62)6d(0.02)	-0.144 65
3W	6s(0.60)5d(4.94)6p(0.61)6d(0.02)	-0.123 27
4W	6s(0.60)5d(4.94)6p(0.61)6d(0.02)	-0.123 27
5W	6s(0.57)5d(4.99)6p(0.29)6d(0.02)	0.195 07
6W	6s(0.67)5d(4.92)6p(0.43)6d(0.01)	0.029 12
7W	6s(0.61)5d(4.96)6p(0.41)6d(0.02)7p(0.01)	0.055 73
8W	6s(0.52)5d(5.13)6p(0.62)6d(0.03)7p(0.01)	-0.251 02

表 2-34(续)

团簇	自然电子组态	自然电荷
9W	$6s(0.61)5d(4.96)6p(0.41)6d(0.02)7p(0.01)$	0.055 73
10W	$6s(0.79)5d(4.84)6p(0.18)6d(0.02)$	0.228 19
11W	$6s(0.76)5d(4.82)6p(0.16)6d(0.02)7p(0.01)$	0.308 08
12N	$2s(1.42)2p(3.70)3S(0.01)3p(0.03)$	-0.156 84
13N	$2s(1.63)2p(3.29)3S(0.01)3p(0.01)$	0.071 77
$W_{12}N_2$		
1W	$6s(0.49)5d(5.08)6p(0.61)6d(0.03)$	-0.142 92
2W	$6s(0.49)5d(5.08)6p(0.61)6d(0.03)$	-0.142 92
3W	$6s(0.49)5d(5.08)6p(0.61)6d(0.03)$	-0.142 92
4W	$6s(0.49)5d(5.08)6p(0.61)6d(0.03)$	-0.142 92
5W	$6s(0.55)5d(4.88)6p(0.52)6d(0.05)7p(0.01)$	0.064 56
6W	$6s(0.54)5d(5.33)6p(0.98)6d(0.03)$	-0.841 32
7W	$6s(0.70)5d(4.68)6p(0.42)6d(0.02)$	0.245 93
8W	$6s(0.70)5d(4.68)6p(0.42)6d(0.02)$	0.245 93
9W	$6s(0.65)5d(4.81)6p(0.34)6d(0.02)7p(0.01)$	0.232 99
10W	$6s(0.65)5d(4.81)6p(0.34)6d(0.02)7p(0.01)$	0.232 99
11W	$6s(0.65)5d(4.81)6p(0.34)6d(0.02)7p(0.01)$	0.232 99
12W	$6s(0.65)5d(4.81)6p(0.34)6d(0.02)7p(0.01)$	0.232 99
13N	$2s(1.44)2p(3.65)3S(0.02)3p(0.03)$	-0.129 82
14N	$2s(1.63)2p(3.30)3S(0.01)3p(0.01)$	0.054 47

在 W_nN_2 吸附体系中与 N 原子相连的 W 原子,其 6s 轨道电荷分布在 0.49～0.70 之间,5d 轨道电荷分布在 4.68～5.29 之间,6p 轨道 NBO 电荷数在 0.42～0.93 之间,6d 轨道电荷数在 0.02～0.03 之间;而与 N 原子不相连的其他 W 原子 6s 轨道电荷数在 0.49～0.84 之间,5d 轨道的电荷数在 4.74～5.33 之间,6p 轨道的电荷分布在 0.16～0.98 区间,6d 轨道的电荷数在 0.01～0.05 之间。和与 N 原子不相连的 W 原子的电荷排布相比,与 N 相连的 W 原子 6s 轨道失去的电荷多一些,5d 轨道得到的电荷少一些,其他轨道得到的电荷数差异不大。这表明与 N 相连的 W 原子会有更多的电子转移到 N 原子上,但是差别不是很大。这也证明了 N_2 分子的吸附对 W_n 团簇的结构并未造成太大影响,这与 W_nN_2 团簇的基态结构是由在 W_n 团簇基态结构上进行 N_2 分子吸附而得到结论相吻合。

⑤Wiberg 键级

为了进一步研究团簇 $W_nN_2(n=6～12)$ 的成键性质,用 NBO 方法计算了团簇的 Wiberg 键级(WBI)。WBI 是描述团簇中相邻原子之间成键强度的物理量,表示键的相对强度,反映团簇中相邻原子之间化学作用的强弱,两个原子之间 WBI 越大表示它们之间的化学作用越强,形成的化学键就越稳定。表 2-35 列出了 $W_nN_2(n=6～12)$ 团簇中 N 和 W 原子的 WBI 键级、平均键级和总键级,表中的原子序数和团簇结构图中的原子序数一致,表中 1N

是指在团簇中与 W 原子所相连的 N 原子,表中粗体字是指在团簇中与 N 原子所相连的 W 原子的键级。为了清楚地看出原子序号,图 2-48 列出了放大的基态结构图。

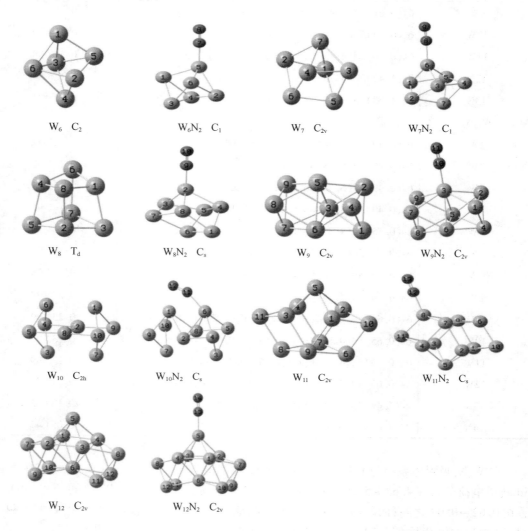

图 2-48 W_n(n=6~12) 团簇及 W_nN_2(n=6~12) 吸附体系的基态结构

从表 2-35 可以看出,随着体系中 W 原子数的增加,团簇的总键级强度依次增强,表明团簇内原子之间的化学作用越发强烈,团簇越来越稳定,这与前面平均结合能的分析一致。W 原子的平均键级变化没有明显的规律,但变化不大,在 6.063~6.495 之间,其中团簇 W_11N_2 中 W 原子的平均键级最小,团簇 W_9N_2 中 W 原子的平均键级最大,说明 W_11N_2 团簇的化学稳定性较差,而团簇 W_9N_2 的化学稳定性较强,和前面的能隙基本符合,这是由于两者都是反映团簇的化学稳定性的。W 原子的键级在 5.828~7.216 之间,与 W 原子相连的 N 原子的键级在 3.360~3.568 之间,与 W 不相连的 N 原子的键级在 2.687~3.129 之间,普遍比与 W 相连的 N 的键级要低。而且 W—N 之间的键级强度远小于 N—N 之间的键级强度,这表明 N—N 之间的化学作用很强,也说明了在 W_nN_2(n=6~12) 团簇中 N_2 的吸附都是非解离性吸附的本质。从表 2-35 还发现吸附体系中与 N 相连形成共价键的 W 原子的

Wiberg 键级大多数要大于其余的 W 原子,这是由于受到共轭 π 键相互作用的影响,表明了 N_2 与 W_n 团簇的吸附增强了 W 原子的化学稳定性。与 N 相连的 W 原子的 Wiberg 键级和其余 W 原子的 Wiberg 键级的差距随团簇尺寸的变大而在逐渐地减小,这说明 N_2 分子对吸附体系的影响随团簇尺寸变大而逐渐变小。

表 2-35　W_nN_2 ($n=6\sim12$) 团簇各原子上的 Wiberg 键级及总 Wiberg 键级

原子序号 \ Cluster	W_6N_2	W_7N_2	W_8N_2	W_9N_2	$W_{10}N_2$	$W_{11}N_2$	$W_{12}N_2$
1N	3.360	3.538	3.402	3.568	3.381	3.405	3.503
2N	2.703	3.067	2.687	3.098	3.129	2.763	3.075
1W	6.058	6.229	5.922	6.243	6.739	5.987	6.664
2W	5.996	6.319	6.581	6.243	6.926	5.987	6.664
3W	6.062	6.289	6.282	7.135	6.172	5.977	6.664
4W	5.996	6.158	6.332	6.325	6.045	5.977	6.664
5W	6.253	6.260	6.127	6.850	6.045	5.978	6.494
6W	6.144	6.900	6.201	6.850	6.628	6.163	7.216
7W		6.438	6.127	6.243	6.314	6.049	6.211
8W			6.332	6.325	6.926	6.403	6.211
9W				6.243	5.828	6.049	6.241
10W					5.828	5.890	6.241
11W						5.846	6.241
12W							6.241
W 平均键级	6.085	6.370	6.238	6.495	6.345	6.063	6.479
W—N 键级	0.769	0.784	0.778	0.749	0.734	0.723	0.706
N—N 键级	2.415	2.513	2.423	2.568	1.988	2.480	2.544
Total	42.572	51.198	55.993	65.123	69.961	72.474	84.330

表 2-36　W_6N_2 团簇原子之间的 Wiberg 键级

原子序号	1W	2W	3W	4W	5W	6W	7N	8N
1W	0.000							
2W	0.290	0.000						
3W	1.564	0.656	0.000					
4W	1.431	2.004	1.729	0.000				
5W	1.985	1.103	0.303	0.490	0.000			
6W	0.666	1.862	1.793	0.307	1.453	0.000		
7N	0.055	0.046	0.007	0.024	0.769	0.044	0.000	
8N	0.066	0.034	0.008	0.011	0.150	0.019	2.415	0.000

为了揭示团簇中几种键级具体的强度大小,表 2 - 36 以 W_6N_2 团簇为例列出了 W_6N_2 团簇内相邻原子间的 Wiberg 键级。从表 2 - 36 可看到,7N - 8N 间键级最大,相互作用最强,化学稳定性最强,其次依次是 2W - 4W,1W - 5W,2W - 6W。而 1W - 2W,3W - 5W 和 4W - 6W 间键级很小,其化学稳定性很差,这是由于这些原子间的空间距离较远,原子轨道的重叠程度比较小。N—N 之间的键级最大,达到了 2.415,这表明 N—N 之间作用很强,化学键能很大,又一次说明了在 W_6N_2 团簇中 N_2 与团簇之间的吸附是非解离性吸附。

⑥电离能和亲和能

为了进一步研究 $W_nN_2(n=6\sim12)$ 团簇的电子特性,对电离能(IP)、电子亲和能(EA)进行了计算,如表 2 - 37 所示。电离能用来衡量原子失电子的难易,电离能是指从中性分子中移走一个电子所需要的能量,电离能越大,原子越难失去电子。垂直电离能(VIP)是用中性团簇的基态结构来计算正离子得到的能量与中性团簇基态结构能量之差。绝热电离能(AIP)则是中性团簇和正离子团簇保持各自基态的几何构型的能量之差。由表 2 - 37 看出,$W_nN_2(n=6\sim12)$ 团簇的垂直电离能和绝热电离能都随着 W 原子数目增加表现为振荡变化趋势,其值先降低再升高后又降低,但是整体来看振荡区间并不大,VIP 在 5.205 ~ 5.836 之间变化,W_9N_2 的值最大,为 5.836 eV,$W_{12}N_2$ 的值最小,为 5.205 eV;AIP 值的振荡幅度比 VIP 小点,在 5.029 ~ 5.514 之间变化,也是 W_9N_2 的值最大,为 5.514 eV,$W_{12}N_2$ 的值最小,为 5.029 eV。说明 W_9N_2 团簇较难失去电子,而 $W_{12}N_2$ 团簇较容易失去电子。

结合电子的难易可用电子亲和能来定性的比较,垂直电子亲和能(VEA)是用阴离子的基态结构来计算中性团簇得到的能量与阴离子基态结构能量之差。绝热亲和能(AEA)是阴离子团簇和中性团簇的基态能量之差。由表 2 - 37 可看出,$W_nN_2(n=6\sim12)$ 团簇的 VEA 随着 W 原子数增加而增大,AEA 有点振荡,但两者都是 W_6N_2 团簇的值最小,$W_{12}N_2$ 团簇的值最大。说明团簇 W_6N_2 得电子的能力最弱,不容易得到电子,而团簇 $W_{12}N_2$ 获得电子生成负离子的倾向最大。

表 2 - 37　$W_nN_2(n=6\sim12)$ 基态构型的电离能和电子亲和能

Cluster	W_6N_2	W_7N_2	W_8N_2	W_9N_2	$W_{10}N_2$	$W_{11}N_2$	$W_{12}N_2$
AIP/eV	5.212	5.094	5.259	5.514	5.090	5.324	5.029
AEA/eV	1.672	1.809	1.729	1.807	1.796	2.013	2.077
VIP/eV	5.351	5.316	5.291	5.836	5.680	5.372	5.205
VEA/eV	1.291	1.670	1.675	1.757	1.767	1.884	2.200

⑦团簇的磁性

单个原子的磁矩可由电子轨道角动量和自旋量子数精确地确定,团簇和固体中不再是单个原子的磁性简单相加,而是原子间通过库仑相互作用和泡利不相容原理的集体效应。表 2 - 38 给出了 $W_nN_2(n=6\sim12)$ 团簇基态结构的总磁矩及局域磁矩,这是利用 Mulliken 布居分析得到轨道的电子占据数,自旋向上态与自旋向下态的电子占据数之差求得总磁矩,单位为玻尔磁子(μ_B)。

表 2 –38　W_nN_2（$n = 6 \sim 12$）团簇基态结构的总磁矩（U_0）和局域磁矩（Local moment）

Cluster	W_6N_2	W_7N_2	W_8N_2	W_9N_2	$W_{10}N_2$	$W_{11}N_2$	$W_{12}N_2$
U_0	0	0	2	0	0	6	6
1N	0	0	0.019	0	0	0.010	–0.032
2N	0	0	0.484	0	0	0.408	0.432
1W	0	0	0.007	0	0	1.159	0.495
2W	0	0	0.325	0	0	1.159	0.495
3W	0	0	0.086	0	0	1.137	0.495
4W	0	0	–0.005	0	0	1.137	0.495
5W	0	0	0.043	0	0	–0.182	0.919
6W	0	0	1.003	0	0	0.369	0.052
7W		0	0.043	0	0	0.277	0.458
8W			–0.005	0	0	0.298	0.458
9W				0	0	0.277	0.433
10W					0	–0.038	0.433
11W						–0.009	0.433
12W							0.433

　　从表 2 –38 可以看出，W_nN_2（$n = 6 \sim 12$）团簇基态结构的总磁矩范围为 $0 \sim 6\,\mu_B$，其中 W_8N_2 团簇的总磁矩为 $2\,\mu_B$，$W_{11}N_2$ 和 $W_{12}N_2$ 团簇的总磁矩是 $6\,\mu_B$，而剩余其他团簇的总磁矩都是 $0\,\mu_B$。这表明除了 W_8N_2，$W_{11}N_2$ 和 $W_{12}N_2$ 团簇外所有的团簇都发生了"磁矩猝灭"的现象，从前面的基态构型也可发现这些团簇的自旋多重度都为 1，外层电子都已成功配对，没有孤立电子，又说明了团簇中的未成对电子是决定团簇磁矩大小的重要原因。

　　从局域磁矩看，W_8N_2 团簇中 W 原子的局域磁矩分布在 $-0.005 \sim 1.003\,\mu_B$ 之间，与 W 相连的 N 原子的局域磁矩为 $0.019\,\mu_B$，与 W 不相连的 N 原子的局域磁矩为 $0.484\,\mu_B$。$W_{11}N_2$ 团簇的总磁矩为 $6\,\mu_B$，其中 W 原子的局域磁矩的范围在 $-0.182 \sim 1.159\,\mu_B$ 之间，与 W 相连的 N 原子的局域磁矩为 $0.010\,\mu_B$，与 W 不相连的 N 原子的局域磁矩为 $0.408\,\mu_B$。$W_{12}N_2$ 团簇的总磁矩为 $6\,\mu_B$，其中 W 原子的局域磁矩在 $0.052 \sim 0.919\,\mu_B$ 范围内，与 W 相连的 N 原子的局域磁矩为 $-0.032\,\mu_B$，与 W 不相连的 N 原子的局域磁矩为 $0.432\,\mu_B$。由表 2 –38 知，总磁矩不为零的 W_8N_2，$W_{11}N_2$ 和 $W_{12}N_2$ 团簇，它们的总磁矩主要都是由 W 原子来提供，对于 N 原子，与 W 不相连的 N 原子对磁矩的贡献比较大。由 NBO 分析所知，W 原子的磁矩大部分来源于 5d 轨道，因而 5d 轨道也就承载了团簇大部分的磁学性能。

　　团簇的对称性和原子所处的位置会影响到单个原子的局域磁矩，从团簇结构上来看，位于对称位置上的原子，它的局域磁矩是相同的。如对于对称性为 C_{2v} 的 $W_{12}N_2$ 团簇，1W，2W 和 3W，4W 原子位于镜面对称位置，因而局域磁矩相同，都为 $0.495\,\mu_B$；9W，10W 和 11W，12W 原子也位于镜面对称位置，其局域磁矩因而也相同，都是 $0.433\,\mu_B$。

　　为了进一步分析 W_nN_2（$n = 6 \sim 12$）团簇基态结构磁矩的具体分布特征，本书以最稳定的 W_8N_2 团簇为例，图 2 –49 绘出了它的自旋密度分布图和自旋密度等值图。电子自旋密度分布指的是自旋向上与自旋向下的电子密度的差值。从图 2 - 49 中能够看出，W_8N_2 团簇的电子自旋密度大部分集中分布在钨原子周围，通过和图 2 - 48 比较可知，6W 原子自旋密度最大，与表 2 - 38 符合。与 W 不相连的 N 原子电子自旋密度也比较大，这和上面的结论也是相同的。

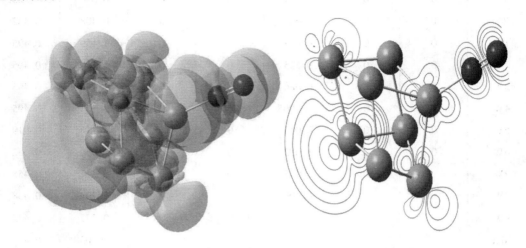

图 2 - 49　W_8N_2 团簇的自旋密度分布图和自旋密度等值图

⑧芳香特性和热力学性质

芳香特性物质由于其较好的热力学稳定性、优良的光谱性质和奇特的化学性能受到众多科研工作者的关注。判断物质芳香性指标有很多，可以从磁性质、能量、结构、电子离域性等诸方面描述。应用最广的判定物质芳香性的判据是核独立化学位移（nucleus independent chemical shifts，NICS），能够很好地适用于无机化合物、有机化合物和团簇。最初 NICS 芳香性衡量标准是由 Paul von Ragué Schleyer 等人[32]提出，Paul 是取共轭环的几何中心，也就是后来的 NICS(0)。一些人认为如果取在环中心会导致将 pi 和 sigma 轨道的贡献混合在一起而分不清楚，继而提出了取在平面下方或者上方 1 Å 的位置，称为 NICS(1)，这个指标主要体现的是 pi 电子的贡献。本书运用 GIAO - B3LYP/LANL2DZ 方法计算了 W_nN_2($n = 6 \sim 12$) 团簇基态结构的 NICS 值，在计算中，W_nN_2($n = 6 \sim 12$) 团簇的 NICS 值的参考点选取了以下 5 个位置：团簇几何结构的中心（0.000 nm）位置，距对称平面或者侧面的垂直距离为 0.025 nm，0.050 nm，0.075 nm，0.100 nm 的位置。NICS 为正值表现为有反芳香性，负值说明有芳香性，当 NICS 值靠近零时，表现为非芳香性。

由表 2 - 39 可知，W_6N_2，W_8N_2，$W_{11}N_2$ 和 $W_{12}N_2$ 团簇的 NICS 值全是负值，具有芳香性，这是由于团簇中的试探原子受离域 π 键的影响比较大，而且 W_8N_2 团簇的 NICS 绝对值比其他 3 个团簇都大，这说明其芳香性最强。团簇 W_7N_2 的 NICS 值逐渐降低，在位置 0.100 nm 处为负值，在其余位置处都是正值。W_9N_2 团簇的试探原子在距平面 0.075 nm 处，其 NICS 值由负值转变为正值，这是由于在试探原子远离了对称环面，接近团簇结构的边界时，原子间的 σ 键作用很强，试探原子受到了 σ 键屏蔽效应。当试探原子在 0.000 nm 和 0.025 nm 位置时，$W_{10}N_2$ 团簇的 NICS 值为负值，团簇有芳香性；而在位置 0.050 nm，0.075 nm 及 0.100 nm 处，团簇的 NICS 值转为正值，这是因为当试探原子处于结构中心及环面附近时，离域 π 键对试探原子的影响比较明显，使 $W_{10}N_2$ 团簇的 NICS 值变为负值。

表 2 - 39　$W_nN_2(n=6\sim12)$ 的芳香性和热力学参数

| Cluster | NICS($\times10^{-6}$) | | | | | ΔH^{θ} /eV | C_V /(cal· $mol^{-1}\cdot K^{-1}$) | S^{θ} /(cal· $mol^{-1}\cdot K^{-1}$) |
	0.000 nm	0.025 nm	0.050 nm	0.075 nm	0.100 nm			
W_6N_2	-24.716	-32.426	-39.657	-39.705	-25.723	-50.971	36.975	127.808
W_7N_2	167.575	132.280	65.658	15.860	-6.208	-58.034	42.603	136.093
W_8N_2	-71.268	-72.640	-75.338	-76.057	-71.703	-65.586	48.393	145.850
W_9N_2	-67.294	-50.968	-11.290	78.158	238.619	-72.473	54.108	154.846
$W_{10}N_2$	-82.428	-53.375	70.148	326.398	562.266	-79.475	59.208	164.153
$W_{11}N_2$	-55.935	-56.957	-57.979	-58.207	-54.575	-86.081	65.682	179.264
$W_{12}N_2$	-39.240	-46.197	-38.006	-26.184	-14.694	-92.784	71.772	197.887

　　采用 B3LYP/ LANL2DZ 方法,在 298.15 K 温度和 1.01×10^5 Pa 气压的条件下,计算了 $W_nN_2(n=6\sim12)$ 团簇的标准生成焓(ΔH^{θ})、定容热容(C_V)及标准熵(S^{θ}),如表 2 - 39 所示。团簇的标准生成焓可以判定团簇是否稳定,ΔH^{θ} 为正值表示生成团簇的反应是吸热反应,热力学上是不稳定的;ΔH^{θ} 为负值表示生成团簇的反应是放热反应,热力学上是稳定的。标准生成焓的计算公式为

$$\Delta H^{\theta}=E(W_nN_2)-nE(W)-2E(N)$$

其中,E 代表括号内相应团簇或者原子的基态能量。由表 2 - 39 可知,$W_nN_2(n=6\sim12)$ 团簇的标准生成焓都是负值,这表明生成团簇的反应都是放热的,热力学稳定是比较好的,和前面稳定性研究结论是一样的。从定容热容和标准熵的数据上来看,C_V 和 S^{θ} 的值随着钨原子数的增加而增大,而且钨原子每增多一个,定容热容增大幅度在 $5\sim6$ cal·$mol^{-1}\cdot K^{-1}$ 之间,而标准熵的增加则没有很明显的规律。

　　⑨偶极矩和极化率

　　组成团簇的基本单元是原子,原子是由原子核和电子组成。由于不同团簇的几何结构不同,有的结构正、负电荷中心重合,有的不重合。电荷中心重合的团簇是非极性的,电荷中心不重合的团簇具有极性。偶极矩是描述分子中正、负电荷分布情况的物理量,是一个矢量,团簇的极性大小可用偶极矩来衡量。团簇的基态结构是由一定种类、数目的原子空间排列而成,决定着原子核和电子云的分布,所以当团簇中的原子位置发生变化时,其所对应的原子核和电子也要重新排布。若团簇结构中有对称中心或者有两个不重合的对称轴时,团簇的偶极矩为零;若团簇有一个 n 重对称轴时,那么偶极矩应该在此轴上;若团簇只有一个对称面时,那么其偶极矩一定在该面上。也就是说团簇中的固有偶极矩可以间接地反映团簇结构的对称性。表 2 - 40 列出了团簇的总偶极矩和 X,Y,Z 轴的分偶极矩。

　　由表 2 - 40 看出,团簇 W_6N_2 的偶极矩为 3.755 5D,三个坐标轴方向上都有相应的分偶极矩,但是主要分布在 X 轴方向上,Y 轴方向上接近于零,W_6N_2 的点群为 C_1,没有对称性。W_7N_2 的偶极矩为 3.629 6D,和 W_6N_2 的偶极矩很接近,但三个坐标轴方向上的分偶极矩都比较大,Z 轴方向上最大,为 -2.711 6D,也没有对称性。W_8N_2 团簇的总偶极矩最小,为 1.196 0D,只有 X,Y 轴上有分偶极矩,Z 轴上分偶极矩为 0,其点群为 C_s,具有 1 个二次旋转轴与 1 个垂直于该轴的镜面,因而能断定偶极矩在团簇的对称面上。团簇 W_9N_2 的点群为

C_{2v},其偶极矩为 1.683 8D,X,Y 轴上的偶极矩为 0,只有 Z 轴上有偶极矩分量,因而能判断出 Z 轴是团簇的二重对称轴,且总偶极矩就在 Z 轴上。$W_{10}N_2$ 团簇的点群为 C_s,其总偶极矩为 5.855 4D,只有 X,Y 轴上有分偶极矩,而且 X 轴上的分偶极矩最大,为 -5.855 3D,Y 轴上的分偶极矩很小,Z 轴上的分偶极矩为零。团簇 $W_{11}N_2$ 的点群为 C_s,总偶极矩为 2.023 8D,分偶极矩仅分布在 X,Y 轴上。团簇 $W_{12}N_2$ 的点群为 C_{2v},其偶极矩为 1.683 8D,X,Y 轴上的偶极矩为 0,只有 Z 轴上有偶极矩分量,因而总偶极矩就在 Z 轴上。

表 2 – 40 　 W_nN_2($n = 6 \sim 12$)团簇的偶极矩

Cluster	X	Y	Z	Total
W_6N_2	3. 707 3	0. 052 6	0. 597 7	3. 755 5
W_7N_2	1. 388 6	$-1.$ 973 0	$-2.$ 711 6	3. 629 6
W_8N_2	1. 187 3	$-0.$ 144 7	0. 000 0	1. 196 0
W_9N_2	0. 000 0	0. 000 0	$-1.$ 683 8	1. 683 8
$W_{10}N_2$	$-5.$ 855 3	$-0.$ 033 4	0. 000 0	5. 855 4
$W_{11}N_2$	$-0.$ 760 5	1. 875 5	0. 000 0	2. 023 8
$W_{12}N_2$	0. 000 0	0. 000 0	$-5.$ 671 5	5. 671 5

总体来说,团簇 W_nN_2($n = 6 \sim 12$)的总偶极矩都不为零,说明都是极性分子,偶极矩随着 W 原子数的增多呈现振荡分布。团簇 $W_{10}N_2$,$W_{12}N_2$ 的偶极矩最大,说明这两个团簇分子极性较强;团簇 W_8N_2 的偶极矩最小,说明 W_8N_2 团簇极性最弱。同时也说明了团簇的结构对称性决定着团簇各原子和电子云的分布情况,从而影响着团簇的偶极矩和团簇的极性。

采用 B3LYP 方法在 LANL2DZ 基组水平上计算了 W_nN_2($n = 6 \sim 12$)吸附体系的极化率。极化率表征体系对外电场的响应,它是描述光与物质的非线性相互作用的基本参数,可以用来表征物质的非线性光学效应产生的效率,是振动光谱的重要决定因素,这些物理量不仅可以反映出分子间相互作用的强度(如分子间的色散力、取向作用力和长程诱导力等),也能影响散射与碰撞过程的截面。极化率张量的平均值 $\langle \alpha \rangle$、极化率的各向异性不变量 $\Delta\alpha$ 可由下式计算:

$$\langle \alpha \rangle = \frac{1}{3}(\alpha_{XX} + \alpha_{YY} + \alpha_{ZZ})$$

$$\Delta\alpha = \left[\frac{(\alpha_{XX} - \alpha_{YY})^2 + (\alpha_{YY} - \alpha_{ZZ})^2 + (\alpha_{ZZ} - \alpha_{XX})^2 + 6(\alpha_{XY}^2 + \alpha_{XZ}^2 + \alpha_{YZ}^2)}{2} \right]^{\frac{1}{2}}$$

表 2 – 41 列出了 W_nN_2($n = 6 \sim 12$)团簇的极化率张量的平均值 $\langle \alpha \rangle$、每个原子的平均极化率 $\langle \overline{\alpha} \rangle$ 以及极化率的各向异性不变量 $\Delta\alpha$。从表 2 – 41 可以看出,极化率张量大部分都分布在 XX,YY 和 ZZ 三个方向上。在 XX 方向,极化率张量分量最小值为 W_9N_2 团簇的 366. 95,最大值是 $W_{11}N_2$ 团簇,其值是 572. 17;在 YY 方向上,最小值为 W_6N_2 团簇的 317. 14,最大值为 $W_{12}N_2$ 团簇的 795. 88;在 ZZ 方向上,最小值和最大值也分别是 W_6N_2 团簇的 324. 36 和 $W_{12}N_2$ 团簇的 630. 64。极化率张量在 XY,XZ 与 YZ 这三个方向上分布极少,甚至有的团簇为零,在 YZ 方向上只有 W_6N_2 团簇和 W_7N_2 团簇有极化率张量,其值分别为 $-29.$ 54 和 24. 00,其余为零;在 XZ 方向上也只有 W_6N_2 团簇和 W_7N_2 团簇有极化率张量,其

值分别为 30.07 和 -13.74,其余也为零;在 XY 方向上只有 W_9N_2 团簇和 $W_{12}N_2$ 团簇的极化率张量为零。至于每个原子的平均极化率 $\langle \overline{\alpha} \rangle$,其值随 W 原子数 n 增加,大致呈现降低趋势,只有 W_9N_2 团簇稍微有点升高,和极化率张量的平均值变化趋势正好相反,表明了团簇电子结构的稳定性在逐渐增强,而电子离域效应在逐渐减弱,其中 W_6N_2 团簇每个原子的平均极化率最大,其值为 43.04 a.u,这表明 W_6N_2 团簇的电子结构稳定性较差,电子离域效应比较大;而 $W_{12}N_2$ 团簇有最小值 24.59 a.u,这说明 $W_{12}N_2$ 团簇的电子结构相对比较稳定,电子离域效应较小。$W_{12}N_2$ 团簇的各向异性不变量最大,表明团簇 $W_{12}N_2$ 对外场的各向异性响应最强,各方向的极化率大小变化也最大。

表 2-41　$W_nN_2(n=6\sim12)$ 团簇的极化率

Cluster	Polarizability								
	α_{XX}	α_{XY}	α_{YY}	α_{XZ}	α_{YZ}	α_{ZZ}	$\langle \alpha \rangle$	$\langle \overline{\alpha} \rangle$	$\Delta\alpha$
W_6N_2	391.36	-15.72	317.14	30.07	-29.54	324.36	344.29	43.04	105.34
W_7N_2	383.19	-20.68	360.66	-13.74	24.00	344.88	362.91	40.32	68.48
W_8N_2	404.65	-27.60	441.83	0	0	356.57	401.02	40.10	88.13
W_9N_2	366.95	0	540.89	0	0	437.16	448.33	40.76	151.57
$W_{10}N_2$	423.09	-1.22	589.59	0	0	383.86	465.51	38.79	189.20
$W_{11}N_2$	572.17	-2.85	681.91	0	0	520.33	591.47	26.48	142.98
$W_{12}N_2$	443.72	0	795.88	0	0	630.64	623.41	24.59	305.17

⑩振动频率和光谱分析

在前面优化构型的基础上又计算了 $W_nN_2(n=6\sim12)$ 团簇基态结构的红外(IR)光谱及拉曼(Raman)光谱,再运用 GaussView5.0 确定 IR 光谱和 Raman 光谱的各峰值对应的频率及该频率下的振动模式。表 2-42 列出了 $W_nN_2(n=6\sim12)$ 基态团簇的最低振动频率 [a]Freq、IR 光谱最强峰对应的振动频率 [b]Freq 以及 Raman 活性最强的振动频率 [c]Freq,括号中是该频率所对应的对称模式。振动频率是判断团簇结构稳定性的重要因素,如振动频率为负则表明该构型是在某一势能面上的高阶鞍点或过渡态。由表 2-42 知,团簇基态结构的最低振动频率 [a]Freq 的波数在 $15.14\sim44.58$ cm^{-1} 区间内,这说明了团簇的所有振动频率都为正,证明了本书计算的 $W_nN_2(n=6\sim12)$ 团簇的基态结构都为势能面上的极小点,并不是过渡态或高阶鞍点。红外强度最强峰的振动频率 [b]Freq 在 $1\,507.76\sim1\,985.93$ cm^{-1} 之间,这显示了红外光谱最强峰的位置。某一振动模式的对称性可以判定该振动频率是否具有拉曼活性或者红外活性,对称性为 C_s 具有 a′ 和 a″ 振动模式的团簇表现为既有拉曼活性又有红外活性;对称性为 C_1 的团簇,具有 a 振动模式的表现为既有拉曼活性又有红外活性;对称性为 C_{2v} 的团簇,具有 a_1,b_1 和 b_2 振动模式的团簇表现为既有拉曼活性又有红外活性。目前还未发现关于 $W_nN_2(n=6\sim12)$ 团簇的红外和拉曼光谱实验,本节得到的光谱和振动频率等数据,可作为以后光谱实验的参考依据。

振动与能级的变化存在对应关系,如某振动能够使偶极矩发生瞬变,则发生红外吸收,如某振动不能使偶极矩瞬变却可以改变分子的极化率,那么该振动存在拉曼活性。由于偶极矩是矢量,则关于中心对称的振动时偶极矩不会发生变化,所以某一振动的对称性决定该振动是否具有红外活性或拉曼活性。

表 2–42　W_nN_2($n=6\sim12$)团簇基态结构的振动频率和振动模式

Cluster	W_6N_2 (C_1)	W_7N_2 (C_1)	W_8N_2 (C_s)	W_9N_2 (C_{2v})	$W_{10}N_2$ (C_s)	$W_{11}N_2$ (C_s)	$W_{12}N_2$ (C_{2v})
[a]Freq/cm^{-1}	15.14 (a)	39.53 (a)	44.58(a″)	35.78 (b_1)	34.57 (a″)	38.26 (a″)	21.68 (b_2)
[b]Freq/cm^{-1}	1 844.51 (a)	1 944.76 (a)	1 847.56 (a′)	1 985.93 (a_1)	1 507.76 (a′)	1 861.41 (a′)	1 875.54 (a_1)
[c]Freq/cm^{-1}	1 844.51 (a)	1 944.76 (a)	1 847.56 (a′)	1 985.93 (a_1)	1 507.76 (a′)	1 861.41 (a′)	1 875.54 (a_1)

图 2–50 给出了 W_nN_2($n=6\sim12$)团簇基态结构的红外(IR)光谱图,图 2–51 给出了其拉曼(Raman)光谱图。其中 IR 图中横坐标单位为 cm^{-1},纵坐标代表红外强度,其单位为 $km\cdot mol^{-1}$;Raman 图中横坐标单位为 cm^{-1},纵坐标代表拉曼活性,其单位为 $A^4\cdot amu^{-1}$。表 2–43 列出了 W_nN_2($n=6\sim12$)团簇中基态结构振动的所有频率,和其对应的红外强度(IR)、拉曼活性(S^R)和退偏振度(D–P)。拉曼光谱除了具有强度及频率还有退偏振度这一参数,退偏振度和分子极化度相关,通过 Raman 谱线的退偏振度,可以进而判断分子对称性。若某一频率对应的退偏振度 ρ($\rho=\iota_\perp/\iota_{//}$)等于 0.75,则这一振动是退偏振的,其振动模式是非对称的;若某一频率对应的退偏振度 ρ 小于 0.75,则这一振动是偏振的,其振动模式是对称的。

由图 2–50、图 2–51 和表 2–43 可知:W_6N_2 团簇基态结构的 IR 光谱中只有一个振动峰,峰值为 1 297.49 $km\cdot mol^{-1}$,位于频率 1 844.51 cm^{-1} 处,其对应的振动模式为两个 N 原子的对称性伸缩振动,而在其他频率处红外光谱强度都接近于零。W_6N_2 团簇的拉曼光谱中有 3 个振动强峰,其中最强峰位于频率 1 844.51 cm^{-1} 处,拉曼散射活性为 4 125.86 $A^4\cdot amu^{-1}$,其振动模式同样为 N_2 分子的对称性伸缩振动,该频率的退偏比为 0.21,振动的对称性比较高;次强峰位于频率 306.41 cm^{-1} 处,拉曼活性为 1 695.86 $A^4\cdot amu^{-1}$,对应的振动模式为 N_2 分子的摇摆振动,退偏振度为 0.31;第三强峰位于频率 101.49 cm^{-1} 处,拉曼活性为 1 680.81 $A^4\cdot amu^{-1}$,退偏振度为 0.33,对应的振动模式为整个团簇的呼吸振动。

W_7N_2 团簇的 IR 光谱中只有一个峰,其他频率处红外强度接近于零,强峰位于频率 1 944.76 cm^{-1} 处,其峰值为 1277.28 $km\cdot mol^{-1}$,振动模式为 N_2 分子内两个 N 原子的对称性伸缩振动。Raman 光谱中最强峰位于频率 1 944.76 cm^{-1} 处,Raman 散射活性是 642.97 $A^4\cdot amu^{-1}$,退偏振度为 0.47,振动模式与红外强峰一致也是 N_2 分子的对称性伸缩振动;次强峰的 Raman 散射活性为 73.79 $A^4\cdot amu^{-1}$,退偏振度为 0.01,其振动模式为团簇的呼吸振动。

W_8N_2 团簇基态结构的 IR 光谱中只有一个强峰,其余频率处红外强度接近于零,强峰位于 1 847.56 cm^{-1} 频率处,其峰值为 1 003.93 $km\cdot mol^{-1}$,其振动模式还是 N_2 分子内两个 N 原子的对称性伸缩振动。Raman 光谱中最强峰也位于频率 1 847.56 cm^{-1} 处,振动模式也为 N_2 分子的对称性伸缩振动,Raman 散射活性是 570.51 $A^4\cdot amu^{-1}$,退偏振度为 0.51;次强峰的 Raman 活性只有 72.74 $A^4 \cdot amu^{-1}$，位于 119.94 cm^{-1} 处，退偏振度为 0.49，振动模式为团簇整体的呼吸振动；其余各峰的强度很低，这是因为团簇极高的对称性，使得体系的偶极矩不容易受外场的影响。

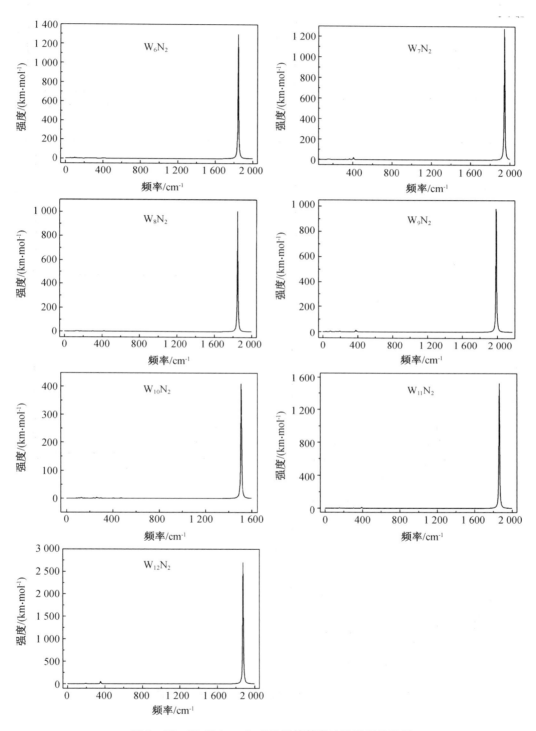

图 2-50　$W_n N_2$ ($n = 6 \sim 12$) 团簇基态结构的红外光谱

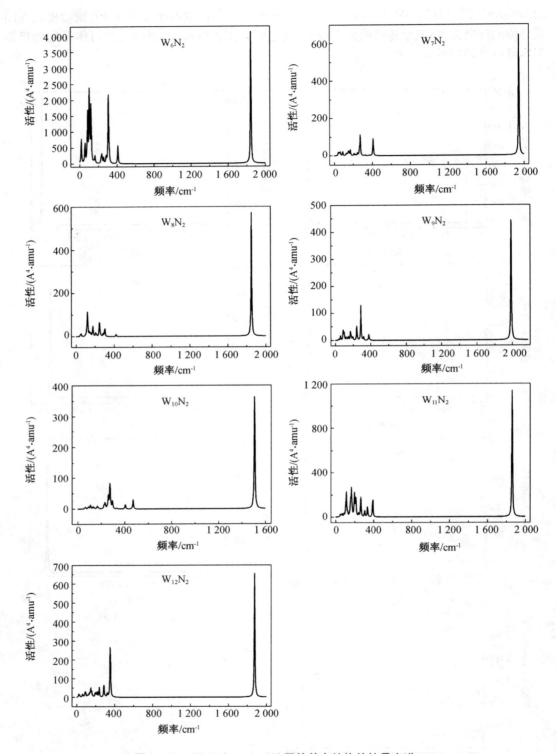

图 2-51　W_nN_2（$n=6\sim12$）团簇基态结构的拉曼光谱

W_9N_2 团簇的 IR 光谱中也只有一个强峰,位于 1 985.93 cm^{-1} 频率处,其峰值为 982.49 km·mol^{-1},振动模式为两个 N 原子沿成键方向非对称的伸缩振动;在其他频率处,红外强度几乎为零。Raman 光谱最强峰和红外光谱最高峰位于同一频率处,因而振动模式相同,其峰值为 443.24 A^4·amu^{-1},退偏振度为 0.75;次强峰的峰值为 71.30 A^4·amu^{-1},在 288.26 cm^{-1} 处,振动模式为两边的 6 个 W 原子相对于中间的 3 个 W 原子伸缩振动,退偏振度很小,只有 0.02,因而其振动具有很高的对称性。

对于 $W_{10}N_2$ 团簇,只在频率 1 507.76cm^{-1} 处出现一个最强峰,峰值为 410.36 km·mol^{-1},其振动模式为钨团簇静止不动,只有两个 N 原子的对称性伸缩振动。拉曼光谱中最强峰也位于 1 507.76 cm^{-1} 处,因而振动模式一样,峰值的拉曼活性为 362.53 A^4·amu^{-1},退偏振度为 0.09,振动的对称性极高;次强峰位于频率 273.24 cm^{-1} 处,拉曼散射活性只有 59.22 A^4·amu^{-1},退偏振度为 0.01,振动模式为中心的两个 W 原子静止,其余原子对称地呼吸振动。

表 2-43　W_nN_2 ($n=6\sim12$) 吸附体系的振动频率、红外强度、拉曼活性及偏振度

Cluster	Freq	IR	S^R	D-P	Cluster	Freq	IR	S^R	D-P
W_6N_2					4	65.40	0.11	3.00	0.75
1	15.14	1.30	521.10	0.70	5	85.96	0.68	1.07	0.70
2	43.80	0.43	12.77	0.64	6	89.68	0.15	3.00	0.75
3	54.92	4.91	415.22	0.69	7	92.77	0.00	1.07	0.70
4	82.96	3.26	1081.29	0.40	8	105.10	0.24	1.76	0.75
5	101.49	8.47	1680.81	0.33	9	106.27	1.13	5.75	0.64
6	118.91	2.78	896.43	0.56	10	106.96	0.10	1.39	0.28
7	121.56	0.96	392.64	0.45	11	126.13	2.73	0.44	0.75
8	146.85	1.26	22.71	0.52	12	127.21	0.65	4.41	0.50
9	155.22	0.53	30.01	0.49	13	139.26	0.23	3.19	0.33
10	162.87	0.16	162.07	0.44	14	154.88	0.74	0.47	0.75
11	227.64	0.67	122.65	0.45	15	165.53	0.35	5.96	0.18
12	237.51	1.53	208.91	0.26	16	174.22	0.24	1.16	0.75
13	256.00	2.11	119.57	0.53	17	176.29	0.21	0.65	0.55
14	282.27	0.72	151.66	0.03	18	179.19	0.12	1.09	0.75
15	306.41	2.79	1695.86	0.31	19	223.08	0.03	7.73	0.11
16	314.80	1.00	155.16	0.53	20	231.79	1.08	12.62	0.03
17	409.21	2.98	437.87	0.25	21	234.77	0.41	1.98	0.75
18	1844.51	1297.49	4125.86	0.21	22	249.23	0.01	1.73	0.75
W_7N_2					23	259.29	3.40	28.21	0.01
1	39.53	3.99	10.52	0.69	24	273.24	0.53	59.22	0.01
2	49.42	0.22	8.88	0.71	25	275.77	0.20	8.14	0.29
3	59.99	3.64	12.17	0.72	26	294.83	1.77	17.47	0.40

表 2 - 43（续）

Cluster	Freq	IR	S^R	D - P	Cluster	Freq	IR	S^R	D - P
4	86.52	1.12	15.06	0.56	27	332.51	0.20	1.46	0.75
5	117.44	0.41	1.13	0.58	28	404.89	1.31	11.56	0.49
6	125.36	0.16	7.41	0.37	29	470.60	1.77	23.09	0.40
7	132.62	0.14	4.11	0.15	30	1507.76	410.36	362.53	0.09
8	143.38	2.41	6.56	0.21	$W_{11}N_2$				
9	148.17	0.62	9.60	0.29	1	38.26	0.81	1.26	0.75
10	152.77	2.80	8.35	0.61	2	49.35	0.31	15.18	0.72
11	167.05	3.55	7.71	0.59	3	57.45	0.03	4.07	0.75
12	168.33	0.36	12.38	0.75	4	66.64	0.11	16.19	0.03
13	209.22	1.16	7.85	0.21	5	84.96	0.22	6.82	0.15
14	226.26	1.31	3.82	0.65	6	87.36	0.05	10.02	0.75
15	244.57	0.20	9.19	0.05	7	103.21	1.37	19.60	0.56
16	264.44	1.17	14.23	0.09	8	108.70	0.06	4.64	0.75
17	272.87	0.20	73.79	0.01	9	109.79	0.11	44.43	0.20
18	326.80	2.44	2.35	0.73	10	111.36	0.51	94.31	0.09
19	367.73	7.65	1.74	0.70	11	123.91	0.73	19.14	0.75
20	408.21	21.26	61.73	0.11	12	138.43	0.04	0.21	0.75
21	1944.76	1277.28	642.97	0.47	13	145.15	0.41	7.89	0.75
W_8N_2					14	152.50	1.31	23.38	0.75
1	44.58	0.39	4.57	0.75	15	153.42	1.47	13.63	0.75
2	51.83	0.46	7.46	0.72	16	155.56	0.01	0.54	0.75
3	94.10	0.23	1.43	0.75	17	156.87	0.06	48.93	0.07
4	101.69	0.37	1.52	0.11	18	161.36	0.74	17.73	0.75
5	110.96	0.08	12.17	0.75	19	164.48	0.55	122.44	0.60
6	119.94	0.34	72.74	0.49	20	170.14	1.93	32.28	0.05
7	127.25	0.87	4.93	0.62	21	180.43	1.14	0.66	0.75
8	136.26	0.54	0.01	0.75	22	184.50	0.25	0.28	0.25
9	140.22	0.35	11.48	0.64	23	190.50	1.21	7.90	0.75
10	150.99	0.93	7.15	0.65	24	196.57	1.24	121.81	0.14
11	154.76	0.02	3.35	0.19	25	207.97	0.43	59.36	0.22
12	168.28	0.09	3.45	0.75	26	211.89	0.07	65.44	0.51
13	176.35	0.71	29.49	0.69	27	239.03	0.82	17.98	0.42
14	180.66	0.00	3.15	0.75	28	257.97	0.40	10.18	0.67
15	204.61	0.53	9.90	0.15	29	263.58	0.36	107.25	0.54

表 2 – 43（续）

Cluster	Freq	IR	S^R	D – P	Cluster	Freq	IR	S^R	D – P
16	213. 41	0. 00	6. 09	0. 75	30	303. 95	2. 65	33. 36	0. 75
17	242. 30	0. 21	7. 93	0. 50	31	333. 41	0. 25	63. 16	0. 18
18	243. 94	0. 12	1. 19	0. 75	32	390. 45	12. 10	112. 19	0. 60
19	246. 29	0. 01	47. 47	0. 09	33	1861. 41	1527. 29	1134. 95	0. 52
20	262. 24	0. 57	3. 95	0. 32	$W_{12}N_2$				
21	285. 90	0. 00	10. 18	0. 75	1	21. 68	0. 33	12. 30	0. 75
22	302. 44	0. 66	28. 22	0. 22	2	30. 70	0. 03	5. 19	0. 75
23	421. 32	2. 32	7. 80	0. 51	3	41. 00	0. 00	0. 1	0. 75
24	1847. 56	1003. 93	570. 51	0. 51	4	44. 95	0. 24	0. 38	0. 75
W_9N_2					5	58. 27	0. 40	5. 52	0. 74
1	35. 78	2. 25	2. 26	0. 75	6	62. 11	0. 01	6. 83	0. 75
2	56. 51	0. 01	8. 61	0. 75	7	67. 22	0. 00	1. 56	0. 75
3	83. 58	3. 72	0. 26	0. 06	8	76. 37	0. 30	1. 83	0. 75
4	87. 39	0. 00	1. 1	0. 75	9	87. 56	0. 47	14. 47	0. 39
5	87. 45	0. 04	16. 54	0. 75	10	93. 72	0. 00	2. 82	0. 75
6	90. 01	2. 86	0. 31	0. 75	11	93. 93	1. 24	6. 49	0. 75
7	98. 10	0. 00	16. 14	0. 75	12	95. 25	0. 06	5. 72	0. 75
8	119. 47	0. 01	5. 15	0. 59	13	109. 98	0. 00	2. 62	0. 75
9	124. 05	0. 02	0. 01	0. 75	14	118. 13	0. 90	3. 92	0. 63
10	125. 48	0. 13	0. 88	0. 75	15	119. 28	1. 00	1. 23	0. 75
11	127. 19	0. 21	0. 05	0. 75	16	121. 65	0. 25	3. 04	0. 75
12	131. 72	0. 00	2. 44	0. 75	17	132. 58	0. 19	9. 29	0. 75
13	145. 55	2. 22	7. 74	0. 66	18	134. 47	0. 00	4. 23	0. 75
14	161. 15	1. 29	0. 35	0. 75	19	140. 81	0. 01	1. 03	0. 75
15	169. 22	0. 26	17. 60	0. 39	20	146. 65	0. 55	31. 34	0. 19
16	176. 38	0. 35	0. 90	0. 75	21	155. 46	0. 46	15. 06	0. 69
17	177. 77	0. 16	5. 89	0. 75	22	158. 82	1. 08	1. 62	0. 75
18	192. 16	2. 86	2. 81	0. 70	23	167. 98	0. 87	4. 85	0. 75
19	194. 39	0. 00	2. 46	0. 75	24	180. 52	0. 00	010	0. 75
20	197. 54	3. 57	2. 89	0. 75	25	181. 62	4. 85	1. 15	0. 75
21	241. 05	0. 18	29. 94	0. 02	26	194. 39	11. 66	15. 77	0. 01
22	288. 26	0. 07	71. 30	0. 02	27	203. 26	3. 27	6. 43	0. 75
23	295. 48	0. 02	0. 13	0. 75	28	214. 36	0. 30	19. 80	0. 37
24	319. 95	0. 01	6. 53	0. 75	29	222. 12	0. 17	0. 61	0. 75

表 2-43(续)

Cluster	Freq	IR	S^R	D-P	Cluster	Freq	IR	S^R	D-P
25	377.54	13.36	13.76	0.18	30	235.93	0.00	34.81	0.07
26	392.19	3.72	1.52	0.75	31	286.01	0.01	47.46	0.03
27	1985.93	982.49	443.24	0.75	32	286.81	0.05	4.49	0.75
$W_{10}N_2$					33	301.18	1.93	2.80	0.75
1	34.57	0.04	0.25	0.75	34	322.41	2.03	13.90	0.75
2	54.68	0.06	0.96	0.73	35	353.59	59.90	214.42	0.19
3	62.88	0.02	1.53	0.75	36	1875.54	2698.19	653.58	0.55

在 $W_{11}N_2$ 团簇的光谱中，IR 光谱依然只有一个峰，峰值为 1 527.29 km·mol^{-1}，位于 1 861.41 cm^{-1} 处，振动模式钨为团簇静止不动，只有两个 N 原子沿成键方向的对称性伸缩振动；在其余频率处红外强度几乎为零。在 Raman 光谱中，最强峰也位于频率 1 861.41 cm^{-1} 处，所以振动模式相同，其对应的 Raman 散射活性为 1 134.95 A^4·amu^{-1}，偏振度为 0.52；在频率 111.36~390.45 cm^{-1} 之间存在着许多的拉曼活性相对较低的振动峰，如在频率 164.48 cm^{-1} 处活性为 122.44 A^4·amu^{-1}，偏振度为 0.60，在频率 196.57 cm^{-1} 处有活性为 121.81 A^4·amu^{-1}，偏振度为 0.14 的振动峰，振动模式均为团簇整体上的呼吸振动。

$W_{12}N_2$ 团簇的红外光谱中还是只有一个最强峰，位于频率 1 875.54 cm^{-1} 处，峰值为 2 698.19 km·mol^{-1}，对应的振动模式还是钨团簇基体静止不动，只有两个 N 原子沿成键方向的对称性伸缩振动，由于 $W_{12}N_2$ 团簇的红外强度是 W_nN_2($n=6$~12) 团簇中的最大值，因而此振动最强烈，振幅也最大；在其他频率处红外强度几乎为零。在拉曼光谱中，最强峰也位于频率 1 875.54 cm^{-1} 处，所以振动模式相同，拉曼散射活性为 653.58 A^4·amu^{-1}，偏振度为 0.55；次强峰的拉曼散射活性为 214.42 A^4·amu^{-1}；在频率 353.59 cm^{-1} 处，偏振度为 0.19，振动模式为 N_2 分子及与其相连的 W 原子的伸缩振动，其他原子静止不动。

综上所述，W_nN_2($n=6$~12) 团簇基态结构的红外光谱和拉曼光谱的最强峰都出现在同一频率处。W_nN_2($n=6$~12) 团簇的所有红外光谱只有一个峰，频率分布在 1 507.76~1 985.93 cm^{-1} 之间，红外光谱强度分布在 410.36~2 698.19 km·mol^{-1} 之间，其中 $W_{12}N_2$ 团簇红外峰值为 2 698.19 km·mol^{-1}，为 W_nN_2($n=6$~12) 团簇中的最大值；所有团簇中的峰的振动模式都是 N_2 分子内两个 N 原子之间的伸缩振动，这主要是 W—N 原子之间存在较强的相互作用，在 N 原子的伸缩振动下，使得吸附体系的电偶极矩变化最大，从团簇的偏振度能够发现，偏振度的值越小，团簇振动模式的对称性也就越高，反之也就越低。对于拉曼光谱，最强峰分布在频率 1 507.76~1 985.93 cm^{-1} 之间，振动活性分布在 362.53~4 125.86 A^4·amu^{-1} 之间；其中 W_6N_2 团簇的拉曼散射活性最大达到了 4 125.86 A^4·amu^{-1}，这是因为 W_6N_2 团簇在最强峰时的极化率对简并坐标的导数变化达到最大，所以使得其拉曼散射活性最强。

(2)$W_nN_2^{\pm}$($n=6$~12) 离子团簇的结构与性能

①几何结构

为了寻找团簇 $W_nN_2^{\pm}$($n=6$~12) 的基态结构，首先设计了各种不同的初始构型，然后分别在不同的自旋多重度(2,4,6 等)下进行几何参数全优化。在设计初始构型时，除了借

助中性团簇 $W_nN_2(n=6\sim12)$ 的几何构型,还参考文献中的大量构型,最后把能量最低且频率为正的稳定构型定为基态结构。图 2-52 和图 2-53 分别给出了 $W_nN_2^{\pm}(n=6\sim12)$ 团簇阳、阴离子的基态构型,表 2-44 列出了基态构型的一些几何参数。图 2-52 和图 2-53 中大球为 W 原子,小球为 N 原子。

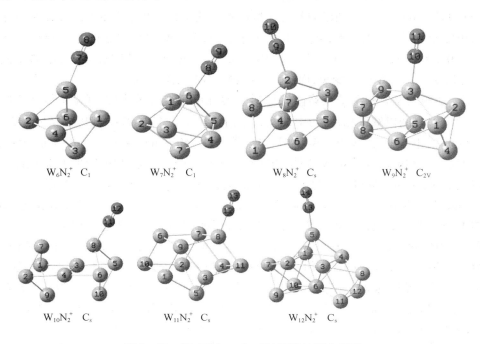

图 2-52　$W_nN_2^{+}(n=6\sim12)$ 团簇的基态构型

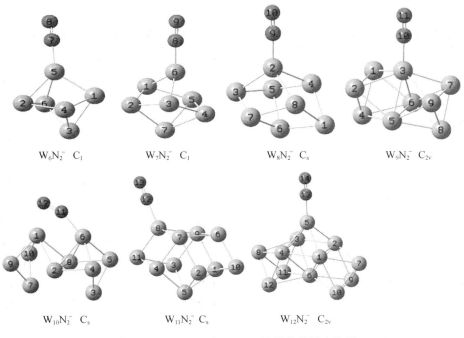

图 2-53　$W_nN_2^{-}(n=6\sim12)$ 团簇的基态构型

$W_6N_2^+$ 团簇的基态结构是在稍微有点变形的四角双锥钨团簇顶端吸附一个 N_2 分子而成,与中性团簇基态结构十分相似,其中 N_2 分子与 W 团簇的吸附是其中一个 N 原子与 W 原子相连,N—N 原子之间以双键相连。由表 2-44 可知,$W_6N_2^+$ 团簇的对称性是 C_1,自旋多重度为 2,电子态是 ^2A,W—W 的平均键长为 0.247 0 nm,W—N 键长为 0.204 6 nm,N—N 键长为 0.115 3 nm。$W_6N_2^-$ 团簇的基态构型也和中性团簇构型较为相似,只是 N_2 分子吸附的倾斜角度变小了,其自旋多重度是 4,电子态是 ^4A,W—W 的平均键长为 0.246 8 nm,W—N 键长为 0.200 4 nm,N—N 键长为 0.118 7 nm。和 W_6N_2 中性团簇相比,阳离子团簇的 W—N 键长变长,N—N 键长变短,而阴离子团簇的变化正好相反。

$W_7N_2^+$ 团簇的基态构型是在略微有点形变的五角双锥的 W 团簇基础上倾斜吸附一个 N_2 分子,N—N 之间以双键相连,与中性基态结构相比变化不大;$W_7N_2^+$ 团簇的点群是 C_1,自旋多重度是 2,电子态是 ^2A,W—W 的平均键长为 0.250 8 nm,W—N 键长为 0.203 3 nm,N—N 键长为 0.116 2 nm。$W_7N_2^-$ 团簇的基态结构与其中性基态结构相似,只是成键的形式稍微有点变化,它的点群对称性是 C_1,自旋多重度是 6,电子态是 ^6A,W—W 的平均键长为 0.246 7 nm,W—N 键长为 0.196 6 nm,N—N 键长为 0.119 3 nm。与中性团簇相比,阴离子团簇的 W—N 键长变短,N—N 键长变长,而阳离子团簇的键长变化恰好相反。

$W_8N_2^+$ 团簇的基态构型和中性 W_8N_2 团簇基态结构相似,是在斜四棱柱的顶端的 W 原子上吸附一个 N_2 分子而成,N—N 之间以双键相连,它的对称性是 C_s,自旋多重度是 2,电子态是 $^2A''$,W—W 平均键长为 0.247 3 nm,W—N 键长为 0.201 8 nm,N—N 键长为 0.116 7 nm。$W_8N_2^-$ 团簇的基态点群是 C_s,其构型与中性团簇的基态结构相似,自旋多重度是 2,电子态是 $^2A'$,W—W 平均键长为 0.272 9 nm,W—N 键长为 0.199 6 nm,N—N 键长为 0.117 8 nm。与中性团簇相比,阳离子团簇的 W—N 键长变长,N—N 键长变短;阴离子团簇的 W—N 键的键长变短,N—N 键的键长变长了。

表 2-44　$W_nN_2^{\pm}$ ($n=6\sim12$)基态结构的电子态、W—W、W—N 和 N—N 键长(nm)

团簇	对称性	电子态	W—W 平均键长	W—N 键长	N—N 键长
$W_6N_2^+$	C_1	^2A	0.247 0	0.204 6	0.115 3
$W_7N_2^+$	C_1	^2A	0.250 8	0.203 3	0.116 2
$W_8N_2^+$	C_s	$^2A''$	0.247 3	0.201 8	0.116 7
$W_9N_2^+$	C_{2v}	$^4A_2$	0.258 5	0.206 3	0.115 7
$W_{10}N_2^+$	C_s	$^2A'$	0.247 6	0.207 5	0.115 0
$W_{11}N_2^+$	C_s	$^6A''$	0.252 0	0.204 9	0.116 0
$W_{12}N_2^+$	C_s	$^2A''$	0.2619	0.207 5	0.115 6
$W_6N_2^-$	C_1	^4A	0.246 8	0.200 4	0.118 7
$W_7N_2^-$	C_1	^6A	0.246 7	0.196 6	0.119 3
$W_8N_2^-$	C_s	$^2A'$	0.272 9	0.199 6	0.117 8
$W_9N_2^-$	C_{2v}	$^2B_1$	0.259 4	0.203 7	0.116 9
$W_{10}N_2^-$	C_s	$^2A'$	0.251 8	0.204 7	0.125 6
$W_{11}N_2^-$	C_s	$^4A'$	0.251 9	0.201 9	0.118 0
$W_{12}N_2^-$	C_{2v}	$^4A_2$	0.262 0	0.202 0	0.117 9

$W_9N_2^+$ 团簇和 $W_9N_2^-$ 团簇的基态结构和中性 W_9N_2 团簇基态结构十分相似,都是在基态 W_9 的基态基础上吸附 N_2 分子,N—N 都是以双键相连,对称性也都是 C_{2v},只是中间 3 个 W 原子的成键略有不同而已。$W_9N_2^+$ 团簇的电子态是 $^4A_2$,W—W 平均键长为 0.258 5 nm,W—N 键长为 0.206 3 nm,N—N 键长为 0.115 7 nm。$W_9N_2^-$ 团簇的电子态是 $^2B_1$,W—W 平均键长为 0.259 4 nm,W—N 键长为 0.203 7 nm,N—N 键长为 0.116 9 nm。与中性团簇相比,阳离子团簇的 W—N 键长变长,N—N 键长变短;阴离子团簇的 W—N 键长变短了,N—N 键长变长了。

$W_{10}N_2^+$ 团簇和 $W_{10}N_2^-$ 团簇的基态结构相似,都是在纯 W_{10} 团簇的基态结构基础上吸附 N_2 分子而成,只是 $W_{10}N_2^+$ 团簇中的 N_2 分子向团簇基体外倾斜,而 $W_{10}N_2^-$ 团簇中的 N_2 分子向团簇基体内倾斜。N—N 以双键相连,它的点群是 C_s,电子态是 $^2A'$,W—W 平均键长为 0.247 6 nm,W—N 键长为 0.207 5 nm,N—N 键长为 0.115 0 nm。$W_{10}N_2^-$ 团簇基态构型与中性团簇相似,都是在纯 W_{10} 团簇的基态构型基础上向团簇基体内倾斜吸附 N_2 分子,其点群是 C_s,自旋多重度是 2,电子态是 $^2A'$,W—W 键长为 0.251 8 nm,W—N 键长 0.204 7 nm,N—N 键长为 0.125 6 nm。相比于中性团簇,阳离子团簇的 N—N 键的键长变短了,但 W—N 键的键长变长了,能量升高了 5.090 eV,阴离子团簇键长变化相反,能量降低了 1.796 eV。

$W_{11}N_2^+$ 阳离子团簇和 $W_{11}N_2^-$ 阴离子团簇的基态结构和中性团簇相近,都是在纯钨团簇基态表面上吸附 N_2 分子而成,N—N 以双键相连,点群都是 C_s。$W_{11}N_2^+$ 团簇的自旋多重度是 6,电子态是 $^6A''$,W—W 平均键长为 0.252 0 nm,W—N 键长为 0.204 9 nm,N—N 键长为 0.116 0 nm。而 $W_{11}N_2^-$ 团簇的自旋多重度是 4,电子态是 $^4A'$,W—W 平均键长为 0.251 9 nm,W—N 键长为 0.201 9 nm,N—N 键长为 0.118 0 nm。

$W_{12}N_2^+$ 团簇基态构型和 $W_{12}N_2^-$ 团簇的基态构型相似,都是在纯 W_{12} 团簇基态构型基础上吸附一个 N_2 分子而成,N—N 以双键相连,阳离子团簇比中性团簇的对称性降低了,点群是 C_s,电子态是 $^2A''$,W—W 平均键长为 0.261 9 nm,W—N 键长为 0.207 5 nm,N—N 键长为 0.115 6 nm。$W_{12}N_2^-$ 团簇的点群和中性团簇相似,也是 C_{2v},其自旋多重度为 4,电子态是 $^4A_2$,W—W 平均键长为 0.262 0 nm,W—N 键长为 0.202 0 nm,N—N 键长为 0.117 9 nm。相比于中性 $W_{12}N_2$ 团簇,阴离子团簇的 N—N 键的键长变长了,W—N 键的键长变短了。

从以上分析可以看出,基态离子团簇结构中的 N—N 键长都比自由的 N_2 分子的键长(0.113 3 nm)要长,这表明 N_2 分子被活化了。和中性团簇相比,阳离子团簇的 W—N 键长变长了,N—N 键长变短了,而阴离子团簇的变化正好相反,阴阳离子团簇的 W—W 键长整体变短了,这说明得失电子影响了团簇的结构。

②稳定性和化学活性

前面已经研究了 $W_nN_2(n=6\sim12)$ 中性团簇的结构特性和物化性质,为了进一步探讨其离子团簇的稳定性和化学活性,这里计算了 $W_nN_2^\pm(n=6\sim12)$ 离子团簇的平均结合能、吸附能、二阶能量差分和能隙。

图 2-54 给出了离子团簇的平均结合能随 W 原子数的变化曲线,为了便于比较,图中也给出了中性团簇的平均结合能随 W 原子数的变化曲线。离子团簇的平均结合能计算公式如下:

$$E_b(W_nN_2^+) = (-E[W_nN_2^+] + (n-1)E[W] + E(W^+) + 2E[N])/(n+2)$$

$$E_b(W_nN_2^-) = (-E[W_nN_2^-] + nE[W] + E[N] + E[N^-])/(n+2)$$

其中，$E(W_nN_2^-)$ 表示团簇 $W_nN_2^-$ 的能量，$E(W_nN_2^+)$ 表示团簇 $W_nN_2^+$ 的能量，$E[W]$，$E[N]$ 分别表示 W 原子和 N 原子的能量，$E[W^+]$，$E[N^-]$ 分别表示离子状态下 W^+ 和 N^- 的能量。

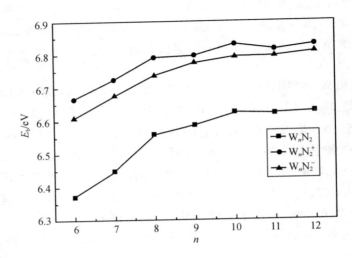

图 2 – 54 $W_nN_2^{\pm}$ ($n = 6 \sim 12$) 离子团簇的平均结合能

从图 2 – 54 可以看到，阴阳离子团簇的平均结合能随着 W 原子数增加呈现增大的趋势（$W_9N_2^+$，$W_{11}N_2^+$ 团簇略有下降），这说明团簇的稳定性随团簇尺寸的变大而在增强。考虑在同一尺寸条件下，离子团簇的平均结合能都比中性团簇要大，这表明在得失电子后，团簇的稳定性得到了增强。比较阴阳离子团簇，阳离子团簇的结合能普遍比阴离子团簇要大，这说明失去电荷团簇更稳定。

能量二阶差分 Δ_2E_n 是用来描述团簇稳定性的一个非常敏感的物理量，计算公式如下：

$$\Delta_2E_n = E_{n+1} + E_{n-1} - 2E_n$$

其中，E_{n+1}，E_{n-1}，E_n 分别表示 $W_{n+1}N_2^{\pm}$，$W_{n-1}N_2^{\pm}$，$W_nN_2^{\pm}$ 团簇基态结构的能量。图 2 – 55 给出了离子团簇的能量二阶差分 Δ_2E_n 随着 W 原子数增加的变化曲线。Δ_2E_n 的值越大，表示团簇的稳定性也就越高。

由图 2 – 55 可知，阴阳离子团簇的二阶能量差分 Δ_2E_n 与中性团簇的变化趋势相同，只是阴离子团簇振荡幅度较小，而阳离子团簇振荡幅度较大，都表现出极为明显的"幻数"效应和"奇偶振荡"，$W_8N_2^-$ 和 $W_{10}N_2^-$ 及 $W_8N_2^+$ 和 $W_{10}N_2^+$ 团簇分别对应峰值，这表明这两种团簇具有相对较高的稳定性，也就是说 $n = 8$ 和 10 是 $W_nN_2^{\pm}$（$n = 6 \sim 12$）阴阳离子团簇的幻数，这点和中性团簇相同。

为了进一步探讨阴阳离子团簇的化学稳定性和化学活性，还计算了能隙。其计算公式如下：

$$E_g = E_{LUMO} - E_{HOMO}$$

能隙反映了团簇内电子被激发的难易程度，其值越小，表示该团簇越容易被激发，活性越好，化学稳定性就越差。

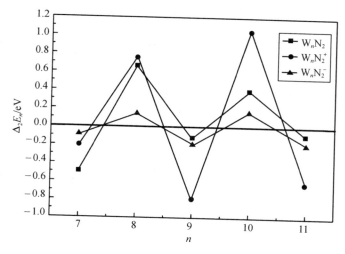

图 2-55　$W_n N_2^{\pm}$($n=6\sim12$)离子团簇的二阶能量差分

由图 2-56 可以看出,对于阳离子团簇,当 $n=10$ 时,能隙具有最大值,这说明 $W_{10}N_2^+$ 在阳离子团簇中化学稳定性最强,和中性团簇相同;而阴离子团簇中 $W_6 N_2^-$ 是化学稳定性最强的一个。阴阳离子的化学稳定性各不相同,可能是由于得失电子影响了核外电子的排布,影响了团簇的化学稳定性。

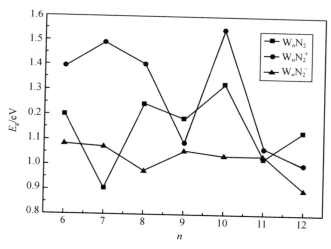

图 2-56　$W_n N_2^{\pm}$($n=6\sim12$)离子团簇基态结构的能隙

为了研究 N_2 分子在离子团簇表明吸附作用的强弱,下面还计算了其吸附能。吸附能的计算公式:

$$E_{ads}^+ = E_{N_2} + E_{W_n^+} - E_{W_n N_2^+}$$

$$E_{ads}^- = E_{N_2} + E_{W_n} - E_{W_n N_2^-}$$

其中,$E(*)$ 分别表示气相 N_2 分子的总能量、W_n^+ 团簇的总能量、N_2^- 的总能量、W_n 团簇的总能量和 $W_n N_2^{\pm}$ 吸附体系的总能量。

从图 2 - 57 可以看出，阳离子团簇的吸附能和中性团簇的吸附能比较接近，就是 $n = 12$ 时差距比较明显。阴离子团簇的吸附能和两者相比变化比较大，且远大于其阳性和中性团簇，这表明团簇的吸附体系在得到电子带上负电荷情况下更加有利于 N_2 分子在团簇表面的吸附。

③ 离子团簇的频率与光谱

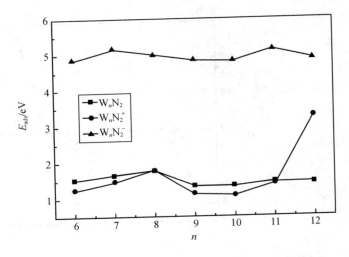

图 2 - 57　$W_nN_2^{\pm}$($n = 6 \sim 12$)离子团簇基态结构的吸附能

表 2 - 45 列出了 $W_nN_2^{\pm}$($n = 6 \sim 12$)离子团簇的最低振动频率[a]Freq、红外强度最大的振动频率[b]Freq 和红外光谱最大强度 I_{max}，其中括号内为对应的振动模式。振动频率是用来判断团簇结构是否稳定的关键因素，由表 2 - 45 看出，所有振动频率都为正值，表明得到的基态结构均为势能面上的局域最小点，而不会是过渡态或高阶鞍点。红外强度最大的振动频率可以反映红外光谱中最强吸收峰的位置。根据威尔逊的 F 和 G 矩阵法，分子的振动频率主要与振动的力常数、原子的质量、原子的空间位置有关，即与团簇的振动模式有关，对于某个振动，它是否为红外活性，可以从振动模式的对称性上判断。对于对称性为 C_{2v} 具有 a_1，b_1，b_2 振动模式的团簇都表现为有红外活性，而具有 a_2 振动模式的没有红外活性；对于对称性为 C_s 具有 a'，a'' 振动模式的团簇表现为有红外活性。

表 2 - 45　$W_nN_2^{\pm}$($n = 6 \sim 12$)离子团簇的振动频率和红外强度

Cluster	$W_6N_2^+$	$W_7N_2^+$	$W_8N_2^+$	$W_9N_2^+$	$W_{10}N_2^+$	$W_{11}N_2^+$	$W_{12}N_2^+$
[a]Freq/cm^{-1}	38. 97 (a)	11. 02 (a)	41. 66 (a″)	29. 57 (b$_1$)	17. 45 (a″)	38. 11 (a″)	0. 92 (a″)
[b]Freq/cm^{-1}	1 936. 42 (a)	1 911. 83 (a)	1 884. 76 (a′)	1 969. 63 (a$_1$)	2 068. 76 (a′)	1 914. 51 (a′)	1 946. 86 (a′)
I_{max}/(km·mol^{-1})	1 959. 11	996. 22	944. 33	879. 48	1 044. 18	1 570. 62	2 551. 74
Cluster	$W_6N_2^-$	$W_7N_2^-$	$W_8N_2^-$	$W_9N_2^-$	$W_{10}N_2^-$	$W_{11}N_2^-$	$W_{12}N_2^-$
[a]Freq/cm^{-1}	43. 15 (a)	15. 94 (a)	29. 87 (a″)	30. 61 (b$_1$)	23. 17 (a″)	20. 46 (a′)	26. 55 (b$_2$)
[b]Freq/cm^{-1}	1 796. 86 (a)	1 668. 32 (a)	1 860. 40 (a′)	1 924. 45 (a$_1$)	1 472. 13 (a′)	1 780. 57 (a′)	1 781. 95 (a$_1$)
I_{nt}/(km·mol^{-1})	1 154. 42	1 497. 60	904. 19	1 217. 98	352. 03	2 584. 12	2 846. 65

图 2 -58 和图 2 -59 分别给出了 $W_nN_2^+$ ($n = 6 \sim 12$)团簇和 $W_nN_2^-$ ($n = 6 \sim 12$)团簇基态结构的红外光谱图。图中横坐标代表的是振动频率,单位为 cm^{-1};纵坐标代表的是红外光谱强度,单位为 $km \cdot mol^{-1}$。

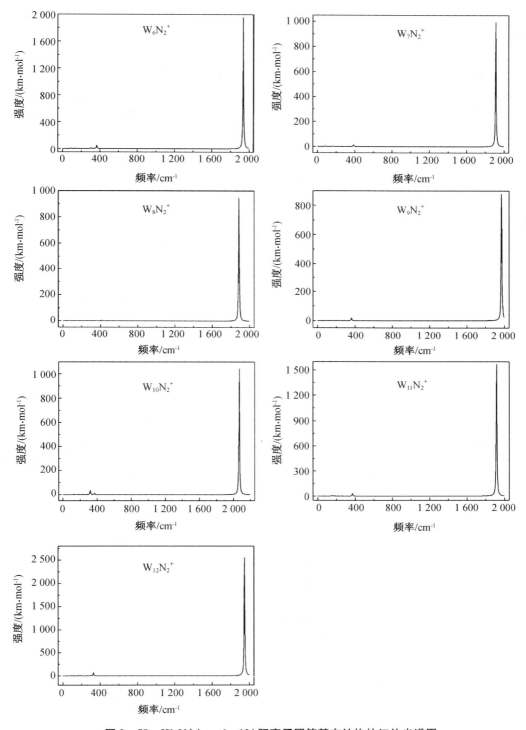

图 2 -58 $W_nN_2^+$ ($n = 6 \sim 12$)阳离子团簇基态结构的红外光谱图

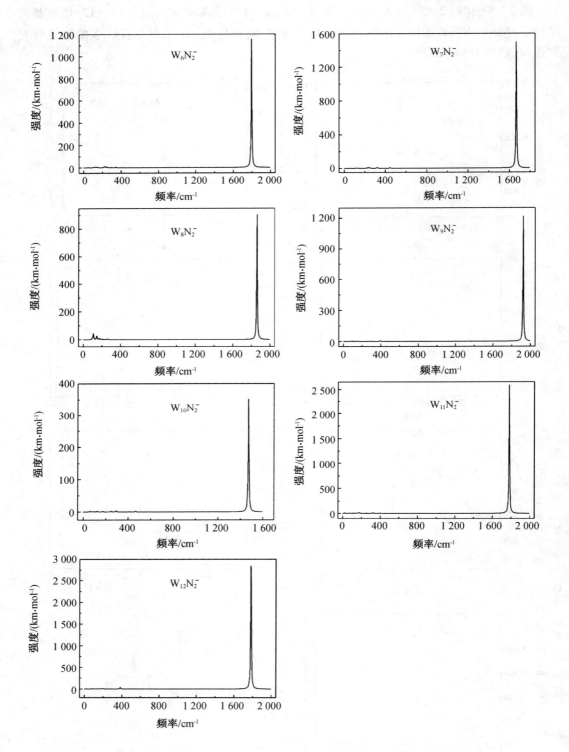

图 2 - 59　$W_nN_2^-$（$n=6\sim12$）阴离子团簇基态结构的红外光谱图

$W_6N_2^\pm$ 阴阳离子团簇基态结构的红外光谱都只有一个最强峰,其振动模式都是 W 团簇基体不动,两个 N 原子沿成键方向的伸缩振动。阳离子团簇基态结构的红外光谱最强峰出现在频率 1 936.42 cm^{-1} 处,红外强度是 1 959.11 $km\cdot mol^{-1}$,而在其他频率处红外强度值都接近于零。阴离子团簇的红外光谱最强峰在频率 1796.86cm^{-1} 处,强度为 1 154.42 $km\cdot mol^{-1}$,其强度和振动频率都比阳离子团簇要低,阴离子的红外峰发生了红移,这是离子团簇中电子结构不同所导致的。

$W_7N_2^+$ 团簇基态结构的红外光谱最强峰在频率 1 911.83 cm^{-1} 处,强度为 996.22 $km\cdot mol^{-1}$,其振动模式为 W 团簇基体不动,两个 N 原子沿成键方向的伸缩振动。在其余频率处,红外强度都是接近于零。$W_7N_2^-$ 团簇基态结构的红外光谱最强峰出现在频率 1 668.32 cm^{-1},强度是 1 497.60 $km\cdot mol^{-1}$,它的振动模式是整个团簇体系整体的摇摆振动。阴离子团簇最强峰的频率低于阳离子团簇,但是红外强度更高,这是因为摇摆振动的幅度更大。

$W_8N_2^\pm$ 阴阳离子团簇基态结构的红外光谱最强峰的振动模式相同,都是在整个 W 团簇相对静止,N_2 分子的摇摆振动。其中阳离子团簇最强峰在频率 1 887.76 cm^{-1},强度为 944.33 $km\cdot mol^{-1}$,其他频率处红外强度接近于零。阴离子团簇最强峰位于频率 1 860.40 cm^{-1} 处,强度为 904.19 $km\cdot mol^{-1}$,其频率和强度都与阳离子团簇相近;在阴离子光谱中还发现一个很小的峰,位于频率 53.69 cm^{-1} 处,强度为 15.16 $km\cdot mol^{-1}$,振动模式为 N_2 分子与其所连接的 W 原子之间的伸缩振动。

$W_9N_2^+$ 阳离子团簇红外光谱只在频率 1 969.63 cm^{-1} 处出现一个最强峰,强度为 879.48 $km\cdot mol^{-1}$,它的振动模式为钨团簇基体保持静止不动,两个 N 原子沿成键方向的对称伸缩振动。$W_9N_2^-$ 阴离子团簇红外光谱最强峰的强度为 1 217.78 $km\cdot mol^{-1}$,在频率 1 942.45 cm^{-1} 处,它的振动模式也是两个 N 原子的伸缩振动,因为其振幅比阳离子团簇大,所以活性也比较大。

$W_{10}N_2^\pm$ 阴阳离子团簇基态结构的红外光谱只有一个最强峰,在其他波数时强度都几乎为零。阳离子团簇最强峰位于频率 2 068.76 cm^{-1} 处,强度为 1 044.18 $km\cdot mol^{-1}$,振动模式为两个 N 原子的对称伸缩振动。阴离子团簇最强峰位于频率 1 472.13 cm^{-1} 处,强度为 352.03 $km\cdot mol^{-1}$。由表 2 - 45 知,此团簇振动频率和强度在所研究的团簇尺寸范围内都是最低的,红移现象最为明显。

$W_{11}N_2^\pm$ 阴阳离子团簇基态结构的红外光谱的最强峰的振动模式都是 W 原子静止,两个 N 原子的对称伸缩振动。阳离子团簇最强峰位于频率 1 914.51 cm^{-1} 处,强度为 1 570.62 $km\cdot mol^{-1}$,阴离子团簇最强峰位于频率 1 780.57 cm^{-1} 处,强度为 2 584.12 $km\cdot mol^{-1}$。

$W_{12}N_2^+$ 团簇基态结构的红外光谱最强峰位于频率 1 946.86 cm^{-1} 处,强度是 2 551.74 $km\cdot mol^{-1}$,振动模式是两个 N 原子的对称伸缩振动,在其他频率处红外强度几乎为零。$W_{12}N_2^-$ 团簇红外光谱最强峰位于频率 1 781.95 cm^{-1} 处,强度为 2 846.65 $km\cdot mol^{-1}$,振动模式是 W 团簇不动,N_2 分子的摇摆振动。阴阳离子团簇的最强峰的峰值都是整个体系中最大的。

综上所述,$W_nN_2^\pm$($n = 6 \sim 12$)阴阳离子团簇的红外光谱和中性团簇相近,都只有一个强峰,强峰对应的振动模式几乎都是 N_2 分子内两个 N 原子的对称伸缩振动(除了 $W_8N_2^\pm$ 和 $W_{12}N_2^-$ 的振动模式是 N_2 分子的摇摆振动)。阴阳离子团簇的红外光谱峰值在 352.03 ~ 2 846.65 $km\cdot mol^{-1}$ 之间,且阳离子团簇红外光谱最强峰的振动频率都比对应的阴离子团簇最强峰的频率高,这表明阴离子团簇相比于对应的阳离子团簇都发生了一定程度的红移。

④离子团簇的极化率分析

采用 B3LYP 方法在 LANL2DZ 基组水平上计算了 $W_n N_2^{\pm}$ ($n = 6 \sim 12$) 阴阳离子团簇基态结构的极化率。极化率描述的是在外电场作用下体系的电子云分布和热运动情况,也是表征光与物质非线性作用的主要参数。它不但能反映分子间作用的强弱,而且还能影响散射与碰撞过程的截面。极化率张量的平均值 $\langle \alpha \rangle$ 以及各向异性不变量 $\Delta \alpha$ 可通过下式计算:

$$\langle \alpha \rangle = \frac{1}{3}(\alpha_{XX} + \alpha_{YY} + \alpha_{ZZ})$$

$$\Delta \alpha = \left[\frac{(\alpha_{XX} - \alpha_{YY})^2 + (\alpha_{YY} - \alpha_{ZZ})^2 + (\alpha_{ZZ} - \alpha_{XX})^2 + 6(\alpha_{XY}^2 + \alpha_{XZ}^2 + \alpha_{YZ}^2)}{2} \right]^{\frac{1}{2}}$$

表 2 - 46 列出了 $W_n N_2^{\pm}$ ($n = 6 \sim 12$) 离子团簇基态结构的极化率张量平均值、每个原子的平均极化率 $\langle \overline{\alpha} \rangle$ 及极化率的各向异性不变量 $\Delta \alpha$。从表 2 - 46 可以看出,阴阳离子团簇内各原子的极化率张量都主要集中分布在 XX, YY, ZZ 方向上。对于阳离子团簇来说,在 XX 方向上极化率分量最大的是 $W_{12} N_2^+$ 阳离子团簇,在 YY 方向上极化率分量最大的是 $W_{11} N_2^+$ 阳离子团簇,在 ZZ 方向上极化率分量最大的是 $W_{12} N_2^+$ 阳离子团簇。对于阴离子团簇来说,$W_{11} N_2^-$ 阴离子团簇极化率分量在 XX 方向上有最大值,$W_{12} N_2^-$ 阴离子团簇极化率分量在 YY 方向上有最大值,$W_8 N_2^-$ 阴离子团簇极化率分量在 ZZ 方向上有最大值。纵向对比阴阳离子团簇的极化率,我们可以发现在三个主要方向(XX, YY, ZZ)上阴离子团簇的极化率分量总比对应阳离子团簇的极化率分量大。$W_n N_2^{\pm}$ ($n = 6 \sim 12$) 阴阳离子团簇除了 $W_6 N_2^{\pm}$ 和 $W_7 N_2^{\pm}$ 团簇外极化率分量在 XZ, YZ 方向上都为零,且 $W_9 N_2^{\pm}$ 和 $W_{12} N_2^-$ 团簇在 XY 方向上极化率分量也是零。

表 2 - 46 $W_n N_2^{\pm}$ ($n = 6 \sim 12$) 离子团簇基态结构的极化率

Cluster	Polarizability								
	α_{XX}	α_{XY}	α_{YY}	α_{XZ}	α_{YZ}	α_{ZZ}	$\langle \alpha \rangle$	$\langle \overline{\alpha} \rangle$	$\Delta \alpha$
$W_6 N_2^+$	343.86	18.57	219.35	- 3.46	0.34	215.34	259.52	32.44	130.72
$W_7 N_2^+$	280.38	- 0.45	308.20	0.59	- 27.37	283.03	290.54	32.28	54.37
$W_8 N_2^+$	369.09	- 9.24	331.25	0	0	297.59	332.64	33.26	63.99
$W_9 N_2^+$	316.39	0	447.71	0	0	380.07	381.39	34.67	113.74
$W_{10} N_2^+$	401.15	52.38	558.38	0	0	336.18	431.90	35.99	217.69
$W_{11} N_2^+$	513.81	- 27.53	621.77	0	0	411.20	515.59	39.66	188.51
$W_{12} N_2^+$	587.23	- 4.73	390.10	0	0	677.44	551.59	39.40	254.65
$W_6 N_2^-$	548.37	73.15	598.30	- 57.03	- 5.63	472.90	539.86	67.48	194.58
$W_7 N_2^-$	542.18	- 9.08	498.91	2.32	11.22	514.15	518.41	57.60	45.68
$W_8 N_2^-$	526.23	- 33.94	511.89	0	0	899.00	645.71	64.57	384.66
$W_9 N_2^-$	470.26	0	691.57	0	0	515.78	559.20	50.84	202.43
$W_{10} N_2^-$	516.65	- 29.23	749.97	0	0	469.91	578.84	48.24	264.75
$W_{11} N_2^-$	689.32	- 28.39	786.05	0	0	611.09	695.49	53.50	159.57
$W_{12} N_2^-$	559.22	0	882.38	0	0	723.78	721.79	51.56	279.88

由表 2－46 还可看出,阳离子团簇的极化率张量的平均值随着 W 原子数增加而呈现增长趋势;阴离子团簇的极化率张量的平均值变化情况比较复杂,开始呈现出振荡趋势,$W_9N_2^-$ 以后就单线增加,最小值是 $W_7N_2^-$ 团簇,最大值出现在 $W_{12}N_2^-$ 团簇。说明阳离子随着 W 原子数增加原子间的成键相互作用逐渐增强,非线性光学效应逐渐增强,容易被外加场极化;而阴离子中的 $W_{12}N_2^-$ 团簇原子间的成键相互作用最强,$W_7N_2^-$ 团簇原子间的成键相互作用最弱。纵向比较来看,阴离子团簇极化率张量平均值都要比相应阳离子团簇的值要大。

阳离子团簇的每个原子的平均极化率 $\langle\bar{\alpha}\rangle$ 在 $W_7N_2^+$ 处具有最小值,表明 $W_7N_2^+$ 团簇的电子结构相对稳定,电子离域效应较小;$W_{11}N_2^+$ 处具有最大值,表明 $W_{11}N_2^+$ 团簇的电子结构相对不稳定,相互作用强,电子离域效应较大。阴离子团簇的每个原子的平均极化率 $\langle\bar{\alpha}\rangle$ 在 $W_{10}N_2^-$ 处具有最小值,在 $W_6N_2^-$ 处具有最大值,表明 $W_{10}N_2^-$ 团簇的电子结构相对稳定,而 $W_6N_2^-$ 团簇的电子结构相对不稳定。阳离子和阴离子的各向异性不变量 $\Delta\alpha$ 分别在 $W_7N_2^+$ 和 $W_7N_2^-$ 处具有最小值,表明 $W_7N_2^+$ 和 $W_7N_2^-$ 团簇的结构密堆积较好,对外场的各向异性响应最弱,各方向的极化率大小变化不大;阳离子团簇的各向异性不变量在 $W_{12}N_2^+$ 处具有最大值,说明 $W_{12}N_2^+$ 对外场的各向异性响应最强,各方向的极化率大小变化较大,而阴离子团簇在 $W_8N_2^-$ 处具有最大值,说明 $W_8N_2^-$ 对外场的各向异性响应最强,各方向的极化率大小变化较大。

⑤离子团簇的磁性分析

团簇中的磁矩不是团簇中各个原子磁矩的线性叠加,而是由原子间库仑力和泡利不相容原理的共同作用来决定的。在对团簇的磁矩进行计算时考虑了自旋多重度,即考虑了自旋极化,也就是在能量计算中对不同自旋(自旋向上和自旋向下)使用不同的轨道,也就是考虑了电子与电子之间的旋轨耦合。

表 2－47 和表 2－48 分别列出了 $W_nN_2^{\pm}$($n=6\sim12$)阴阳离子团簇基态结构的总磁矩及各个原子的局域磁矩。本书的磁矩是运用 Mulliken 布居分析得到的自旋向上与向下的轨道电子占据数的差计算得到的,其单位是玻尔磁子(μ_B)。从表 2－47 和 2－48 中可以发现所有离子团簇的总磁矩都不为零,这与中性团簇有较大的差异,这是与团簇的自旋多重度有关,因为只要当团簇的自旋多重度等于 1 时,无论采用开壳层还是闭壳层计算所得的团簇的总磁矩都为零,即出现了"磁矩淬灭"现象。而离子团簇的自旋多重度至少为 2,因而团簇总磁矩不可能为零,所以未成对电子数是影响团簇总磁矩的重要因素。

表 2－47　$W_nN_2^+$($n=6\sim12$)阳离子团簇的总磁矩和局域磁矩

Cluster Moment	$W_6N_2^+$	$W_7N_2^+$	$W_8N_2^+$	$W_9N_2^+$	$W_{10}N_2^+$	$W_{11}N_2^+$	$W_{12}N_2^+$
U_0	1	1	1	3	1	5	1
1N	－ 0.020 2	－ 0.015 6	－ 0.016 6	－ 0.025 8	－ 0.003 3	－ 0.018 8	－ 0.020 9
2N	0.299 7	0.376 5	0.434 3	0.255 3	0.013 8	0.340 4	0.291 1
1W	0.146 0	0.104 9	0.068 6	0.415 8	－ 0.205 4	1.042 7	0.010 9
2W	0.228 0	0.055 8	0.400 0	0.415 8	－ 0.205 4	1.042 7	0.009 0
3W	0.088 3	0.105 1	－ 0.064 9	－ 0.040 5	－ 0.089 6	0.826 9	0.009 0
4W	－ 0.035 7	0.006 7	－ 0.011 5	0.234 5	－ 0.089 6	0.826 9	0.010 9

表 2 −47（续）

Moment \ Cluster	$W_6N_2^+$	$W_7N_2^+$	$W_8N_2^+$	$W_9N_2^+$	$W_{10}N_2^+$	$W_{11}N_2^+$	$W_{12}N_2^+$
5W	0.394 0	0.009 8	0.136 8	0.339 4	− 0.129 4	− 0.146 0	0.434 9
6W	− 0.099 9	0.470 3	− 0.071 8	0.339 4	− 0.129 4	0.254 5	− 0.003 9
7W		− 0.113 5	0.136 8	0.415 8	0.609 3	0.194 1	0.036 1
8W			− 0.011 5	0.234 5	0.300 5	0.340 2	0.036 1
9W				0.415 8	0.516 6	0.194 1	0.050 6
10W					0.412 0	0.012 1	0.042 8
11W						0.090 1	0.050 6
12W							0.042 8

由表 2 −47 和表 2 −48 知,自旋多重度最大的是 $W_{11}N_2^+$ 和 $W_7N_2^-$ 团簇,其值为 6,相应的总磁矩也最大,总磁矩为 $5\mu_B$。对于阳离子团簇来说,N 原子的局域磁矩比较小,且与 W 原子不相连的 N 原子局域磁矩比相连的 N 局域磁矩大;$W_{11}N_2^+$ 团簇的 1W 和 2W 局域磁矩最大,为 $1.042\ 7\mu_B$,$W_{10}N_2^+$ 团簇 1W 和 2W 原子的局域磁矩最小,为 $-0.205\ 4\mu_B$。对于阴离子团簇,N 原子的局域磁矩相对更小,且与 W 相连的 N 原子局域磁矩比不相连的 N 的局域磁矩小;$W_7N_2^-$ 阴离子团簇的 7W 原子局域磁矩最大,为 $1.268\ 0\mu_B$,$W_{11}N_2^-$ 团簇的 5W 原子局域磁矩最小,为 $-0.518\ 7\mu_B$。总体上来看团簇总磁矩主要是由 W 原子提供的,N 原子的贡献比较少。由 NBO 分析知,W 原子局域磁矩大部分来源于 5d 轨道的贡献,也就是说 5d 轨道承担了团簇主要的磁学性能。团簇结构的对称性还会影响原子的局域磁矩,位于对称位置的原子的局域磁矩是一样的,如 $W_{12}N_2^-$ 团簇的 1W ~ 4W 和 9W ~ 12W 原子。

表 2 −48　$W_nN_2^-$（$n = 6 \sim 12$）阴离子团簇的总磁矩和局域磁矩

Moment \ Cluster	$W_6N_2^-$	$W_7N_2^-$	$W_8N_2^-$	$W_9N_2^-$	$W_{10}N_2^-$	$W_{11}N_2^-$	$W_{12}N_2^-$
U_0	3	5	1	1	1	3	3
1N	0.058 4	− 0.033 7	0.001 9	− 0.003 1	− 0.002 3	− 0.059 2	− 0.010 7
2N	0.516 9	0.728 0	0.012 7	0.014 0	− 0.019 6	− 0.419 2	0.534 8
1W	0.836 1	0.449 8	− 0.077 0	0.145 2	0.089 1	0.821 7	0.195 1
2W	0.793 8	0.433 5	− 0.010 7	0.145 2	0.038 9	0.821 7	0.195 1
3W	0.512 7	0.486 4	0.171 7	− 0.125 3	0.584 2	0.770 2	0.195 1
4W	− 0.152 4	0.516 8	0.035 4	0.115 8	− 0.040 1	0.770 2	0.195 1
5W	0.130 5	0.696 7	− 0.097 5	0.151 1	− 0.040 1	− 0.518 7	0.362 9
6W	0.304 1	0.454 5	1.025 6	0.151 1	0.148 4	0.333 8	0.336 1
7W		1.268 0	− 0.097 5	0.145 2	0.250 3	0.428 0	0.468 4
8W			0.035 4	0.115 8	0.038 9	− 0.184 4	0.468 4

表 2 - 48（续）

Moment ＼ Cluster	$W_6N_2^-$	$W_7N_2^-$	$W_8N_2^-$	$W_9N_2^-$	$W_{10}N_2^-$	$W_{11}N_2^-$	$W_{12}N_2^-$
9W				0.145 2	− 0.023 9	0.428 0	0.014 9
10W					− 0.023 9	− 0.049 4	0.014 9
11W						− 0.142 7	0.014 9
12W							0.014 9

　　为了形象描述团簇中各原子的局域磁矩和它们对总磁矩的贡献大小,图 2 - 60 以 $W_8N_2^-$ 为例画出了 $W_8N_2^-$ 离子团簇的自旋密度分布图和自旋密度等值图。自旋向上与自旋向下的电子密度之差即为电子自旋密度分布。原子上的电子自旋密度越大,说明此原子上的未配对的电子越多,从而产生较强的局域磁矩,对团簇的总磁矩贡献就越大;反之贡献就小。由图 2 - 60 可以看到,$W_8N_2^-$ 阴离子团簇的电子自旋密度大部分都集中分布在 W 原子周围,也就是说未成对的电子主要是来自于 W 原子,这说明 $W_8N_2^-$ 离子团簇的总磁矩主要是由 W 原子提供的,这与上面结论相一致。由图 2 - 60 还可以看出,在 $W_8N_2^-$ 阴离子团簇的 W 原子中,6W 原子的自旋密度最大,说明 6W 原子上的未配对的电子最多,和表 2 - 48 的结果是一致的,由表 2 - 48 看出,6W 原子上的局域磁矩最大,达到了 $1.025\ 6\ \mu_B$。

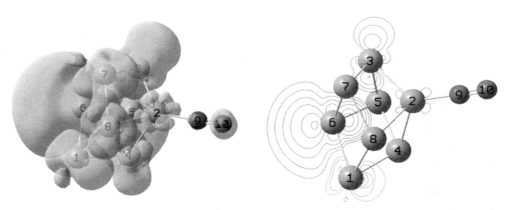

图 2 - 60　$W_8N_2^-$ 阴离子团簇的自旋密度分布图和自旋密度等值图

⑥结论

　　运用密度泛函理论中的杂化密度泛函（B3LYP）方法,在 LANL2DZ 基组水平上对 $W_nN_2^\pm$（$n = 6 \sim 12$）阴阳离子团簇的几何结构、稳定性和物化性质进行了理论研究,研究结果表明:

　　a. 离子团簇的基态构型大部分都是和中性团簇的基态构型相近,有些和中性团簇的亚稳态构型相似。阴阳离子团簇基态结构的对称性与中性团簇的对称性一样,只有 $W_{12}N_2^+$ 团簇的对称性降低了（$C_{2v} \rightarrow C_s$）。从图 2 - 52 和图 2 - 53 可以看到,当 $n = 7$ 和 10 时,阴离子团簇与阳离子团簇的基态构型差异大一些,其他团簇的阳离子与阴离子团簇的基态结构比较相近。N_2 分子主要吸附在钨团簇的端位,N—N 键被活化,且阴离子团簇基态结构中的 N—N 键长都比对应阳离子团簇长,这说明阳离子团簇对 N_2 分子的解离作用比对应的阴离子团簇要弱。

b. 阴阳离子团簇基态结构的平均结合能与中性基态团簇的变化规律一致,都是随 W 原子数增加而增大,且在同一尺寸下离子团簇的平均结合能都比中性团簇要大。阴阳离子团簇的二阶能量差分的变化趋势也和中性团簇相同,显示出明显的"奇偶振荡"和"幻数"效应,$n=8$ 和 10 是团簇的"幻数"。从团簇的能隙来看,阴阳离子和中性各不相同,$W_{10}N_2^+$ 阳离子和 $W_6N_2^-$ 阴离子团簇化学稳定性最强。

c. $W_nN_2^{\pm}$($n=6\sim12$)离子团簇基态结构的红外光谱都仅有一个最强峰,它们所对应的振动模式几乎都是 N_2 分子内两个 N 原子的对称伸缩振动。阳离子团簇的极化率张量平均值随团簇尺寸增大而增加,阴离子团簇先奇偶振荡后再单调增加,而且阳离子团簇的极化率张量平均值比对应的阴离子团簇小。$W_7N_2^+$ 团簇的电子结构相对稳定,电子离域效应较小;$W_{11}N_2^+$ 团簇的电子结构相对不稳定,相互作用强,电子离域效应较大。$W_{12}N_2^+$ 对外场的各向异性响应最强,各方向的极化率大小变化较大,而阴离子团簇中 $W_8N_2^-$ 对外场的各向异性响应最强,各方向的极化率大小变化较大。团簇的总磁矩主要是由 W 原子提供的,W 原子的磁矩大部分来源于 5d 轨道的贡献,N 原子的贡献比较少;位于团簇内对称位置上的原子的局域磁矩是相同的。

2.4 W_nH_2($n=1\sim6$)团簇的结构与性能

2.4.1 引言

随着石油和煤炭等不可再生化石燃料的无限开采以及大量使用后造成的环境污染,寻找新的可再生能源迫在眉睫。氢气作为一种热量高、无污染的可再生能源,其应用前景一直备受关注[60]。然而由于 H_2 分子间的作用很弱,液化温度很低,而且氢分子容易泄漏,因此氢气的高效储存成为制约氢能利用的关键因素。近年来,团簇吸附小分子在工业和科学技术领域引起了广泛的兴趣。如葛桂贤等人[61]利用密度泛函理论研究 H_2 与 Rh_n($n=1\sim8$)团簇的相互作用,表明 Rh_nH_2 团簇的最低能量结构是在 Rh_n 团簇最低能量结构的基础上吸附 H 原子生长而成,且 $n=4$ 是 Rh_n 团簇和 Rh_nH_2 团簇的幻数。Pino 等人[62]利用密度泛函理论研究了 H_2 在 Al_n($n=2\sim6$)团簇上的解离过程,表明单重态 Al_n 团簇具有最低的能垒,只有 Al_6 可能使 H_2 分子解离且在低温下发生反应。虽然关于团簇吸附小分子有大量的研究[63-66],但到目前为止,对于 W_n 团簇与 H_2 之间的相互作用的研究还未见报道。本节采用密度泛函理论(DFT)方法,系统地研究了钨团簇与氢气的相互作用,得出了稳定结构与物化性质,希望能为今后进一步研究新的储氢材料提供一定的理论指导。

2.4.2 计算方法

本书的全部计算使用 Gaussian 03 程序包,采用 DFT 中的杂化密度泛函 B3LYP 方法和赝势 LANL2DZ 基组,这一基组通过有效核势进行标量相对论效应的修正,适合于过渡金属体系,构型优化的梯度力阈值采用的是 0.000 45 a.u.,积分采用(75,302)网格。为了寻找 W_nH_2($n=1\sim6$)团簇的稳定结构,考虑了大量可能的初始构型,构造初始构型采用在 W_n 纯团簇稳定构型的顶部、桥位、空位三种不同的吸附位置吸附 H_2 的方式,最后采用 DFT 中的 B3LYP 方法在基组 LANL2DZ 水平上进行其结构优化和频率计算。在计算中对所有优化好的构型都做了频率分析,没有虚频,说明得到的优化构型都是势能面上的局域最小点,而不会是过渡态或高阶鞍点。

作者在上章已经用 B3LYP 方法和 LANL2DZ 基组对过渡金属 W_n 团簇的稳定构型及其电子结构性质进行了系统的研究,其结果与文献[24]所得到的结果符合的很好。为了进一步验证本书所选方法和基组的合理性,利用本书所选方法和基组计算了 H_2 分子的键长 r_{H-H}(0.074 348 nm),与实验值(0.074 1 nm)吻合较好[67],因此可以认为该方法和基组也适用于描述 $W_n H_2$($n=1\sim6$)团簇。

2.4.3　计算结果与讨论

1. 几何结构

为了寻找氢分子最可能的吸附位置,考虑了钨团簇的顶部、桥位、空位三种不同的吸附位置,并经过几何参数全优化后,把能量最低且振动频率为正值的结构确定为最低能量结构(简称基态结构)。表 2-49 给出了 W 原子与 H 原子之间的平均键长 r_{W-H}、两个 H 原子之间的距离 r_{H-H}、W 原子之间的平均键长 r_{W-W} 以及 H 原子上的电荷等吸附后的参数。图 2-61 列出了 $W_n H_2$($n=1\sim6$)团簇的稳定构型。

表 2-49　$W_n H_2$($n=1\sim6$)团簇基态结构的几何参数和 H 原子电荷

团簇	对称性	r_{W-H}/nm	r_{H-H}/nm	r_{W-W}/nm	Q_{1H}/e	Q_{2H}/e
$W_1 H_2$	C_{2v}	0.172	0.283		-0.078	-0.078
$W_2 H_2$	C_1	0.171	0.298	0.223	-0.095	-0.095
$W_3 H_2$	C_1	0.173	0.273	0.223	-0.133	-0.152
$W_4 H_2$	C_1	0.176	0.264	0.243	-0.107	-0.106
$W_5 H_2$	C_1	0.170	0.320	0.256	-0.085	-0.083
$W_6 H_2$	C_1	0.179	0.351	0.241	-0.118	-0.118

从图 2-61 可以看出,对于 $W_1 H_2$ 团簇,基态结构中 H_2 发生了解离,$r_{W-H}=0.172$ nm,$r_{H-H}=0.283$ nm,两个 H 原子的电荷都是 -0.078 e。对于 $W_2 H_2$ 团簇,基态结构是 H_2 发生解离并吸附在同一个 W 原子上,$r_{W-H}=0.171$ nm,$r_{H-H}=0.298$ nm,两个 H 原子的电荷都是 -0.095 e。对于 $W_3 H_2$ 团簇,基态结构是 H_2 发生解离分别吸附在两个 W 原子上,$r_{W-H}=0.173$ nm,$r_{H-H}=0.273$ nm,两个 H 原子电荷分别是 -0.133 e 和 -0.152 e。对于 $W_4 H_2$ 团簇,基态结构是 H_2 发生解离吸附在四个 W 原子形成的四面体的两个桥位上,$r_{W-H}=0.176$ nm,$r_{H-H}=0.264$ nm,两个 H 原子的电荷分别为 -0.107 e 和 -0.106 e。对于 $W_5 H_2$ 团簇,基态结构是 H_2 发生解离分别吸附在五个 W 原子形成的三角双锥的两个桥位上,$r_{W-H}=0.170$ nm,$r_{H-H}=0.320$ nm,两个 H 原子的电荷分别为 -0.085 e 和 -0.083 e。对于 $W_6 H_2$ 团簇,基态结构是 H_2 发生解离分别吸附在 W 原子形成的八面体的两个桥位上,$r_{W-H}=0.179$ nm,$r_{H-H}=0.351$ nm,两个 H 原子的电荷都是 -0.118 e。

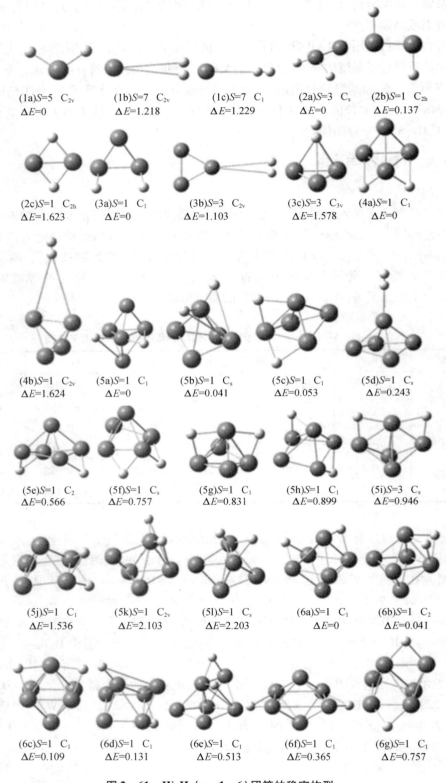

(1a)S=5 C_{2v}
ΔE=0

(1b)S=7 C_{2v}
ΔE=1.218

(1c)S=7 C_1
ΔE=1.229

(2a)S=3 C_s
ΔE=0

(2b)S=1 C_{2h}
ΔE=0.137

(2c)S=1 C_{2h}
ΔE=1.623

(3a)S=1 C_1
ΔE=0

(3b)S=3 C_{2v}
ΔE=1.103

(3c)S=3 C_{3v}
ΔE=1.578

(4a)S=1 C_1
ΔE=0

(4b)S=1 C_{2v}
ΔE=1.624

(5a)S=1 C_1
ΔE=0

(5b)S=1 C_s
ΔE=0.041

(5c)S=1 C_1
ΔE=0.053

(5d)S=1 C_s
ΔE=0.243

(5e)S=1 C_2
ΔE=0.566

(5f)S=1 C_s
ΔE=0.757

(5g)S=1 C_1
ΔE=0.831

(5h)S=1 C_1
ΔE=0.899

(5i)S=3 C_s
ΔE=0.946

(5j)S=1 C_1
ΔE=1.536

(5k)S=1 C_{2v}
ΔE=2.103

(5l)S=1 C_s
ΔE=2.203

(6a)S=1 C_1
ΔE=0

(6b)S=1 C_2
ΔE=0.041

(6c)S=1 C_1
ΔE=0.109

(6d)S=1 C_1
ΔE=0.131

(6e)S=1 C_1
ΔE=0.513

(6f)S=1 C_1
ΔE=0.365

(6g)S=1 C_1
ΔE=0.757

图 2 - 61 $W_n H_2 (n = 1 \sim 6)$ 团簇的稳定构型

从优化后的基态构型可以看出,吸附后的 H_2 都发生了断键,表明 H_2 分子发生的都是解离性吸附,并且 $W_nH_2(n=1\sim6)$ 团簇的基态结构基本上是在 $W_n(n=1\sim6)$ 团簇的基态结构基础上吸附 H 生长而成,吸附 H 只是轻微改变了 $W_n(n=1\sim6)$ 团簇的基态构型,并没有改变 W_n 的主体框架。当 H 原子吸附到 W_n 团簇上时,H 原子只得到了比较少的电荷,表明了 H 原子是通过较弱的极化作用与 W_n 团簇结合,这就是 H 原子没有改变 W_n 框架的主要原因。

2. 稳定性分析和吸附能

为了研究吸附后 $W_nH_2(n=1\sim6)$ 团簇的相对稳定性,对该团簇的平均结合能(E_b)、二阶差分能($\Delta_2E(n)$)和吸附能 E_{ads} 进行了计算。在计算平均结合能时,采用下面近似公式:

$$E_b(W_nH_2) = [nE(W) + 2E(H) - E(W_nH_2)]/(n+2)$$
$$E_b(W_n) = [nE(W) - E(W_n)]/n$$

其中,$E(W)$,$E(H)$,$E(W_nH_2)$ 和 $E(W_n)$ 分别表示 W 原子、H 原子、W_nH_2 团簇和 W_n 团簇基态结构的总能量。

图 2-62 给出了 $W_nH_2(n=1\sim6)$ 和 $W_n(n=1\sim6)$ 团簇的平均结合能(E_b)与团簇中 W 数目 n 的关系曲线。从图 2-62 可以看出,随着团簇尺寸的增加,W_n 和 W_nH_2 团簇基态结构的平均结合能都是逐渐增大的,说明团簇在生长过程中可以继续获得能量,并且当 H_2 吸附后,W_nH_2 团簇的平均结合能比 W_n 团簇大,表明 W_nH_2 团簇的稳定性相比 W_n 团簇有所增强,这是因为 H 原子的加入提高了团簇中与 H 相关联原子的配位数。

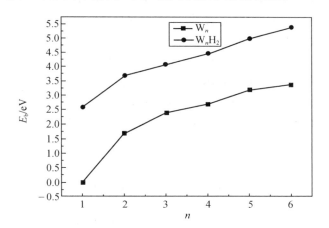

图 2-62　W_n 团簇与 W_nH_2 团簇基态结构平均结合能

二阶能量差分($\Delta_2E(n)$)是表征团簇稳定性的一个很重要的参数,团簇的二阶能量差分的值越大,表示其稳定性越强,其公式定义如下:

$$\Delta_2E(n) = E(n+1) + E(n-1) - 2E(n)$$

式中,Δ_2E 即为二阶能量差分,$E(n)$ 为团簇基态结构总能量。

图 2-63 给出了 $W_nH_2(n=1\sim6)$ 团簇和 $W_n(n=1\sim6)$ 团簇的二阶能量差分随 W 团簇原子数目增加的变化情况。从图 2-63 可以看出,随着团簇尺寸的增加,两者的 Δ_2E 都出现了"奇偶"振荡效应,n 为奇数时 Δ_2E 都要大于相邻偶数的 Δ_2E 值,说明 H_2 的吸附未改变 W_n 团簇的相对稳定性。$W_nH_2(n=1\sim6)$ 团簇在 $n=5$ 处的 Δ_2E 出现最大值。

为了进一步研究 H_2 在 W_n 团簇上的吸附性质,下面给出了 W_nH_2 团簇的吸附能,其计算公式如下:

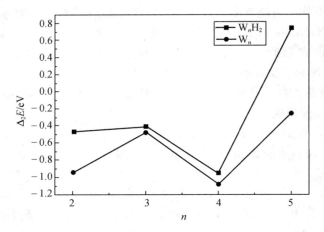

图 2 - 63　W_nH_2 团簇和 W_n 团簇基态结构的二阶能量差分

$$E_{ads} = E_{W_n} + E_{H_2} - E_{W_nH_2}$$

其中，E_{H_2}，E_{W_n} 和 $E_{W_nH_2}$ 分别为 H_2，W_n 和 W_nH_2 团簇基态结构的总能量。

图 2 - 64 给出了 H_2 吸附在 W_n 团簇上的吸附能。由图看出，团簇的吸附能较大（在 0.87 ~ 1.40 eV），说明 H_2 与 W_n 团簇是化学吸附。吸附能越大，表明 H_2 与 W_n 团簇的结合越强，反之则越小。从图 2 - 64 还可以看出，随着 W 原子数的增加，团簇吸附能呈现振荡趋势，在 $n = 2, 5$ 时吸附能局域极大，表明在 $n = 2, 5$ 时 H_2 与 W_n 团簇的结合较强，在 $n = 5$ 时吸附能最大，与图 2 - 63 分析结果一致。$n = 6$ 时吸附能最小，表明 H_2 与 W_6 团簇的结合较弱。另一方面，吸附强度也可以用 H_2 在吸附过程中的键活化程度作为判断标准，从表 2 - 49 给出的 H 原子在 W_n 团簇上吸附后与 W 原子间的键长 r_{W-H} 可以看出，两者呈现相似的变化趋势，即吸附能越大，r_{W-H} 越小；吸附能越小，对应的 r_{W-H} 也相对较长。

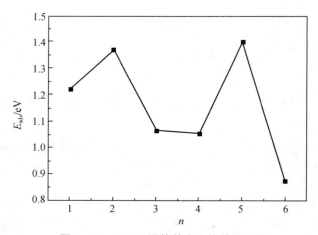

图 2 - 64　W_nH_2 团簇基态结构的吸附能

3. 自然键轨道（NBO）分析

为了能够理解 W_nH_2（$n = 1 \sim 6$）团簇轨道成键性质，对 W_nH_2（$n = 1 \sim 6$）团簇基态结构采用自然键轨道方法分析了其电荷布居特性和部分成键性质。根据泡利不相容原理和能量最低原理,处于基态的原子中的电子是按照 $1s,2s,2p,3s,3p,4s,3d,4p,5s,4d$ 等次序依次填充的。自由 W 原子的价电子占据为 $5d^4 6s^2$,H 原子为 $1s^1$,表 $2-50$ 给出了 $W_n H_2 (n=1\sim 6)$ 团簇的基态构型各轨道上的 NBO 电荷分布和每个原子上的净电荷分布。

表 $2-50$　$W_n H_2$ 团簇的自然电子组态和自然电荷

Cluster	Natural electron configuration	Charge
$W_1 H_2$		
1W	6s(0.93)5d(4.56)6p(0.06)	0.467
1H	1s(1.23)	−0.233
2H	1s(1.23)	−0.233
$W_2 H_2$		
1W	6s(0.77)5d(4.78)6p(0.27)	0.204
2W	6s(1.23)5d(4.61)6p(0.03)	0.156
1H	1s(1.18)	−0.180
2H	1s(1.18)	−0.180
$W_3 H_2$		
1W	6s(0.75)5d(4.89)6p(0.26)6d(0.01)	0.137
2W	6s(0.75)5d(4.89)6p(0.26)6d(0.01)	0.137
3W	6s(1.29)5d(4.66)6p(0.09)6d(0.01)	−0.004
1H	1s(1.13)	−0.134
2H	1s(1.13)	−0.134
$W_4 H_2$		
1W	6s(0.51)5d(5.02)6p(0.59)6d(0.02)	−0.079
2W	6s(0.87)5d(4.70)6p(0.34)6d(0.01)	0.129
3W	6s(0.86)5d(4.79)6p(0.33)6d(0.01)	0.058
4W	6s(0.87)5d(4.70)6p(0.34)6d(0.01)	0.129
1H	1s(1.11)	−0.118
2H	1s(1.12)	−0.118
$W_5 H_2$		
1W	6s(0.67)5d(4.77)6p(0.42)6d(0.01)	0.185
2W	6s(0.67)5d(4.77)6p(0.42)6d(0.01)	0.185
3W	6s(0.66)5d(4.91)6p(0.74)6d(0.02)	−0.286
4W	6s(0.94)5d(4.87)6p(0.18)6d(0.01)	0.052
5W	6s(0.94)5d(4.87)6p(0.18)6d(0.01)	−0.094

表 2 - 50（续）

Cluster	Natural electron configuration	Charge
1H	1s(1.09)	−0.095
2H	1s(1.09)	−0.054
W_6H_2		
1W	6s(0.61)5d(4.98)6p(0.48)6d(0.01)	−0.034
2W	6s(0.67)5d(4.82)6p(0.48)6d(0.02)	0.071
3W	6s(0.60)5d(4.96)6p(0.45)6d(0.01)	−0.044
4W	6s(0.61)5d(4.98)6p(0.48)6d(0.01)	−0.034
5W	6s(0.67)5d(4.82)6p(0.48)6d(0.02)	0.071
6W	6s(0.60)5d(4.96)6p(0.45)6d(0.01)	−0.044
1H	1s(1.08)	−0.080
2H	1s(1.08)	−0.080

　　自由团簇中,由于在不等价空间位置的原子会感受到不同的势场,一部分原子将失去电荷,另一部分的原子就将得到电荷,于是就出现电荷转移。从表 2 - 50 可以看出,W_nH_2($n=1\sim6$)团簇的 W 原子的 6s 轨道上的 NBO 电荷主要分布在 0.51～1.29 之间,5d 轨道上的 NBO 电荷分布在 4.56～5.02 之间,6p 轨道上的 NBO 电荷分布在 0.03～0.74 之间,6d 轨道上的 NBO 电荷分布为 0.01～0.02。从数据分析可以看出,W 原子轨道上的 NBO 电荷分布主要集中在 5d 轨道上。而对于 H 原子,只有一个轨道 1s,轨道上的 NBO 电荷分布主要在 1.08～1.23 之间。从以上数据看出,W 原子的 6s 轨道失去了电荷,而 W 原子的 5d 轨道上得到了电荷,H 原子吸收了来自 W 原子转移的部分电荷,带负性,这也是符合原子的电负性规则的(因为 H 原子的电负性大于 W 原子,得电子能力比 W 原子强)。正是因为 W 原子向 H 原子转移了电荷,才在两个原子之间形成了 W—H 键,形成稳定结构。

　　从表 2 - 50 可以看出,随着 W 原子数的增加,H 原子的 1s 轨道上电荷从 $n=1$ 的 1.23 下降到 $n=6$ 的 1.08,说明随着 W 原子数的增加,W_n 团簇吸引电子的能力逐渐增强,H 原子得电子的能力逐渐减弱。从表 2 - 50 中还可以看出,在 W_nH_2($n=1\sim6$)团簇中,W 原子的自然电荷在 −0.286～+0.467 eV 之间,H 原子的自然电荷在 −0.233～−0.054 eV 之间。W 原子自然电荷范围比 H 原子自然电荷范围要大,说明 W 原子比 H 原子对电荷的调节能力要强,比较容易与其他原子相互作用形成新的混合团簇。

　　4. 光谱分析

　　在对 W_nH_2($n=1\sim6$)团簇优化结构的基础上计算了全部的振动频率。表 2 - 51 列出了团簇的全部振动频率、红外强度(IR)和拉曼活性(S^R)。频率是判断团簇稳定的标志,所有的振动频率均为正值,表明各结构均为势能面上的极小点,而不会是过渡态或高阶鞍点。计算得到的振动频率,可以为今后的光谱实验提供理论依据。红外强度或者拉曼活性决定了是否可以在实验上观测到它们。图 2 - 65 给出了 W_nH_2($n=1\sim6$)团簇基态结构的红外(IR)光谱图和拉曼(Raman)光谱图。其中 IR 谱中横坐标的单位是 cm^{-1},纵坐标是强度,单位是 $km\cdot mol^{-1}$,Raman 谱中横坐标的单位是 cm^{-1},纵坐标是活性,单位是 $A^4\cdot amu^{-1}$。通过

GaussView 来判定各团簇光谱峰值所对应频率的振动方式的归属情况。

表 2-51　$W_n H_2 (n=1 \sim 6)$ 团簇的振动频率、红外强度(IR)和拉曼活性(S^R)

	Freq	IR	S^R		Freq	IR	S^R
$W_1 H_2$	633.995	54.915 2	6.030 7	$W_2 H_2$	260.493	0.510 8	4.275 8
	1 893.56	197.247	96.675 8		536.665	67.310 6	0.646
	1 912.08	64.208 7	139.308		548.412	97.927 4	9.251 1
					708.517	30.267 5	10.485 4
					1 867.12	150.749	95.327 8
					1 874.41	104.229	70.370 7
$W_3 H_2$	189.478	14.002 1	3.208 2	$W_4 H_2$	43.467 6	0.524 5	0.598 8
	207.415	0.074 7	6.679		85.567 7	0.125 8	0.355 8
	322.027	2.454 5	51.551 8		92.671 1	2.140 2	54.817 1
	357.913	0.323 3	4.121 7		180.422	4.652 3	417.96
	476.238	135.713	105.535		191.205	5.288	431.475
	506.425	232.258	33.198 7		234.828	3.037 6	306.352
	543.139	95.349 7	82.171 3		329.404	0.644 7	67.221 4
	1 877.94	94.058 4	98.327 1		364.758	3.860 8	341.256
	1 879.76	153.306	80.924 4		592.061	68.251 2	344.204
					776.867	58.226 3	550.004
					1 401.54	97.147 8	110.947
					1 523.79	38.061 1	224.578
$W_5 H_2$	101.946	1.775 7	58.521 8	$W_6 H_2$	56.449 8	0.624	1.330 6
	102.457	1.274 4	0.117 2		90.055 6	0.594 8	1.708 2
	117.113	4.883 9	12.099 9		118.591	0.503 6	8.373 2
	145.735	1.199 3	15.312 7		123.933	0.157 9	3.961 4
	161.83	9.671 9	11.368 9		133.409	1.496 4	8.457 3
	186.032	0.021	10.449		153.219	0.284	23.741 7
	206.695	51.990 6	20.525 4		117.26	0.824 6	4.731 9
	234.663	3.745 6	11.974 3		187.042	2.347	9.019 6
	263.519	0.388 6	1.065		217.958	1.446 5	1.567 4
	345.819	0.647 6	67.566 5		243.627	1.912 7	4.455 5
	437.153	2.933 9	2.298 5		261.449	1.405 9	5.887 3
	494.831	11.207 3	1.975 9		295.149	0.001 9	71.221 7
	619.562	122.142	72.600 3		350.786	32.258 9	17.515 6
	1 768.66	112.636	146.519		446.362	17.799 1	93.597 4
	1 798.74	249.334	86.872 6		775.747	41.756 2	9.754 9
					779.062	32.882 1	39.122 9
					1324.04	54.277 4	61.620 7
					1 333.34	124.67	169.243

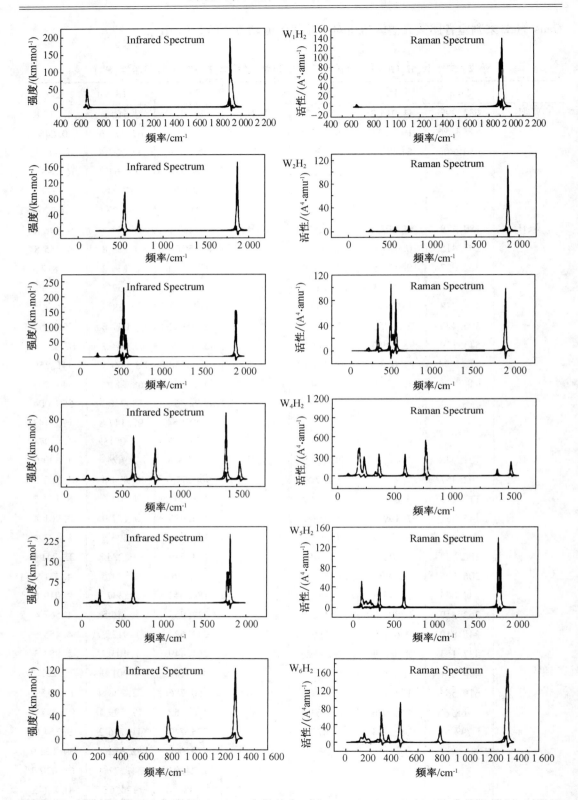

图 2－65　W_nH_2 团簇 IR 光谱和 Raman 光谱

一个多原子的化合物分子可能存在很多振动方式,如果体系的简正振动导致其固有偶极矩发生改变,这样的振动模式是红外活性的;从微观角度来说,红外光谱是单光子吸收过程,它决定于分子的偶极矩的变化。而 Raman 光谱则是一种吸收 – 发射的双光子过程,它的选律取决于分子运动方向上极化率的改变,分子振动(和点阵振动)与转动引起分子极化率发生变化,则产生拉曼光谱。

从图 2 – 65 可以看出,W_1H_2 团簇的 IR 光谱中最强的振动峰位于频率为 1 893 · 56 cm^{-1} 处,红外强度为 197.247 km·mol^{-1},该处的振动模式为两个 H 原子沿键长方向的伸缩振动,在此处附近实际上有多个峰重合在一起,由表 2 – 51 也可以看出;另外一个较低的峰位于频率 633.995 cm^{-1} 处,红外强度为 54.915 2 km·mol^{-1},该处是两个 H 原子的摇摆振动。Raman 光谱中有两个较强的振动峰重合在一起,分别位于频率 1 893.56 cm^{-1} 和 1 912.08 cm^{-1} 处,拉曼活性分别为 139.308 A^4·amu^{-1} 和 96.675 8 A^4·amu^{-1},均为两个 H 原子的伸缩振动;另一个较弱的峰位于频率 633.995 cm^{-1} 处,拉曼活性只有 6.030 7 A^4·amu^{-1},为两个 H 原子的摇摆振动。

W_2H_2 团簇的 IR 光谱中最强振动峰位于频率 1 867.12 cm^{-1} 处,为两个 H 原子的摇摆振动,实际上位于频率 1 874.41 cm^{-1} 处的次强峰和此峰重合在一起了,红外强度分别为 150.749 km·mol^{-1} 和 104.229 km·mol^{-1};位于频率 548.412 cm^{-1} 和 536.665 cm^{-1} 处的峰也重合在一起了,红外强度分别为 97.927 4 km·mol^{-1} 和 67.310 6 km·mol^{-1},也为两个 H 原子的摇摆振动;还有一个最弱的峰位于频率 708.517 cm^{-1} 处,红外强度为 30.267 5 km·mol^{-1},也为 H 原子的摇摆振动。Raman 光谱最强振动峰位于频率 1 867.12 cm^{-1} 处,拉曼活性为 95.327 8 A^4·amu^{-1},为两个 H 原子的摇摆振动,和频率 1 874.41 cm^{-1} 处的峰重合在一起了,其余峰值较小。

W_3H_2 团簇的 IR 光谱中最强峰位于频率 506.425 cm^{-1} 处,红外强度为 232.258 km·mol^{-1},振动模式为两个 H 原子在不同方向的摇摆振动,位于频率 476.238 cm^{-1} 处及频率 543.139 cm^{-1} 处的峰紧靠最强峰的左右,几乎要重合在一起了,红外强度分别为 135.713 km·mol^{-1} 和 95.349 7 km·mol^{-1};次强峰位于频率 1 879.76 cm^{-1} 处,振动模式分别为两个 H 原子在键长方向上的伸缩振动,红外强度为 153.306 km·mol^{-1},位于频率 1 877.94 cm^{-1} 处的峰和此峰重合在了一起。在 Raman 光谱中最强振动峰位于频率 476.238 cm^{-1} 处,该处振动模式为两个 H 原子的伸缩振动,拉曼活性为 105.535 A^4·amu^{-1};次强峰位于频率 1 877.94 cm^{-1} 处,拉曼活性为 98.327 1 A^4·amu^{-1},位于频率 1 879.76 cm^{-1} 处,拉曼活性为 80.924 4 A^4·amu^{-1} 处的峰和此峰重合在了一起;第三强峰位于频率 543.139 cm^{-1} 处,拉曼活性为 82.171 3 A^4·amu^{-1}。

W_4H_2 团簇的 IR 光谱中出现 4 个较强的峰值,最强峰位于频率 1 401.54 cm^{-1} 处,该处振动模式为两个 H 原子沿着键长方向做伸缩振动,红外强度为 97.147 8 km·mol^{-1};次强峰和第三强峰分别位于频率 592.061 cm^{-1} 和 776.867 cm^{-1} 处,振动模式均为两个 H 原子的摇摆振动,红外强度分别为 68.251 2 km·mol^{-1} 和 58.226 3 km·mol^{-1};第四强峰峰值位于频率 1 523.79 cm^{-1} 处,为两个 H 原子的伸缩振动,红外强度为 38.0611 km. mol^{-1}。Raman 光谱有多个强峰,最强峰位于频率 776.867 cm^{-1} 处,该处振动模式为两个 H 原子沿着键长方向做伸缩振动,拉曼活性为 550.004 A^4·amu^{-1};次强峰峰值位于频率 191.205 cm^{-1} 处,拉曼活性为 431.475 A^4·amu^{-1},为整体的伸缩振动。

W_5H_2 团簇的 IR 光谱中最强峰值出现在频率 1 798.74 cm^{-1} 处,该处振动模式为两个 H

原子的摇摆振动,红外强度为 249.334 km·mol^{-1};位于频率为 1 768.66 cm^{-1}、红外强度为 112.636 km·mol^{-1}处的峰与最强峰重合在了一起,从图 2 – 65 也可明显看出;次强峰峰值位于频率 619.562 cm^{-1}处,振动模式为两个 H 原子的摇摆振动,红外强度为 122.142 km·mol^{-1}。在 Raman 光谱中,最强峰值出现在频率为 1 768.66 处,振动模式为两个 H 原子的摇摆振动,拉曼活性为 146.519 A^4·amu^{-1};位于频率为 1 798.74 cm^{-1}、拉曼活性为 86.8726 A^4·amu^{-1}处的次强峰与最强峰重合在了一起;第三强峰峰值位于频率 619.562 cm^{-1}处,拉曼活性为 72.600 3 A^4·amu^{-1}。

W$_6$H$_2$ 团簇的 IR 光谱有多个明显的振动峰,其中最强峰位于频率 1 333.34 cm^{-1}处,该处的振动模式为两个 H 原子的伸缩振动,红外强度为 124.67 km·mol^{-1};位于频率为 1 324.04 cm^{-1}、红外强度为 54.277 4 km·mol^{-1}处的次强峰与最强峰离得比较近几乎重合在了一起;第三强峰和第四强峰也几乎重合在了一起,峰值分别位于频率 775.747 cm^{-1} 和 779.062 cm^{-1}处,红外强度分别为 41.756 2 km·mol^{-1} 和 32.882 1 km·mol^{-1};第五强峰位于频率 350.786 cm^{-1}处,红外强度为 32.258 9 km·mol^{-1}。在 Raman 光谱中,最强峰值出现的位置和 IR 光谱相同,也在 1 333.34 cm^{-1}处,振动模式为两个 H 原子的伸缩振动,拉曼活性为 169.243 A^4·amu^{-1};位于频率 1 324.04 cm^{-1}、拉曼活性为 61.620 7 A^4·amu^{-1}的峰与最强峰也重合在了一起;次强峰位于频率 446.362 cm^{-1}处,振动模式均为两个 H 原子的摇摆振动,拉曼活性为 93.597 4 A^4·amu^{-1}。

通过对团簇的光谱分析可知,团簇的红外光谱和拉曼光谱振动峰主要分布在 180 ~ 2 000 cm^{-1} 范围内;最强峰值处对应的振动模式大部分都为两个 H 原子的伸缩振动以及摇摆振动。W$_2$H$_2$ 和 W$_6$H$_2$ 团簇的红外光谱和拉曼光谱的最强峰都出现在相同的频率位置;W$_4$H$_2$ 团簇红外光谱最强峰振动强度仅为 97.147 8 km·mol^{-1},而其他团簇最强峰均超过 120 km·mol^{-1}。

5. 极化率

极化率是描述光与物质非线性作用的基本物理量之一,表征体系对外电场的响应,也可以用来表征物质非线性的光学特性,可以反映分子间相互作用的强弱(如分子间的色散力、取向作用力和长程诱导力等)。极化率张量的平均值$\langle\alpha\rangle$和极化率的各向异性不变量 $\Delta\alpha$ 可用下面的式子来计算,计算结果如表 2 – 52 所示。

$$\langle\alpha\rangle = \frac{1}{3}(\alpha_{XX} + \alpha_{YY} + \alpha_{ZZ})$$

$$\Delta\alpha = \left[\frac{(\alpha_{XX} - \alpha_{YY})^2 + (\alpha_{YY} - \alpha_{ZZ})^2 + (\alpha_{ZZ} - \alpha_{XX})^2 + 6(\alpha_{XY}^2 + \alpha_{XZ}^2 + \alpha_{YZ}^2)}{2}\right]^{\frac{1}{2}}$$

表 2 – 52 列出了 W$_n$H$_2$(n = 1 ~ 6) 团簇的极化率张量的平均值$\langle\alpha\rangle$、极化率的各向异性不变量 $\Delta\alpha$ 以及每个原子的平均极化率$\langle\overline{\alpha}\rangle$,由表看出,极化率张量一般分布在 XX,YY 与 ZZ 方向上,XY,XZ 和 YZ 方向上分布得较少,很多都为零。在 XY 方向上,极化率张量分量最大值为 0.28;在 XZ 方向上,极化率张量分量最大值为 18.61;在 YZ 方向上,极化率张量分量最大值为 13.37。

表 2 - 52　W_nH_2 团簇基态结构的极化率

Bluster	Polarizability								
	α_{XX}	α_{XY}	α_{YY}	α_{XZ}	α_{YZ}	α_{ZZ}	$\langle\alpha\rangle$	$\langle\overline{\alpha}\rangle$	$\Delta\alpha$
W_1H_2	55.21	0	45.32	0	0	52.13	50.88	16.96	8.76
W_2H_2	86.95	0.28	123.26	0	0	82.33	97.51	24.37	38.82
W_3H_2	157.27	-0.17	165.77	0.02	-0.78	121.31	148.11	29.62	40.88
W_4H_2	221.26	-2.34	179.97	-16.23	13.37	225.08	208.77	34.79	56.75
W_5H_2	225.44	-0.01	224.27	18.61	-0.03	213.05	220.92	31.56	34.34
W_6H_2	278.33	-1.39	262.53	0	0	249.49	263.45	32.93	25.12

由表 2 - 52 可看出,团簇的极化率张量的平均值 $\langle\alpha\rangle$ 总趋势是随 W 原子数增加而增加,说明随着 W 原子数目的递增,原子间的成键相互作用逐渐增强。每个原子的平均极化率在 W_1H_2 处最小,表明 W_1H_2 团簇的电子结构相对稳定,离域效应较小。团簇的极化率各向异性不变量随 W 原子数的增加呈振荡变化趋势,先增加后减小,W_4H_2 达到最大值,表明团簇 W_4H_2 对外场的各向异性响应较强,W_1H_2 团簇的极化率各向异性不变量呈最小值,表明团簇 W_1H_2 对外场的各向异性响应最弱,各方向的极化率大小变化不大。

2.4.4　结论

利用密度泛函理论中的 B3LYP 方法,在 LANL2DZ 基组水平上对 $W_nH_2(n=1\sim6)$ 团簇的几何结构、基态结构的稳定性、吸附能、NBO 和振动光谱等性质进行了理论计算研究。研究结果表明:W_nH_2 体系的基态结构是在 W_n 团簇基态结构的基础上吸附两个 H 原子而成,所以对 H_2 分子的吸附是解离性吸附,吸附 H 只是轻微改变了 $W_n(n=2\sim6)$ 团簇的基态构型,并没有改变 W_n 的主体框架。W_nH_2 团簇的稳定性比 W_n 团簇要好,当 $n=2,5$ 时,吸附能较大,说明 H_2 与 W_n 团簇的结合较强,有利于 H_2 的吸附。NBO 分析表明,W 原子比 H 原子对电荷调节能力稍强,较易与其他原子作用形成新的混合团簇。对团簇的光谱分析表明,团簇的红外光谱和拉曼光谱振动峰主要分布在 $180\sim2\,000\ cm^{-1}$ 范围内,最强峰值处对应的振动模式大部分都为两个 H 原子的伸缩振动以及摇摆振动。极化率分析表明:随着 W 原子数目的递增,原子间的成键相互作用逐渐增强;W_1H_2 团簇的电子结构相对稳定,离域效应较小,对外场的各向异性响应最弱,各方向的极化率大小变化不大。

2.5　$W_nH_2(n=7\sim12)$ 团簇的结构与性能

2.5.1　计算方法

本节主要用 Material Studio 5.5 中的 $Dmol^3$ 模块,对 $W_nH_2(n=7\sim12)$ 团簇进行构型优化、电子以及磁性等各种性质的计算。$Dmol^3$ 模块是一个广泛应用的、基于密度泛函理论的第一性原理计算软件。$Dmol^3$ 主要是先利用基于密度泛函理论的方程,求出其自洽解,然后用此解给出分子波动方程和电子密度,最后由波动方程与电子密度便可以计算出体系的能量、电学性质、磁性等。具体要求:使用广义梯度近似(GGA)的自旋极化泛函来考虑电子间

的交换 – 关联效应,选择由 Perdew 和 Wang 等提出的交换关联梯度泛函(PW91),对 W_nH_2 团簇的一重态、三重态、五重态、七重态和九重态等反应势能面上各驻点的几何构型,并进行了全面优化。PW91 包含较弱束缚的 Beker 交换函数,以及关联函数的实空间截断,它满足了几乎所有已知的标度关系。所选取的有效芯势为 DFT semi2core pseudopots(DSPP),在电子结构计算中,采用包含 d 极化和有效核势的双数值原子轨道基组(DND)。在体系的自洽过程中,用团簇的电荷密度分布和能量收敛与否作为依据,以 2.72×10^{-4} eV 作为自洽场(SCF)的收敛精度,使用 DIIS 方法以便加快自洽场的收敛,以 0.136 eV 为 Smearing(缺省轨道占据)的参值。体系在几何优化时,各参数精度值为:力为 1.088 eV·nm^{-1},位移为 0.000 5 nm,能量为 2.72×10^{-4} eV。全部计算使用自旋非限制,在充分考虑自旋多重度下进行几何优化、电子结构等性质的计算。

2.5.2 结果与讨论

1. 几何结构

为了寻找 $W_nH_2(n = 7 \sim 12)$ 团簇的基态结构,首先参考了上章中纯钨团簇的基态结构和一些亚稳态结构,然后在 $W_n(n = 7 \sim 12)$ 团簇的端位、空位、桥位等不同的位置连接 H_2 进行结构优化和频率的计算。在计算的所有结果中,把没有虚频的结构定为稳定结构,把能量最低且没有虚频的结构定为基态结构,与基态结构能量相近的稳定结构称为亚稳态。图 2 – 66 列出了 $W_nH_2(n = 7 \sim 12)$ 团簇的基态构型和部分亚稳态构型,在相应的结构下面标出了各个构型的自旋多重度、对称性以及相对能量,构型按照能量由低到高的顺序排列。表 2 – 53 给出了 W_nH_2 团簇的几何参数和 H 原子电荷。

从图 2 – 66 可以看出,W_7H_2 团簇基态构型是在 W_7 团簇基态结构基础上吸附 H_2 而成,氢分子解离成两个 H 原子分别吸附在戴帽八面体结构的钨团簇的两个端位,对称性为 C_s,自旋多重度为 1,W—H 键长都为 1.770 0 Å。W_7H_2 团簇的亚稳态(7b)为解离的 H 原子吸附在扭曲五角双锥结构的两个端位上,对称性为 D_{5h},自旋多重度也为 1,能量仅比基态高出 0.14 eV;(7c)(7d)(7e)结构的能量分别比基态结构高 0.45 eV,0.59 eV,0.87 eV。

W_8H_2 团簇基态构型中,两个 H 原子解离分别吸附在 W_8 团簇基态构型的两个 W 原子的端位,对称性为 C_{2h},自旋多重度为 1,W—H 键长都为 1.775 8 Å。亚稳态(8b)与基态构型的不同之处为解离的 H 原子吸附在 W_8 团簇基态构型的两个不同的 W 原子的端位上,对称性也为 C_{2h},自旋多重度为 3,能量仅比基态高 0.13 eV;(8c)(8d)(8e)结构的能量分别比基态结构高 0.21 eV,0.31 eV,0.64 eV。

W_9H_2 团簇基态构型中,两个 H 原子分别吸附在 W_9 团簇基态结构的两个端位,对称性为 C_2,自旋多重度为 3,W—H 键长都为 1.773 7 Å。亚稳态(9b)为解离的 H 原子吸附在 W_9 团簇基态结构的另外两个端位,对称性为 C_s,自旋多重度也为 3,能量比基态高出 0.08 eV;(9c)则是在背靠背五角双锥的两个空位进行 H_2 的解离性吸附,能量仅比基态结构高出 0.21 eV;(9d)(9e)结构分别是在双戴帽的五角双锥结构基础上进行 H_2 的解离性吸附,能量分别比基态结构高 0.53 eV,0.67 eV。

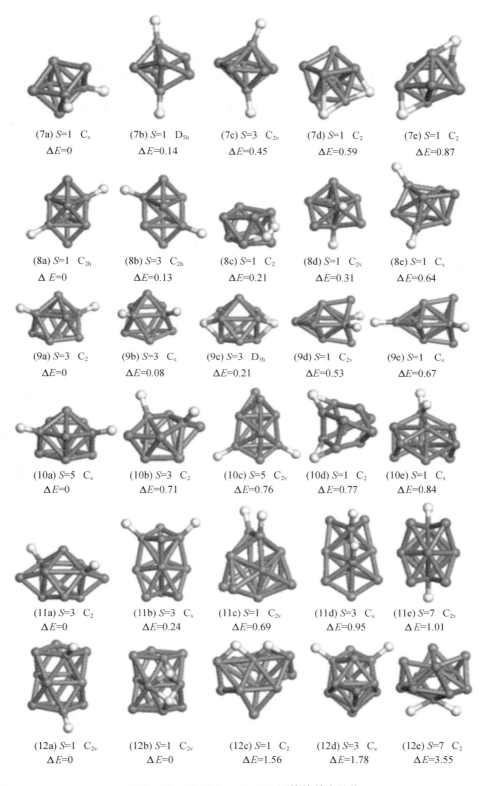

(7a) $S=1$ C_s　　(7b) $S=1$ D_{5h}　　(7c) $S=3$ C_{2v}　　(7d) $S=1$ C_2　　(7e) $S=1$ C_2
$\Delta E=0$　　$\Delta E=0.14$　　$\Delta E=0.45$　　$\Delta E=0.59$　　$\Delta E=0.87$

(8a) $S=1$ C_{2h}　　(8b) $S=3$ C_{2h}　　(8c) $S=1$ C_2　　(8d) $S=1$ C_{2v}　　(8e) $S=1$ C_s
$\Delta E=0$　　$\Delta E=0.13$　　$\Delta E=0.21$　　$\Delta E=0.31$　　$\Delta E=0.64$

(9a) $S=3$ C_2　　(9b) $S=3$ C_s　　(9c) $S=3$ D_{3h}　　(9d) $S=1$ C_{2v}　　(9e) $S=1$ C_s
$\Delta E=0$　　$\Delta E=0.08$　　$\Delta E=0.21$　　$\Delta E=0.53$　　$\Delta E=0.67$

(10a) $S=5$ C_s　　(10b) $S=3$ C_2　　(10c) $S=5$ C_{2v}　　(10d) $S=1$ C_2　　(10e) $S=1$ C_s
$\Delta E=0$　　$\Delta E=0.71$　　$\Delta E=0.76$　　$\Delta E=0.77$　　$\Delta E=0.84$

(11a) $S=3$ C_2　　(11b) $S=3$ C_s　　(11c) $S=1$ C_{2v}　　(11d) $S=3$ C_s　　(11e) $S=7$ C_{2v}
$\Delta E=0$　　$\Delta E=0.24$　　$\Delta E=0.69$　　$\Delta E=0.95$　　$\Delta E=1.01$

(12a) $S=1$ C_{2v}　　(12b) $S=1$ C_{2v}　　(12c) $S=1$ C_2　　(12d) $S=3$ C_s　　(12e) $S=7$ C_2
$\Delta E=0$　　$\Delta E=0$　　$\Delta E=1.56$　　$\Delta E=1.78$　　$\Delta E=3.55$

图 2-66　W_nH_2($n=7\sim12$)团簇的基态结构

$W_{10}H_2$ 团簇基态构型是在 W_{10} 团簇的三戴帽五角双锥基态结构上进行 H_2 的两个端位的解离性吸附,对称性为 C_s,自旋多重度为 5,W—H 键长都为 1.770 9 Å。$W_{10}H_2$ 团簇的亚稳态 (10b)中,在四方反棱柱结构的两个端位进行 H_2 的解离性吸附构成,对称性为 C_2,自旋多重度为 3;(10c)(10d)(10e)结构的能量分别比基态结构高 0.76 eV,0.77 eV,0.84 eV。

表 2 - 53 $W_nH_2(n=7\sim12)$ 团簇基态结构的几何参数和 H 原子电荷

团簇	对称性	$r_{1W—H}/Å$	$r_{2W—H}/Å$	Q_{1H}/e	Q_{2H}/e
W_7H_2	C_s	1.770 0	1.770 0	-0.177	-0.177
W_8H_2	C_{2h}	1.775 8	1.775 8	-0.15 8	-0.15 8
W_9H_2	C_s	1.773 7	1.773 7	-0.16 5	-0.16 5
$W_{10}H_2$	C_s	1.770 9	1.770 9	-0.169	-0.169
$W_{11}H_2$	C_2	1.771 3	1.771 3	-0.164	-0.164
$W_{12}H_2$	C_{2v}	1.777 4	1.777 4	-0.146	-0.146

在 $W_{11}H_2$ 团簇基态构型中,H_2 解离吸附在 W_{11} 团簇基态结构的两个 W 原子的端位上,对称性为 C_2,自旋多重度为 3,W—H 键长都为 1.771 3 Å。(11b)(11c)(11d)(11e)结构的能量分别比基态结构高 0.24 eV,0.69 eV,0.95 eV,1.01 eV。

H_2 解离吸附在 W_{12} 团簇基态构型的两个端位上构成 $W_{12}H_2$ 团簇的基态结构,对称性为 C_{2v},自旋多重度为 1,W—H 键长都为 1.777 4 Å。(12b)是在 W_{12} 团簇基态构型的两个空位上进行 H_2 的解离性吸附,并且团簇总能量与基态结构一样,所以可以看成是一个竞争基态构型,对称性也为 C_{2v},自旋多重度为 1。(12c)(12d)(12e)结构的能量分别比基态结构高 1.56 eV,1.78 eV,3.55 eV。

综上所述,$W_nH_2(n=7\sim12)$ 团簇的基态结构是在 $W_n(n=7\sim12)$ 团簇基态结构的基础上吸附 H_2 而成。H_2 在 $W_n(n=7\sim12)$ 团簇上发生的是解离性吸附,并且更倾向于吸附在 W 团簇的端位,对 H_2 的吸附轻微改变了纯 W_n 团簇的结构,对称性降低。由表 2 - 53 可以看出,吸附后两个 H 原子都得到了电荷,W_7H_2 团簇得到的最多,为 0.177 e 。

2. 相对稳定性

(1)平均结合能

为了研究吸附后团簇的相对稳定性,计算了吸附体系基态结构的平均结合能 E_b,图 2 - 67 给出了基态结构的平均结合能随着团簇尺寸变化的规律,为了便于比较,同种也给出了 W_n 团簇基态结构的平均结合能。计算公式如下:

$$E_b(W_nH_2) = [nE(W) + 2E(H) - E(W_nH_2)]/(n+2)$$
$$E_b(W_n) = [nE(W) - E(W_n)]/n$$

式中,$E(W_nH_2)$,$E(W_n)$,$E(W)$,$E(H)$ 分别是 W_nH_2 团簇、W_n 团簇、W 原子、H 原子基态结构的总能量。平均结合能越大,表示结合能力越强;反之,则越小。从图 2 - 67 可以看出,W_nH_2 团簇和 W_n 团簇的平均结合能都随着团簇尺寸的增加而增大,说明两团簇在生长过程中能继续获得能量。W_n 团簇的平均结合能增加得快,W_nH_2 团簇随尺寸增加较慢,但在研究尺寸范围内,相同尺寸下 W_nH_2 团簇的平均结合能始终大于 W_n 团簇的平均结合能,说明吸附 H_2 后团簇更稳定,这是因为 H 原子的加入提高了与 H 相关联原子的配位数。

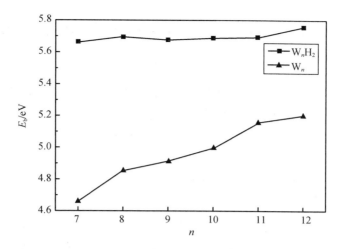

图 2 - 67　W_n 团簇与 W_nH_2 团簇基态结构平均结合能

（2）二阶能量差分

为了进一步探讨团簇的相对稳定性，图 2 - 68 给出了 W_nH_2 团簇和 W_n 团簇的二阶能量差分（Δ_2E）随团簇尺寸的变化规律。计算公式如下：

$$\Delta_2E = E(W_{n-1}H_2) + E(W_{n+1}H_2) - 2E(W_nH_2)$$

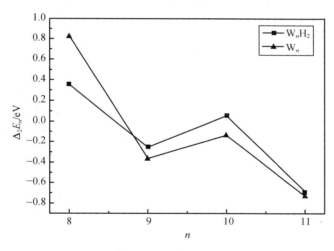

图 2 - 68　W_nH_2 团簇和 W_n 团簇基态结构的二阶能量差分

式中，$E(W_nH_2)$ 表示 W_nH_2 团簇基态结构的总能量。二阶能量差分是描述团簇稳定性的一个很好的物理量，其值越大，则对应团簇的稳定性越高。从图 2 - 68 可以看出，W_nH_2 和 W_n 团簇都表现出了明显的"奇偶"振荡和"幻数"效应，而且两者的变化趋势一致，表明 H_2 的吸附并没有明显地改变 W_n 团簇的相对稳定性。当 $n = 8,10$ 时各对应一峰值，与邻近尺寸的团簇相比，这些团簇具有较高的稳定性，所以 $n = 8,10$ 是 W_nH_2 团簇的幻数，W_8H_2 和 $W_{10}H_2$ 是幻数团簇。

（3）能隙

为了研究吸附后团簇的化学活性，图 2－69 给出了 W_nH_2 团簇和 W_n 团簇的能隙随团簇尺寸的变化规律。能隙的计算公式为

$$E_g = E_{LUMO} - E_{HOMO}$$

其中 LUMO 表示最低未占据轨道，HOMO 表示最高占据轨道，两者的能量差就是能隙。能隙的大小反映了电子从占据轨道向空轨道跃迁的能力，是物质导电性的一个参数；另外，能隙也反映电子被激发所需的能量的多少，其值越大，表示该分子越难以激发，活性越差，化学稳定性越强。

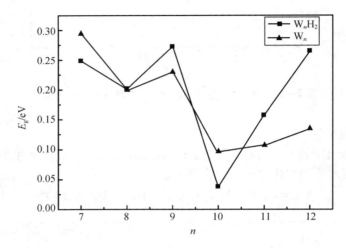

图 2－69　W_nH_2 团簇和 W_n 团簇基态结构能隙

从图 2－69 可以看出，W_nH_2 团簇和 W_n 团簇的能隙随团簇尺寸的变化表现出一致的趋势，从 $n=7$ 到 $n=11$ 显示出明显的"奇偶"振荡效应。当 $n=9,11,12$ 时，W_nH_2 团簇的能隙值比 W_n 团簇能隙值大，表明 H_2 的吸附降低了它们的化学活性，增强了它们的化学稳定性。当 $n=10$ 时，W_nH_2 团簇的能隙值相对于邻近团簇而言最小，说明了 $W_{10}H_2$ 团簇的化学活性较强，而化学稳定性最差。

（4）吸附能

为了研究 H_2 与 W_n 团簇之间相互作用的强弱，下面给出了 H_2 与 W_n 团簇相互作用的吸附能（E_{ads}），计算公式如下：

$$E_{ads} = E(H_2) + E(W_n) - E(W_nH_2)$$

图 2－70 给出了 H_2 与 W_n 团簇相互作用的吸附能，吸附能越大，表明 H_2 与 W_n 团簇的相互作用越强；反之则越小。从图 2－70 可以看出，W_nH_2（$n=7\sim12$）团簇的吸附能大小在 2.13～2.47 eV 之间，可以判断为化学吸附。W_nH_2 团簇的吸附能并不是随着 n 的增大呈线性关系，而是呈现振荡趋势。当 $n=7,10$ 时，W_nH_2 团簇的吸附能相对于邻近团簇较大，说明 H_2 与 W_7，W_{10} 团簇的结合较强。另一方面，从表 2－53 和图 2－70 可以看出，W_n（$n=7\sim12$）团簇对 H_2 的吸附能与 W—H 键长、H 原子的电荷数等存在相似的变化规律，W_nH_2 团簇的吸附能相近时，对应的 W—H 键长也相近；W_7H_2 吸附能最大，对应的 W—H 键长也最小；$W_{12}H_2$ 团簇吸附能最小，对应的 W—H 键长最长，这表明 H_2 与 W_{12} 团簇的结合较弱。同时，W 原子与 H 原子之间成键使得 H_2 吸附在 W_n 团簇上，由于 H 的电负性大于 W，所以 H 原子得到

电荷,得到电荷的多少也可以表征 H_2 与 W_n 团簇结合的强弱,参照表 2－53 和图 2－70,W_7H_2 团簇中 W 原子向 H 原子转移了最多的电荷数,表明两者的结合最强,对应的吸附能也最大。

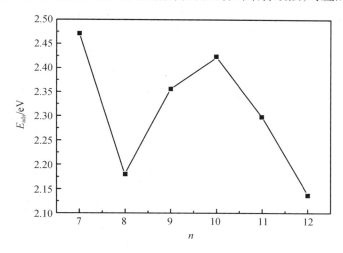

图 2－70　W_nH_2 团簇基态结构的吸附能

3. 电子性质与磁性

为了研究 W_nH_2 团簇的电子性质,分析了 $W_nH_2(n=7\sim12)$ 团簇基态结构的分波态密度(PDOS)和总态密度(TDOS)。图 2－71、图 2－72 分别给出了 $W_nH_2(n=7\sim12)$ 团簇的 s,p,d 轨道以及总轨道自旋向上和自旋向下的态密度分布,由于 f 轨道电子对磁矩基本没有贡献,本书没考虑 f 轨道的影响。设定最高已占据分子轨道与最低未占据分子轨道的中间值为费米能,并且设为零点。图示中自旋向上的态密度在横轴上方,自旋向下的态密度在横轴下方。

从图 2－71、图 2－72 可以看出,所有团簇的 d 电子轨道的局域态密度图曲线狭窄并且尖锐,表明 d 轨道电子是相对局域的。在 $-4\sim2$ eV 区间内,总态密度(TDOS)主要来源于 d 轨道电子的贡献;而在 $-7\sim-4$ eV 区间内则主要来源于 s,p 轨道电子的贡献。当 $n=7,8,12$ 时,PDOS 和 TDOS 图中横轴上下曲线对称性很高,表明在 $n=7,8,12$ 三个 W_nH_2 团簇基态结构中,未配对电子较少,再看图 2－66,发现这三个团簇的自旋多重度都为 1,这也证明在这三个团簇周围存在较少的未配对电子,同时也说明这三个团簇的自旋电子对磁矩的贡献较少。而当 $n=9,10,11$ 时,PDOS 和 TDOS 图中横轴上下曲线对称性较低,尤其对于 $W_{10}H_2$ 团簇,对称性更低,说明它们存在的未配对电子数较多,对磁矩贡献较大。

图 2－73 给出了 $W_nH_2(n=7\sim12)$ 团簇基态结构的总磁矩和平均磁矩。从图 2－73 可以看出,当 $n=9,10,11$ 时具有相对较大的总磁矩和平均磁矩,$W_{10}H_2$ 团簇具有最大的总磁矩值($4\mu_B$)和最大的平均磁矩值($0.4\mu_B$),这表明 $W_{10}H_2$ 团簇具有最大的磁性,这与态密度的分析结果一致。

为了进一步研究 W_nH_2 团簇的磁性质,图 2－74 中给出了不同尺寸团簇的电子自旋密度图,表 2－54 给出了不同尺寸团簇中各个原子的局域磁矩。图 2－74 深色代表自旋向上的电子态,浅色表示自旋向下的电子态。表 2－54 中数值为正表明自旋向上,数值为负表明自旋向下;表中局域磁矩值的绝对值越大,说明周围未配对电子数越多。图 2－74 中当 $n=$

7,8,9,11,12 时,既存在自旋向上的电子态,也存在自旋向下的电子态,但 $n=7,8,12$ 时,向上和向下的电子态数目基本相等,表明对总磁矩的贡献较少;当 $n=9,11$ 时,自旋向上的电子态数明显多于自旋向下的电子态数,与表 2-54 中局域磁矩值符合;当 $n=10$ 时,图中基本上全为自旋向上的电子态,几乎看不到自旋向下的电子态,并且自旋向上的电子态密度较大,对应表 2-54 中的局域磁矩值也发现,仅有 W2,W5,W11 和 W12 四个原子存在非常少的自旋向下电子态,表明 $W_{10}H_2$ 团簇对磁矩的贡献最大,与前面的分析符合。W_9H_2,$W_{10}H_2$ 和 $W_{11}H_2$ 团簇形成的笼状结构产生了较多的未配对电子,尤其以 $W_{10}H_2$ 团簇最为明显,说明笼状结构会在体系的化学性质中起到关键性作用,这与化学稳定性分析的结果较为一致。

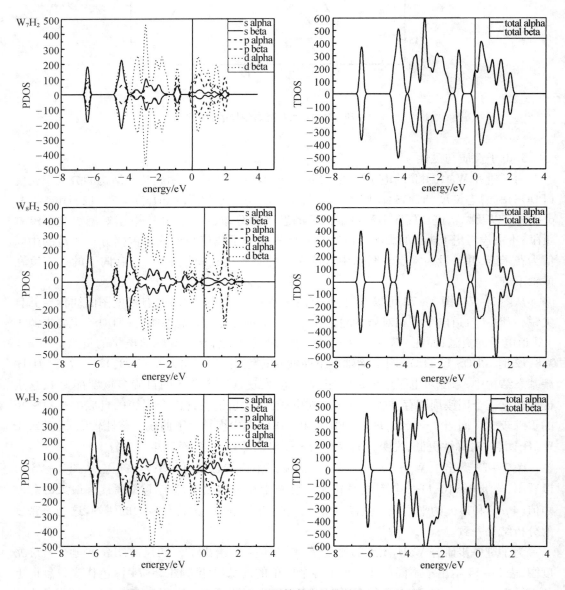

图 2-71 $W_nH_2(n=7\sim9)$ 团簇基态结构的 PDOS 和 TDOS

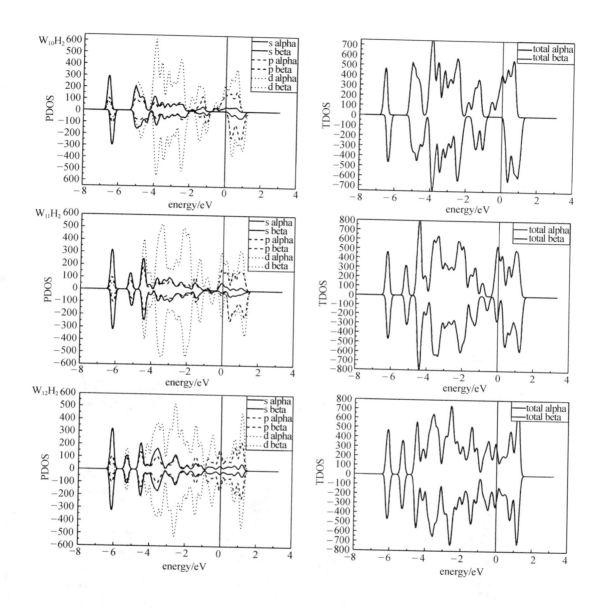

图 2 - 72 $W_nH_2(n=10\sim12)$ 团簇基态结构的 PDOS 和 TDOS

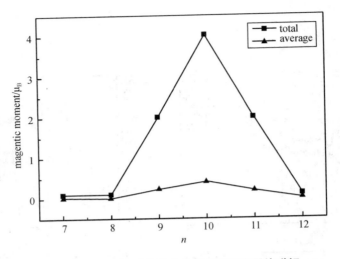

图 2 - 73　$W_n H_2$ 团簇基态结构总磁矩和平均磁矩

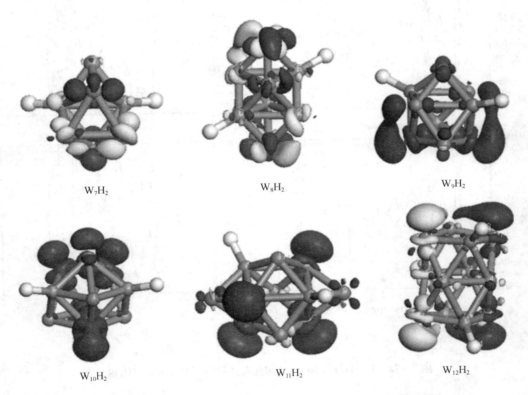

图 2 - 74　$W_n H_2$ (n = 7 ~ 12) 团簇基态构型的电子自旋密度图

表 2 – 54　　$W_n H_2 (n = 7 \sim 12)$ 团簇基态结构的局域磁矩

原子序号	$W_7 H_2$	$W_8 H_2$	$W_9 H_2$	$W_{10} H_2$	$W_{11} H_2$	$W_{12} H_2$
1	0.006	0.082	0.068	0.113	0.443	0.006
2	0.006	– 0.004	0.269	– 0.031	– 0.028	0.006
3	– 0.011	0.082	0.269	0.772	0.467	0.008
4	– 0.011	– 0.008	0.068	0.772	– 0.020	0.008
5	0.028	– 0.010	0.142	– 0.031	0.509	0.016
6	0.061	– 0.011	0.063	0.624	– 0.002	0.002
7	0.021	– 0.017	0.063	0.610	0.528	0.016
8	0.000	– 0.013	0.539	0.077	– 0.024	0.003
9	0.000	– 0.001	0.539	0.077	0.057	0.003
10		– 0.001	– 0.010	1.035	0.057	0.016
11			– 0.010	– 0.009	0.027	0.016
12				– 0.009	– 0.006	0.002
13					– 0.006	0.000
14						0.000
Total	0.1	0.099	2	4	2.002	0.102

4. 红外光谱分析

对于研究的 $W_n H_2 (n = 7 \sim 12)$ 体系,计算了基态结构的红外光谱(IR)(如图 2 – 76 所示)。其中 IR 谱中横坐标的单位是 cm^{-1},纵坐标是强度,单位是 $km \cdot mol^{-1}$。然后,通过 Dmol^3 来判定各团簇振动光谱峰所对应频率的振动方式的归属情况。为了便于分析,图 2 – 75 给出了注有原子标号的 $W_n H_2 (n = 7 \sim 12)$ 体系的基态结构图。

从图 2 – 76 可以看出,$W_7 H_2$ 团簇存在多个振动峰,其中最强的振动峰位于频率 1 853.13 cm^{-1} 处,该处的振动频率为两个 H 原子沿着键长方向做伸缩振动,红外强度为 452.37 $km \cdot mol^{-1}$;次强峰位于频率 1 863.22 处,红外强度为 138.28 $km \cdot mol^{-1}$,但由于离最强振动峰比较近,两者合并成了一个峰。位于频率 656.78 cm^{-1} 处还有一个较强的振动峰,红外强度为 120.61 $km \cdot mol^{-1}$,振动模式为两个 H 原子朝着相同方向做摇摆振动。

$W_8 H_2$ 团簇存在两个较强的振动峰。最强振动峰位于频率 1 784.87 cm^{-1} 处,红外强度为 684.61 $km \cdot mol^{-1}$,振动模式为两个 H 原子沿键长方向的伸缩振动;次强峰位于频率 589.43 cm^{-1} 处,红外强度为 113.10 $km \cdot mol^{-1}$,为两个 H 原子沿相同方向做摇摆振动。

在 $W_9 H_2$ 团簇中,存在两个明显振动峰。最强振动峰位于频率 1 826.32 cm^{-1} 处,该处振动模式为两个 H 原子沿键长方向的伸缩振动,红外强度为 909.50 $km \cdot mol^{-1}$,是研究体系中的最强振动峰;位于频率 1 832.70 cm^{-1} 处红外强度为 33.06 $km \cdot mol^{-1}$ 的小峰和最强峰重合在了一起。次强振动峰位于频率 497.57 cm^{-1} 处,该处振动模式为两个 H 原子沿相同方向做摇摆振动,红外强度为 157.89 $km \cdot mol^{-1}$。

从光谱图上可以看出,在 $W_{10} H_2$ 团簇中只可以明显看到一个振动峰,位于频率 1 814.03 cm^{-1} 处,该处振动模式为两个 H 原子沿键长方向的伸缩振动,红外强度为 871.60 $km \cdot mol^{-1}$;实际上在

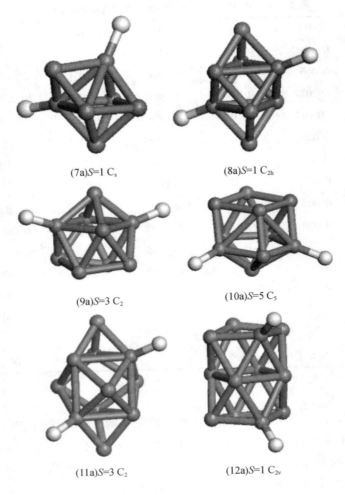

(7a)S=1 C$_s$ (8a)S=1 C$_{2h}$

(9a)S=3 C$_2$ (10a)S=5 C$_5$

(11a)S=3 C$_2$ (12a)S=1 C$_{2v}$

图 2 – 75 $W_n H_2$（n = 7 ~ 12）团簇的基态结构

频率 1 818. 23 cm^{-1} 处存在一个红外强度为 126. 03 km·mol^{-1} 的峰，由于和频率 1 814. 03 cm^{-1} 处的峰离得较近，两者重合。而在频率 624. 74 cm^{-1} 处，存在较为不明显的峰，振动模式为两个 H 原子的摇摆振动，红外强度只有 48. 25 km·mol^{-1}。

    在 $W_{11} H_2$ 团簇中，比较强的振动峰值有两个。位于频率 1 824. 37 cm^{-1} 处出现最强振动峰，该处振动模式为两个 H 原子沿键长方向的伸缩振动，实际上在频率 1 825. 66 cm^{-1} 处还有一个小峰和此峰重合在了一起；次强峰位于频率 583. 63 cm^{-1} 处，该处振动模式为两个 H 原子沿相反方向的摇摆振动。由图 2 – 76 还可以看出，在频率 0 ~ 500 cm^{-1} 之间还存在一系列不明显的振动峰，振动模式均为两个 H 原子的摇摆振动。

    在 $W_{12} H_2$ 团簇中，看起来只有一个较明显的强振动峰，位于频率 1 861. 37 cm^{-1} 处，该处振动模式为两个 H 原子的伸缩振动，红外强度为 642. 40 km·mol^{-1}；实际上在频率 1 864. 30 cm^{-1} 处还存在一个红外强度为 348. 19 km·mol^{-1} 的峰，由于两处的峰离得较近，两者重合。

    总之，所有团簇红外光谱均在 1 800 cm^{-1} 附近出现最强振动峰，并且均为 H 原子的伸

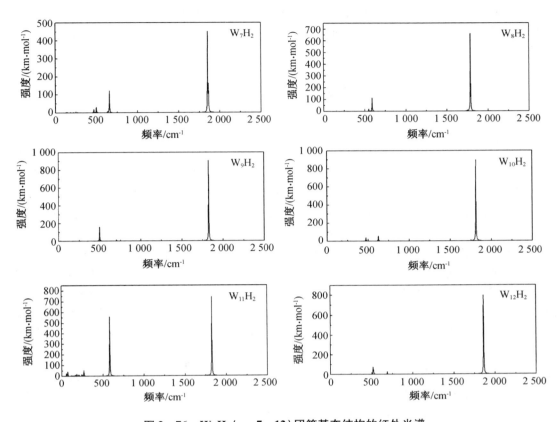

图 2-76　$W_nH_2(n=7\sim12)$ 团簇基态结构的红外光谱

缩振动。除 W_8H_2 之外,所有团簇红外光谱的最强峰都和邻近的峰重合在了一起。在 $500\ cm^{-1}$ 附近都有许多振动小峰,振动模式均为 H 原子的摇摆振动。

2.5.3　小结

基于密度泛函理论,运用广义梯度近似(GGA)和 PW91 交换关联函数方法,在充分考虑自旋多重度的前提下得到了 $W_nH_2(n=7\sim12)$ 团簇的基态结构,并对其稳定性、电子性质、磁性质和红外光谱进行了计算研究,主要结论如下:

(1) W_nH_2 团簇的基态结构是在 W_n 团簇基态结构的基础上解离性吸附 H_2 而成,H_2 的吸附轻微改变了 W_n 团簇的几何结构,降低了它的对称性。

(2) 对平均结合能和二阶能量差分等稳定性进行分析表明,W_nH_2 团簇和 W_n 团簇的稳定性都随着原子尺寸的增加而增强,但相同尺寸下 W_nH_2 团簇的稳定性强于 W_n 团簇,说明 H_2 的加入提高了团簇的稳定性,这是由于 H 原子的加入增加了与 H 相关联原子配位数造成的。W_8H_2 和 $W_{10}H_2$ 团簇是幻数团簇。而通过对能隙的分析表明 $W_{10}H_2$ 团簇的化学活性较强。W_7H_2 和 $W_{10}H_2$ 团簇具有较大的吸附能。

(3) 通过对磁性的研究发现,$n=7,8,12$ 的团簇磁矩较小,而 $n=9,10,11$ 的团簇磁矩较大,其中 $W_{10}H_2$ 团簇磁矩最大,这是由于该结构的团簇产生了较多的未配对电子,这些电子对体系的化学性质起到关键作用。

(4)对红外光谱分析表明,所有团簇红外光谱均在 1 800 cm^{-1}附近出现最强振动峰,并且均为两个 H 原子的伸缩振动。在 500 cm^{-1}附近都有许多振动小峰,振动模式均为 H 原子的摇摆振动。

2.6 $(OsH_2)_n (n = 1 \sim 5)$ 团簇的结构与性能

2.6.1 引言

团簇是由几个或几千个离子、原子或分子组成的介于单个粒子和块体中间阶段的聚集体。其物理和化学性质既不同于单个原子、分子,也不同于块体,而是表现出许多奇异的性质。过渡金属由于具有丰富的 d 电子和空轨道,近年来在材料科学、纳米技术、冶金、催化等领域得到了广泛的应用,因此人们对它们的研究兴趣与日俱增[1-18]。众所周知,锇是密度最大的金属单质,可以用来准确测得地质年限,在工业上可以用作高效催化剂,所以含锇团簇的研究开始受到了国内外学者的广泛关注[68-70]。然而,由于过渡金属的价电子大部分是金属键,不能有效地抵抗位错的发生和运动,因而纯过渡金属硬度值往往较低。一些研究发现[71-73],若将 C,N,O 等轻元素掺入到过渡金属中,可以大大地提高团簇的硬度、化学活性以及稳定性等。H 作为最轻的元素,其与过渡金属元素的相互作用已经是材料科学的基本研究课题[74-78]。但是到目前为止,在理论和实验上对 Os 吸附 H_2 的结构与性能的研究还未见相关报道。本小节将采用基于密度泛函理论的 Dmol^3 软件研究 $(OsH_2)_n (n = 1 \sim 5)$ 团簇的稳定结构,并对基态结构的电子和磁学性质进行进一步探讨,希望本书的研究能为进一步研制新的超硬材料提供一定的理论指导。

2.6.2 计算方法

本书全部计算使用 Dmol^3 程序包,它是一个基于密度泛函理论(DFT)的第一原理计算(从头计算)的量子化学软件包,在很多方面(比如:金属团簇等)都能进行精确的理论计算。选择由 Perdew 和 Wang 提出的交换关联梯度泛函(PW91)[79],基组采取有效核势和包括 d 极化的双数值原子轨道基组(DND),自洽过程以体系的能量和电荷密度分布是否收敛为依据,以 10^{-5}a. u 作为自洽场(SCF)的收敛精度,使用 DIIS 来加快自洽场的收敛。体系在几何优化过程中充分考虑自旋非限制和对称性的条件下对团簇的每个构型的多个多重度进行计算,能量的收敛精确度优于 2.0×10^{-5} Hartree;力和位移的收敛精度优于 0.004 0 Hartree/Å 和 0.005 Å。为了验证本书所选用泛函的可靠性,在相同的条件下计算了二聚体 Os_2 和 H_2 的键长。计算结果表明:Os—Os 键长为 2.296 Å,与实验值 2.28 Å 符合较好[80]。H—H 键长为 0.748 Å,与实验值[59](0.741 Å)一致,说明本书所选用的方法是可靠的。

2.6.3 结果与讨论

1.$(OsH_2)_n (n = 1 \sim 5)$ 团簇的几何结构

对于 $(OsH_2)_n (n = 1 \sim 5)$ 团簇,采用了直接猜测初始构型和在纯 Os 团簇稳定构型基本框架上以填充、置换和戴帽方式构造初始构型的方法设计了大量的可能初始结构,对所有的初始结构进行了几何参数全优化,再对优化后的团簇的能量和频率进行计算。图 2-77

给出了纯簇 $Os_n(n=2\sim5)$ 的基态结构和 $(OsH_2)_n(n=1\sim5)$ 团簇的稳定结构及对应的对称性、自旋多重度 S 以及各稳定结构和相应的基态结构之间的能量差 ΔE，图中 na 为基态结构，其余为亚稳态结构，颜色较深的是 Os 原子，较浅的是 H 原子。

由图 2-77 看出：$n=1,2$ 和 4 时团簇的基态结构均为三重态，而 $n=3$ 和 5 时则是单重态。OsH_2 的稳定构型都具有 C_{2v} 对称性，其中基态结构是以 Os 为中点的 V 字形，夹角为 105.756°，Os—H 键长为 1.617 Å；(1b) 是以 Os 为顶点的等腰三角形，其顶角为 81.232°，腰长 1.605 Å，底边长 2.089 Å，其能量与基态结构仅相差 0.068 eV；(1c) 能量与 (1b) 接近，H—H 键长 2.092 Å。与文献 [59] 比，(1b) 与 (1c) 中的 H—H 键都受 Os 原子的作用被拉长，说明吸附的氢与锇存在着较强的相互作用。

$(OsH_2)_2$ 的基态结构可以看作由两个 (1a) 通过 Os 与 H 的连接组合而成，对称性为 C_{2h}，四个 Os—H 短键长为 1.612 Å，两个 Os—H 长键的长度则为 2.977 Å；其异构体 (2e) 结构中 4 个 H 处于两个 Os 的同侧，能量比基态高出 0.22 eV，对称性为 C_2。其余异构体与基态构型相似，且都是 C_{2h} 对称，能量与基态相差极小。

当 $n=3$ 时，Os_3 基态结构为边长 2.378 Å 的正三角形。对于 $(OsH_2)_3$，具有 C_2 对称性的基态结构 (3a) 中三个 Os 原子呈 138.26° 的折线，Os—Os 键长为 2.303 Å，H 以分子形式与 Os 原子构成等腰三角形，H—H 键长范围为 2.224~2.427 Å。亚稳态 (3b) 能量仅比基态高 0.013 eV，两者的多重度和对称性相同。(3c)(3d)(3e) 都是在纯 Os_3 的基础上得到的，其中自旋多重度最高 (3) 而对称性却最低 (C_1) 的 (3c) 中 H 同样以分子形式与 Os 相连。由于 H 的作用，异构体 (3d) 和 (3e) 中的 3 个 Os 原子所构成的正三角形的边长 (2.451 Å) 略大于 Os_3 基态结构，两者都是单重态 C_{3h} 对称。所有异构体中的 H—H 键长范围为 2.224~5.402 Å。

Os_4 是边长为 2.326 Å 的正方形，$(OsH_2)_4$ 的稳定构型中都可以看到 Os_4 的影子。其中基态构型为单重态的不规则结构，同样为单重态的 (4c) 可以看成由两个不规则扇形构成的，具有 C_2 对称性。能量最高的亚稳态 (4e) 的多重度和对称性都较高，分别为 5 和 C_{2v}。

Os_5 基态构型为底边长 2.378 Å，侧棱长 2.557 Å 的正四棱锥。$(OsH_2)_5$ 基态结构中 5 个 Os 原子依次相连构成一个三维五边形，H 原子则以游离态两两连接在 Os 原子上。亚稳态 (5b) 是在 (5a) 结构上稍作改变得到的，其能量比基态高 0.381 eV。异构体 (5c) 中 Os 构成三个共边的三角形，每个 Os 原子上吸附一个 H_2 分子，键长约为 2.4 Å。能量最高的 (5e) 是具有 C_{5v} 对称性的类似五棱柱的结构。

通过以上对 $(OsH_2)_n(n=1\sim5)$ 团簇几何结构的分析可以发现：当 $n\geqslant2$ 时，稳定构型全部为三维立体结构。小尺寸团簇的对称性普遍较高，在尺寸相同时，除 $n=2$ 外，团簇的对称性则随着能量的增大而升高。进一步观察可以发现，在大多数的 $n\geqslant2$ 的稳定构型中都可以看到 (OsH_2) 基态结构的影子，而 $n=2\sim5$ 的基态结构都是由 (1a) 组合而成，这说明 (1a) 可以看作 $(OsH_2)_n(n=1\sim5)$ 团簇结构的基本组成单元。通过计算可以发现，在大多数稳定结构中 H—H 键完全断裂，而其余一些结构中 H—H 键得到保持但键长被大大拉长，而 H—Os 之间始终有键，而且键长较短，说明 H 与 Os 之间有较强的相互作用，形成的是化学吸附。

2. $(OsH_2)_n(n=1\sim5)$ 团簇的相对稳定性

团簇体系的平均结合能和二阶能量差分是表征团簇稳定性的重要物理参数，对相同原子数的团簇，平均结合能和二阶差分值越大，团簇稳定性越高。

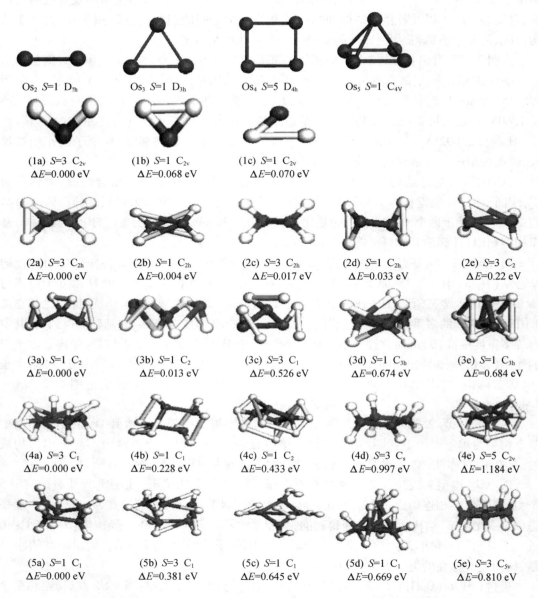

图 2 – 77 $Os_n(n=2\sim5)$ 和 $(OsH_2)_n(n=1\sim5)$ 团簇的稳定构型

$(OsH_2)_n$ 团簇的平均结合能的计算公式如下：

$$E_b = [nE(Os) + 2nE(H) - E(OsH_2)_n]/3n$$

其中，$E(Os)$，$E(H)$，$E(OsH_2)_n$ 分别为 Os，H，$(OsH_2)_n$ 基态结构的总能量。

团簇的二阶差分的定义式为

$$\Delta_2 E_n = E_{n+1} + E_{n-1} - 2E_n$$

其中，E_{n+1}，E_{n-1}，E_n 分别表示所对应的团簇体系基态结构的总能量。图 2 – 78 和图 2 – 79 分别给出了 $(OsH_2)_n(n=1\sim5)$ 团簇基态结构的平均结合能和二阶差分随尺寸 n 的变化规律。

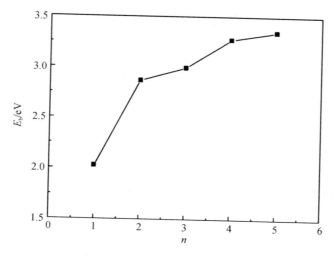

图 2 - 78　$(OsH_2)_n(n=1\sim5)$ 平均结合能随尺寸 n 的变化关系

从图 2 - 78 可以看出:$(OsH_2)_n(n=1\sim5)$ 团簇的平均结合能随着团簇尺寸的增加逐渐增大,因此团簇在生长过程中能继续获得能量而生长,团簇中的相互作用也逐渐增强。$n=1\sim2$ 时结合能急剧增加,对应着团簇结构从平面结构向立体结构演化的过程,这说明团簇结构维数的变化对稳定性有显著的影响,在 $n=3\sim4$ 时增加速度略有减小;而在 $n=2\sim3$ 和 $n=4\sim5$ 之间结合能的增加趋于平缓,表明原子间的成键趋于饱和没有可供成键的电子。

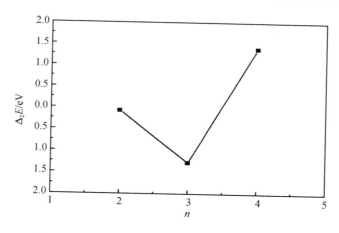

图 2 - 79　$(OsH_2)_n(n=1\sim5)$ 团簇基态结构的二阶能量差分

对于图 2 - 79,当 $n=2$ 和 3 时,基态结构的二阶差分值均为负数,且在 $n=3$ 时二阶差分出现局域极小值。当 $n=4$ 时,基态结构的二阶能量差分值最高,说明在研究的尺寸范围内,$(OsH_2)_4$ 与其邻近团簇相比稳定性最好。综合平均结合能和二阶差分所得出的结论可知:在 $(OsH_2)_n(n=1\sim5)$ 基态团簇中,$(OsH_2)_4$ 团簇的稳定性最好。

3. $(OsH_2)_n(n=1\sim5)$ 团簇的磁矩

对于含有过渡金属原子的团簇,我们关心的另外一个问题是它的磁性。原子磁矩包括轨道磁矩和自旋磁矩,而对于小尺寸的团簇由于其电子轨道磁矩极小,所以一般情况下只考虑团簇的自旋磁矩。在考虑自旋多重度的前提下,对$(OsH_2)_n(n=1\sim5)$团簇基态结构的磁性进行了研究,为后面分析方便,图2-80对基态结构中各个原子进行了编号。

图2-80 $(OsH_2)_n(n=1\sim5)$团簇的基态结构

通过对团簇磁矩的研究,可以获得与磁矩相互依赖的团簇的性质,从而可以理解团簇的几何尺寸和电子结构与磁性之间的关系,而这些仅通过实验是很难进行精确判定的。表2-55给出了基态结构中的每个原子的局域磁矩和电荷,原子序号与图2-80一致。

表2-55 $(OsH_2)_n(n=1\sim5)$基态结构的各原子上的局域磁矩(μ_B)及电荷(e)

团簇	原子	局域磁矩	电荷	原子	局域磁矩	电荷	原子	局域磁矩	电荷	原子	局域磁矩	电荷
(OsH_2)	1Os	2.070	-0.422	2H	-0.035	0.161	3H	-0.035	0.161			
$(OsH_2)_2$	1Os	1.037	-0.381	2H	-0.019	0.166	3H	-0.019	0.166	4Os	1.037	-0.381
	5H	-0.019	0.166	6H	-0.019	0.166						
$(OsH_2)_3$	1Os	0.040	-0.504	2Os	0.039	-0.505	3Os	0.026	-0.064	4H	-0.001	0.172
	5H	0.000	0.164	6H	-0.001	0.154	7H	-0.001	0.149	8H	-0.001	0.171
	9H	0.000	0.162									
$(OsH_2)_4$	1H	-0.001	0.193	2Os	0.155	-0.522	3H	-0.009	0.132	4H	0.005	0.154
	5Os	1.083	-0.129	6H	0.014	0.095	7Os	0.083	-0.288	8H	0.015	0.123
	9H	0.007	0.120	10H	0.004	0.173	11H	0.019	0.080	12Os	0.624	-0.231
$(OsH_2)_5$	1Os	-0.037	-0.319	2Os	0.001	-0.199	3Os	0.002	-0.332	4Os	-0.019	-0.411
	5Os	-0.050	-0.277	6H	0.002	0.069	7H	-0.001	0.175	8H	0.001	0.177
	9H	0.001	0.109	10H	0.030	0.199	11H	0.000	0.199	12H	0.000	0.378
	13H	0.000	0.070	14H	0.003	0.050	15H	-0.001	0.182			

从表2-55可以看出部分非磁性的H原子带有少量的磁矩,说明团簇中H被反向极化了,且H原子的局域磁矩范围为$-0.035\sim0.019\mu_B$。在$n=1\sim4$的基态结构中所有Os原子的磁矩都为正值。在$(OsH_2)_5$基态结构中有三个Os原子局域磁矩为负值,且每个Os原子的局域磁矩的绝对值都很小。对于Os原子,其在(OsH_2)团簇中局域磁矩具有最大值

2.070 μ_B，$(OsH_2)_5$ 团簇中则具有最大的反磁矩（ $-0.050\mu_B$ ）。从表 2 - 55 同样可以发现原子上的局域磁矩和电荷与原子的相对位置有密切关系。在 $n=2$ 时，具有 C_{2h} 对称性的团簇中位置 1 和位置 4 上的 Os 原子所处的位置完全对称，二者具有相同的局域磁矩和电荷，处于对称位置上的 4 个 H 原子的电荷均为 0.166 e。经计算可知：$n=1,2,4$ 时，团簇的磁矩都为 2 μ_B。说明在这三个团簇中均有两个未成对的电子存在。而 $n=3$ 和 5 时，基态结构的磁矩极小但不为零，这主要是由于自旋向上态与自旋向下态的分布并不完全相同所造成的，但团簇中并没有未成对电子。从电荷值可以发现，在团簇中 5d 过渡金属是得电子的，电荷由 H 向 Os 转移。这也进一步说明锇与氢存在着较强的相互作用。

为了更直观地了解及更好地说明 $(OsH_2)_n(n=1\sim5)$ 团簇的磁性，图 2 - 81 给出了基态结构的电子自旋密度分布图。其中深色表示的是自旋向上的贡献，而浅色代表的是自旋向下的贡献。自旋向上的电荷密度与自旋向下的电荷密度之差即为电子自旋密度分布。

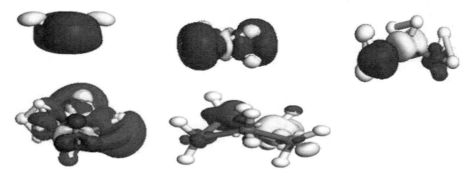

图 2 - 81　$(OsH_2)_n(n=1\sim5)$ 团簇基态结构的电子自旋密度分布图

从图中可以明显看出：基态结构中电子自旋密度主要分布在 Os 原子周围，也就是说未成对的电子主要是由 Os 原子提供的，表明团簇的磁矩确实是主要来源于 Os 原子，这和对局域磁矩分析所得的结论是一致的。

在 (OsH_2) 中 Os 原子只有自旋向上的贡献，而两个 H 原子则只有自旋向下的贡献，绝对值之和远小于 Os 原子的局域磁矩；$(OsH_2)_2$ 中两个 Os 原子轨道上有少量自旋向下的贡献，由表 2 - 55 知二者的局域磁矩之和为 2.074 μ_B，而 4 个 H 原子的局域磁矩之和为 $-0.076\mu_B$，绝对值远小于两个 Os 原子的局域磁矩之和，所以以上两个团簇中深色部分体积明显比浅色部分大。在 $n=3$ 和 5 时，团簇中都存在无电子自旋密度分布的 H 原子，且深色部分体积与浅色部分均相当，所以二者磁矩几乎为零。在 $(OsH_2)_4$ 团簇中，4 个 Os 原子的局域磁矩都是正值。

4. $(OsH_2)_n(n=1\sim5)$ 团簇的态密度

为了探索 $(OsH_2)_n(n=1\sim5)$ 团簇的磁性起源，以及更好地研究团簇磁性与电子结构之间的关系，图 2 - 82 给出了基态结构的 s、p、d 分波态密度和总态密度图。图中垂线代表团簇的费米能级，零线上方为自旋向上的态密度而下方为自旋向下的态密度。团簇的局域 d 电子态越窄越易发生自旋劈裂，使自旋平行的 d 电子数增多，形成较大的磁矩。从图 2 - 82 可以看到在 $n=1\sim5$ 时 d 轨道的态密度曲线都出现了尖峰，说明 $(OsH_2)_n(n=1\sim5)$ 基态结构中 d 电子相对比较局域且形成了交换劈裂。一般的，费米面附近的态密度对团簇的磁性

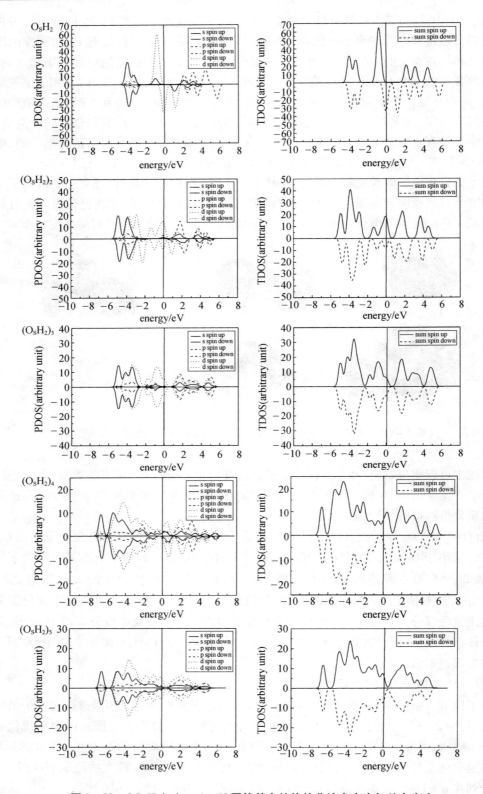

图 2-82 $(OsH_2)_n (n = 1 \sim 5)$ 团簇基态结构的分波态密度与总态密度

起着非常重要的作用,从图 2 – 82 可以明显看出$(OsH_2)_n$$(n=1\sim5)$团簇费米面附近的态密度主要来源于 5d 电子的贡献。对于(OsH_2)团簇,其分波态密度和总态密度曲线都是不连续的,并且 s,p,d 轨道态密度和总态密度曲线上下对称性都很低,即 s,p,d 轨道对局域磁矩和总磁矩均有贡献。当 $n\geqslant2$ 时分波和总态密度曲线都是连贯的,而且随着团簇尺寸的增大,态密度曲线的宽度呈现增大的趋势,说明能级也逐渐变宽。当 $n=3$ 和 5 时,s,p,d 轨道态密度曲线对称性都较高,两者基态团簇的总态密度曲线几乎完全对称,这为$(OsH_2)_3$ 和$(OsH_2)_5$基态结构的总磁矩接近零做出了解释。从图中可以看出:$n=3$ 和 5 时,费米能级两侧两个尖峰之间的总密度几乎为零,而在尖峰之间的总态密度不为零的(OsH_2),$(OsH_2)_2$,$(OsH_2)_4$基态结构中,$n=4$ 时两个尖峰之间的距离比 $n=1$ 和 2 大,所以$(OsH_2)_4$基态团簇的共价性较其他团簇强,即$(OsH_2)_4$基态团簇比$(OsH_2)_n$$(n=1\sim5)$中的其他团簇稳定。这与之前对团簇的稳定性进行分析所得出的结果一致。

5.$(OsH_2)_n$$(n=1\sim5)$团簇的红外光谱

图 2 – 83 给出了$(OsH_2)_n$$(n=1\sim5)$团簇基态结构的红外(IR)光谱图,图中横坐标的单位是 cm^{-1},纵坐标是强度,单位是 $km\cdot mol^{-1}$。由图可以看出,OsH_2 只有两个振动峰,最强峰位于 2 156.22 cm^{-1} 处,振动模式为两个 H 原子分别在和 Os 原子的连线方向做伸缩振动;次强峰位于 737.09 cm^{-1} 处,振动模式为两个 H 原子做剪式变形振动。$(OsH_2)_2$团簇有两个较大的振动峰和一些小峰,最强振动峰位于 2 169.97 cm^{-1} 处,振动模式为 H 原子沿键长方向的伸缩振动;次强峰位于 610.21 cm^{-1} 处,振动模式为 H 原子的摇摆振动。$(OsH_2)_3$团簇有多个振动峰,最强峰位于 2 194.38 cm^{-1} 处,振动模式为 H 原子沿键长方向的伸缩振动;在 300 cm^{-1} 和 900 cm^{-1} 之间有多个振动峰,次强峰位于 607.74 cm^{-1} 处,为 H 原子的摇摆振动。

$(OsH_2)_4$团簇有多个振动峰,而且密集区分两段:300 cm^{-1} 到 1 100 cm^{-1} 之间和 1 900 cm^{-1} 到 2 200 cm^{-1} 之间。最强振动峰位于 1 919.46 cm^{-1} 处,振动模式为 H 原子沿键长方向的伸缩振动;次强峰位于 689.21 cm^{-1} 处,为 H 原子的摇摆振动。$(OsH_2)_5$团簇也有多个振动峰,而且密集区也分两段:200 cm^{-1} 到 900 cm^{-1} 之间和 1 900 cm^{-1} 到 2 200 cm^{-1} 之间,位于 250 cm^{-1} 到 800 cm^{-1} 之间的振动峰比较弱,而位于 1 900 cm^{-1} 到 2 200 cm^{-1} 之间的振动峰比较强,最强峰的强度达到了 400 $km\cdot mol^{-1}$,频率位于 1 909.02 cm^{-1} 处,振动模式为 H 原子沿键长方向的伸缩振动。

2.6.4 结论

采用密度泛函理论,在广义梯度近似(GGA)下对$(OsH_2)_n$$(n=1\sim5)$团簇的各种可能构型进行了几何参数全优化,得到了他们的基态结构,并对基态结构的平均结合能(E_b)、能量二阶差分(Δ_2E)、磁矩、态密度和红外光谱进行了计算研究。主要结论如下:

(1)结构方面:当 $n\geqslant2$ 时稳定团簇均为三维结构,且(1a)可以看作$(OsH_2)_n$$(n=1\sim5)$团簇结构的基本组成单元,当 $n\geqslant4$ 时,稳定团簇大多不规则且对称性普遍较低;除(4e)为五重态外,所有的稳定构型都为单重态或三重态,团簇中的 H 与 Os 之间有较强的相互作用,H—H 键长被大大拉长。

(2)基态团簇的平均结合能和二阶差分的分析结果表明:$(OsH_2)_n$$(n=1\sim5)$随着团簇尺寸的增大,稳定性增强,其中$(OsH_2)_4$团簇最稳定。

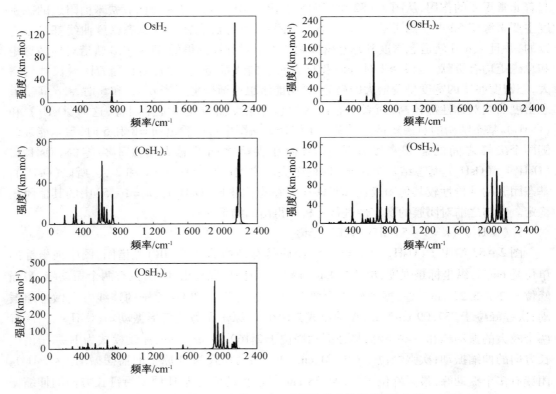

图 2 - 83　(OsH$_2$)$_n$(n = 1 ~ 5)团簇基态结构的 IR 光谱

（3）通过对基态结构的磁矩进行分析发现：n = 1,2,4 时团簇的磁矩均约为 2 μ_B，而 (OsH$_2$)$_3$ 和 (OsH$_2$)$_5$ 团簇虽未发生"磁矩淬灭"但磁矩几乎为零。说明团簇中孤立电子是影响团簇磁性的重要因素。对电子自旋密度和态密度的分析得出，(OsH$_2$)$_n$(n = 1 ~ 5)团簇磁矩主要来源于 Os 原子，未成对电子主要集中在对总磁矩及态密度贡献较大的 d 轨道上。

（4）通过对基态结构的红外光谱分析表明，n = 3,4 振动峰最多，n = 5 振动峰最强；各团簇最强峰的振动模式都为 H 原子沿键长方向的伸缩振动，次强峰的振动模式都为 H 原子的摇摆振动。

参 考 文 献

[1] MONTEIRO R D S,PAES L W C,CARNEIRO J W D M,et al. Modeling the adsorption of CO on small Pt,Fe and Co clusters for the fischer-tropsch synthesis[J]. J. Clust. Sci. ,2008, 19(4):601 - 614.

[2] DANIEL M C,ASTRUC D. Gold nanoparticles:Assembly,supramolecular chemistry,quantunm-size-related properties, and applications toward biology, catalysis, and nanotechnology [J]. Chem. Rev. ,2004,104(1):293 - 346.

[3] 梁培,王乐,熊斯雨,等. Mo - X(B,C,N,O,F)共掺杂 TiO$_2$ 体系的光催化协同效应研究 [J].物理学报,2012,61(5):053101.

[4] LIANG T,FLYNN S D,MORRISON A M,et al. Quantum cascade Laser Spectroscopy and

photoinduced chemistry of Al－(CO)n Clusters in Helium nanodroplets[J]. J. Phys. Chem. A,2011,115(26):7437－7447.

[5] 陈玉红,曹一杰,任宝兴. Ti 原子在 Al(110)表面吸氢过程中催化作用的第一性原理研究[J]. 物理学报,2010,59(11):8015－8020.

[6] WANG Y J,WANG C Y,WANG S Y. CO adsorption on small Au_n($n = 1 \sim 7$)clusters supported on a reduced rutile TiO_2(110) Surface:a first-principle study[J]. Chin. Phys. B, 2011,20(3):036801.

[7] FERRIN P,KANDOI S,NILEKAR A U,et al. Hydrogen adsorption,absorption and diffusion on and in transition metal surfaces:A DFT study[J]. Surf. Sci,2012,606(7－8): 679－689.

[8] LI M,ZHANG J Y,ZHANG Y,et al. A density functional theory study on the adsorption of CO and O_2 on Cu-terminated $Cu2O$(111) surface[J]. Chin. Phys. B,2012,21(6):067302.

[9] TIAN F Y,SHEN J. Density-functional study of CO adsorbed on Rh_N($N = 2 \sim 29$) clusters [J]. Chin. Phys. B,2011,20(12):123101.

[10] 金蓉,谌晓洪. VO_xH_2O($x = 1 \sim 5$)团簇的结构及稳定性研究[J]. 物理学报,2012,61 (9):093103.

[11] XI Y J,LI Y,WU D,et al. Theoretical study of the COLin complexes:interation between carbon monoxide and lithium clusters of different sizes[J]. Comput. Theor. Chem. ,2012, 994(16):6－13.

[12] 袁键美,郝文平,李顺辉,等. Ni(111) 表面 C 原子吸附的密度泛函研究[J]. 物理学报,2012,61(8):087301.

[13] YAMAGUCHI W,MURAKAMI J. Geometries of small tungsten clusters[J]. Chem. Phys. , 2005,316(1－3):45－52.

[14] 秦玉香,王飞,沈万江,等.氧化钨纳米线－单壁碳纳米管复合型气敏元件的室温 NO_2 敏感性能与原理[J]. 物理学报,2012,61(5):057301.

[15] HOEGAERTS D,SELS B F,VOS D E D,et al. Heterogeneous tungsten-based catalysts for the epoxidation of bulky olefins[J]. Catal. Today,2000,60(3－4):209－218.

[16] SANTOS V C D,BAIL A,OKADA H D O,et al. Methanolysis of Soybean Oil Using Tungsten-Containing Heterogeneous Catalysts[J]. Energy & Fuels,2011,25(7): 2794－2802.

[17] 许雪松,李磊,孙敏,等. W_n 和 W_nN($n = 1 \sim 5$) 团簇的结构与稳定性[J]. 辽宁师范大学学报:自然科学版,2010,33(1):36－40.

[18] HOLMGREN L,ANDERSSON M,ROSEN A. N_2 on tungsten clusters:Molecular and dissociative adsorption[J]. J. Chem. Phys. ,1998,109(8):3232－3239.

[19] 张秀荣.过渡金属混合/掺杂小团簇的结构和性能[M].哈尔滨:哈尔滨工程大学出版社,2013.

[20] CHEN H T,MUSAEV D G,LIN M C. Adsorption and Dissociation of CO_x($x = 1,2$) on W (111) surface:A Computational Study[J]. J. Phys. Chem. C,2008,112(9):3341－3348.

[21] ISHIKAWA Y,KAWAKAMI K. Structure and infrared Spectroscopy of Group 6 Transition-Metal carbonyls in the Gas phase:DFT studies on M(CO)n(M = Cr,Mo and W;n = 6,5,

4,and 3)[J]. J. Phys. Chem. A,2007,111(39):9940 − 9944.

[22] HOLMGREN L,ANDERSSON M,PERSSON J L,et al. CO and O_2 reactivity of tungsten clusters[J]. Nanostruct. Mater,1995,6:1009 − 1012.

[23] LYON J T,GRUENE P,FIELICKE A,et al. Probing C − O bond activation on gas-phase transition metal clusters:infrared multiple photon dissociation spectroscopy of Fe,Ru,Re, and W cluster CO complexes[J]. J. Chem. Phys. ,2009,131(18):184706.

[24] WEIDELE H,KREISLE D,RECKNAGEL E,et al. Thermionic emission from small clusters:Direct observation of the kinetic energy distribution of the electrons [J]. Chem. Phys. Lett,1995,237(5 − 6):425 − 431.

[25] SHANE M S,ADAM W S,MICHAEL D M. Optical spectroscopy of tungsten carbide (WC) [J]. J. Chem. Phys. ,2002,116(3):993 − 1002.

[26] 葛桂贤,杨增强,曹海滨. 密度泛函理论研究 CO 与 Ni_n($n = 1 \sim 6$) 团簇的相互作用 [J]. 物理学报,2009,58(9):6128 − 6133.

[27] PARR R G,DONNELLY R A,LEVY M,et al. Electronegativity:The density functional viewpoint [J]. J. Chem. Phys. 1978,68(8):3801 − 3807.

[28] KARAMANIS P,POUCHAN C,MAROULIS G. Structure,stability,dipole polarizability and differential polarizability in small gallium arsenide clusters from all-electron ab initio and density functional theory calculations [J]. Phys. Rev. A,2008,77:013201.

[29] KRESSE G,FURTHMULLER. Efficient iterative schemes for ab initio total-energy calculations using a plane-wave basis set [J]. J. Physical Review B:Condensed Matter,1996.

[30] 唐典勇,胡建平,吕申壮,等. CO 在 M55(M = Cu,Ag,Au)团簇上吸附的密度泛函研究 [J]. 化学学报,2012,943 − 948.

[31] 林秋宝,李仁全,文玉华,等. W_n($n = 3 \sim 27$)原子团簇结构的第一性原理计算[J]. 物理学报,2008,57(1):181 − 185.

[32] PAUL VON RAGUÉ SCHLEYER,CHRISTOPH MAERKER,ALK DRANSFELD,et al. Nucleus-Independent Chemical Shifts:A Simple and Efficient Aromaticity [J]. J. Am. Chem. Soc. ,1996,118 (26),6317 − 6318.

[33] 胡建平,王俊,唐典勇,等. 二元铜族团簇负离子催化 CO 氧化反应机理[J]. 物理化学学报,2011,27(2):329 − 336.

[34] 池贤兴,林行展. 阳离子 X3 + (X = Sc,Y,La)团簇 d 轨道芳香性的理论研究[J]. 原子与分子物理学报,2010,27(4):663 − 672.

[35] 杨继先,许生林. AunPt— 阴离子小团簇的量子化学研究[J]. 原子与分子物理学报, 2008,25(4):838 − 842.

[36] LAWICKI A,PRANSZKE B,KOWAISKI A,et al. Balmer line emission from low-energy impact of H + ,H2 + and H3 + ions in a beam on a tungsten surface [J]. Nucl. Instrum. Methods Phys. Res. ,Sect. B,2007,259(2):861 − 866.

[37] TRZHASKOVSKAYA M B,NIKULIN V K,CLARK R E H. Radiative recombination rate coefficients for highly-charged tungsten ions [J]. At. Data. Nucl. Data. Tables,2010,96 (1):1 − 25.

[38] CONCEICAO J, LAAKSONEN R T, WANG L S, et al. Phys. Rev. B, 1995, (51): 4668.

[39] WHETTEN R L, COX D M, TREVOR D J, et al. Correspondence between electron binding energy and chemisorption reactivity of iron clusters[J]. Physical Review Letters, 1985, 54 (14): 1494 – 1497.

[40] KIETZMANN H, MORENZIN J, BECHTHOLD P S, et al. Photoelectron spectra of Nbn clusters: Correlation between electronic structure and hydrogen chemisorption[J]. Journal of Chemical Physics, 1998, 109(6): 2275 – 2278.

[41] ELKIND J L, WEISS F D, ALFORD J M, et al. Fourier transform ion cyclotron resonance studies of H2 chemisorption on niobium cluster cations[J]. Journal of Chemical Physics, 1988, 88(88): 5215 – 5224.

[42] MORSE M D, GEUSIC M E, HEATH J R, et al. Surface reactions of metal clusters. II. Reactivity surveys with D2, N2, and CO[J]. Journal of Chemical Physics, 1985, 83(5): 2293 – 2304.

[43] ZAKIN M R, BRICKMAN R O, COX D M, et al. Dependence of metal cluster reaction kinetics on charge state. I. Reaction of neutral (Nbx) and ionic (Nb + x, Nb − x) niobium clusters with D2[J]. Journal of Chemical Physics, 1988, 88(6): 3555 – 3560.

[44] WHETTEN R L, ZAKIN M R, COX D M, et al. Electron binding and chemical inertness of specific Nbx clusters[J]. Journal of Chemical Physics, 1986, 85(3): 1697 – 1698.

[45] COX D M, REICHMANN K C, TREVOR D J, et al. CO chemisorption on free gas phase metal clusters[J]. Journal of Chemical Physics, 1987, 88(1): 111 – 119.

[46] COX D M, BRICKMAN R, CREEGAN K, et al. Gold clusters: reactions and deuterium uptake[J]. Zeitschrift Für Physik D, 1991, 19(1): 353 – 355.

[47] DING X L, LI Z Y, YANG J L, et al. Adsorption energies of molecular oxygen on Au clusters[J]. J. Chem. Phys., 2004, 120: 9594.

[48] DING X L, DAI B, YANG J L, et al. Assignment of photoelectron spectra of $Au_nO_2^-$ (n = 2, 4, 6) clusters[J]. J. Chem. Phys., 2004, 121: 621.

[49] COX D M, REICHMANN K C, TREVOR D J, et al. CO chemisorption on free gas phase metal clusters[J]. Journal of Chemical Physics, 1987, 88(1): 111 – 119.

[50] MITCHELL S A, RAYNER D M., BARTLETT T, et al. Reaction of tungsten clusters with molecular nitrogen[J]. J. Chem. Phys., 1996, 104: 4012.

[51] KIM Y D, STOLCIC D, FISCHER M, et al. Reaction of tungsten anion clusters with molecular and atomic nitrogen[J]. J. Chem. Phys., 2003, 119: 10307.

[52] KIM Y D, STOLCIC D, FISCHER M, et al. N_2 chemisorption to nanoclusters: molecular versus dissociative chemisorption[J]. Chemical Physics Letters, 2003, 380: 359 – 365.

[53] DING X L, YANG J L, HOU J G, et al. Theoretical study of molecular nitrogen adsorption on Au clusters[J]. J. Mol. Struct.: Theochem, 2005, 755: 9 – 17.

[54] BIRTWISTLE D T, HERZENBERG A. Vibrational excitation of N_2 by resonance scattering of electrons[J]. J. Phys. B, 1971: 453.

[55] TRICKL T, CROMWELL E F, LEE Y T, et al. State-selective ionization of nitrogen in the X $2\Sigma + g v + = 0$ and $v + = 1$ states by two-color (1 + 1) photon excitation near threshold[J].

Journal of Chemical Physics,1989,91(10):6006 – 6012.

[56] XU X,GODDARD W A. The X3LYP extended density functional for accurate descriptions of nonbond interactions,spin states,and thermochemical properties[C]. Proceedings of the National Academy of Sciences of the United States of America,2004,101(9):2673 – 7.

[57] DING X L,LI Z Y,YANG J L,et al. Theoretical study of nitric oxide adsorption on Au clusters[J]. J. Chem. Phys. ,2004,121:2558.

[58] WU X,SENAPATI L,NAYAK S K,et al. A density functional study of carbon monoxide adsorption on small cationic, neutral, and anionic gold clusters [J]. Journal of Chemical Physics,2002,117(8):4010 – 4015.

[59] RUETTE F,SÁNCHEZ M,A EZ R,et al. Diatomic molecule data for parametric methods. I [J]. Journal of Molecular Structure:THEOCHEM,2005,729(1 – 2):19 – 37.

[60] 陈翌庆.纳米材料学基础[M].长沙:中南大学出版社,2009.

[61] 葛桂贤,曹海滨,井群,等,密度泛函理论研究 H_2 与 Rh_n($n = 1 \sim 8$)团簇的相互作用[J].物理学报,2009,58(12):8236 – 8242.

[62] PINO I,KROES G J,VAN HEMERT M C. Hydrogen dissociation on small aluminum clusters[J]. The Journal of Chemical Physics,2010,133(18):184304.

[63] 姚建刚,宫宝安,王渊旭. NO 在 Y_n($n = 1 \sim 12$)团簇表面的解离性吸附[J].物理学报,2013,62(24):243601 – 243601.

[64] SWART I,DE GROOT FMF,WECKHUYSEN BM,et al. H_2 adsorption on 3d transition metal clusters:a combined infrared spectroscopy and density functional study[J]. J. Phys. Chem. A,2008,112:1139 – 1149.

[65] GRÖLNBECK H,HELLMAN A,GAVRIN A. Structural,energetic,and vibrational properties of NOx adsorption on Ag_n($n = 1 \sim 8$)[J]. J. Phys. Chem. A,2007,111:6062 – 6067.

[66] ZUBAREV DY,BOLDYREV AI,LI J,et al. On the chemical bonding of gold in auro-boron oxide clusters Au_nBO-($n = 1 \sim 3$)[J]. J. Phys. Chem. A,2007,111:1648 – 1658.

[67] LIDE D R. CRC Handbook of Chemistry and Physics [M]. 79th Ed. New York:The Chemical Rubber Company Press,1998:9.

[68] KHOLUISKAYA S N,POMOGAILO A D,BRAVAYA N M,et al. Immobilized osmium clusters in the processes of liquid-phase oxidation of cycloxehene [J]. Kinetics and Catalysis,2003,44(6):761 – 765.

[69] 黄一枝,杨胜勇,李象远.锇杂苯的电子结构及芳香性[J].化学物理学报,2003,16(6):440 – 444.

[70] CHEN H H,LI Z,CHENG Y,et al. Thermodynamic properties of OsB under high temperature and high pressure [J]. Physica B:Condensed Matter,2011,406(17):3338 – 3341.

[71] LIU A Y,WENTZCOVITCH R M,COHEN M L. Structural and electronic properties of WC [J]. Phys Rev B Condens Matter,1988 ,38 (14):9483 – 9489.

[72] AHUJA R,DUBROVINSKY L S. High-pressure structural phase transitions in TiO_2 and synthesis of the hardest known oxide [J]. Journal of Physics:Condensed Matter,2002,14(44):10995 – 11000.

[73] 梁拥成,方忠.过渡金属化合物 OsB_2 与 OsO_2 低压缩性的第一性原理计算研究[J].物

理学报,2007,56(8):4847 - 4855.

[74] KAYE S S,LONG J R. Hydrogen storage in the dehydrated prussian blue analogues M_3[Co(CN)$_6$]$_2$(M = Mn,Fe,Co,Ni,Cu,Zn)[J]. Journal of the American Chemical Society, 2005,127(18):6506 - 6507.

[75] 李兰兰,程方益,陶占良,等. 储氢材料第一性原理计算的研究进展[J]. 应用化学, 2010,27(9):998 - 1003.

[76] SWART I,DE GROOT F M F,WECKHUYSEN B M,et al. H_2 adsorption on 3d transition metal clusters:A Combined Infrared Spectroscopy and Density Functional Study[J]. The Journal of Physical Chemistry A,2008,112(6):1139 - 1149.

[77] YUKAWA H,MORINGA M,TAKAHASHI Y. Alloying effect on the electronic structures of hydrogen storage compounds [J]. Journal of Alloys and Compounds,1997,253/254: 322 - 325.

[78] 田宁宁. 基于密度泛函理论的镍氢团簇结构和性质的研究[D]. 石家庄:河北师范大学,2008.

[79] PERDEW J P,WANG Y. Accurate and simple analytic representation of the electron-gas correlation energy [J]. Physical Review B,1992,45(23):13244 - 13249.

[80] WU Z J,HAN B,DAI Z W,et al. Electronic properties of rhenium,osmium and iridium dimers by density functional methods[J]. Chemical Physics Letters,2005,403(4/6): 367 - 371.